U0381305

0~3 岁婴幼儿养育专家指导

◎韩棣华 著

上海科学普及出版社

内 容 提 要

《0～3岁婴幼儿养育专家指导》是一部系统、全面、细致、准确、实用、有所创新的育儿指导全书。

作者为资深的儿童保健教育专家。她将数十年来指导婴幼儿保教工作的先进理念、丰富经验和切实可行的方法奉献给广大家长和从事儿童早期教育的工作者，帮助他们解决在抚育孩子过程中遇到的种种困惑，顺利成功地培养下一代。

本书不同于一般的育儿书籍，最明显的特点是：人的培养应从零岁开始(胚胎形成开始)进行优生、优育、优教。因为0～3岁婴幼儿是生理和心理发展的重要时期：大脑在迅速发育，并且具有巨大的潜在能力和惊人的学习能力。父母应该抓住这个宝贵的关键期，为孩子播下优良的种子，栽培优质的幼苗，让他在成长的头三年发挥潜力，萌出健壮的智慧嫩芽，促使以后结出丰硕的果实。

本书以通俗易懂的文字，图文并茂的实例，介绍0～3岁婴幼儿成长中的现代科学育儿的知识、技能、常识、技巧、操作方法以及育儿经验，是一部0～3岁婴幼儿养育的工具书，可供家长和从事早期保健及教育的工作者参阅时随时备查。

序

　　随着人类社会跨入21世纪，越来越认识到人类进步、社会发展、民富国强、人民生活幸福均有赖于人本身素质的提高。大量有关人脑发育的高科技研究证实，在人类发育最早期即0～3岁婴幼儿时期具有巨大的发展潜力，如能在此关键时期适时地予以爱心照顾、保健和教育，营造有利的内外环境，则将大大激发其潜力，为今后一生身心健康发展奠定扎实而良好的基础。故早期保健和教育是提高人口素质，决定人生命运的关键所在。如何为下一代塑造人生最佳开端，已成为国际社会和广大父母最关切的热点。

　　本书为资深儿童保健教育专家韩棣华撰写，她将数十年来指导婴幼儿保教工作的先进理念、丰富经验和切实可行的方法，真诚地奉献给广大家长和从事儿童早期教育的工作者，以期帮助他们解决在孩子抚育过程中遇到的种种困惑，顺利成功地培养下一代。本书不同于一般育儿书籍的最明显特点是：首先阐明早期教育必须强调一个"早"的观念，认为宝宝太小，无须教育的传统想法，往往就耽误、错过了早期教育必须抓住的发育关键期，造成不可弥补的终生遗憾。所谓"早"，要早到生命之始，即从胚胎形成时期开始。书中第一章就详细讲述了优生和母孕早、中、晚期胎儿的保健和教育。未能得到充分爱抚和关怀的胎儿可引起出生后青少年时期心理和性格障碍，深远地影响其一生幸福。其次，培育孩子要注意全面发展，才能使其成为体格健壮、智能发达、心理平衡、品性优秀、适应社会的有用之才。书中始终遵循早期教育和保健紧密结合、身心兼顾的原则，健康的体魄是进行教育训练的基本保证。此外，书中采用大量丰富多彩的实例说明科学道理，帮助读者建立新的育儿观和掌握切实可行的育儿方法。这样不仅学了能用，尚可举一反三，自由扩展，真正提高早期教育的知识和本领，使婴幼儿在日常生活和游戏活动中，逐渐塑造良好的品性，养成有规律的行为习惯和学会自我生活及为他人服务的能力，日后成为事业有成，生活美满的社会一员。在书的最后一部分还简单介绍了家庭中儿童常见病防治和急救知识，供随时参阅，十分方便有用。

　　总之，全书贯穿着理念创新、符合时代需求；方法先进，学了能用；遵循孩子自然发展规律，加以引导提高的教育原则，以及防重于治的保健意识。这是一本供广大父母家长和儿童工作者参阅的优秀教材和有用的参考书。通过树立科学育儿的新理念和掌握切实可行的育儿方法，相信它能对父母都能成功地抚育自己的孩子，为提高人口素质作出重要贡献。

刘湘云

献言——对年轻父母的希望

年轻的父母们：

恭贺你们的小宝宝来到了人间，他（或她）给你们和家人带来了喜悦和欢乐，同时你们也会认识到做父母是人类的天职，是孩子的启蒙老师，也是他在成长过程中的终生顾问。父母每天与孩子朝夕相处，每时每刻通过自己的思想、感情、言语、行为以及日常的生活习惯等在影响着孩子，不管父母愿意还是不愿意，孩子都会在你们生活中潜移默化地接受着父母的养育和教育。因为做父母是一项光荣的责任。要做合格的父母则是一门科学，是一门塑造人的艺术，必须要学习，必须自己首先受教育，尤其是年轻人第一次尝试做父母，都缺乏经验，若不学习，不在事先掌握科学育儿的知识和技巧。不做好各种准备工作，就难免会在养育和教育孩子方面失误。人的生命只有一次，人生又不能重演，若因父母的无知而造成孩子身心发展受到阻碍和损伤，这将对他一生带来不可挽回的后果。

人生的头三年是生长发育最迅速的阶段，也是生理和心理发展的重要时期，这时孩子虽小，但已具有巨大的潜在能力和惊人的学习能力，父母若能及早重视孩子的身心发育，给予科学的保健和教育训练特别是在大脑生理发育的关键时期，即在3岁前，千万不要错过这个时期，给孩子以科学的保健和教育，使孩子充分地发挥潜在能力并在早期奠定良好的基础，促进孩子更好的成长。

由于每个孩子从出生到成长，所处的家庭和社会环境都不一样，父母的身体素质、文化素质、品德行为，对子女养育和教育的方法以及其他因素的各不相同，使孩子身心发展的情况也不一样，因此，父母必须针对自己孩子的特点来进行养育和教育：这是一种创造性的活动，需要父母用心血去灌溉，辛勤劳动去栽培，施展才智去诱导，各显神通，为祖国培养出优秀人才而努力。

前　言

　　当今世界，科学技术以突飞猛进的速度向前发展，人类以激增的知识及新技术探索着茫茫宇宙的奥秘，揭开那微观世界的奇境，这是人类创造、发明和涌现出的新知识，它在向人类提出了挑战。由于知识成倍地增长，而人的寿命却只是缓慢地延长，怎样将有限的生命去掌握无限增长的知识，去适应未来世界的需要呢？这是目前世界各国最关切的问题——人才的竞争，并在进行科学研究如何早出人才，多出人才，出好人才。

　　人才的培养应从零岁开始（生命开始于胎儿期）进行优生、优育、优教，这是早期人才迅速成长的奠基工程。因为人类生命的头三年是生理和心理发展的重要时期，也称为关键时期。这一时期根据心理学研究：认为在人生某一特定年龄学习某种知识，行为和经验比较容易获得而迅速形成，可称为是心理发展的敏感期或最佳年龄时期，故可称为关键期。3岁前孩子虽小，但生长发育迅速特别是脑在飞速发育，并且具有巨大的潜在能力和惊人的学习能力。父母应该争取在宝贵的头三年为孩子播下优良的种子，栽培优质的幼苗，让他在成长的头三年发挥潜力，萌出健壮而智慧的嫩芽，促使以后早日开花结果。这样既能早出人才，又能缩短培养的周期，争取有限的生命去获取新知识、新技术和经验，对人类早日作出贡献。

　　提高人口素质要从零岁开始培养。随着年龄逐月的增长，依次分为4种：①胎儿及新生儿的"潜在素质"；②婴幼儿的"基本素质"；③少年和青年前期的"自我发展素质"；④青年至成年的"发挥素质"。前两种素质形态是后两种素质形态发展的基础。人生早期提高了"潜在素质"和"基本素质"，就能培养出众多身体健康、头脑灵活、品德优良、性格开朗、情感优美的高素质的人。可是我国还有一些父母仍按照传统的观念，只照顾婴幼儿吃、喝、睡、玩，就满足了。认为3岁后上幼儿园，上小学再受教育也不迟。对于孩子成长的头三年宝贵时间，无所事事，匆匆流失，影响孩子将来的发展，实在是对孩子、对家庭、对国家的巨大损失。

　　为此，在新世纪里，我向亿万婴幼儿的父母献上这本书，愿它为年轻的父母们进行现代科学育儿提供指导及帮助。愿父母都成为新世纪成功的好父母，愿孩子都成为具有全面发展、高素质的好人才。

本书内容共分为八篇：

第一篇：胎儿期：简述胎儿的优生、生长发育及教育与训练。

第二～五篇：新生儿期、婴儿期、幼儿期(2岁儿)、幼儿期(3岁儿)各年龄阶段的生长发育，喂养与饮食营养，保健与护理，教育与训练。

第六篇：婴幼儿的安全。

第七篇：意外事故及家庭急救。

第八篇：常见疾病的预防及护理

附录：婴幼儿常用的体格发育、智能发育、食物成分与营养、疾病鉴别、化验正常值等资料。

本书在编写过程中参阅了国内外的最新资料及研究成果，将科学的育儿理论与实际经验相结合，以通俗易懂的文字、图文并茂的实例，介绍0～3岁孩子成长的三年中现代科学育儿的知识、技能、操作方法及育儿经验。此外，还附有各种资料供参考。本书除了对父母及家庭成员外，还可为托幼机构、医务人员及儿童工作者参阅选用。

参加本书编写的有韩棣华、周璐、周枫，主编为韩棣华。本书在编写过程中，承蒙上海医科大学刘湘云教授指导并作序，还得到上海市虹口区妇幼保健院陆雪琦主治医师的大力支持与帮助，特此致以衷心的感谢。

本书编写时间仓促，难免会有不足之处，欢迎广大读者提出宝贵意见。

韩棣华

目 录

附 录

本书有一个小小的秘密希望您能发现,在书页的角落上有一个小娃娃,他在每一页上的动作都是不一样的,如果您能按一定速度翻看,这娃娃将会怎样……

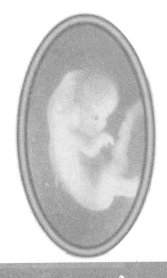

第一篇

胎儿期

（受孕开始～出生前）

0~3岁婴幼儿养育

一、胎儿的优生

父母都希望有一个健康、聪明、活泼、可爱的孩子,这就必须重视优生,并积极地创造条件去塑造一个优生的胎儿,应该从以下几方面做起。

(一) 优生关

把好优生关应该从选择配偶开始,结婚、怀孕、分娩,直到新生儿出生,层层把关,才能实现这个愿望。

选择配偶要把关:世界上约有 1/3 的人带有遗传病基因,这些人群生下来的孩子常患有先天性疾病,有的畸形致残,有的不能成活,即使幸运地活下来,也会影响今后的发育与成长。因此,要避免与遗传病患者或近亲结婚。在婚前还要进行体格检查,发现有某方面疾病时,必须及早治好方可结婚,以防有某些缺陷的孩子出生。

生育年龄要把关:最佳生育年龄是 24～30 岁。因为这时期身体健康,精力旺盛,生理和心理的发育已成熟。早生、晚孕都不好。过早生育,女子易未老先衰,还会给生殖器留下致病的隐患;过晚怀孕,卵子易老化,胎儿易受致畸因素的影响。高龄初产的先天愚型儿出生率较高。因此,初产年龄不要超过 35 岁。

受孕时机要把关:选择适宜的受孕时机要与受精卵的质量也有一定的关系。应该经过一段时间,双方性生活适应,情感更深厚,并在男女双方的身体状态和精神状态处于最佳时机,能够达到高度的协调一致时,播下爱情的种子最适宜。要避免在新婚、旅游、过于劳累、情绪不佳、饮酒过度等情况下受孕,以免影响受精卵形成的质量。

怀孕期间要把关:在怀孕的 280 天(约 40 周)中,孕妇是两个生命寓于一体的特殊人物。孕妇的身体健康、营养情况、接触环境、精神状态的好坏,都会给胎儿带来良好的或不良的影响,使其生长发育和精神发育发生不同的变化。因此,这时期要从身体保健和心理保健两方面把关。

(二) 身体保健关

1. 按期产前检查:

检查孕妇自身的健康情况和胎儿期逐月的生长发育是否正常。

2. 注重营养:

孕妇的饮食应包括各种营养成分,养成良好的饮食习惯,不挑食,不偏食,才能保证全面地吸收营养。孕初期(0～3 个月)胎儿生长缓慢,摄取营养量较少,处于胚胎形成期,应选择优质蛋白质的食物为好;孕中期(4～6 个月)胎儿生长加快,各种营养都需要,选择含蛋白质、矿物质和维生素较多的食物为好;孕后期(7~10个月)胎儿生长很快,孕妇食量增加,可以吃各种营养食物,但要控制脂肪多、糖类多的食物,避免胎儿过胖。

3. 活动锻炼:

孕妇每日坚持散步,进行适合孕妇的保健操,参加一些适当的体育活动和轻体力的家务劳动,有利于胎儿的发育。

4. 防有害因素:

怀孕期间要防疾病、防污染、防辐射、避烟酒等,可以避免有害因素影响胎儿发育。如孕早期要防止病毒感染或 X 射线的辐射,因这时期正是胚胎发育形成各器官的阶段,应避免胎儿发育不全、引起畸形。孕妇还要尽量避免接触污染的环境,以免对自身和胎儿两不利。如孕妇吸入一氧化碳后,可致胎儿脑障碍或畸形;受到铅污染后,使胎儿流产、早产或死产。目前社会上抽香烟的人多,烟雾中含有 2000 多种有害物质,孕妇吸烟或长期接触烟雾,会导致胎儿发育迟缓。孕妇经常喝酒,对胎儿发育不利,会造成胎儿中枢神经发生障碍,引起智力发育障碍。

(三) 心理保健关

在整个怀孕期间,孕妇应保持良好的心理状态,经常保持愉快的情绪。因为人的情绪变化在身体内部会引起种种生理变化,如孕妇情绪不佳或过度焦虑、惊吓,在妊娠早期易使胎儿致畸,造成胎儿腭裂或唇裂。妊娠中期可能导致流产。在分娩时,子宫不开,宫缩无力,产程延长,胎儿在宫内窒息等难产状态,这样会使会胎儿长时间缺氧,对大脑细胞的发育不利,也影响到出生后孩子的智力发展。因此,孕妇要注意自我心理保健,遇到烦恼之事要善于控制自己的情绪,不要感情冲动、愤怒、悲伤、生气。一切要为胎儿的发育着想。在此期间,丈夫对妻子的心理保健起着重要的作用,应为妻子安排一个良好的生活环境、和睦友好的家庭气氛,对妻子关心、体贴、爱护、分担家务,保证妻子有充分的睡眠与休息。陪伴妻子散步、娱乐、谈心,使其精神愉快,性格开朗。在分娩时,丈夫要在旁抚爱、安慰妻子,使其消除恐惧心理,振作精神,充满信心,鼓起勇气去度过分娩关,迎接胎儿的出生。

二、胎儿的生长发育

塑造一个优生的胎儿,除了把好优生关外,还必须对胎儿是怎样形成的,以及在孕妇子宫里生长发育的全过程进行了解,以便及早确定妊娠,按期进行产前检查,在严格的医疗"监护"下确保母子健康,使胎儿安全、顺利地出生。

新生命是怎样诞生的?

胎儿的生命是由女性的卵子从卵巢里出来,进入输卵管,并借助输卵管的蠕动,向子宫移动,开始了每月一次的旅行。若在此时夫妻性交,男性的大量精子从女性阴道上端以每分钟0.3厘米的速度通过子宫,向输卵管挺进。一般在射精后30分钟至2小时,精子就能到达目的地,一个只有卵子1‰大小的精子仅依靠尾巴划行,在24小时内先后经过阴道、子宫颈口、子宫、输卵管等几个关口才能与卵子相遇。这期间,数以亿计的精子经过激烈竞争,优胜劣汰,像赛跑似的冲进输卵管。得以幸存的小部分精子与卵子相遇,迅速将卵子团团围住,急先恐后地往卵子里钻,最后有一个幸运的精子钻入卵子内胜利夺冠,于是卵细胞迅速改变状态,将其余精子拒之卵外。而进入卵内的精子甩掉自己身上的小尾巴,头部的细胞开始增大至与卵细胞的大小相近,接着,两个细胞核互相融合在一起,并将各自携带的遗传物质也结合起来,组成了胎儿的第一个细胞——受精卵,新生命就开始诞生了。

从卵子受精后的单细胞发育而成新生儿的过程为280天左右(约40周)。在这短短的时间内,一个单细胞变成一个由亿万细胞组成的胎儿,他的每个细胞都高度发育,各自具有特殊的功能,使胎儿发育到出生时就具有适应子宫外生活的能力,胎儿在子宫里是怎样生长发育的呢?

胎儿的生长发育是有规律的,一般分为三个时期:

(一) 妊娠初期(怀孕开始～第3个月)

这时期胎儿的生长发育最为迅速,是各组织和器官逐步形成的时期。

第1个月

初具胎形。受精卵从输卵管移至子宫,植入子宫壁的内膜上,然后形成胎盘,供给胚胎养分。到了第一个月末,受精卵发展到开始时的1万倍,约有1厘米长。早期心脏开始形成。

第2个月

头面呈现。胚胎分化成初具模样的人体,长出头面,有眼、鼻、嘴、四肢,其中手腕、脚掌和手指隐约可见。此时身长约有2～3厘米,所有的器官均已初步形成,全身覆盖着一层薄薄的皮肤。

第3个月

骨架形成。骨骼开始变硬,肌肉和关节也在发育中,所有的内脏器官都已形成,大部分已开始工作,如胃肠已有蠕动现象,胎儿能在羊水中进行类似游泳样的活动,能吸吮、吞咽周周的液体,还可进行微量的排尿。胎儿头部增大并开始轻微地活动,如转头、张嘴等。此时胎儿的身长约为9厘米,极易受外界环境的影响而致畸,是发生畸形的危险期。

(二) 妊娠中期(第4~6个月)

此时期的胎儿生长发育仍很快,而且相对稳定,活动逐渐开始频繁。

第4个月

男女可辨。外生殖器已发育,通过B型超声诊断仪检查可辨认男女。此时脸部的眉毛和眼睫毛开始长出,虽然眼睛仍然闭着,但视网膜已能感光。胎儿的小耳朵已能听到子宫外的声音,当听到巨大的声音时,会感到吃惊。说明听觉开始起作用,对声音刺激有反应。胎儿的皮脂腺开始分泌胎脂,皮肤薄而透明,能看到皮肤下的血管网。胎儿逐渐长大,身长约为16厘米,体重约为135克,脊柱已形成,力气也越来越大,已能使孕妇感到初次胎动。胎儿的大脑细胞数量开始增加,大脑皮质结构逐步定型。

第5个月

毛发萌生。胎儿的头上长出头发,面部和身体上长出纤细的胎毛,牙齿开始骨化,为出生后全部牙齿的生长准备了条件。身体发育已出现出生时的形态,肝、肾及其他消化系统都已开始工作,肠内出现少量胆汁,心脏发育不断完善,心跳更加有力,用普通听诊器就能在母体腹部听到胎心音。胎儿的口、舌对苦味、甜味刺激有反应,此时已能吸吮手指,其神态似乎在品尝手指的味道。胎儿这时的身长约为25厘米,体重约为340克。

第6个月

出现呼吸。胎儿能用胸部做呼吸动作,但呼吸器官发育尚未成熟,假如这时出生,很难成活。皮下脂肪少,皮肤呈皱缩状,体形瘦少,上肢及下肢的肌肉发育良好,常用手握拳伸出缩进,用脚踢子宫壁,若母亲用手去触摸、拍压自己的腹部时,胎儿会有胎动反应。此时嗅觉开始发育,脑的记忆功能开始出现,熟识反复听到的母亲心跳声。胎儿这时的身体约为30厘米,体重约为600克。

(三) 妊娠后期(第7~10个月)

此时期是胎儿发育趋向成熟的时期,胎儿增长较前缓慢,但各器官进一步增大,功能逐步具备,发育逐步完成。

第7个月

眼裂分明,对光有反应。虽然在子宫里什么也看不见,但通过孕妇的生活,能感觉到昼夜的周期,觉察光明与黑暗,感知孕妇"暗则眠,亮则起"。听觉已能反应,对母腹外的声音有喜爱或讨厌的感受,对猛烈的巨响声或不喜欢的声音,会感到不安而吸吮手指。胎儿的味蕾数量增多,因此味觉感受敏锐,常使用舌头舔手或触动手指。胎儿的皮肤色红,上面覆盖脂质层,因此,胎儿在羊水中活动,不会被羊水浸入。

这时胎儿的身长约 35 厘米,体重约为 1000 克。若此时早产,新出生时能啼哭、吞咽,但生活能力弱,存活不易。

第 8 个月

趋向成熟,体形较丰满。胎儿主要的器官都已经发育完毕,皮肤光泽红润,脸部皱纹开始消失,胎毛开始脱落。头发长出较长。手指甲已长到指端,脚指甲尚未长好。眼睛能感光的刺激,能闭眼和眨眼。胎儿还能听出音调的强弱和高低,能区分妈妈温柔的声音及爸爸低沉的声音。舌头开始感觉苦和甜不同的味道。通过早产儿的试验,婴儿喜欢甜味。胎儿也能感觉到母亲的激动与不安,高兴与悲伤,并对此作出不同的反应。这时胎儿的身长约为 40 厘米,体重约为 1600 克。大多数胎儿头部转向子宫下部(即头位),并具有新生儿的外貌和体形特征。若此时出生,在良好的护理条件下可以存活。

第 9 个月

万事俱备。皮肤呈粉红色,胎毛明显减少,胎脂增多,胎体丰满,柔软的脚指甲已与手指甲一样长到趾顶端,足底纹理清晰。头发长至 2.5～5 厘米,身长约为 45 厘米,体重约为 2500 克。胎儿若受到外界的刺激后能出现神经反射性活动,若在此时出生,婴儿能啼哭、呼吸及吮吸,能学会适应新环境中的生活,基本上有能力存活。

第 10 个月

跃跃欲生。胎儿已完全发育成熟,男性胎儿的睾丸已下降,女性胎儿的大小阴唇发育良好,脸上皱纹减少,甚至完全消失,全身覆盖着的胎脂也为最后"冲刺"出子宫和阴道,滑动到人间做好了准备。到了月末,胎儿身长约为 50 厘米产,体重约为 3000 克。此时一朝分娩,新生儿哭声响亮,吸吮力强,眼睛睁开,并能感光,四肢活动,能很好地存活,适应环境的生活能力强。

胎儿期是人的新生命开始形成的时期,从卵子受精后形成受精卵开始,新生命就开始在孕妇子宫里生长发育,经过妊娠初期、中期和后期,胚胎在母腹内直接受到母体的内环境及间接的感受到外环境的影响。并不断地生长发育到 10 个月时,温暖的子宫已容不下胎儿的身体继续生长,而且这时胎儿已完全成熟了,凭自己的力量冲出子宫和阴道,呱呱一声哭声宣告他(她)来到人间,成为新生儿。从受精卵开始形成,不断地生长发育到新生儿的过程中,发生着神秘奇妙的巨大变化,这时期是人之初的第一关键期。此时期关系着胎儿的质量及出生后新生儿的质量是优质、合格、健康的新生儿,还是一般性、劣质、不合格、不正常的新生儿,因此父母不要因为胎儿期隔着腹部看不到胎儿的生长发育,以为胎儿自然会成长,而忽视怀孕后胎儿和孕妇自身的保护、保健和营养,而影响胎儿的成长及出生后新生儿的质量,甚至出生后带有各种疾病如先天性心脏病,某些缺陷及先天畸形、先天愚型儿,无脑儿等。有的孕妇在孕期的初中期会意外地出现阴道流血下腹坠痛等症状而流产,还有的孕妇未等到胎儿成熟而在怀孕7～8个月时就分娩了,这样的新生儿称为早产儿。一般早产儿由于先天不足,个子小,生命力差,死亡率明显高于足月儿,即使孕妇要求保胎,经过医生全力以赴采取各种措施将胎儿保住,也较难成为健康的胎儿。

由此可见,人之初的第一关键期(胎儿期)的养育和精心保护的健康成长是何等重要,这一关键期对人的一生奠定了最初的基础,为人的将来身心发育及健康成长发挥着重要的作用,父母们千万不能忽视。

三、胎儿与孕期营养

一个微小的受精卵在母体子宫里,经过280天成长为3000克左右的胎儿,他的生长发育全靠吸收孕妇体内的营养。如果孕妇没有足够的营养,热量摄入不足,就会影响胎儿的生长发育,容易发生低体重儿(体重＜2500克)。由于不能供应胎儿脑细胞高速发育所需的营养素,出生后的孩子智力发育低下,行为异常,生长迟滞,还会引起其他障碍,甚至还可能引起流产、早产、死胎及胎儿畸形等。因此,必须科学地安排孕期各个时期的膳食,注意合理的营养调配,使之既满足孕妇特殊的生理需要,保证胎儿的生长发育,又不过量,以免使胎儿长成巨大儿(体重＞4000克),引起自然分娩困难,对孕妇和胎儿均不利。

(一) 孕早期(头3个月)

胎儿小,生长较慢,孕妇体重平均每日仅增加1克,故对各种营养素和热能的需要有限。由于孕妇早期的妊娠反应,常出现恶心呕吐,食欲不振,偏爱酸食等现象,可采取少吃多餐。除了不宜吃的食物外,想吃什么就吃什么,但不可过量,以免影响消化。此时期孕妇的膳食应注意几点:

1. 营养全面

食物要多样化,以保证各种营养素的供给。每天的食物中要包括蛋白质、脂肪、碳水化合物、矿物质、维生素和水,六大营养素缺一不可。

2. 保证优质蛋白质

在供给动物蛋白质如蛋、鱼、肉、鸡、鸭、虾等的同时,要供给植物蛋白质如豆类及豆制品,两者同时摄入能产生互补作用。因为几种蛋白质混合使用,使其中氨基酸组成的比例更符合人体的需要。

3. 适当增加碳水化合物

孕早期胎儿发育慢,孕妇在维持怀孕前的热能摄入量上,适当增加一些碳水化合物即可(每日食用400克主食及其他副食品中的碳水化合物)满足人体的需要。

若妊娠反应不想吃,至少也要摄入 200 克的碳水化合物,以满足孕妇自身和胎儿代谢所必需的热能供应,避免因饥饿引起母体血中酮体蓄积而影响胎儿大脑正常发育。

4. 确保矿物质和维生素的供应

要特别重视含锌、铜、钙、维生素 B_1 及叶酸等食品的摄入。因为孕早期缺锌可导致胎儿生长停滞,胎儿畸形;缺铜可导致胎儿骨骼和内脏畸形及中枢神经系统发育不良;缺钙会影响骨骼发育,孕妇每日摄钙量为 800 毫克;维生素 B_1 可促进孕妇的食欲,使胎儿健康发育,叶酸属 B 族维生素之类,是胎儿形成血红蛋白,刺激红细胞增生,促进胎儿的血液循环,有效地预防胎儿神经管畸形发生的重要物质

(二) 孕中期(4～6 个月)

胎儿迅速发育,增长速度加快,需要增加各种营养素,尤其需要大量的蛋白质,构成筋骨肌肉,急需补充多种矿物质和维生素。此时孕妇妊娠反应已消失或减轻,食欲好转,体重急速增加,应及时调整饮食。孕妇的膳食应注意以下几点:

1. 食物品种多样化

必须保证孕妇每日膳食中能摄入多种营养素。主食要粗细搭配,除米面外,应增加杂粮,如小米、玉米、燕麦等。增加蛋白质的品种时,除乳类、蛋类、鱼、肉、鸡、鸭外,可加一些动物内脏,包括肝、心、肺、肾、肚等优质蛋白质。多吃新鲜绿叶蔬菜和有色菜(如胡萝卜、南瓜、茄子、黄瓜、海带、紫菜等),以及各种水果等,含纤维素比较多的菜蔬和水果,能促使肠胃蠕动,清洁胃壁、肠壁至肛门,利于排便,防止便秘。因为蔬菜与水果中有大量的纤维素,它能清洁肠壁,帮助胃肠蠕动,防止便秘,特别是蔬菜内有大量的矿物质维生素及纤维素,若仅吃水果也不能代替蔬菜所含的营养素。

2. 增加植物油脂

胎儿的脑和神经系统的发育需要充足的脂质,尤其是必需脂肪酸、磷脂和胆固醇。必需脂肪酸是细胞膜及中枢神经系统髓鞘化的物质基础。必须及时补充。除了在烹调时增加豆油、花生油等植物油的量外,还可以吃些花生仁、核桃仁、瓜子仁、芝麻等油脂含量较高的食物。

3. 补充矿物质中钙、铁和维生素中的 D、A、C

为了适应这一时期胎儿快速发育的需要,除了摄入食物中的各种矿物质及维生素外,必须着重补充钙和维生素 D,以保证胎儿骨骼钙化、骨骼肌肉发育的需要。补充铁和维生素 A 以保证胎儿造血器官造血的需要。此外,维生素 C 对胎儿的骨骼、肌肉和脑的发育有明显的促进作用,还能加速铁的吸收。

(三) 孕晚期(7～10 个月)

此时期的胎儿生长最迅速,需要的营养素最多,同时孕妇的食量增加,体重增长加快。由于胎儿长大,压迫母体,使孕妇常有胃部不适或饱胀感,胃容量相对减少,消化功能减弱,因此饮食宜少吃多餐(每日可进 5 餐),清淡可口,易于消化,减少食盐,不吃过咸的食物。孕妇的膳食应注意以下几点:

1. 增加蛋白质和热能

胎儿的身体增大,大脑发育加快,同时孕妇代谢增加,胎盘、子宫和乳房等组织的增大需要大量蛋白质的储存以及热量的供应(每克蛋白质可供热能 4 千卡)。因此,需要增加蛋白质,每日摄入量不少于 80 克(在未孕基础上每日增加 25 克)。

2. 脂肪和碳水化合物不宜摄入过多

孕晚期绝大多数孕妇由于各器官负荷加大,血容量增大,血脂水平增高,活动量减少,总热能供应不宜过高。尤其是最后一个月,要适当控制脂肪和碳水化合物的摄入量,以免胎儿过大,造成分娩困难。

3. 继续保证足量的钙和维生素 D 的摄入

孕期全过程都需要补钙,但孕晚期的需要量更要明显增加,因为胎儿的牙齿和骨骼的钙化加速,体内钙的一半以上是在孕晚期最后两个月储存的。同时应多摄入维生素 D,以促进钙的吸收。孕妇每日膳食中应供给维生素 D_{10} 微克(相当于 400 国际单位),海鱼、肝、蛋黄、奶油中含量较高。孕妇还可以在户外散步,让阳光照射皮肤也可增加维生素 D 的吸收,以防胎儿出生后由于缺少维生素 D 的而患佝偻病。

整个孕期中保证孕妇的合理营养,安排科学的平衡膳食之外,还要避免食用一些对孕妇和胎儿不利的食物。如:

烟、酒、咖啡及含有酒精、色素、防腐剂的饮料:孕妇吸烟后,血液中一氧化碳含量增加,会导致胎儿发育不良,出生后先天性心脏病及唇裂、腭裂、幽门狭窄的发生率增加。过多饮酒会导致胎儿生长缓慢、面部畸形、出生后智力发育迟缓。咖啡因进入胚胎,可造成胎儿基因突变或染色体畸变,导致胎儿畸形。

腌熏制品:如香肠、腌肉、熏鱼等腌熏食品含亚硝胺,多吃可使胎儿畸形。

不新鲜及变质的食物:如不新鲜的肉、鱼、贝壳类食物;花生、豆制品等霉变食物;开始变质的水果、蔬菜以及生肉、生鱼、生鸡蛋和未煮熟的海鲜食品都不宜吃。

加工食品和罐装食品:加工食品含有人工合成色素、香精、甜味剂、防腐剂等化学物质;罐装食品经过消毒杀菌,使营养成分受到破坏。

过甜、过咸、过分辛辣的食品:过甜的食物多吃易发生肥胖,过咸的食品增加肾脏负担,辛辣食物刺激肠胃,尽量少吃为宜。

附表一:孕期每日膳食中的食物种类及摄入量

单位:克

食物种类 \ 食物数量 \ 孕期	孕早期	孕中期	孕晚期
米、面	200～250	275～350	300～400
杂粮(小米、玉米、燕麦)	25～50	25～50	50
蔬菜(以绿叶蔬菜为主)	200～400	400～500	500～750
水果	50～100	200	100
豆类及豆制品	50～100	50～100	100
动物类(肉、鱼、禽、内脏及水产品)	150～200	150～200 (其中内脏50)	200 (其中内脏50)
蛋类	50	50～100	100
乳类	200～250	250	250
植物油	20	30～40	30

附表二:孕期每日营养素供给量

营养成分 \ 营养含量 \ 孕期	孕早期	孕中期	孕晚期
热量	8786.4～9623.2KJ (2100～2300Kcal)	9623.2～10460KJ (2300～2500Kcal)	9623.2～10460KJ (2300～2500Kcal)
蛋白质	65～70g	80～85g	90～95
钙	800mg	1000mg	1200mg
铁	18mg	28mg	28mg
锌	15mg	20mg	20mg
维生素 B_1	1.6mg	1.8mg	1.8mg
维生素 B_2	1.6mg	1.8mg	1.8mg
维生素 C	60mg	80mg	80mg
视黄醇当量(维生素 A)	800μg	1000μg	1000μg

四、胎儿与孕期保健

在孕期的早、中、晚全过程中,必须做好孕妇的身心保健,才能使孕妇以健康的身体和心理顺利分娩,使胎儿正常地生长发育,以保证胎儿出生后的身心健康。应从以下几方面做起:

(一) 创设优良环境

胎儿生长的整体环境是由母体内胎儿生活的内环境和孕妇生活的外界环境所构成。控制母体的内外环境,给胎儿以良性的刺激,促使胎儿健康成长,取得优生的效应。除了生活环境清洁整齐、空气新鲜、舒适安全外,还应合理安排营养、加强保健等,创设有利于胎儿的生理环境。此外,孕妇保持愉快的情绪,心情舒畅,夫妻感情深厚,家庭气氛融洽等,有利于胎儿成长的心理环境也不能忽视。而且在孕育过程中,孕妇应加强自身修养,学会自我心理调节,善于控制不健康情绪,保持稳定、乐观、良好的心理环境,胎儿的心灵也能健康发育。

(二) 注意劳逸结合

孕期可以照常工作,操持家务。但要劳逸结合,不要怕劳累整天躺在床上休息,但也不要干重活,更不能长时间弯腰或蹲着工作。因为这种姿势会增加腹部压力,压迫胎儿,影响孕妇和胎儿的血液循环.影响胎儿的生长发育。

(三) 睡眠充足,睡姿合理

孕妇每日应有 8~9 小时睡眠,怀孕 7 个月后,每日增加 1~2 小时午睡。上下午工间休息 30 分钟。睡姿应考虑怀孕后的特殊情况,采取左侧卧位为宜。因为胎儿逐渐长大,子宫也不断增大,几乎占据了整个腹腔,邻近组织器官挤压后,子宫不同程度地向右旋转,使维护子宫的韧带和系膜处于紧张状态。系膜中营养子宫的血管也同时受到牵拉,影响胎儿的氧气供应,容易造成胎儿慢性缺氧。若采取左侧卧位,可以减轻子宫的向右旋转,缓解子宫供血不足,保证子宫血流畅通,增加胎盘血流量,给胎儿提供更多的氧气和营养,有利于胎儿的生长发育。

(四) 注意清洁卫生

1. 勤洗澡

采用温水淋浴,水温不宜太高,每日清洗外阴部,保持皮肤清洁。

2. 衣着保健

孕妇衣着以宽松、透气、吸汗、容易洗涤为宜。胸罩应按乳房增大而调整尺寸，使乳房托起，不宜过紧。裤带不可系得过紧，可用布带随腹部增大而放松。袜子和鞋带也不能系得太紧，以免影响下肢血液流通，加重下肢浮肿。孕晚期腹部膨大，可用布制腹带将下腹托起，以减轻腰部负担，促进下腹及下肢血液循环。

3. 乳房保健

怀孕7个月开始，孕妇每日要用温开水浸湿的小毛巾擦洗乳头，清除乳头上的污垢，反复轻擦乳头皮肤，使之坚韧，避免产后乳头皮肤破裂，引起乳腺炎，妨碍婴儿吸乳。如果乳头向内凹陷，应每日用手将乳头向外牵拉2～3分钟，使其向外凸出，便于婴儿吮吸奶汁。整个孕期对乳房、乳头的刺激不宜过多，特别是孕末期，刺激乳房、乳头会诱发子宫收缩，导致早产。

（五）预防疾病，防止感染

在孕妇怀孕及胚胎发育过程中，特别在受精后3～8周期间环境中的一切有害因素可诱发胎儿发育不良甚至畸形而引起流产或早产。主要有以下几种因素：

1. 疾病感染

孕妇应根据气候变化增减衣服，防止感冒外，在病毒性疾病流行期间尽量不去公共场所，做好早期预防。病毒性感染主要有以下几种：

风疹病毒：是一种影响胎儿最严重的病毒，使胎儿致畸，表现为先天性白内障，先天性心脏病与神经性耳聋。

弓形体：由猫狗等动物传染，孕早期感染可导致流产或畸胎，孕中晚期感染会使胎儿生长发育迟缓、脑瘫、心肌炎，损害神经系统及眼睛，甚至引发胎儿流产或致畸。

巨细胞病毒：会引起胎儿生长发育迟缓，小头畸形，视网膜脉络膜炎，肝脾肿大，黄疸，贫血等症，单纯疱疹病毒，孕早期感染可导致流产。

细菌感染：如梅毒、结核等细菌，梅毒可导致先天性梅毒，结核可导致胎儿生长发育迟缓。

2. 环境感染

居家生活感染：新装修的居室不能马上居住，有些装饰材料如胶合板家具，地板，地砖，化纤地毯，壁纸，涂料，粘合剂等不符合标准会造成居室中甲醛浓度超标，甲醛可引起孕妇接触后贫血和先兆流产的发生率增加，新生儿出生体重偏低。

厨房的感染：厨房的油烟在烹调时的高温过程中产生的成分比较复杂，所含的物质可导致基因突变或致癌。若使用煤饼煤气灶，在使用过程中会产生二氧化碳，一氧化碳，二氧化硫，硫化氢等，这些气体均对身体不利。应注意厨房通风，避免污染。

电器的感染：计算机、电冰箱、电视机、微波炉等是孕妇经常接触的电器，在使用过程中会产生大量的电磁波和射线,这些射线成为"电子雾",是一种看不见、摸不着、闻不到的东西,孕妇长期接触可导致胎儿发育不良,因此,建议孕妇看电视的时间不可过长,使用计算机时不要距离太近,时间也不宜太久,最好穿上防护服。

职业的感染:在各种行业的生产劳动中,有一些职业具有有害因素,这些因素对于胚胎和胎儿更为敏感,因此这些有害因素在尚未给母体造成明显伤害时可能已经对胎儿产生不利的影响,如从事农业者,在生产中常接触农药,杀虫剂,除草剂等;从事工业的常接触重金属,如铅、汞、锰、镉等;化学品如苯、酚,有机氯,甲醛,工业性粉尘如水泥,煤,石棉等可引起矽肺。高温,噪声,电辐射(如 X 射线,γ 射线,中子)等,这些职业有害因素的影响取决于其强度和浓度,以及接触机会的程度和时间的长短。有害的症状表现是造成孕妇流产,早产,胎儿畸形如唇裂,腹裂,中枢神经及骨骼、肌肉的畸形,以及出生后低体重等。

烟酒的感染:孕妇及家人的烟酒爱好也影响着胎儿的生长发育,因烟草中有 20 种有毒物质,孕妇主动吸烟或接近家人的被动吸烟都会影响胎儿的发育,甚至畸形。孕妇经常饮酒会使酒精经过胎盘进入胎儿体内,引起染色体畸变而影响胎儿脑细胞的发育,造成智力低下。饮酒还会使胎盘血管痉挛致使胎儿缺氧,使胎儿发育不良,新生儿出生后体重轻。

3. 药物使用不当

孕期用药必须十分谨慎,因为孕妇服药都会直接影响到胎儿的生长发育。孕早期用药不当可导致胎儿致畸或流产,孕中、晚期用药不当会导致胎儿生长发育迟缓,因此,孕妇用药必须经医生许可才可使用,不管是中药,西药,辅药都要在医生指导下用药。

(六) 适当运动,增强体质

孕期运动的好处很多,可惜许多孕妇常以睡觉休息为重,忽略了运动对胎儿及孕妇自身带来不少好处。那么,有哪些好处呢?

1. 孕期运动有益于促进身体的新陈代谢,改善全身的血液循环,增强呼吸功能,改善孕妇和胎儿的氧气供应,防止孕妇形成血栓和产生静脉曲张。

2. 孕期运动可增强肌肉力量,帮助孕妇缓解腰痛。分娩时,孕妇有较好的体力及较强的肌肉,有利于顺利分娩。

3. 孕期运动有助于消化,防止便秘和痔疮的发生。

4. 孕妇每日应有一定的时间进行户外活动呼吸新鲜空气,多接触阳光有利于体内产生维生素 D,提高身体对钙、磷等矿物质的吸收,有利于胎儿骨骼的发育。

5. 孕期运动可调节孕妇的情绪,使孕妇精力充沛、心情良好。

运动的种类要适当选择,才能行之有效,孕期应该进行哪些运动呢?

孕早期：是受精卵开始形成胚胎的时期，为了保胎以免造成流产的危险，可以选择散步，孕妇每日坚持1小时散步，分别在上午和下午各半小时。散步是一种轻便的全身运动，简便易行，但贵在坚持才能行之有效。

孕中期：是胎儿生长发育较快而相对稳定的时期。这时期适宜的运动可以增多，除了散步以外，可以慢跑，做健身体操，跳慢三步，慢四步舞，游泳及骑自行车等，但应避免对孕妇有危险的运动项目，如溜球，滑雪，骑马，冲浪等。目前在国内推行的孕妇保健操是从怀孕4个月开始，每周进行4～5次，每天运动1小时左右（早晚各进行一次，每次15～20分钟），保健操分为六个部分：① 脚部运动；② 盘腿坐运动；③ 抬臀运动；④ 弓背运动；⑤ 扭动骨盆运动；⑥ 摆腿运动。（具体操作方法可请产前检查时的医务人员指导）

孕晚期：是胎儿发育趋向成熟的时期，生理功能逐步具备，发育逐步完成，运动项目有保健体操，散步，以及分娩减痛练习等：① 孕妇保健操：项目与孕中期相同，但难度、强度应下降，以锻炼盆底肌肉、韧带及大腿肌肉为主，它有助于促进自然分娩。从怀孕7～9个月开始，每周运动2～3天；② 散步：怀孕34周停止保健操，以散步为主，每天1～2次，每次半小时；③ 分娩减痛练习：从36周起每周做此练习4～5次，每次一个半小时左右，可以在分娩时顺利度过分娩期，减少疼痛。呼吸法，当子宫收缩轻微，做深的均匀呼吸后憋气，使气往下压，产力可长而平稳，然后呼气，以后为防止胎儿头娩出太快，再做哈气运动，发出哈，哈声；④ 按摩法练习：按摩法作为呼吸运动的辅助动作，在第一产程后期进行。此练习具有稳定产妇情绪，松弛产道周围肌肉，促进子宫扩张。一般有腹式呼吸运动按摩，另有腰部、脊柱及尾骶骨的按摩法练习。（此法自己无法做，需有人帮助）

（七）做好自我监护

在医护人员指导下进行自我监护：

孕妇学会自测胎动：胎动有滚动、踢脚、伸身、蠕动及呼吸等多种形式。一昼夜胎动的次数、强弱有一定的规律，正常情况下每小时胎动数不少于3次，如果在12小时内胎动次数累计低于20次时，则属异常，少于10次是危险信号，提示胎儿明显缺氧。孕妇每日分早、中、晚各计算胎动一次。一旦发现胎动异常，应及时去医院诊治。

准父亲要会测听胎心跳：每天早晚测听胎心跳各一次，正常的胎儿心率在120次/分钟～160次/分钟之间，少于120次/分钟或多于160次/分钟，都表示胎儿异常。

（八）按期进行产前检查

孕妇应在月经期过了第10～15天去医院进行早孕检查，确定是否妊娠。确定有孕后，可于妊娠第16周进行第一次产前检查。此后在妊娠6～7个月前每月检查

1次；8～9个月时每半个月检查1次；临产前每周检查1次。

产前检查的内容主要是进行定期的健康检查，如测量身高、体重、血压、骨盆的大小，观察胎动、听胎心以及化验小便等。通过这些项目的检查，了解母体的变化和胎儿的发育情况，以便及时发现问题，采取补救措施，同时也对孕妇进行孕期保健指导。

五、胎儿的教育与训练

胎儿在孕妇子宫里，不见天日，如何来接受教育和训练呢？对此，一些人产生了怀疑。根据瑞士医学博士舒蒂尔曼的研究认为：母子之间的感通萌芽于胎内。说明母子信息相通始于胎儿期。来自外界的各种刺激作用于孕妇的同时也作用于胎儿。从生理上来说，一般通过两种渠道来传递信息：

1. 神经系统形成一个相互联系的网络，沿着神经的分布而进行。孕妇和胎儿之间虽无神经联系，但能通过孕妇情绪激动引起神经活动，促使内分泌系统活动，分泌的乙酰胆碱、甲状腺素、肾上腺素，通过血液渗透过胎盘而影响胎儿。

2. 内分泌系统分泌激素，通过孕妇的体液与胎儿的体液，汇合成内分泌的交流池，达成了体液联系。母子的感通可对等地由孕妇向胎儿传递信息，或由胎儿向孕妇传递信息。有人研究了母子的感通可以分为三种途径进行传递，即生理信息的传递、行为信息的传递和感通信息的传递。胎儿之所以能接受教育训练就是依靠这种信息传递。在接受了从孕妇传来的信息后，积极地作出反应，再将自己体内的变化和感受的信息传递给孕妇。如孕妇受到惊骇的刺激后，呈恐怖状态，胎儿会作出乱踢、增加胎动、心跳加速的反应，将信息传给孕妇。这时若给予安慰，使孕妇心理平静下来，让母子听轻松愉快的音乐，胎儿也会平静下来，逐渐恢复正常。

怎样对胎儿进行教育和训练呢？

胎儿在生长发育的过程中，逐渐具有了各种功能。胎儿从5周开始有生理反射机能，10周前后形成压觉、触觉功能，20周左右大脑形成，有吸吮反射、抓握反射、逃避反射、皮肤反射、防御反射、刺激性呼吸反射等功能，并开始对音响有所反应，28周时具有充分的反应能力。说明胎儿已具有惊人的潜在能力，可以在胎内接受教育。

对胎儿的教育和训练可以从生活胎教、音乐胎教、语言胎教和运动训练几方面去进行。

（一）生活胎教

孕妇的生活与胎儿的生活是息息相关的，因此严格遵守合理的生活制度，养成良好的生活及卫生习惯，并优化美化生活环境，如室内整洁，设置花卉、盆景、婴儿挂

图或照片等。避免环境脏、乱、吵闹、噪音等,使孕妇开阔视野,精神振作,进行自我心理的调节,形成良好的心理状态。对胎儿的生活施加良好的影响,也是使胎儿在母腹中接受良好的生活教育。

(二)音乐胎教

胎儿在5个月时,内耳已发育完成,胎儿23~29周出现听觉诱发反应,已有听觉功能。此时若在孕妇腹部作音响刺激,则胎动活跃,心率加快,以示胎儿对声音的反应。从这时开始对胎儿进行音乐教育,采用和谐、悦耳的音乐旋律来刺激胎儿的听觉,对胎儿大脑的发育及出生后婴儿的身体健康、智力发育都有好处。

音乐胎教可以采用孕妇听唱片,听乐器演奏,听唱歌或自己唱歌,给胎儿听母腹上的录音机中的音乐等方式来进行。

选择的音乐要优美、动听。如中国乐曲:《春江花月夜》、《采茶扑蝶》、《梅花三弄》等。外国音乐:《摇篮曲》(舒伯特著)、《春之歌》(门德尔松著)、《蓝色的多瑙河》(施特劳斯著)。此外,还可以听一些欢快的儿童歌曲、舞曲及婴儿体操音乐等。在选曲时要注意胎动的类型,因为人的个体差异往往在胎儿期就有所显露,有的活泼好动,应选择节奏缓慢、旋律柔和的乐曲。有的文静少动,可选择轻松、欢快、跳跃性强的乐曲。

进行的方法:孕妇每日在工作及家务之后,选择自己空余的时间听音乐,每次5~15分钟,作用是安定情绪,陶冶性情,增进身心健康,间接地对胎儿施以良好的影响。要先根据每一时期胎儿发育的需要来录制音乐磁带,然后播放录音给他听。一天进行2~3次,每次5分钟。作用是使胎儿直接感受声音的刺激、音乐的节奏,了解胎儿听音乐后的反应。

(三)语言胎教

主要是对胎儿说话,给胎儿听不同的说话声,可以根据胎儿的发育进展,选择适合的说话内容,采用听讲对话器或扩音器来进行,也可以自己用硬壳纸板做一纸筒,一头放在母腹上,一头由父亲或家中的其他成员对筒口和胎儿说话。还可以将父母、家庭其他成员的说话声音录下来,播放给胎儿听。实验证明:胎儿偏爱父亲低沉、宽厚的语音。每天对胎儿说话早晚各一次,每次1~2分钟,说话的内容要简明扼要,并多重复几次。在胎儿出生前1个月,孕妇可将出生后6个月要对婴儿说的单词或词组,陆续地对胎儿讲,如宝宝(或将要为他取的名字)、牛奶、喝水、眼、鼻、嘴、耳、转头、抬头、握手、亲脸、蹬脚、拍、摇、摸、玩、看、听等等。经过语言胎教的胎儿出生后能隐隐约约地感知这些词的意义,在出生后4~6个月时会有所反应,如听见自己的名字有欢乐的反应。

(四) 运动训练

怀孕 4 个月开始,孕妇逐渐感觉到胎动,这是胎儿主动的运动,也是孕妇在感觉上与胎儿的一种早期联系,可以在此时通过按摩腹部的动作与胎儿沟通信息。随着胎儿增长,胎动次数也逐渐增加,孕妇应掌握胎儿发育的规律,如胎位、胎动、胎心跳的情况,适当地激发胎儿运动的积极性。一般来说,胎儿在胎内的活动,小至吞咽、眨眼、握拳,大至伸展四肢、转身、翻筋斗等都能主动地进行。由于胎儿能主动活动,比较活跃,因此易于接受父母施予的运动训练。

对胎儿采用运动训练的方法是用手抚摸孕妇的腹部,还可通过用手掌轻轻按压、拍打等来刺激胎儿作出反应。具体做法是孕妇仰卧躺在床上,全身放松,用双手捧住腹部,来回抚摸,然后用手指轻压腹部,再放松,这时能感知胎儿作出的一些反应。经过一段时间的训练,胎儿就会伸手或踢脚去触动孕妇用手抚摸、按压或拍打腹壁的某些部位,表示对孕妇的"友好"反应。由于每个胎儿的发育情况不同,反应的速度快慢不同。孕妇每天对胎儿进行运动训练 1~2 次,每次不超过 5 分钟,运动训练的时间要固定,最好安排在 18 时至 21 时之间,因为这时胎儿胎动频繁,非常活跃,易于接受父母的训练。

运动训练要掌握好时机,怀孕 3 个月以内及临近产期时都不宜进行。即使在训练高峰期,怀孕 7~8 个月时,每次运动训练也不宜超过 10 分钟。

音乐胎教、语言胎教和运动训练既可以单独分开进行,也可以结合起来进行。如父亲将纸筒扩音器对准孕妇腹部唱歌和讲话可以交替进行,或将音乐与讲话声录入磁带对腹播放,使音乐与语言胎教结合进行。在进行运动训练时可以一面做动作,一面对胎儿说话,讲一些单词或词组,如"拍一拍"、"摸一摸"、"好宝宝(或胎儿的姓名)"、"动一动"。也可以一面播放音乐一面做运动训练。

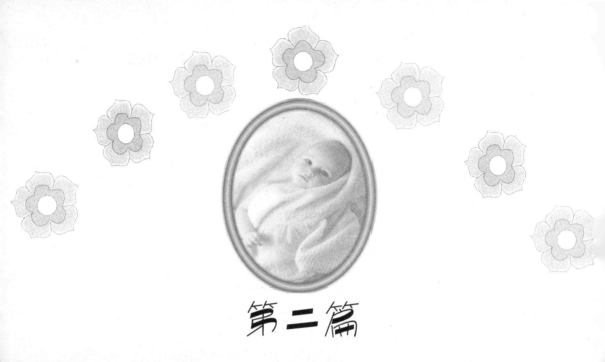

第二篇

新生儿期

（出生~28天）

0~3岁婴幼儿养育

一、新生儿的生长发育

　　新生儿期是人生的最初阶段。这时期父母将面临许多问题需要去解决：如何理解宝宝的生理和心理的需要？怎样护理？怎样喂养？如何教育和训练等等。如果父母能学习对新生儿进行科学育儿的知识，并掌握解决问题的方法，就能使孩子健康地迈出可喜的第一步。

　　孩子从出生到长大成人，要经历十多年的连续发育过程。身体各器官的形态和功能，都在不断发育中逐步成熟起来，表现出不同阶段的特点。新生儿的身体发育和神经心理发育有哪些特点呢？

(一)身体发育特点

　　每个孩子发育的情况都不一样，这与出生前的遗传素质和先天特点、出生后的生活环境、喂养方法、生活护理、营养调配、疾病防治和体格锻炼都有密切的关系。

　　体重　是身体一切器官和体液的总重量。正常新生儿出生体重约为 3 千克左右。在出生 3~5 日，由于胎便排出失水，吸入母乳不足，出现生理性体重下降。但在生后 10 天左右可恢复到出生时体重。以后逐渐增加，每日约增加 40~50 克。

　　身长　是反映骨骼发育的一个指标。一般正常的新生儿身长约 50 厘米左右。男比女长些。满月时身长约为 55.5~56.5 厘米。

　　头部　新生儿的头部比较大，占身长的 1/4。测量新生儿的头围，可以反映脑壳的大小，是诊断神经系统疾病的重要指标，新生儿头围约为 34 厘米。头围过小或过大都属不正常。过小可能是脑发育不良，过大可能是脑积水或颅内肿瘤。

　　新生儿的头颅是由 8 块骨头构成的，出生之初仍未衔接在一起。在出生过程中，骨与骨之间可重叠，让头部能穿过狭窄的产道。出生后还可以触摸到重叠处稍隆起，头成长圆形，这也是初生婴儿的头很少是完全圆形的原因。在头顶靠近前额处呈钻石形的柔软小块，称为"前囟门"；头后面呈三角形的柔软小块，称为"后囟门"。前囟门要在 14 个月左右闭合，后囟门在出生时已闭合，最晚的也在 3 个月左右闭合。如安静时，前囟处看起来平坦，微凹，有时还能看到轻微搏动。

　　前囟的凹凸常表示颅内压力的情况，严重脱水时颅压减低，前囟下陷；而颅内压增高时，前囟可能膨胀突起。如在患脑积水、脑膜炎、脑炎、脑肿瘤等病时，应注意婴儿前囟的大小及凹凸情况，估计颅内压高低，以便及早发现不正常的情况。

　　胸部　新生儿的胸形几乎是圆柱形，其前后径与横径相差无几。随着年龄增长，横径增长较快，渐似成人胸部，测量胸围可以了解胸廓的容积以及胸部骨骼、肌

肉和脂肪层的发育情况。它还表明身体形态和呼吸器官的发育是否良好。新生儿出生时胸围约 32 厘米,比头围小 2 厘米。

骨骼 新生儿的骨骼非常软弱,还没有硬化。由于在胎内长期处于弯曲状态,因此产生后脊椎骨尚未伸直,仍软弱无力,搂抱时须托住颈部和背部。

皮肤 皮肤是防御人体受病菌侵入的重要防线。新生儿的皮肤柔嫩、角质层薄,皮下毛细血管丰富,局部防御机能差,任何轻微的擦伤都是细菌侵入的门户。细菌从皮肤进入到血液中生长繁殖,容易扩散到全身引起败血症。

新生儿皮肤的外观呈玫瑰红色,皮脂腺分泌旺盛。出生时皮肤上覆盖着一层胎脂,有保护皮肤不受细菌侵入及保暖的作用。出生后会自然吸收不易擦掉,仅对颈下、腋下、及大腿弯(腹股沟)、小腿弯等处的胎脂于生后 6 小时左右用消毒的植物油轻轻擦去,避免胎脂刺激皮肤发生擦烂。在鼻尖、两鼻翼及鼻与面颊之间常因皮脂堆积而引起的黄白色小点,日后会自行消退,千万不要挑挤,以防感染。在新生儿的骶尾部和臀部,往往会发现有一种无害的灰蓝色的色素斑,此乃是皮肤深层堆积了皮素细胞所致,生后 5～6 年内会自行消失,不需治疗。

呼吸 胎儿用不着自己呼吸,体内氧气和二氧化碳的交换都是通过脐带由母体来代替的。正常的新生儿出生后立即开始呼吸,从此以后,就靠自己的肺部来调节氧气的吸入及二氧化碳的排出。但由于新生儿呼吸中枢发育不健全,调节功能尚不够成熟,整个呼吸道又较狭小,胸部呼吸肌力量薄弱,要依靠腹部横膈肌的升降运动来协助呼吸。因此,新生儿的呼吸是以腹式呼吸为主,胸部呼吸表浅,常不规律,有深浅快慢不均匀的现象。在生后 2 周内一般呼吸频率为每分钟 40 次左右。

循环 胎儿时期心脏及大血管之间血流的通道是从左心经过卵圆孔(在右心房与左心房之间)和主动脉与肺动脉之间的动脉导管流入左心或主动脉。新生儿出生后,血液循环发生了重要变化,随着脐带的结扎,呼吸的开始,肺循环压力的减低,改变了血液在心脏及大血管内流通的方向。在出生后数分钟内,血液不再往卵圆孔及动脉管处流通,即所谓"功能性关闭"(但真正的关闭一般要过了新生儿期以后)。由于这种改变是逐渐的,因此有的新生儿特别是早产儿在出生的最初几天可以听到心脏有杂音,这可能与卵圆孔及动脉管暂时未闭有关,而不一定是先天性心脏病。应该加强观察。

新生儿的血管分布不均匀,使血流多集中于躯干及内脏,而四肢较少。这是新生儿期肝、脾可以在腹部摸到,而四肢易发冷或青紫的原因。

新生儿的动脉口径与静脉口径相似,以后随年龄增长,动脉口径逐渐小于静脉口径,而动脉肌张力增强。血压在初生时为 80/64 毫米汞柱。生后第 2 周收缩压可达 90～100 毫米汞柱。

在正常情况下,新生儿脉搏的特点是快而波动大,一般在 120～160 次/分左右。

消化 胎儿时期整个消化系统处于静止状态,出生后转为活动很强的系统,并且要靠新生儿自己摄取乳汁进行消化。新生儿消化功能的特点是消化吸收面积较大,能分泌足够的消化酶去消化母乳或乳类食品中的蛋白质和脂肪,但肠壁肌肉层较薄弱而松弛,容易发生腹胀。

新生儿的唾液腺发育迟,唾液分泌少,其中淀粉酶的分泌要在3个月后逐渐增多。因此,新生儿不宜喂米糊、奶糕等含淀粉多的食物,否则容易引起消化不良。

新生儿的胃容量小,约为30～60毫升。胃呈水平位(横位),胃壁肌层发育未全。入口处的贲门括约肌发育差,而出口处的幽门括约肌发育好,因此贲门松、幽门紧,很容易溢奶或吐奶。此外,由于胃容量小,胃排空时间较长(奶到胃里需要3小时才能排空),也易引起呕吐。在出生后1～2天内常见新生儿吐出一些淡黄色的黏液,那是通过产道时咽入的羊水、黏液或血所致。

新生儿的肠道相对较长,分泌面和吸收面较大,故新生儿能适应较多的流质通过。因此,部分未消化的蛋白质易透过肠壁进行消化,有利于初乳中免疫体的吸收。

排泄 新生儿出生后10小时开始排出胎便。胎便呈黏稠棕褐色或墨绿色,无臭味,是由消化道分泌物在胎内咽下的羊水和剥落的上皮细胞所组成。一般在生后第1日排出的完全是胎便,第2～3日排出过渡粪便,以后逐渐排出正常的粪便。吃母乳的粪便呈金黄色,吃牛乳的呈淡黄色。每天排便次数较多,甚至每块尿布都有粪便。但只要粪便消化均匀,没有奶块,水分不多,不含黏液,睡眠饮食都很正常,体重日见增加,仍属正常现象。因此,要注意新生儿排便的性质。有些新生儿出生后24小时不排胎便,应去医院检查有无"无肛"、"肛门闭锁"等先天性消化道畸形。

新生儿出生时,在膀胱内有少许尿液,一般在出生后24小时内排尿,最初几天的排尿是:第一天2～3次,第一周内每天4～5次,一周后可达10余次左右,多者可达20次左右。尿液透明,微带黄色,尿内含有微量蛋白。有时可见红尿(尿酸盐引起),一般持续数日自行消失,尿酸盐多时可使新生儿排尿不安。新生儿肾脏发育还不成熟,肾脏功能不足,容易发生低血钙,亦为新生儿发生痉挛的原因之一。对某些药物的排泄亦较慢,因此,对新生儿用药应十分慎重,必须严格掌握剂量,防止毒性反应的发生。由于新生儿肾脏稀释功能较差,用牛奶喂养的应比母乳喂养的多补充一些水分。

神经 早在胎儿时期神经系统的发育先于其他系统,发育较快较好。因此,新生儿出生时,神经系统的基本结构已经具备;大脑两半球皮质结构已经形成(与成人一样有6层),已具有表面的沟回,但不深,总面积较小。脑的重量约为390克左右,是成人脑重的1/3(成人脑重约为1400克左右)。新生儿脑神经细胞的数量也接近成人,但体积小,结构简单,神经细胞机能很弱,新生儿易疲劳,因此大部分时间处于睡眠状态,常在感到饥饿时才醒来。神经纤维大部分尚未髓鞘化,对外界的刺激不

能很好地传导和分化,表现在当局部受到刺激时可以发生全身泛化反应,以头、躯干、手和脚的乱动来应付各种刺激。

免疫 新生儿对麻疹、风疹等传染病有先天的免疫能力,不易被传染。这是因为新生儿血液中有从母体带来的免疫体——丙种球蛋白和抗体。在出生后,新生儿还可以从母亲的初乳(即母亲产后第一次分泌的乳汁)中获得多种抗体。因此,母亲不应将刚开奶的乳汁挤出丢弃。应尽量让新生儿多吮吸吃完。

由于新生儿的皮肤黏膜娇嫩,抗病菌侵入的能力差,身体各组织器官的功能又不完善,所以,对一般细菌感染的抵抗力很弱。如不注意,容易因细菌感染而生病。因此,应重视新生儿的清洁卫生、消毒防病。不要接触患有传染病、呼吸道感染或皮肤病患者,以免感染。如果母亲患了伤风、感冒,应带上口罩,洗净双手,才能抱孩子。此外,在新生儿时期还应接种卡介苗,以防结核病感染。

特殊状态:新生儿在出生后最初数日内出现一些特殊现象,这些现象虽接近病理,但实属生理性的,不是病。

1. 生理性体重下降:出生2~3天体重可比原有体重减轻3%~9%。恢复体重早的在生后7~10天,晚的在生后2~3周。注意环境温度不要过热,加强护理,合理喂养,可避免体重下降过多,使其提早恢复。

2. 生理性黄疸:有些新生儿在生后2~3天出现皮肤、巩膜、口腔黏膜发黄。皮肤上黄染程度有轻有重,可以从浅黄色到柠檬色。手心、足心不黄,尿色正常不加深,粪便不发白。但在口腔黏膜上比较明显。生后4~5天黄疸达高峰,以后就逐渐消退,一般在10天左右退尽。黄疸的出现属正常的生理现象,医学上称为"生理性黄疸"(此种黄疸有别于病理性黄疸)。它对新生儿生长发育及脏器官功能均无影响。这时新生儿吃奶、睡眠、精神均正常。若是新生儿生下即出现黄疸,逐渐加重,遍及全身,迟迟不退,或退后又加深,粪便发白、尿色加深、全身状况不正常,就应考虑是病理性黄疸,需及时明确诊断,进行治疗。

3. "马牙":新生儿口腔上腭正中线附近或牙龈边缘可发现白色小颗粒,这是由于上皮细胞堆积形成的,俗称"马牙"或"板牙"。一般经过几个月会自然消退脱落,属正常生理现象,不需特殊处理。

4. 生理性乳腺肿胀:有些新生儿在出生3~5天出现乳房肿胀,少量乳液分泌。一般到生后8~10天达最高点,经2~3周后自行消退。这是生理现象,是出生前受母体激素(主要是生乳激素)影响的结果,无需处理,更不要去挤压,以免损伤皮肤而引起感染。

5. 生理性阴道出血和分泌黏液:由于新生儿在胎内受母体性激素的影响,女婴于生后5~7天从阴道排出少量血样分泌物或白色黏液,前者称为"假月经",后者称为"白带"。一般持续1~2天后就会自行消失,这是正常的生理现象,不需特殊处理。

特殊新生儿

正常新生儿的胎龄在37～42周,出生体重约2500～4000克,而特殊的新生儿为数很少,有以下几种类型:

1. 早产儿:新生儿胎龄小于37周.生长发育一般都不够成熟,胎龄越小生存能力越差,出生后需要特殊的照顾。

2. 小于胎龄儿:又称成熟不良儿。不论新生儿足月产还是早产,其体重多数在2500克以下。由于在胎儿期,子宫内营养障碍,生长发育不良,出生后死亡率较高,应作为"高危"新生儿对待。

3. 小样儿:亦称低体重儿。一般体重在2500克以下,有的在1500克以下者称极低出生体重儿。大多为早产儿或小于胎龄儿,有的新生儿胎龄足月(等于或大于37周)但体重低于2500克。称为足月小样儿,大多为在子宫内受某些因素影响,受感染,有的还伴有先天畸形,应重点监护和照顾。

4. 过期产儿:新生儿的胎龄大于42周,超过预产期2～3周才出生,应查明原因,并检查有无异常。

5. 巨大儿:新生儿体重大于4000克,多为大于胎龄儿。出生后应注意观察有无异常,有些患糖尿病的母亲常产下巨大儿。

这些特殊新生儿应定期进行检查,随时了解他们的生长发育情况,并取得医护人员指导,促使其在1～2年内恢复正常发育。

(二) 神经心理发育特点

新生儿的神经心理发育也和身体生长发育一样,是与先天遗传素质、母亲怀孕期的保健以及胎儿期内外环境的影响有关。人的神经系统活动、心理活动,主要是在大脑皮质中进行的,通常称为高级神经活动。由于新生儿的大脑两半球皮质还不能正常发挥作用,所以新生儿期的神经活动只能在大脑皮质下中枢调节,通常称为低级神经活动。

新生儿特殊神经反射

新生儿的神经发育独有的特点是:一诞生就具有一些生理反应能力,可以对环境中的某些刺激自动地作出反应。这些反应是本能的,不学而会的,是一种低级的适应性的神经反射,通常称为无条件反射,正常的新生儿都具有完善的无条件反射。除了维持生命和保护神经的反射如眼角膜、结合膜反射、瞳孔反射、吞咽反射等终身存在以外,新生儿尚具有一些特殊的神经反射,这些无条件反射随着生长发育,在婴儿期中会逐渐消失,有以下几种:

吮吸反射

当乳头、手指或其他物触及新生儿嘴、舌时立即出现吮吸动作,此反射约持续到4个月消失,但夜间可持续至1岁。吮吸反射机能使新生儿自动化吸奶得以生存。

觅食反射

当用手轻触新生儿面颊或嘴角时,会转头朝向触侧觅食,并同时出现张嘴、吮吸的动作。此反射3~4个月会自动消失,其机能是帮助新生儿寻找乳头。

握持反射

用物或手指触新生儿的手掌心时,就紧握不放。此反射3~4个月消失,其机能为今后有意识抓握物品打下基础。

拥抱反射

当突发巨响声或头部突然向下坠落时,新生儿出现两手张开,四肢伸直外展,然后双臂屈曲向胸前作拥抱状:此反射4~6个月时消失,其机能是抱住自己身体。

步行反射

用双手扶持新生儿腋下呈直立位,使两脚接触桌面,会出现左、右两脚交换向前迈步。此反射约2个月后消失。

颈紧张反射

将新生儿头转向一侧时,同侧上下肢伸展强直,对侧上下肢呈"击剑姿势"的屈曲状。此反射约3~6个月时消失。其机能为以后有意识接触物体的动作作准备。

游泳反射

将新生儿俯卧在水里,其双手会出现非常协调的游泳动作。此反射出生即有,4~6个逐渐消失。其机能是在新生儿意外落水时保护小生命。

收缩反射

用带尖的东西轻刺新生儿的脚掌,脚部会迅速收缩,膝盖弯曲,臀部轻抬,这种反射出生即有,10天后减弱。其机能可使新生儿免受不良触觉刺激的伤害。

如果新生儿在出生时测试不出来这些反射,而到以后婴儿期时又不消失,则应引起注意,并进行检查,以排除神经系统的疾患。

新生儿出生后,大脑皮层还不能正常发挥作用,就是依靠皮下中枢实现无条件反射来保证其内部器官和外部环境的最初适应,得以生存下来,并以此为基础建立条件反射,进一步去适应一天比一天扩大了的新生活。

新生儿出生时是没有心理活动的,生后10天左右在无条件反射的基础上建立条件反射。如母亲每次以同样的姿势抱新生儿哺乳,经过多次后就形成了哺乳姿势的条件反射。每当新生儿哭时母亲就去抱他,这种动作重复多次也会建立哭了就要人抱的条件反射。条件反射是后天受客观刺激而形成的暂时神经联系,是一种脑反映事物的高级神经活动。人能学会的一切本领,都是条件反射。既是生理活动又是最初的心理活动。新生儿的神经心理发育的特点表现在以下几个方面:

感觉的发育

新生儿出生后就要接触来自外界的各种刺激,因此,感觉的发育最早。如通过听觉听声音,通过视觉看光亮,通过嗅觉闻气味,通过味觉尝乳汁,通过皮肤感受冷暖、疼痛等。这些都是各种感觉现象。感觉是新生儿的最初心理活动,是一切认识活动的基础。开发智力首先要重视感觉的发育。

(1)听觉:出生后对突然的响声有反应,会受惊,停止手脚乱动。两周后出现明显听觉,听觉集中,听到母亲的声音能停止哭声,安静下来。

(2)视觉:出生时,新生儿视觉模糊,但对光有眨眼反应。由于眼肌控制能力差,虽然睁开眼,但视线不会停留在任何物体上。经过光和物的刺激感受后,视觉开始集中注视眼前的物体。满月时,目光能注视近距离缓慢移动的物体。新生儿喜欢注视色彩鲜艳的物体,对红色和蓝色有不同的反应,喜欢注视轮廓线较多和曲线物体的图像。

(3)味觉:新生儿的味觉很敏感,已能对不同的味道作出不同的反应。喜甜味,尝后出现吸吮动作;不喜苦、酸、咸味,尝后出现闭眼、皱眉、苦脸而转头避开。

(4)嗅觉:新生儿嗅觉发生得较早,首先会通过嗅觉寻找母亲的乳头,喜闻乳香气味,并很快学会分辨不同的气味,如喜闻果香味,不愿闻臭气。

(5)肤觉:新生儿的肤觉感受性发育得最早,很多无条件反射又都是和皮肤相联系的。如新生儿的嘴唇和嘴的周围皮肤受到刺激,就会出现吸吮反射;鼻黏膜受刺激,就会引起打喷嚏;刺激眼毛和角膜,就会引起眨眼反射;刺激手掌,会引起抓握反射。所以,新生儿的嘴唇、手掌、脚掌、眼睑等是特别敏感的部位。

新生儿的冷觉、温觉和痛觉也很发达,感受非常灵敏。如出生时,感觉到母体外较冷而哭叫,放到温暖的地方就不哭。又如人工喂养的新生儿吃到牛奶太冷或不热时就扭头,吐出乳头而大哭。新生儿出生就具有痛觉,遇到痛的刺激后立刻引起全身的反应。痛觉的敏感性会与日俱增。

动作的发育

动作的发育是以骨骼、肌肉、神经系统的生理发展为前提。发展的顺序是从上部到下部,从中间到边缘,从整体到分化。婴幼儿全身动作发展的顺序先是头部竖直,然后依次是抬头、撑胸、翻身、坐、爬、站、走、跑、跳。新生儿的动作发展是从头开始的。

新生儿出生时全身只会无规则性地乱动,动作不协调,也不能改变自己身体的位置。将他仰卧在床上时,头仅能向左右转动,四肢会伸缩、弯曲做拥抱姿势。俯卧时四肢呈游泳状态,头不能抬起。到满月时能试着抬头

但无力,只能使鼻部离开床面,将头转向一侧便于呼吸。竖抱时头不能竖立。由于本能的反应,小手会抓握成拳头状。

情感的发育

新生儿出生后就具有愉快和不愉快的情感。这些情感都是与他的生理需要联系起来的。如吃饱穿暖睡好就愉快,当需要不能满足,如饥饿、疲倦、未睡好就要哭闹。哭的时间和次数在新生儿期最多。但哭声是新生儿表示需要的语言,是引起成人关注他的生理和心理上的需要,是新生儿得以生存的一个无条件反射。新生儿在哭的同时,呼吸及语言发音器官自然地也得到锻炼和发展。

新生儿生来就会笑,这是本能的笑,是生理性微笑。3周后,由于经常接触母亲的爱抚、搂抱和喂奶,注视母亲的脸,而建立了条件反射出现社会性微笑。每当听见人声,看到人脸就会微笑。这是依恋母亲情感的开端。

新生儿虽然在出生到满月的一个月中,能通过感觉、动作、情感的发育,对外界的刺激作出各种不同的反应,这说明新生儿已开始了心理活动,但与成人相比,这种心理反应是低级的,只是一个人意识活动的开端,还处于原始的形态,刚开始起步的阶段。

二、新生儿的喂养

新生儿出生后中断了对母体的依赖,靠自己吃奶来维持生命,需要母亲的乳汁来喂养。新生儿期是生长发育最迅速的阶段。从出生到满月的体重能增加1千克左右。因此,应有营养丰富而易于消化吸收的食物来喂养。母乳是天然的高级营养品,是新生儿最理想的食物,也是母亲在产后能自然泌乳供给的饮食。每个母亲都应进行母乳喂养。少数母亲因生理或病理因素而不能喂奶的,可选择人工喂养。对一些母乳量不足者,可以增加一部分代乳品来补充母乳进行混合喂养,以保证新生儿能吃饱吃好,以免影响生长发育。

(一) 母乳喂养

1. 母乳的成分

母乳中包含有蛋白质、脂肪、碳水化合物、矿物质、维生素、酶及水等各种营养成分。

蛋白质分为乳白蛋白和酪蛋白,其中乳白蛋白量占2/3,营养价值高,在胃中遇酸后形成乳状颗粒,凝块较牛乳小,易于消化。人乳蛋白质为优质蛋白质,利用率高。

脂肪中主要是中性脂肪,其甘油三酯易于吸收利用。脂肪酸含量较多,有利于婴儿脑和神经的发育。母乳中的脂肪提供的热量占总量的50%。

碳水化合物主要是乳糖,它是一种易于消化的能量来源。在婴儿的小肠中,乳糖变成乳酸,有利于小肠功能的正常进行,并能帮助吸收所需要的钙及其他物质。人乳中的乳糖多系乙型乳糖,在小肠中刺激双歧杆菌的发育而抑制致病性大肠杆菌的孳生,有利于预防肠壁遭受细菌侵袭。

矿物质以钙为主要成分,其次是钾、磷和钠,最少的是镁、锰、硫、铁。此矿物质的含量足够出生后4～6个月婴儿的需要。其中骨骼生长的钙和磷的比例适当,易于吸收和储存。铁含量少,婴儿4个月后要补充铁质食物。人乳中矿物质含量比牛乳少,能减轻婴儿肾功能的负担。

维生素的含量与母亲饮食有关。如果母亲饮食安排合理,则母乳内的维生素A、B、C、D、E、K等含量能得到保证。若乳母营养不足,则需另外给婴儿补充维生素。

酶能帮助消化,有利于乳汁消化吸收,母乳中有淀粉酶和过氧化氢酶,能帮助脂肪的消化和吸收,还有较丰富的溶菌酶,能促进免疫球蛋白的活动。

水在人乳中占很大的比例,婴儿新陈代谢旺盛,热量需要较多,又加上未发育成熟的肾功能较差。因此需要较多的水分来适应新陈代谢和热能的需要。

2. 各期母乳成分的差异

母乳所含的成分和浓度是随婴儿生长发育的需要和消化系统生理功能的改变而自然调节变化的。一般分为初乳、过渡乳、成熟乳、晚乳四个时期。

初乳:自分娩后到12天分泌的乳汁为初乳,初乳稀薄,量少,但质量高,营养好。与以后的各期比较,其中脂肪量少,蛋白质量多(大部分是免疫球蛋白),矿物质含量较高(铜、铁、锌含量高),此外还含有帮助消化的酶和抗体,能抗病防感染,容易消化吸收。初乳有轻泻作用,可以促使胎粪及早排出。初乳的成分正适合早期新生儿的胃容量小、消化力弱,营养需求高的生理特点。是每个新生儿最需要、最宝贵的营养品。

过渡乳:分娩后13～30天分泌的母乳为过渡乳。乳汁呈白色,乳量增加,其中脂肪含量增加到最高限度,蛋白质和矿物质含量减少。但乳汁的营养成分适合此时期新生儿的生长发育。

成熟乳:分娩后2～9个月分泌的母乳为成熟乳。乳汁分泌到6个月左右,量和质都达到了最大限度,以后量逐渐减少,质逐渐降低。因此,应为婴儿添加辅助食物。

晚乳:10个月以后分泌的母乳为晚乳。此时期乳汁成分除了碳水化合物没有多大变化外,其他成分都有不同程度降低。同时,乳汁分泌量减少。这时期不仅要增加辅助食物的量,还要增加不同的品种,以适合婴儿生长发育的需要。

人乳成分表（%）

日　　　期	蛋白质	脂　肪	糖	矿物质
初乳(1～12天)	2.25	2.83	2.59	0.3077
过渡乳(13～30天)	1.56	4.87	7.74	0.2407
成熟乳(2～9个月)	1.15	3.26	7.50	0.2062
晚乳(10个月以后)	1.07	3.16	7.47	0.1978

3. 母乳喂养的优点

（1）营养成分适宜：母乳的营养能满足一个健康婴儿在6个月前所需的营养素（除铁以外）。并随月龄增加，母乳成分也随之改变，适于婴儿消化吸收和代谢。

（2）增强抗病能力：母乳中含有抗体及其他免疫物质，能抑制微生物生长，使婴儿避免受细菌的感染，少生病。

（3）促进母子感情：哺乳时，婴儿在母亲怀抱中能经常享受到拥抱、爱抚、接触肌肤而感到愉快、安全。这对婴儿的情绪、性格和智力的发展有利。同时通过婴儿吸吮乳头的动作，使母亲感到轻松、愉快。

（4）经济卫生方便：母乳喂养不需额外的开支就能使婴儿得到新鲜、清洁无菌、温度适宜的营养食物，哺乳方便。由母亲直接抱着喂乳，肌体接触机会多，还能及时发现婴儿的冷暖、疾病，便于及早诊治。

（5）加速子宫收缩：通过婴儿吸吮乳头，促使母亲子宫收缩和复位，减少出血，并可降低乳房癌和卵巢癌的发生率。

4. 母乳喂养的方法

母乳喂养是一门科学，在怀孕6个月后就要做好准备，促使乳头、乳晕皮肤坚韧，便于婴儿吸吮。应该做到：

擦洗乳头：每天用毛巾和清水反复擦洗乳头，每次30～40下，每日一次，以促使乳头、乳晕皮肤坚韧，不易破裂。

按摩乳房：怀孕7个月后，孕妇要用手掌侧面轻按乳房壁，围绕乳头均匀按摩乳房，每日一次，以增加乳房血液循环，促进乳腺发育。

检查乳房：孕妇在擦洗及按摩的过程中，发现自己的乳房、乳头有异常情况，应及时求医指导。如有平坦和内陷乳头，可以进行伸展和牵拉练习。

（1）乳头伸展练习：将两拇指置于乳头两侧，慢慢向外拉展乳晕皮肤及皮下组织，使乳头向外突出，重复多次（图1），再将两拇指置于乳头上下侧，向上下纵向拉展，每日2～3次。每次5分钟（图2）。

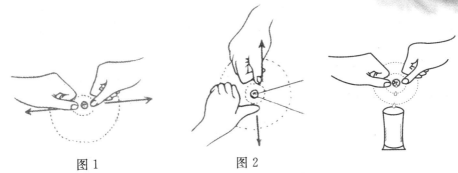

图 1　　　　　　　图 2

（2）乳头牵拉练习：将一手托起乳房，另一手拇、食、中三指抓住乳头向前牵拉，每日 2～3 次，每次重复牵拉 10～20 下。

哺乳前的准备

每次哺乳前应先为婴儿换好尿布，然后用肥皂洗净双手，换上清洁外衣，解开上衣，轻柔按摩乳房，再用纱布或小毛巾沾温开水清洁乳头和乳晕。切勿用肥皂水或酒精代替温开水清洁乳头。

哺乳时的技巧

别以为喂奶是一件小事，新生儿出生就会吮吸乳头。要使婴儿能吃好、吃饱、吃得舒适、满足，却是一门技术，应该讲究科学。

心态：精神因素对于乳汁分泌有很大影响。乳母在喂奶时要轻松愉快，树立自己喂奶的信心，特别是第一次喂奶时，新生儿往往含不住乳头而哭，吮乳无力而吃不好，使乳母精神紧张，影响乳汁分泌。因此，哺喂时要保持良好的心态，不要紧张、烦恼、恐惧、疲劳。

姿势：喂哺时，乳母应采取正确的姿势，使自己体位舒适，肌肉松弛。一般有两种姿势：

（1）坐式：乳母要坐在有靠背、高度适宜的椅子上，背向后斜，紧靠椅背，放松背部和肩部，脚踏在高低适中的小凳上，使肌肉松弛，膝上可放枕头以支托新生儿。

（2）卧式：乳母躺在床上，采取侧卧或仰卧姿势，与新生儿面对面，婴儿可睡于一侧或俯卧胸前哺乳。此姿势适用于产后一周内母体虚弱或夜间寒冷时，避免引起腰酸背痛。待体力稍好时可坐在床上，背靠枕头，抱孩子喂奶。

方法

（1）将乳头擦洗干净后要挤掉前面几滴奶，因为乳管前面的奶可能含有细菌。

（2）搂抱新生儿入怀，乳母一手及前臂托住婴儿头颈部，使新生儿面向乳房，另一手的拇指向下，其他四指向上托起乳房。

（3）开始哺喂时，先用乳头去触及新生儿口唇及口部四周的皮肤，以诱发觅食反射。待新生儿口张开、舌向下的一瞬间，及时将乳头及乳晕送入口中被其含住开

始吸吮。这时乳母再轻挤乳房,将乳汁挤入到新生儿的口腔中,乳头的感觉神经末梢也受到刺激,使母体产生泌乳和排乳反射。哺乳时还要防止新生儿鼻孔被乳房堵住而影响呼吸。

(4)在哺乳的过程中,母亲要仔细观察新生儿吸吮的情况,一般在吸吮时,乳汁充满口腔,新生儿下颌部肌肉作缓慢有力的节律动作,并可听到咽乳声,这表示新生儿吮乳及咽乳顺利。若仅吸吮而无咽乳声,则表示新生儿吸吮无力、乳汁未充满口腔。乳母要帮忙将乳汁挤入口中,促使其吞咽、吃饱。

(5)每次哺乳时两侧乳房要交替喂,先喂一只乳房,吸空后换另一只乳房。下次喂奶时要先喂上次未吸尽的一侧,吸空了再换另一侧。因为先吸出的乳汁与后吸出的乳汁成分不一样,一般后吸的奶,脂肪含量较多,如不利用实在可惜。再者,乳房吸空后能刺激乳汁再分泌,乳汁若不吸空会淤积起来容易引起乳腺炎。

时间

(1)开奶时间:在产后半小时将新生儿身体擦干净后(不必洗澡)立即抱到母亲怀里,让他吸吮乳头。因为刚出生时觅食和吸吮反射特别强烈,母亲也渴望早些看见和抚摸孩子。母子间的皮肤接触,有助于母子间感情联系,有助于刺激乳汁的分泌、胎盘的娩出和子宫收缩。因此,提倡早开奶,越早越好,即使无奶分泌也要给新生儿吸吮。

(2)哺乳时间:新生儿哺乳无需规定时间,应该按需哺乳。应允许新生儿不受任何限制,在乳房上自由吸吮:这样能使新生儿获得足够的初乳。一般在最初3～5分钟就能吸到所需的一半以上的乳汁.因此每次最多喂15分钟左右就够了。但有些新生儿吸吮不熟练或无力,往往吸吮不到所需的乳汁而睡着,这时可以轻拉耳垂或用手指弹脚心把他弄醒,继续再喂。一般新生儿吃饱后能睡2～3小时,甚至更长的时间。如新生儿睡得好,喂奶时间已到,也不必将他弄醒,可等他醒后再喂。

哺乳后的处理

(1)轻取乳头:当新生儿吸吮停止后,乳母可用食指轻轻按压其下颌,即可将乳头乳晕从其口中拿出,切勿在口中紧吮的负压情况下,硬将乳头拉出,以防乳头受损。

(2)俯肩拍背:喂哺结束后,应将新生儿直抱,俯卧在母亲肩部,轻拍其背部,使哺乳时吸入胃内的空气排出而发出"嗳"声。然后将新生儿略向左侧卧下,头部稍垫高,以免溢乳,呛入气管。哺乳后不宜多翻动或平抱摇晃。

(3)喂毕挤奶:哺喂结束后应将乳房内剩余乳汁挤空,可促使乳汁分泌增多。若有某种原因暂时不能喂奶时.应将双手洗净,将乳汁挤入清洁消毒的奶杯中冷藏备用。

哺喂结束后,还应挤出几滴乳汁,用食指擦抹乳头及乳晕,以保护皮肤。

5. 母乳喂养中的问题

哪些因素会影响母乳分泌呢？

（1）营养：乳母应有合理的膳食安排，对各种营养素的需要量比一般人多。膳食中应多吃高蛋白质的食物如鸡、肉、鱼、虾、蛋、豆制品、牛奶等。此外，还要吃足够的粮食、蔬菜、水果和汤水。不宜吃刺激性的食物如辣椒、咖啡、烟、酒等。乳母营养缺乏会影响乳汁的分泌。

（2）精神：乳母应有良好的精神状态。生活有规律，睡眠要充足，经常保持愉快的心情，有利于母乳分泌。任何精神上的烦恼、忧虑、过度疲劳及睡眠不足都会影响乳汁的质和量。精神不好则食欲差，乳汁也会减少。

（3）药物：乳母要慎重用药。因为有些药物如抗甲状腺药、阿托品等会影响乳汁分泌。口服避孕药亦会使乳量分泌减少。因此，哺乳期间最好采用避孕环或其他外用避孕方法。

（4）疾病：发热、感冒或患乳腺炎等，常可引起暂时性的奶量减少。一般感冒时可以戴上口罩继续喂奶；患乳腺炎时不能直接喂奶，应将乳汁挤出煮沸后再喂，以免新生儿感染，也可避免病后无乳。

患哪些疾病不宜喂母乳？

母乳虽好，但母亲若患了活动性结核病、肝炎、重症心脏病或肾脏病、糖尿病、精神病、癌症、急性传染病、败血症等疾病时均不宜喂奶。因为有些疾病会传给婴儿，另一方面也会促使母亲病情加重。

怎样知道婴儿是否吃饱？

一般说来，婴儿连续吸奶 15 分钟左右，能安静入睡 3 小时左右，体重明显增长（除出生后 1 周内生理性体重下降以外），面色红润，哭声响亮，大小便正常，这些现象都表示婴儿已吃饱。反之，吸奶无力、时间短或吸奶时间虽长但无吞咽声，边吃边睡，吸奶后未满 2 小时即哭吵不止，体重增长慢，大便干燥而量少等，都表明奶量不足，婴儿未吃饱。此外，还可以在喂奶前后各称量一次婴儿体重，求得差数，以了解婴儿吸入了多少乳量，这是最科学的办法，但不宜经常做。新生儿期的婴儿食量小，90％以上的乳母都能正常分泌乳汁，让婴儿吃饱。

奶胀了怎么办？

在产后 1～2 周，乳母往往感到乳房膨胀而坚实，静脉显露呈现"青筋"。乳汁挤不出，新生儿吸乳有困难。这是由于乳腺刚开始分泌乳汁时，静脉及淋巴管郁滞所致。一般持续 1～2 天乳汁分泌增多，让新生儿吸吮多次后会使奶胀自然消退。如果乳房过度膨胀，乳母疼痛难忍，应尽快用热毛巾湿敷或用发酵面粉分敷两侧乳房，也可用中药如蒲公英、紫地丁捣烂外敷。待乳房稍软时立即用清水擦洗乳头和乳

晕,用手挤奶或用吸奶器吸奶,尽量排空乳房。还可以请较大的孩子或丈夫用力吸出,以避免奶胀后发生乳腺炎。

漏奶怎么办?

哺乳时婴儿边吃另一侧边漏奶属于正常现象。只要用手指将另一侧乳头按住即可。有时新生儿未吸吮,乳汁自行流出,这种现象称"漏奶"。乳母漏奶时应注意内衣不要过紧,将小方毛巾放在乳罩内将乳房托起,勿使乳房受压,奶就不会漏出了。

乳头破裂怎么办?

乳头皮肤娇嫩,在孕期时孕妇未擦洗乳头,往往在产后喂奶时发生乳头破裂,乳头表面出现小裂缝或溃疡,以致吸吮乳头时疼痛万分。这时可用玻璃奶罩放在乳房上,让新生儿吸吮假乳头,或用吸奶器将乳汁吸出来,煮沸消毒后喂给新生儿吃。同时对乳头破裂、溃疡要及时治疗,可在乳头表面涂铋油剂、复方安息香酊或鱼肝油铋剂等药物,效果较好。

生了奶疖能否喂奶?

奶疖即急性乳腺炎,多见于初产妇。初期发病症状轻,稍红肿和压痛,乳汁还未变化,乳母无发热及寒战等全身症状,也未用过抗生素或其他药物,可以继续直接喂哺。如果奶疖化脓、红肿加剧、并有发热、寒战、乏力等全身症状,这时正是发病的中、后期,必须用抗生素来治疗,应暂时停止哺乳。因药物也会进人到乳汁中,如果新生儿吸入,日后有可能影响骨骼、牙齿、听力、肾脏的发育。因此,应用牛奶或奶粉来代替数日。乳母要每天按时挤出乳汁、尽量排空,以利奶疖治愈后再恢复母乳喂哺。

母乳不足怎么办?

产后第一次分泌乳汁的时间每个母亲都不一样,有的分泌早,有的分泌迟;有的多,有的少。乳汁分泌迟或少的母亲千万不要着急,愈急乳汁分泌就愈少。要树立信心,坚持多让新生儿吸吮乳头,以刺激乳汁分泌。一般说来,在产后数周内乳汁分泌再少,也能基本上满足新生儿的最低需要。若实在不够,母亲要多吃些富有营养、能促进乳汁分泌的食物和汤水,如鲫鱼通草浓汤(不放盐)、黄豆蹄髈汤、王不留行(10克)炖猪蹄汤、鲜虾汤、黄花菜炖鸡汤以及豆浆等都能催奶分泌。

如果采用了种种方法母乳仍不足,就应在每次喂完母乳后加添新鲜牛奶或奶粉以补充母乳的不足。

混合喂养

母乳量不足或因某些情况不能按时喂奶而用牛乳或奶粉来代替一部分母乳的喂养,叫混合喂养。有两种喂养方法:每次喂母乳后补充牛乳或奶粉的方法叫补授法,此法适于新生儿至6个月以内的婴儿喂养;一次喂母乳一次喂牛乳,间隔喂养的方法叫代授法。此法容易使母乳减少,最好在 6 个月以后采用。

新生儿采用补授法喂养时,每次补奶应根据母乳缺少的程度来决定补奶量。一般先哺母乳后再喂牛乳时让新生儿自由吮乳,直到吃饱为止。试喂几次后,再观察新生儿喂乳后的反应,如无呕吐,大便正常,睡眠好,不哭闹,可以确定这就是每次该补充的奶量。但还要根据新生儿每天身体在增长的情况,逐渐按需要增加奶量。

人工喂养

母亲患了严重的疾病或某些特殊情况不能喂母乳时,才选择以动物乳或其他代乳品来喂养,叫人工喂养。人工喂养可用牛乳、羊乳、乳粉、蒸发牛乳、人乳化牛乳、豆浆或豆制代乳粉等。新生儿及 6 个月以内的婴儿宜用牛乳、乳粉、蒸发牛乳及人乳化牛乳。

6 个月以后可以增加豆浆或其他代乳粉等。

人工喂养的技术和注意事项

(1) 奶具的选择与消毒:奶具应选择直形奶瓶,软硬适度的奶头。奶头开孔大小要适宜。此外,还应备有专用的匙、碗、杯、锅、洗瓶刷、盖布及擦布等供配制乳液用。

新生儿所用的奶具及配制乳液的用具必须每次消毒。将奶瓶、奶头等用肥皂水洗刷干净,放入冷水锅中煮沸 10 分钟后,立即取出放在消毒过的带盖锅中备用,以保证清洁和消毒质量。每次取用时,必须先用肥皂洗净双手。

(2) 牛乳的配制:新生儿消化机能薄弱,配制鲜奶时需用水冲淡,由淡至浓使其逐渐适应。如开始时可用 1 份鲜奶加 1 份水。适应后改为 2 份鲜奶加 1 份水。以后再为 3 份鲜奶 1 份水,4 份鲜奶 1 份水,最后到满月时可吃全奶不需加水。这样配制可以避免不适应引起的消化不良。奶液配好后倒入锅中,放在火上不停地用勺调拌,当牛乳煮沸时将锅离火加糖(糖量为奶量的 8%)。然后再将锅放在火上直到牛乳沸腾后备用。

奶粉的配制:用奶粉调制奶液应按照 1 平汤匙奶粉加 4 平汤匙水(即 60 毫升水)再加 1 茶匙糖即可。若按重量比例计算,用 50 克奶粉加 40 克水。在调配时先用少量水将奶粉和糖调匀,然后将余下的水全部加入,搅匀煮沸即成新鲜牛奶的浓度。新生儿用奶粉喂养可按 1 份奶粉 5 份水的比例冲调。

(3) 试乳温:每次喂奶前需先试乳液的温度是否适宜。试温方法只需倒几滴奶液于手腕间,不感到烫或凉为宜。切勿由成人直接吸乳头尝试,以免成人口腔内的细菌带给新生儿。

（4）喂奶的姿势和技术：喂奶时新生儿斜躺在妈妈怀里，将奶头塞入小嘴中时奶液务必充满奶头，以免空气吸进。喂奶后需将新生儿抱起，头伏在妈妈肩上，轻拍背部，使空气排出，避免回奶。

（5）喂奶时间：每隔2.5~3小时喂一次奶。

（6）补充水分：牛奶含蛋白质与无机盐比人乳多，故人工喂养较母乳喂养的新生儿所需的水量多。每日每千克体重约需100~150毫升水。此外，在两次喂奶之间应加喂一些温开水，可以帮助体内生理代谢的进行，同时亦可以清洁口腔。

三、新生儿的保健与护理

新生儿从断脐带起，脱离了母体，面临着环境和生理上突然的巨大变化，由于各种生理功能都还不成熟，很难完全适应新环境。因此，这时期他们的发病率很高，死亡率也很高，必须特别重视对新生儿的护理，以保证他们顺利地适应新环境并健康成长。

（一）生活环境

新生儿在出生前一直在恒温的子宫中生活，既听不见噪音，又见不着光亮。生活在羊水中，像宇航员一样，一直处于失重状态，受到良好的保护。出生后，他离开温暖的母体，降生到了寒冷的世界，受到声音、光亮、颜色、空气等各种刺激的包围。他的身体要去适应新环境，进行重大的调整，因此，在新生儿居室应创设适于他生活的各种条件。

1. 温度和湿度

新生儿的居室温度应保持18~22℃，出生第一周温度略高，达24℃，以后可逐渐降低，到满月时保持室温18℃即可。居室环境温度过低或过高都对新生儿不利。如环境温度过低，持续时间过久，新生儿体温低于36℃，容易发生皮下组织硬肿和出血等一系列紊乱现象。相反，如果环境温度过高，保暖过度，容易出现发热、脱水等现象。居室要保持昼夜温度均衡，不能忽冷忽热，使新生儿难以适应。居室还要保持一定的湿度，一般为50%左右。

2. 阳光和空气

新生儿居室最好朝南，经常有阳光照射。室内空气要新鲜。由于新生儿开始自己呼吸，他的呼吸特点是浅而快，节律不均匀，每分钟呼吸达40次左右。因此，必须保持他的呼吸畅通，能吸入新鲜空气。春秋夏季要经常开窗通风，冬季也要定时开窗换气,使室内混浊空气、灰尘和微生物排出室外。有些家庭将新生儿居室终日关门闭窗,空气混浊难以流通,以为这样做就能使母婴不吹风、不受凉,实为过去传统的不科学的观点。其实,开窗时注意避风就行。

此外,还要禁止在新生儿居室吸烟,烟雾污染空气,使新生儿吸入受害。

3. 清洁和卫生

新生儿居室要经常保持清洁,进行湿性扫除,家具应用湿布擦灰尘,扫地时先洒水后扫,最好采用吸尘器吸灰。还可以将新生儿抱到另一间房间后再进行打扫,以免将扬起的灰尘吸入。

4. 安静和愉快

室内保持环境安静,有利于母子休息和睡眠,更好地恢复产后的体力和精力。但不必一点声音也没有。因为新生儿对噪音的反应并不敏感,有些轻微的说话声,悦耳的音乐声还可以刺激他的听觉发育。愉快的环境,轻柔的动作,亲切的说话声,使孩子受到爱抚,有安全感。

(二)注意保暖

新生儿出生后首先碰到的问题就是保暖,因为新生儿身体各部分的器官未发育好,体温调节中枢发育也未完善,保温调节功能差,皮肤汗腺不发达,皮下脂肪较薄,易于散热。因此,除了居室的温度要适宜,还要注意新生儿身体的保暖。

新生儿身体的保暖需要柔软又能保暖的衣服、绒毯、被褥或睡袋。特别在冬季时,若家庭没有取暖设备,可以在衣服外将新生儿用睡袋或绒毯包裹起来,在上面加上棉被,再在睡袋或绒毯侧或离脚部20~30厘米处放置热水袋来保温。热水袋的水温为50~60℃,冲水前先要检查热水袋是否漏水,热水袋中只能冲入1/2~2/3的热水,排出气体后旋紧塞子,将袋倒置,观察有无漏水,最后用干毛巾擦去袋外水珠后装入布套中,再放置在棉被内。千万不要让热水袋接触新生儿皮肤,以防烫伤。热水袋要经常换热水以保持适宜的温度。

母亲要经常注意新生儿的面色及皮肤温度,以了解保暖是否适当。若发现新生儿体温不够,母亲可将新生儿紧贴在自己的胸部,抱在怀中,用母体的温度来保暖。

(三)细心观察

出生后28天是新生儿人生道路上必经的第一道险关。由于每个新生儿的胎龄、胎内营养、保健及生长发育的条件不同,出生后的体重、体质、生理功能以及适应环境的能力也不一样,因此必须细心观察,加强护理,及时发现问题,采取适当措施,才能帮助小生命涉过险关。

1. 观察食量

新生儿完全依靠自己吃奶来维持生命,从断脐后30分钟就可早开奶,开始吸吮乳汁,虽食量不多,但能早获得吮奶的训练。出生后两三天母乳量增加,新生儿吸吮能力增强,食量也增加,吮奶时间增长。母亲应观察新生儿吮吸乳汁的情况:吸吮是否有力,吞咽动作是否协调,食后有否吐奶等。如果一切正常,每次能吃饱,又能睡得好,除了出生第1周生理性体重下降外,以后的体重应逐日增加。如果2周后新生儿体重未能达到应有的标准,哺乳后不久又有饥饿的表现,安睡片刻又要吃奶,表明母乳量不足,需要补充其他奶制品。

2. 观察睡眠

睡眠是新生儿头等大事。因为新生儿需要充足的睡眠时间来保证大脑的休息,因此除了吃奶、排便、清洗外,几乎都在睡眠。新生儿一昼夜的睡眠时间约20小时。睡眠不足会使新生儿生理机能紊乱,神经系统调节失灵、食欲不佳、抵抗力下降。所以母亲应细心观察新生儿睡眠是否充足、安稳,记录每天新生儿睡眠的次数,白天和夜间睡眠的时间。

有的新生儿白天睡大觉,夜里常哭闹,这是一种睡眠颠倒的现象,是由于新生儿神经反射系统不完善,还没有建立起白天短时间睡眠、活动,夜间长时间睡眠的条件反射。有的父母以为白天多睡,晚上少睡,只是影响成人的睡眠,对新生儿没有关系。其实,白天睡和晚上睡是大不一样的。因为儿童体内有一种生长激素,它的分泌呈现昼夜规律,夜间释放的生长激素要比白天多。如果新生儿夜间哭闹不睡觉,会使生长发育迟缓,对他的成长不利。若发现此情况要及时纠正,可以让他白天多醒几次,逗引他玩,晚上就能较长时间睡觉了。

此外,还要经常观察新生儿睡眠的姿势。一般的睡眠姿势可分俯卧、仰卧和侧卧。新生儿由于自己能力有限,需父母关心和帮助他去以某种姿势睡眠。其实这三种姿势各有利弊,无论哪一种睡眠姿势,若是长期采用都不适宜,应时常调换体位。在新生儿吮奶前,空腹时可以俯卧,头面侧左或右,不用枕头,将其两臂伸开,背部朝上,胸腹朝下,使心脏垂近胸骨,有利于新生儿肺的扩张,增加头部、颈部和四肢的活动。缺点是新生儿口水不易下咽,容易外流。由于俯卧时不易转动头部,口鼻易被床垫闷住,呼吸不便,可能造成窒息,因此俯卧时,需人在旁照看,以免发生意外。仰卧是新生儿经常的卧势,仰卧有利于肌肉放松,内脏器官不受压,但有回奶习惯的新生儿往往将奶喷到脸部,阻塞鼻部,有发生窒息的危险,若长期仰卧,会使枕骨平塌,变成扁头。在成人与新生儿讲话、逗乐、给他看玩具、听音乐以及穿衣洗脸时,都需要采取仰卧。侧卧是一种较好的卧势,脊柱略向前弯,呈弓状,四肢安放舒适,全身肌肉放松,得到充分休息。由于心脏偏于左侧,为减少心脏受压,向右侧睡为好,这样又可适宜胃的水平位,即使发生吐奶,也不会引起窒息、但也不能长期将头偏向一侧睡,会使脸部两侧不对称,易引起颈肌扭伤,也有造成斜视的可能。

3. 观察大小便

观察大便可以了解新生儿对饮食的消化情况,对冷热温度的反应,以及及时发现问题进行护理。新生儿在出生后 10~12 小时开始排便,胎粪呈墨绿色、黏稠的糊状。如排出的胎粪呈咖啡色或柏油状、或 24 小时以后仍不排便,就要请医生检查。母乳喂养的新生儿,三四天后胎粪排完后转为金黄色有酸臭味的正常大便,用牛奶喂养的新生儿,大便呈淡黄色。新生儿期粪便较多,几乎每次换下的尿布都沾有粪便,这不是腹泻,而是新生儿神经系统发育不成熟,不能控制肛门的肌肉所引进的。如果粪质均匀,没有奶块,水分不多,不含黏液,仍属正常现象。母乳喂养的新生儿如发现粪便呈深绿色黏液状,表示母奶不足,新生儿处于半饥饿状态,须增加牛奶。牛奶喂养的新生儿如发现粪便呈灰白色、质硬、有恶臭,则表示牛奶过多或糖分过少,须改变牛奶和糖的比例。

新生儿出生后数小时内就开始排尿,如 48 小时内不排尿,就需要请医生检查原因。出生第 1 周的新生儿,每天排尿约 4~5 次,以后每天排尿约 20 次左右。排尿多少也因吃奶和饮水多少而有所不同。

4. 观察皮肤

新生儿皮肤颜色的变化与疾病有着密切的关系。

（1）紫红色

刚出生的正常新生儿,皮肤比较红,一周后变成粉红色。如果此时皮肤颜色仍很红(尤以口、指甲为重),就要引起注意。因为肤色过红是血液里的红细胞过多而引起的。

（2）黄色

新生儿出生后 3~4 天开始出现皮肤及巩膜发黄,这是生理性黄疸,一般 2 周内自行消失。但在生理性黄疸消退后重新再现,或是生理性黄疸出现过长,很快加深呈金黄色,有可能是新生儿溶血症、新生儿肝炎、先天性胆管闭锁、遗传性高胆红质血症、败血症等疾病的现象。

（3）青紫色

新生儿皮肤如果出现青紫色,则表明疾病较严重。因为血液中血红蛋白未能与氧充分结合而使皮肤呈青紫色。引起皮肤青紫色的疾病一般有:呼吸道疾病、先天畸形、先天性心脏病、先天性膈疝等。

（4）苍白色

新生儿皮肤苍白是贫血的表现。其原因很多,如母子血型不合引起的新生儿溶血症,胎儿分娩过程中受到损伤出血,如颅内出血、肝脾破裂等,这是由于新生儿出生后头几天凝血功能较差的缘故。此外,新生儿全身性疾病,如败血症等,也可引起

消化道出血而致贫血。

若父母观察到新生儿皮肤颜色不正常时,千万不要忽视,应立即请医生检查诊治。

5. 观察神态

正常足月新生儿的神态(精神状态)一般在吃饱、睡足、温度适宜、衣着舒适的情况下是很好的。出生第1周主要处于睡眠状态。第2周开始,新生儿睡醒、喂饱后,情绪特别好,手舞足蹈相当活跃。这时母亲逗引他,他能睁开眼睛凝视母亲的脸,对亮光或听声音都有反应,能暂时停止哭闹。手心能紧抓接触到的物体片刻。这都表示新生儿的神态是正常的。

若遇新生儿情绪不好,烦躁不安,由原来手足活动频繁变为动作异常少,或是其中一手或脚动作少或不动,就须查明原因。如果新生儿对彩球或亮光视而不见,无反应或是不给他看东西时则自发地缓慢地摆动眼球,就要怀疑是否有视力障碍或先天性目盲。如果新生儿表现过分安静,对母亲高声呼唤声或突如其来的巨响声没有任何反应,应请医生检查是否先天性耳聋。

6. 辨别哭声

新生儿的哭声分为两类:一类是正常的哭(无病痛的哭),另一类是异常的哭(有病痛的哭)。

正常的哭是件好事。新生儿生来就会哭,由于他不会用语言或动作表达他的需要,只能用哭来表示,如饥饿、口渴、过冷或过热、尿布湿了、衣服或包被有刺激物、有蚊虫咬、疲劳或兴奋等都是哭闹的原因。若及时除去这些引起哭闹的因素,满足了他的需求,哭声即停止。正常的哭声是由小变大,洪亮有力,面色正常。有时新生儿在满足其要求、解除了啼哭的原因后,仍哭不止,这时的哭是一种生理性的运动。啼哭可以促进全身活动、四肢伸屈,又能促使肺泡扩张,有利于胸腔的发育。每次哭5～10分钟属正常现象。不需去抱、哄、喂奶,以免养成坏习惯。

异常的哭是信号,它提醒父母多去观察新生儿,及早发现病痛。可以通过以下几种异常哭声来鉴别疾病:

① 突然(高声)的尖叫、无回声、起声急而消声快。此哭声结合其他症状(摇头、眼神发直、凝视、嗜睡、烦躁、发热、抽搐等)可能是颅脑疾病如化脓性脑膜炎。

② 哭声嘶哑似小鸭叫,此哭声伴有吸气困难、吞咽困难、不愿吮乳,多为咽喉部疾病。

③ 哭声低、短、急、连续而带紧迫感,常伴有气急喘气音、鼻翼扇动、唇周紫绀、有痛苦挣扎状,为肺炎严重时的病症。

④ 阵发性剧哭,哭声间隔长短不一,哭时两腿屈曲、烦躁不安,同时伴有腹泻或便秘、腹胀、呕吐等症状,此症状多为消化道疾病。

⑤ 带痛苦样剧哭,肢体动作减少。这是在碰到身体患处时而哭闹,应检查是否四肢外伤或骨折、脱臼。

⑥ 突然不哭也不响,过分安静,也属异常现象。因为有的新生儿病重而哭不动,更应重视去细心观察,耐心找出原因。

父母学会了鉴别新生儿的哭声,便于及时发现问题进行护理。有异常现象的哭声和症状,应争取时间及早就医。检查和治疗越早,对新生儿健康的影响就越小。

(四) 防止感染

新生儿出生后的生活环境比胎内环境要复杂得多,对于空气中的尘埃、飞沫吸入、皮肤接触都可引起不同种类的感染。新生儿的身体娇嫩,抵抗力弱,尤其是呼吸道的发育和消化道的发育还不成熟,对多数细菌病毒缺乏抵抗力。要保持新生儿的身体健康,必须防止疾病的感染。在日常生活中应注意以下几点:

1. 成人的个人卫生

父母及接触护理新生儿的人应注意自身的个人卫生,预防疾病感染,保证身体健康,以免将疾病传染给新生儿:在护理新生儿前,要用肥皂洗手,经常剪短指甲。患感冒时要戴上口罩护理。

2. 减少外界接触

新生儿期要尽量减少亲友探看,如果有少数访问者来观看新生儿时,最好不要搂抱亲吻。更不要将新生儿抱到人多的公共场所去,以免感染疾病。因为有相当一部分健康人受到病菌的侵袭后.没有任何感觉,由于成人抵抗力强而不致发病。但接触新生儿后却会将病菌传给新生儿,使新生儿发病。

3. 用品消毒专用

新生儿用的小毛巾、浴巾、脸盆、澡盆、衣服、尿布、被褥要专用,并要经常洗、晒。奶瓶、碗、匙要有专用的消毒锅进行煮沸消毒。

4. 预防接种

预防接种就是采取人工的方法进行接种来预防疾病的感染。采用的疫苗制剂是由细菌或病毒或其代谢产物制成的。把这种制剂接种在孩子身上,可以使其产生对某些疾病的特异抗体,从而得到该种疾病的抗御能力,使孩子获得免疫力。因此,有计划地为孩子进行预防接种,可以提高身体的免疫力,控制和消灭传染病,这是保护儿童健康成长的重要措施。

6 个月以内的婴儿有来自母体的一些抗体,产生先天性免疫力,不易得传染病。6 个月后,婴儿体内来自母体的抗体逐渐减少,免疫力减弱,患各种传染病的机会增多,必须按期进行各种预防接种。

新生儿虽从母体获得抗体,但对结核病菌没有抵抗力,为了保护新生儿,在出生后

2～3天就要接种卡介苗。由于新生儿没有接触过结核杆菌,因此接种卡介苗前不必作结核菌试验。接种后,皮肤出现红、肿、热、痛的现象,以后会逐步消失,少数婴儿接种后反应较重,约在2周左右出现红肿小硬结,逐渐变成白色脓疮,以后慢慢地自行溃破,又自行愈合,在皮肤上留下一个小圆疤痕。

有些新生儿要暂缓接种卡介苗,如早产儿及出生体重不足2500克的低体重儿;患有结核病的孕妇所生的新生儿,或患有心脏病、肾脏病、发热、腹泻、病理性黄疸的新生儿都应暂缓接种。这些新生儿应在体重增加,病情好转,并经医生检查确属正常后,方可进行接种。

5. 环境卫生

环境不卫生也会给新生儿带来疾病,除了新生儿居室要空气流通、阳光照射外,还应保持环境的清洁卫生。注意消灭蚊蝇、老鼠、蟑螂等。蚊蝇多的环境要在新生儿床上挂蚊帐。蟑螂会飞又会爬,会带给新生儿病菌,而老鼠猖狂之家更易使新生儿受害。曾有新生儿的脸部奶迹未洗擦而遭老鼠咬伤之事例发生。有的家庭养有猫、狗、猴等宠物,更应提高警惕,以防它们身体中和皮毛里隐藏的细菌传染给新生儿而发病。

(五) 清洁卫生

新生儿皮肤娇嫩,大小便、汗液及分泌物等较多,如不注意保持身体各部位的清洁卫生,就容易发生皮肤感染、溃烂。因此,为新生儿清洁五官的分泌物、脸颊上的奶液、臀部周围的尿液、粪便以及身体上的汗液,是日常生活中每天必需的护理事项。

1. 洗脸洗手

在为新生儿护理之前,成人先要洗净自己的双手,再为新生儿洗脸。依次处理眼、耳、鼻部的清洁后,再洗脸部,最后洗手。

清洁眼部:事先备好一杯温开水,放入四五只消毒棉球。清洗时,成人用左手将新生儿的头部掌握住,使他不要左右转动;再用右手将棉球中的水捏干擦洗眼部。洗的方向要由内向外,因为泪管位于内眼角,这样可以避免污物进入泪管的机会。洗好一只眼后要更换棉球,用同样方法擦洗另一只眼睛。由于新生儿出生时要通过产道,眼睛可能会被细菌污染,引起感染后,眼的分泌物增多或眼睛发红,因此清洗眼部后要用氯霉素眼药水滴眼,每日滴3～4次,每次1滴。

清洁耳部:用清洁棉球浸入温开水中,再取出捏干擦洗新生儿耳廓前后部位,然后用干毛巾擦干。清洁时要注意不要触及外耳道,因为外耳道内有肉眼看不见的绒毛,可起防灰尘进入耳内的作用。耳道内有黄色的分泌物(耳垢),起保护作用。不要去掏耳垢,以防引起损伤感染。平时若遇奶液、泪水、洗澡水流进耳道时,要及时处理。除了擦清外耳廓,还可用消毒棉签轻拭外耳道,以免引起耳道感染。若发现耳道内有浅黄不透明的脓液流出,或牵引耳廓时有剧哭现象,应及时去医院诊治。

清洁鼻部:可以用消毒棉签轻拭鼻孔,将堵塞在鼻腔内的鼻涕污物拭出,使呼吸畅通。新生儿鼻腔通道短而狭窄,并富有毛细血管,因此,清洁鼻部时要动作轻、慢,不要用指甲去挖除,以免损伤鼻黏膜。其实鼻孔本身也具有清洁的功能,当受到刺激时会引起喷嚏,将鼻腔内的污物喷出,从而起到保护鼻腔的作用。

清洁脸部:用新生儿专用的小脸盆盛好温水,放入小方毛巾浸湿后拧干,先擦洗新生儿额部、两颊、口与鼻的周围、下颌,再擦洗颈部前后。

新生儿的口腔是不能洗的,因为口内细嫩的黏膜很容易因擦洗而受伤,肉眼看不见的小伤痕,受到细菌侵入而感染,使口腔发炎。因此,口腔的清洁只要在两次喂奶之间,喂儿口温开水即可。

清洁手部:新生儿的双手虽不接触脏物,但整天紧握拳,手心中的分泌物、汗液积聚时间长了也会溃烂,因此每天也要为新生儿洗手。可以轻轻地掰开手指,用小毛巾或纱布在水中清洗,再用干毛巾将手指及指缝、手心和手背都仔细擦干。

2. 洗头洗澡

新生儿喜欢洗澡。因为胎儿在胎内就是泡在羊水中长大的,习惯在水中生活。在洗澡时,新生儿赤裸身体,充分感受到在水中自由自在活动的乐趣。经常洗澡不仅能清洁和保护皮肤,改善血液循环,还可以促进生长发育,增进新生儿的身体健康。因为在洗澡的同时进行水浴锻炼和空气浴的锻炼,这种良好的体格锻炼能提高新生儿身体的抵抗力。新生儿在进行洗澡前先洗头,洗澡后再洗脸、清洁五官,也可在洗头前先洗脸、清洁五官。

洗澡时间:新生儿从产院回家后,最好每日洗澡1次,时间安排在上午喂奶之前进行。冬季气温低可在中午阳光充足时进行。洗澡时间不超过10分钟,在水中3~4分钟。

洗前准备:洗澡前先将需用的东西都准备好,如替换衣服、尿布、大浴巾放在床上(冬日应事先用热水袋温暖衣服、尿布,待洗澡后备用),无刺激性的婴儿专用浴皂、爽身粉、婴儿润肤油、棉签和75%的酒精,放在澡盆旁边的操作台上。调节室温,保持在24~28℃。可以采用电炉升温,没有取暖设备时也可在浴罩内用两桶开水升温到28℃左右。水温应保持在38℃左右,冬季可提高到40℃,夏季可降低到37℃。先在澡盆中放冷水,后加热水调温。家庭中若无温度计时,可用大人的肘部试水温,以不冷不烫为宜。

洗时操作:先将新生儿衣服脱去放在大浴巾上包紧,尿布暂不拿掉。① 洗头时,用棉花塞入新生儿两耳洞中。或以大人的拇指和中指从耳后向前盖住耳洞,以防水流人耳中。用左手扶头,使其脸朝上,拇、中指堵耳,左臂托夹新生儿的身体,使

其背部靠躺在大人前臂上,然后用右手将澡盆的水淋在头上,再在手上擦好浴皂或皂液轻柔地抹在新生儿头部,然后用水洗净。洗头时不宜用手指甲抓洗头部,更不能去剥掉头上的皮脂痂盖(即头皮垢)。可在洗头前一天先在头部涂油,保留24小时使头痂自行软化浮起,洗头时容易脱落。② 洗头后用毛巾将头部轻轻擦干,将新生儿放在床上,打开裹身浴巾的下半部,解开尿布,用尿布干净的一角或纸巾擦去尿液和粪便。③ 拿开大浴巾,大人用左臂托住新生儿头颈及背部,左手抓住他的左腋下,右手托住他的臀部,缓慢放入澡盆中,让新生儿半坐姿仰卧于水中。④ 再用右手将洗浴毛巾浸湿,将水淋到新生儿身上,接着用右手抹上浴皂擦遍前面身体各部,并顺颈、胸、腹、腋下、臂、手、腿、脚部进行清洗。再将新生儿翻转身呈俯卧状,左手抓住腋下,左臂托住胸部,自后颈、背、臀、腿、脚后跟处以同样方式用浴皂、清水洗净后身各部。⑤ 洗毕立即将新生儿抱起,仰卧在大浴巾上,迅速遍身轻拭,吸去皮肤上水分,尤其是颈部、腋下、腹股沟皮肤皱褶处,以及女婴阴部、男婴的阴茎包皮上要仔细擦干,涂以婴儿润肤油或少量爽身粉。扑粉时粉末不可高扬,以免新生儿吸入。⑥ 迅速穿上衣服,垫好尿布,包裹好后喂奶,吃饱后,玩一会儿舒舒服服地睡一觉。

若是新生儿脐带未脱落,洗澡时要将上身、下身分开洗,以免弄湿脐带。洗上半身时,脱去衣服,用大浴巾包裹下半身。先洗脸部和头部,再洗颈、胸、臂部,然后翻身洗背部。操作方法同前。洗毕将大浴巾翻上去擦干上半身,扑上爽身粉,穿好衣服,再洗下半身。将脐部用毛巾裹好,以免水沾湿。洗臀部和腿脚部时,可以抱着上半身,将下身在水中洗净、擦干,扑上粉或擦上润肤油,换上干净尿布。

3. 洗臀部洗脚

新生儿大便次数多,应在大便后洗去臀部上的粪便,以免发生"红臀"。洗时不用肥皂,水温可用手腕试温,以温水为宜。用左手抓住新生儿腿部,使其头背部躺卧在左臂上,将臀部悬空在盆上,右手用毛巾轻洗臀部。应从前面洗到后面,女婴更要注意,从阴部洗到肛门处,这样可以防止肛门附近的细菌带到阴部,引起发炎。男婴阴囊及包皮处要洗净,洗后用毛巾吸干皮肤上的水分,不可用力擦,以免损伤皮肤,再扑上少量粉。若发生红臀时不可扑粉,可涂红臀油膏。洗脚要将脚趾分开洗,注意洗净脚趾缝中的污垢,洗后将脚趾缝擦干。

4. 脐部清洁与护理

新生儿脐带结痂后要注意护理,因为被剪断的脐带残端是一个创伤部位,若被污染,细菌入侵后易引起脐部发炎,甚至造成败血症,危及生命。因此,包扎的纱布要保持清洁、干燥,不要随便解开,尿布不要覆盖脐部,并应勤更换,以防止粪尿弄脏纱布污染脐部。平时只需每日用消毒棉签蘸75%酒精卷清脐轮即可。正常干燥的脐带残端不用绷带包扎,以利于早日脱落。若遇脐部红肿或有液体渗出时,应先用消毒棉球擦去渗出物后,再用75%酒精棉球湿敷脐部或涂上2%的龙胆紫。发现出血过多,而且有臭味时,应立即请医生检查处理。

脐带残端一般在一星期内脱落。脱落后也要经常观察,若发现脐根处痂皮脱落后有潮湿或少量浆液状分泌物,可轻轻拨开脐孔,用酒精棉球消毒。每日洗完澡后,立即擦干脐孔,用酒精棉球消毒,不要在脐部扑粉。还要避免尿布或衣服擦伤。

5. 擦身

在天气寒冷没有洗澡条件的情况下,可以采用擦身来保持新生儿的身体清洁卫生。擦身时母亲坐在床上,怀抱新生儿于热被褥内,解开上衣,用绞干的热毛巾先擦颈、胸,再擦背、腋部,然后脱去上衣,更换热毛巾擦两臂及手掌手背。用干毛巾擦干上身,扑粉更换干净上衣。下半身可以直接浸在水中洗,提起后放在干毛巾上擦干、扑粉,更换尿布,包裹全身。擦身时父亲或其他人要在旁帮助更换热毛巾,递干毛巾、爽身粉和衣服、尿布等,两人协作,加快擦身速度,以免新生儿受凉。

6. 剪指甲趾甲

新生儿出生后1周内要检查手指甲、脚指甲是否长,若长了要及时剪短,特别是手指甲经常握在手心中,指甲过长容易相互损伤指尖或手心皮肤而发炎。选择平头剪刀,事先用酒精棉球消毒,在新生儿熟睡时剪,不要剪得过短,以免伤及指甲内软组织。

7. 理发

新生儿的头发是在胎儿时期形成的,又称胎发。头发对头部皮肤有保护作用,天气寒冷时又起保暖作用。有些家长不管新生儿的头发长短多少,都按照传统的习惯去剃满月头,甚至剃成光头,以为剃光头能使头发长得又快又多。其实,头发多少与遗传、营养有关,与剃光头无关。因此,是否要在满月时为新生儿理发,要根据头发生长的具体情况而定,若是头发短而少,就不必在满月时理发。头发长而多,可以适当剪短些。夏天,易出汗易长痱疖,可剃成短平头,既凉爽又便于清洗。理发用具要事先用酒精棉球消毒。千万不要用刀刮头和眉毛,以防损伤新生儿娇嫩的皮肤。每次理发后要用肥皂洗头,清水洗净,擦干头部、脸部及耳部。

(六) 合理衣着

新生儿的皮肤娇嫩,容易受损伤及细菌感染。由于新生儿的新陈代谢旺盛,汗腺尚未发育健全,对体温调节功能差,易受气温的影响而波动。新生儿出生后仍保持在胎内的体态,四肢呈屈曲状。因此,为新生儿缝制或购买衣服时要考虑其生理状况。合理的衣着必须符合新生儿生长发育的需要,应该是卫生、柔软、宽松、穿脱方便及保暖的。那么,衣服、尿布、包被怎样选择和使用呢?

衣服

质地　选择柔软,易吸水,对皮肤无刺激性的全棉织品为宜。如棉布、绒布、汗衫、棉毛衫等。不宜用化纤类制品。因化纤衣服不吸水又不通气,且对皮肤刺激性

大,易引起皮肤过敏。

颜色 选择浅淡色为宜。如白色、淡绿、天蓝、浅黄、浅粉等色均可,因淡色易于发现脏污,便于换洗。

式样 选择宽大舒适,便于穿脱,适合季节的样式。

斜襟衫:此式样最适合新生儿。因无领,新生儿颈短,便于转头;身宽袖大,新生儿手臂弯曲易于穿脱,前身长有两层,使胸部保暖,后身短,避免尿布上的大小便污染衣服。衣两侧钉有柔软纱带结扎,无扣或撒钮,不会擦伤新生儿皮肤。此式样除了单衣外还可制夹衣、棉衣。自己缝制时,内衣要毛边,平软舒适;袖口要做光边,以免纱线脱落绕手。棉衣要采用新棉花,不可太厚。有的家长常在内衣外穿(毛)绒线衣,由于(毛)绒线衣刺激皮肤,沾染了奶液极易发硬,不适合新生儿穿着。

为新生儿穿衣时应特别小心。穿时成人先从衣袖末端伸入一只手捏牢小手,轻轻牵出衣袖口,然后再平整前后衣服,将带子从两侧衣小洞后穿出结带。若遇冬季穿棉衣时,则可先将内衣和棉衣的袖子套在一起,再用同样方式穿。

倒穿衣或连衫裙:此样式无领,衣宽大,在背后开口,衣领上系带子。适合夏日穿。前身遮盖身体,后身可向两侧拉开,便于更换尿布。

汗衫:选用领肩部交叉套衫,头部出入伸缩很大,穿脱方便,薄形全棉织品,易吸水,柔软舒适。

背心和围兜:利用长方毛巾(薄型)中间开个领圈,两边各钉两根纱带,就能制成毛巾背心,既柔软吸汗,两侧又通气。背心和围兜均适于炎热气候使用(如图)。

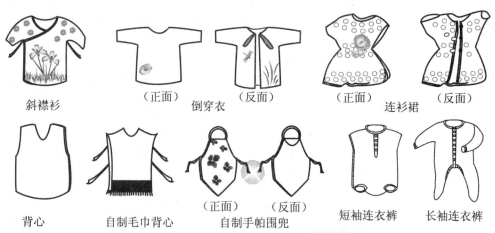

| 斜襟衫 | (正面) 倒穿衣 (反面) | (正面) 连衫裙 (反面) |

| 背心 | 自制毛巾背心 | (正面) 自制手帕围兜 (反面) | 短袖连衣裤 | 长袖连衣裤 |

连衣裤:有长袖长裤连袜及短袖短裤两种,均为前身中间开口,长袖在裤腿处开裆,从领口处到裤腿处均有撒钮,脱衣换尿布方便。短衣裤中间及裤裆处有纽扣或撒钮,换尿布时不必解开上身纽扣,裤口装松紧带,适于夏季穿。两种式样的服装多为西方国家婴儿采用。穿衣时先穿两袖,后穿两裤腿,然后再扣上纽扣。

尿布

新生儿的尿布和衣服一样应质地柔软，吸水，以全棉织品为好。可以利用旧被单、旧棉毛衫裤改制，颜色宜淡，便于观察大小便。新生儿的尿屎多，至少应备30多块尿布，大小各备若干。尿布的样式有长方形、方形和三角裤形三种。

长方形尿布：采用宽15～18厘米的棉布，长70～80厘米，折成3～4层，将一端钉两根带子即成。或不用带子而在新生儿下腹部围一宽的松紧带套住尿布也可，但宽的松紧带不要过紧，以免损伤皮肤。此式样尿布用料省，但大腿两侧处，大小便易漏出。可用长尿布折成1/3，由于男女排尿不同，男婴在腹下部多垫一层，女婴在臀下多垫一层。

方形尿布：可采用80厘米见方的棉布，其使用形式多样，适用于各种月龄的婴儿，依不同月龄采取不同的折叠法。

长形：将方尿布对折两次即成长形尿布。

三角形：将一块方尿布对角折两次成三角形。

外三角中长条形：方尿布一折四，成小方形，从右角向外拉开成三角形，各边在顶端对齐，再将布翻转，拿起垂直一边，往中间折入1/3，然后再折一次，中间形成三层长条厚垫在外三角形尿布上，此折法适用于新生儿及小婴儿。中间长条形窄而厚吸尿多，夹在两大腿间很舒适。

风筝形：将一块方尿布展平，两条边向一角的中间折，直至两边相接，再将顶端往下折，下端往上折即成风筝形。此种折法适合渐渐长大的婴儿。也可适于巨型新生儿。在尿布中间另加一块长条形尿布一起使用。

三角裤形：此种尿布是后身大前身小的成形的三角毛巾尿布。在三角处都有粘胶纸或尼龙搭扣将尿布三面搭拢不易脱落。此尿布在商店有供应。此外，还有类似裤形的纸尿布，是吸水纸衬里及胶衬裤合而为一的，大小型号齐备，用后弃之的一次性尿裤，在商店均有出售。此种纸尿裤不适于新生儿用，因是化学纤维制成，不透气。只能在外出时偶尔用一两次，否则使用时间长极易发生皮炎。

除了单尿布外，还需准备若干棉尿垫。用小方形布套内铺旧棉花制成。放在单尿布下可以吸收更多的水分。新生儿不宜使用塑料或橡皮兜裤罩在单尿布外。因为尿布上的湿气透不出来，易刺激新生儿皮肤，使臀部糜烂，形成"新生儿尿布疹"（俗称"红屁股"）。若用棉尿垫只要在小床上铺一块塑料布就可既透气又避免大小便污染。

包被

新生儿的包被可以用80厘米见方的全棉布缝制成被套式的小方被。依季节的不同，可以置备单、夹、棉三种形式，还可以缝制斗篷式拉链睡袋或有袖大衣式睡袋。

我国民间传统习惯多数是用方形包被将新生儿包裹在其中,外用绳捆绑成"蜡烛包"。认为新生儿在"蜡烛包"内有近似在母体内的感觉,温暖柔软,头部有依托,抱起来方便。尤其在无保暖设备,条件差的寒冷地区为使新生儿保暖、安全而采用"蜡烛包"。不少人对新生儿的生理、发育无知,错误地认为将新生儿手臂和腿拉直捆绑在"蜡烛包"里,可以避免形成罗圈腿,长大了不乱动手脚。这是不科学的做法。新生儿出生前,蜷曲地包围在子宫中,出生后由于屈肌强于伸肌,总是呈现出上肢弯曲向上呈 W 型,而下肢弯曲呈 M 型。随着神经系统和伸肌的发育,新生儿期到婴儿期四肢会逐渐伸直,而不是捆绑四肢起的作用。至于八字脚和罗圈腿的形成更与双腿捆直与否无关。胎儿在子宫内虽空间小,但他的手脚还是不停地活动而形成胎动。怎能限制新生儿的活动而捆绑在"蜡烛包"内呢?因此,若使用小方包被就要将新生儿的两手放在被外,两腿在宽松的包被内能自由活动。

最好采用睡袋,斗篷式拉链睡袋及有袖大衣式睡袋都能让新生儿的手脚自由活动,符合宽松舒适、穿脱方便、简单易做的要求。换尿布时只需解开下面的纽扣或拉链,不必解开上身.有利于保暖

衣着的清洁和消毒

衣服、包被及床单要勤换洗,常曝晒,经常保持清洁。特别要注意尿布的更换、清洁与消毒。尿布要及时换洗,因为新生儿尿中常溶解着身体内代谢的废物,如尿酸、尿素等。尿液呈弱酸性,在空气中会很快分解形成刺激性很强的化合物。如果长时间浸入皮肤,轻者发红,出现尿布疹,重者糜烂、溃疡。所以要及时更换,并用毛巾擦净臀部尿液。尿布上若有大便,应用消毒卫生纸或换下的尿布将大便擦干净,女婴要从前往后擦,切忌从后往前擦,以免粪便污染外阴部,引起泌尿系统的细菌感染。擦净后要洗净臀部,擦干后再兜尿布。尿布的清洗可以先用水将大便冲刷干净,和冲净尿液的尿布一起放入消毒液的桶内浸泡 6 小时,再用少量皂粉(不宜用强碱皂粉)洗后用清水漂净,然后晒干或烘干。若无消毒液时,将尿布上的大便刷洗干净,再用开水烫泡后取出与洗净尿液的尿布一起用清水浸泡在桶内,待聚集多块后再放在皂粉水中浸泡搓洗,然后用清水漂净,放在阳光下曝晒,也可达到消毒作用。若遇新生儿大便不正常时,应将尿布放入消毒盆中煮沸杀灭细菌,再洗净、晒干。

衣着的保存

新生儿应有专用的衣柜或抽屉保存衣服、尿布等物。若无衣柜设备也可用大纸箱,用旧被单将里外包好,内放衣服。还可用布或半新的小床单做成尿布袋,用硬塑料板或纸板垫底,存放尿布。

在存放新生儿衣物的衣柜或纸箱内不要放樟脑丸,因樟脑丸中含有挥发性强而又具有一定毒性的化

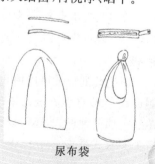

尿布袋

合物——萘,可经皮肤进入人体。萘进入新生儿体内,可使有酶缺陷的新生儿(缺少葡萄糖 6 -磷酸脱氢酶)发生溶血,产生黄疸。严重的溶血,胆红素可使脑细胞染成黄色,发生"核黄疸",使脑细胞受到破坏。由于不能确定新生儿是否缺乏葡萄糖 6 -磷酸脱氢酶,为了新生儿的健康,还是不要让新生儿接触沾染樟脑丸的衣物。已经沾染了樟脑丸的衣物要洗净晒干后穿用。

(七) 常见病护理

脐疝

新生儿出生不久即可见到脐部有小圆形肿块突出,小的像樱桃,大的像核桃。当孩子安静躺卧时小肿块会消失,当咳嗽、哭闹时小肿块又会鼓起。如果用手轻轻按压,就能压下去并可听到"咕嘟"声响,能感到一股气挤回到腹内。医学上称之为"脐疝"。

发生脐疝的原因是新生儿期的腹部肌肉相对没有肠道肌肉发育得好,脐孔两边的腹直肌还没能合拢,脐孔由一层薄薄的瘢疤性皮肤覆盖,收缩不好。当新生儿啼哭时,腹压增高,腹腔内的肠子就向脐环鼓出到皮下,而形成脐疝。

脐疝是新生儿期的常见病,早产儿发生较多,一般不会带给孩子疼痛和痛苦。绝大多数脐疝患儿不需任何治疗,随着月龄增大,啼哭减少,腹肌增强和脐环收小,在 1 岁左右自愈。只有个别脐环不大而疝出,肠子进入疝囊内回纳不进腹腔,出现肠梗阻的呕吐、便秘、剧哭等患儿,必须立即送医院诊治。有些母亲用钱币包布压在脐疝上,有些母亲用胶布粘贴牵拉,都是不可取的办法,反而会损害脐部皮肤,引起破损或水泡。

脐炎

新生儿的脐部易潮湿,是细菌繁殖的部位。当尿布不及时更换,尿液浸润了脐部,或是脐部被摩擦而破损,或是脐部不保持清洁等,由于护理不当而造成脐部红肿,局部有渗血,有脓性分泌物,或局部闻到气味,出现硬结者,使脐部因受感染而发炎,即为脐炎。

新生儿的抵抗力差,一旦细菌入侵脐部,就可沿着脐带残端的血管进入血流,若不及时处理,则会发展为腹壁蜂窝组织炎,甚至造成全身感染,扩散成败血症。严重者可危及生命,因此不可忽视,要立即送医院治疗。

新生儿出生后的脐部护理极为重要。必须经常保持脐部的清洁干燥,每天用消毒棉签蘸 75％酒精擦脐部和脱落后的脐轮部,就不会发生脐炎了。

红臀

凡用尿布的新生儿都有发生尿布皮炎的可能。主要是由于潮湿的尿布经常与皮肤摩擦所致。轻者皮肤发红,重者有丘疹、疱疹、继发感染或溃疡。这是因为尿或

粪的排泄物中的尿素经细菌分解成碱性的氨刺激皮肤所致。不正常的粪便产生脂肪酸,也会刺激皮肤而引起发炎,医学上称为"红臀",通俗称"红屁股"。

防治"红臀"的方法主要是勤换勤洗尿布,保持臀部皮肤的清洁与干燥,每次大小便后要用温水洗臀部,并用干软纱布擦干水分,然后涂上蒸熟晾凉后的植物油(如花生油、豆油等均可)或凡士林。其作用是使油脂将尿液与皮肤隔开,起到保护皮肤的作用。

发现"红臀"要及时治疗,如皮肤已经溃破,可在局部涂上金霉素眼药膏或抗生素油膏消炎。天暖季节可以将新生儿臀部暴露在直射的日光下晒 10～15 分钟,使局部皮肤干燥。经过 10 天左右的暴露疗法,会逐渐痊愈。遇天冷季节可以在 40W 光或 60W 光的电灯光下照射臀部,每次 10～15 分钟,但臀部不宜离灯太近,以免烫伤。

鹅口疮

新生儿口腔黏膜很薄嫩,容易擦伤和感染,若受到霉菌的感染,就会在口腔内出现白色小点,逐渐地融合成大片白膜似的奶块,这种口腔疾病称为"鹅口疮"。

为了预防新生儿患鹅口疮,不要用布擦洗孩子的口腔,奶具要保持清洁。母乳喂养前,母亲要先洗手,擦净乳头后再喂奶。如果家庭成员患有皮肤癣病,要防止霉菌传给孩子。特别是患鹅掌疯的人,不要直接接触新生儿,以防感染。

新生儿患了鹅口疮,会感到不舒服,以至影响吃奶,有时还会烦躁不安、精神不好,甚至发烧,必须及时治疗。治疗时可每天用 1％ 的紫药水(龙胆紫)涂患处 2～3 次,此法疗效好,几天后会自愈。用制霉菌素甘油涂患处,也有疗效。千万不要用一般的抗生素,因为引起皮肤癣病的是"白色念珠菌",若用了抗生素,不但不会减轻症状,反而会加重霉菌感染。此外,还可以给孩子服用一些复合维生素 B 及维生素 C,并多喝开水,以增加黏膜的抵抗力。

新生儿败血症

新生儿败血症是由病菌侵入血液循环中,大量繁殖的一种严重疾病。感染的途径可以在子宫内感染、分娩时感染和出生后感染。

子宫内感染是由于母体患有感染性疾病,病菌通过血液循环经胎盘进入胎儿血液中。也可经过被病菌污染的羊水使胎儿感染,引起败血症。

分娩时感染是由于分娩过程出现羊膜早破,病菌经过破裂口侵入胎膜腔感染胎儿。个别的因旧法接生、分娩时消毒不严而感染。

出生后感染是通过脐带、皮肤或口腔黏膜等途径,使病菌进入新生儿体内而引起感染。

子宫内及分娩时感染的败血症,大多在出生 3 天内发病,以大肠杆菌和链球菌感染为主。出生后感染的败血症发病较晚,大多在出生 5 天左右发病,主要由葡萄球菌感染发病。

新生儿的免疫机能尚未成熟,白细胞与病菌作斗争的能力差,一旦感染后,病菌会很快地通过皮肤及黏膜丰富的毛细血管网扩散到全身而形成败血症,使新生儿病势出现快,面色苍白发青,不吃、不哭、精神萎靡,出现黄疸并逐日加重。体温不恒定,多数体温不升,也有超高热达 40～42℃现象。严重者出现呼吸困难,烦躁不安,皮肤有出血点。如能早期诊断,正确治疗,败血症能治好。

最重要的是及早预防。注意不要用布擦口腔黏膜,不用针去挑"板牙"而损伤口腔黏膜,不使脐带受污染。平日要细心观察孩子的皮肤、消化道、呼吸道有无感染。遇感染时要及时治疗,这样就能减少发生败血症的机会。

头颅血肿与产瘤

胎儿娩出时,颅顶与母亲骨盆相擦,骨膜下面血管受挫伤而引起出血,血流积聚于颅骨和骨膜之间即成头颅血肿。血肿部位在顶骨或枕骨骨膜下,不超越骨缝界限。约在 4～10 周内血肿逐渐被吸收,变小,并由边缘向中心变硬,然后变平到消失。

胎儿出生经过产道时,头部受压引起头颅变形和软组织内血液循环受阻,血液内的水分首先被挤到血管外面造成头皮软组织水肿,称之为"产瘤"。产瘤在出生后就很大,摸上去软绵绵的,手指按压会有凹陷性压痕。水肿在 2～3 天就迅速吸收,个别的要 6～7 天才消退,可不用治疗。

产瘤的水肿部位可随侧睡的方向而改变,而头颅血肿因为骨膜和每块颅骨的边缘相连甚紧,故骨膜下血肿不会随侧睡、不同体位而改变。吸收时间也较产瘤缓慢,个别的要长达 3 个月以上。头颅血肿也不需特殊处理,能逐渐自愈,除非有其他贫血等情况才需治疗。

病理性黄疸

正常的新生儿血液里含有一定量的色素物质,叫做"胆红素"。如因生理和病理原因使血液里的胆红素增高,皮肤、眼白等处就会发黄。

新生儿出生后 2～3 天,皮肤一般会由粉红色逐渐转为黄色。7～10 天黄疸退尽。这是生理性黄疸,属正常现象,前面已经提过。假使黄疸出现早,进展快,黄得明显,甚至呈金黄色,或是 10 天后还未明显消退,20 天后还有所加深,那么绝大多数就是病理性黄疸。

病理性黄疸产生的原因大致有以下几种:

1. 溶血性黄疸

母子血型不合引起溶血性黄疸。由于母体内存在着与其胎儿不匹配的血型抗体,此种血型抗体通过胎盘进入胎儿体内,使其红细胞破坏溶血。引起新生儿溶血病的血型抗体以 ABO 或 Rh 血型系统为多见。为了弥补溶血,加快造血,新生儿出生后就可能肝脾肿大,黄疸出现早、进展快,病情严重者要及早处理,不能过夜。有贫血、水肿者更要尽快诊治。

2. 核黄疸

当新生儿血中的胆红素超过 20 毫克时,胆红素就可能进入脑细胞,干扰脑细胞的正常活动和功能,发生核黄疸。严重的会产生后遗症,在以后的生长发育过程中表现出智力落后、牙珐琅质发育不全、听觉和眼球运动障碍、抬头无力等。此病只要家长注意观察,及时发现早期症状,积极治疗,就能取得较好疗效。

3. 肝炎综合征

是由乙型肝炎病毒、巨细胞病毒、风疹病毒、单纯疱疹病毒、弓形虫或各种细菌所致。主要表现为黄疸,出现在新生儿早期。新生儿肝脾肿大,尿色深,大便黄,亦可能发白。黄疸持续不退要引起重视。

此外,新生儿感染(包括败血症)不但可引起中毒性肝炎,还可有溶血现象。感染控制后,黄疸可消退。

有的新生儿吃了母乳也会引起这种类型黄疸。因母体内所含的具脂肪成分的孕酮物质,婴儿哺乳后,这种脂肪成分被脂肪酶分解,释放出游离脂肪酸,它可以增加小肠对胆红素的吸收而导致黄疸。由于血清胆红素的含量不太高,不致损害神经。新生儿是健康的,可不必停止人乳喂养。人乳黄疸持续不退,或减退后又加重,不妨改换人工喂养,3～6 天后血清胆红素即可恢复正常。

以上情况概括了肝细胞性黄疸。

4. 先天性胆管闭锁

由于胆管阻塞,胆红素不能排泄到小肠,使胆汁淤积在肝细胞或胆道内而引起黄疸,称为阻塞性黄疸。新生儿出生后 1～2 周出现黄疸尚轻,以后逐渐加深、肝脏增大、尿色黄、粪转灰白色。应求医诊治,若需手术,时间最好在 3 个月内。

新生儿硬肿症

新生儿皮下脂肪内所含的不饱和脂肪酸少,饱和脂肪酸较多,熔点高,容易发生凝固形成硬肿症,常见于早产儿及低体重儿。多见于冬季寒冷时。主要表现吸吮困难、不吃、不哭、全身发凉、体温不升、活动减少、反应差。硬肿部位发展顺序是先从下肢小腿、大腿开始,向上延伸到臀部、躯干、继而延至面颊和上肢。皮肤发硬.不易被捏起,手指压后有凹陷,肤色呈暗黄色,重者为青紫色。一般发病于新生儿出生 1 周内,轻度的硬肿症经及时治疗后会痊愈。如不及时治疗,严重者常可并发肺炎、败血症、肺出血而死亡。因此,要注意早期预防。

预防的主要措施

(1)加强保暖:尤其对寒冷季节出生的新生儿及早产儿更应悉心护理,生后及时置于暖被中,洗身、换衣及换尿布时,勿使裸体暴露过久。冬季防寒应有保暖设备或用热水袋暖被。

(2)及时喂奶:保证摄入奶量,以免因吃奶少而体内热量不足,遇寒冷而身体热量消耗加多,否则容易发病。

(3)避免感染:新生儿在分娩时受产伤、窒息、缺氧以及生后受到感染,都可使体温下降,诱发硬肿症,因此要避免发病,已发病者宜早治疗者宜早治疗为妥。

脂溢性皮炎

新生儿头皮上布满厚薄不等的灰黄色油腻痂皮,有痒感,继发感染会出现脓疱。此病患者以肥胖儿居多。应避免用肥皂擦洗,痂皮上可擦2%的水杨酸花生油,每日数次,2～3天后痂皮即可去除。然后擦地塞米松油膏。

(八)加强保护

新上任的父母怀着喜悦的心情迎来了新生命,但如何使小宝宝正常地生长发育,避免感染疾病和发生意外损伤,则需要在精心护理的同时加强保护。因此,在最初的几周中,父母要在一起学习、研讨一些护理新生儿的技巧和方法,以保护新生儿度过他一生最关键的28天。

为了加强对新生儿的保护,父母应该学会哪些事? 注意些什么问题呢?

1. 学会测量体温

学会测量体温是使父母及早掌握孩子健康状况的一种方法。了解孩子体温是否正常,以便及早发现疾病。任何时候孩子表现烦躁或异常不安静时,可能就是疾病的征兆。这时成人可以先用自己的面颊试探孩子的前额,但不要用手去触摸。因为成人的手如果较冷,比较起来就会感觉孩子的皮肤特别热。假若感觉到孩子前额较热,就可以给他测量体温。

体温表有口腔表和肛门表两种,大年龄的儿童和成人采用口腔表来测量体温。新生儿和婴幼儿则采用肛门表测量体温。测量的方法有两种,一种是肛门测量,另一种是腋下或颈下测量。

肛门测量能测定孩子的准确体温。为了体温计容易插入肛门,先将体温计的球端上涂一层凡士林。再将孩子放在成人膝上俯卧,使腹部横伏,两腿自然下垂,这种姿势可使孩子肛门易于暴露而孩子却不易扭转或踢脚。然后轻轻将体温表的水银球端插入肛门约2～3厘米,再将手掌跨放在孩子的臀部,用两个手指夹住体温表。插入体温表后,绝对不可放下孩子不予理会,以免体温表弄伤肛门。测量后也要轻轻地将体温表抽出,放在一旁,包好尿布,再检读温度,体温表的水银柱停留在升到最高的温度就是孩子的体温。最后将体温表用棉球擦净,甩动体温表水银柱于36℃以下,放在75%的酒精中消毒,以备下次再用。

腋下或颈下测量体温的方法是:先将体温表握紧,用腕部的力向下摇甩数次,使水银回聚在球端。然后抱孩子躺坐在成人胸怀和膝部,抬起他的手臂,把体温表球部的一端放入孩子的腋窝,再把孩子的手臂放下并弯起前臂放在他自己的胸前,按

规定时间把体温表留在腋下3分钟左右,取出体温表,轻轻地转动直到能看清楚与水银柱顶端在一条线上的刻度为止。然后将体温表在冷水中清洗擦干,保存好下次再用。颈下测量的部位是将体温表放在颈下,然后让孩子头部向下压紧体温表,成人的手紧握体温表,勿使其落下,测量后的处理和腋下测量一样。

孩子正常的体温为37℃,肛门测量时正常体温要加0.5℃为37.5℃是正常体温;腋下或颈下测量时正常体温要减0.5℃为36.5℃是正常体温。孩子的体温会随一天不同的时间而变化,一般清晨低,傍晚高,半夜最低,有时亦会随孩子活动量的多寡而改变,一般活动后会高些,应该安静一段时间再测量。

2. 学会测量体重

体重是测量生长发育最灵敏的指标。因此父母要学会测量。

测量体重的方法很简单,每个家庭都能做到,可以采用买菜的秤来测量。测量的方法是:先将孩子将要更换的清洁衣服、尿布及包兜孩子的小被单一起称一下,记下重量。然后在孩子洗澡或擦身后,穿上更换的衣服,包好尿布,再用小被单兜包孩子扎成一结,用秤称重。将称出的重量减去衣服、尿布及被单的重量,即为孩子的体重。

每次测量体重后,要做好记录,以观察孩子增长的速度。一般来说,新生儿如果吃得饱,睡得好,不生病,体重在28天内增长很快(在生理性体重下降恢复以后一般每天平均长25克)。如发现新生儿体重不增加,甚至下降时,应及时请儿童保健医生作进一步检查,找出原因,及时采取措施,以保证新生儿能正常地生长发育。

3. 学会测量身高

身高是反应骨骼发育不可缺少的依据。是指从头顶至足底的垂直长度。

在家中测量身高时,可先将软尺固定在桌子上或木板床上,将新生儿仰卧在上面,头顶住床架板或固定物,并由一成人双手固定头部,勿使头部摇动或颈部伸缩,另一成人用一手按住新生儿双膝关节处,使其全身保持伸直,另一手用直角物(或板)抵住足底部,将量出的长度准确记下,即为身高。

4. 学会测量头围和胸围

头围的测量可根据脑壳大小反映脑发育情况。

测量方法:可用软尺自新生儿眉弓上方最突出处往后,经枕骨向前绕头一周的长度即为头围。

胸围的测量可反映胸部发育的情况。

测量方法:用软尺绕胸部一周,前胸通过乳头下缘,背部要经过背肩胛骨下缘,取新生儿一呼一吸的平均数值为胸围数。测量时要用软尺贴紧身体,不能在衣服外测量。

5. 学会正确抱孩子

新生儿出生后四肢软绵绵的,头部的体积和重量占全身比例大,颈部无力承担对头部的支撑力,若将新生儿竖直抱起时,头会摇晃不稳。如何正确地抱新生儿,保护好他的头部及身体,使他不致受到伤害,这也是父母应学会的事。

抱起的方法:① 新生儿仰卧在床上时,母亲将自己的一只手轻放在他的下背部及臀部下面,将另一只手放在他头颈下面。②再轻轻地、慢慢地抱起来,他的身体有了依靠,头不会往后倾倒。③ 再把他的头小心地转放到母亲的肘弯臂膀上,使头部有依附,使新生儿有安全感。

放下的方法:① 将一只手置于新生儿的头颈下方,然后用一只手抓住其臀部,慢慢地、轻轻地放下,手一直扶住他的身体,直到其身体全部睡在床上。② 从新生儿的臀部轻轻地抽出自己的手,并用这只手去稍微抬高他的头部,轻轻地放下他的头,不要让他的头向后掉在床上而受到震动。

此外,还可以① 将新生儿靠着母亲的肩膀抱着,抱法是用一只手放在他臀下,支持其身体下部体重,另一只手扶住他的头,侧靠着母亲肩膀,像这样直着抱,他也会感到安全。② 将新生儿面向下抱着,母亲将一手放在他的腹部托住下身,另一手放在身侧用手肘托住前身,将他的下巴及脸颊靠着母亲前臂,这样可以让他的手脚自由活动。

6. 护理新生儿时要注意的事

注意安全:不要因父母一时的疏忽而造成对新生儿的意外伤害。一旦发生,轻者会使新生儿感到痛苦,重者往往会危及生命或造成终生遗恨。如:

(1)窒息闷死:常常是发生于母亲疲劳,睡眠不足时。睡在床上喂奶,乳头塞在新生儿嘴里自己睡着了,由于乳房压住新生儿鼻孔阻止了呼吸而闷死。此外,还可能由于母亲身体或被褥压住新生儿脸部,阻碍呼吸而闷死。也有个别新生儿因呕吐物吸入气管而窒息死亡。

(2)烫伤:为了保暖,母亲冲热水袋太烫,或盖子没塞紧,热水漏出而烫伤。轻者皮肤发红,重者出现水泡,要及时医治。

(3)跌伤:往往因未抱牢而摔跤,也有时因为穿的衣服或斗篷的面料为绸缎或尼龙的而滑下来跌跤。还有的是因与父母同睡一床时,新生儿睡在床边,不慎被挤跌下来。万一发生跌伤,最好去医院检查一下。

护理时要做到五不要

①**不要挤新生儿的乳头:**新生儿出生后往往奶部隆起,能挤出奶水,这是正常现象。新生儿肌肉嫩、乳管细,挤乳头会使乳管断裂。

②**不要用母乳擦新生儿的脸:**母乳有丰富的营养,是细菌良好的培养基,新生儿脸上被细菌感染后,会发生红疹。为了皮肤保持健康,不要用母乳擦脸。

③**不要用纱布擦口腔**：新生儿口腔黏膜细嫩，若用纱布或手指去擦口腔或舌头，由于纱布或手指带菌，擦破后容易感染疾病，如患口腔炎或鹅口疮等病。

④**不要给新生儿吃凉性药物**：传统的习惯说"婴儿灌了三黄汤，清除胎粪胃口好"是不科学的。因为新生儿胃肠功能薄弱，三黄汤是凉性药物，容易引起反胃呕吐。

⑤**不要亲吻新生儿的嘴**：父母往往因喜爱孩子而情不自禁地去亲吻孩子的嘴。由于成人口腔中有或多或少的细菌，一旦亲嘴就将细菌传给孩子，引起孩子感染疾病。可以亲孩子的头部、脸颊或手，而不要亲吻嘴。

父母若能做到以上五不要，新生儿可免受伤害，使身体受到保护。

（九）体格锻炼

新生儿虽小，但也需要从小进行适合他身体的锻炼。我国传统习惯是新生儿生后一个月，房间里不能开窗，不见阳光，更不能外出。西方国家的新生儿三四天就出外呼吸新鲜空气。现代科学育儿专家主张在新生儿出生第1周可先观察他的适应能力、发育状况，第2周就可以进行锻炼。新生儿能进行以下的锻炼：

1. 温水浴

每天在规定的时间给新生儿洗澡，使他的皮肤接触微温的水，又暴露在空气之中，同时接受水浴和空气浴的锻炼。洗澡后要用毛巾擦干身体各部位，轻柔摩擦使他舒适、愉快。

2. 按摩活动

按摩能使身体加强血液循环，对新生儿是一种适宜的锻炼。可以按摩手臂、腿部、胸腹部和背部。

（1）**按摩手臂**：新生儿仰卧在床上，成人用双手从新生儿肩部往下轻轻按摩到手腕部，反复数次。

（2）**按摩腿部**：成人用右手握住新生儿左脚，用左手从内向外，从上往下轻轻地按摩左侧大腿到小腿。然后以同样方法，左手握右脚，用右手按摩右侧的腿部。

（3）**按摩胸腹部**：新生儿仰卧在床上，成人用双手手掌按顺时针方向按摩新生儿腹部，然后再从腹部中心向胸部两肋间方向按摩。

（4）**按摩背部**：新生儿俯卧在床上，成人用手顺着他的脊椎从头颈部位往臀部按摩，然后再从臀部沿脊椎尾骨处往上按摩到头颈部。

3. 室内开窗换气

冬季锻炼可将新生儿的小床移至避风处。睡在床上时，可将床栏四周用布围住，以避免风直接吹新生儿。每隔1～2小时开窗通风换气5分钟，然后关窗。到满月时可逐步增加开窗次数和时间，以保持室内空气新鲜。春夏秋季应经常开窗，让新鲜空气流通。

4. 户外散步

新生儿每天应有固定的时间去户外接受阳光照射,并呼吸新鲜空气。出生1周后父母可以抱到去户外散步,开始2分钟,每日增加1分钟,第3周可增加到10～15分钟,满月时可在户外活动20～30分钟。

5. 哭——肺部体操

新生儿离开母体,接触了冷空气的刺激,在出生第一次啼哭中进行了第一次的呼吸运动。以后的一个月中,经常依靠啼哭来进行呼吸运动,促使肺部增加活动量。这种锻炼也就是新生儿的"肺部体操"。因此,父母不要听见新生儿哭了就去抱他,而剥夺了他作"肺部体操"的机会。若是父母听到哭声,应先了解原因,新生儿若已吃饱,睡好,尿布换干净,身体没有不舒适,就不必紧张。可以适当地让他每天有几次哭的时间去进行呼吸运动,增强肺部活动量。

四、新生儿的教育和训练

对新生儿进行教育和训练是通过感觉器官接受外界的信息,这些信息在大脑皮层上建立新的神经联系,促使大脑的活动。新生儿的大脑在出生时已具有相当数量的神经细胞,但彼此之间几乎没有联系。出生后,由于外界环境中的各种刺激,如光、色、声、温度、空气等刺激,他贪婪地向周围索取信息。同时,索取的信息能刺激脑神经细胞急剧地生长出许多分支的树状突起,使脑细胞之间建立联系,从而促使大脑开始活动。新生儿和婴儿的大脑皮层毫无分析判断能力,对周围的信息不论好、坏、美、丑,统统吸收。良好的信息反复刺激,就能在大脑皮层上形成良好的神经网络;不良的信息反复刺激,就使大脑皮层上形成不良的神经网络。我们对新生儿进行教育的目的,就是要选择良好的信息,反复刺激感官,使脑细胞间树突繁生,以不断地开发智慧,并使大脑皮层上多存在良好的神经网络,使孩子从新生儿阶段就开始培养良好的个性和习惯。

新生儿的身体非常娇弱,神经系统尚未发育成熟,但智能发育的潜力很大。出生后,他不仅是会吃会睡的小生物,而且生来就具有天生的本领——无条件反射,并具有学习的能力——感觉能力、动作能力和与人交往的能力。当他接受外界的信息,经过反复刺激而获得了经验,他就学会了如何对待这些刺激而建立条件反射。如每当尿布湿了,他的皮肤就感觉不舒服而哭,母亲听到哭声就为他换尿布,因此他就学会尿湿了就哭,这是通过多次经验而建立起的条件反射。新生儿的学习能力都是通过建立各种条件反射而学得的。

因此,父母应从新生儿出生后就抓住时机给予教育训练,并继续在婴幼儿期不

断地加深教育与训练,这将对孩子的一生起着重要的作用。若是父母认为新生儿是无能的,什么都不懂,而不去对他进行教育与训练,那么,就会错失了新生儿学习的良机,延缓孩子的各种能力的发展。

新生儿的教育和训练是结合生活护理而进行的。在睡眠、哺喂、排便、清洁等生活环节中先要满足其生理需要,让新生儿睡好、吃好、尿布换好,保持身体清洁,使新生儿有良好的情绪,这时加以教育与训练,孩子就会作出积极的反应,并可以观察到新生儿在一个月中能学会不少的事。

新生儿的教育训练可以从以下几方面进行:

(一)适应新生活

适应新生活是新生儿出生后面临的首要问题。因为胎儿与新生儿生活环境差别很大,胎儿生活在母亲子宫的羊水包围中,依靠脐带从母体中获得生存的养料,不用自己去吃喝。住在子宫里温暖如春,既舒适又安全。新生儿出生后与母体分离,成为单独生活的小生物。刚出生的一瞬间,冷空气袭击使他感到寒冷,于是他需要去适应外界的气温、气压的刺激。此外,他还要接受白天光亮和夜间黑暗的刺激,去适应白天和黑夜的生活环境。他还要感受体内饥饿的刺激,而运用自身具有的觅食反射和吸吮反射来获得身体所需的养料——母乳。在千变万化的生活环境中,他还要随时应付来自外界的各种刺激,通过自身的感觉来调节自己的行动,使自己逐步学会适应新环境的生活,更好地生存下去。

由于新生儿的身体各器官发育还不成熟,对外界环境变化的适应性又很差,因此父母应为新生儿提供良好的生活环境,帮助他度过人生的最初时期,以保证他在脱离母体后能更好地适应新生活。父母应帮助新生儿做到以下几点:

1. 逐步适应温度

出生第1周室温要高,应不低于24℃。新生儿的身体要用绒布被裹紧,让他感觉到像在子宫里一样温暖和舒适,而不至于和胎内环境的温度相差悬殊引起身体的不适。以后室温逐渐降低,满月时应保证18℃,并松开包被,改用睡袋,使他有一个逐步适应的过程。

2. 独立自动入睡

新生儿出生后几乎大部分时间都在睡眠中度过,因此不需要特别去培养就能自动入睡。因为他不懂要靠拍、抱、摇这种人为的方法去入睡,所以父母应该创造一个安静的睡眠环境,从开始就让他养成放在小床上独自入睡的好习惯。这对将来培养孩子的卫生习惯和独立性很有利。

3. 加强哺乳训练

新生儿虽具有天生的吸吮本领,但由于母乳的初乳少,乳管又不十分通畅,往往费了很多时间去吸吮也吸不够他身体的需要量,因此出生第一个月可以不规定喂奶时间,只要新生儿饿了,需要吮奶就喂奶,让他有较多的机会学习熟练地吸吮更多的奶量,同时保证身体需要。

4. 培养清洁习惯

保持皮肤清洁,每天在洗脸、洗手、洗澡或洗臀部的同时,要对新生儿边洗边说话。虽然这时他听不懂.但成人的说话声与为他清洁时的动作能够形成条件反射。每天进行清洁,使他感觉舒适,长期坚持下去,就会养成爱清洁的好习惯。

5. 探索新的生活

新生儿出生后,一切对他来说都是陌生的。他需要通过自己的感觉、动作和与人接触进行探索。由于每个新生儿的胎龄长短不一,在胎内的营养条件不一,出生后体质不一,具有的遗传因素不一,等等,他们各有自己的个性和特点,有的安静,有的急躁,有的嗜睡,有的惊醒,有的体健,有的娇弱。因此,他们在生活中的表现也不一样。但在开始时都是通过吃、睡、玩、排便、清洁等去探索父母对他哭声的反应。每一次反应都指示着父母去为他解决问题。如:饿了要吃,倦了要睡,醒了要玩,眼睛要看,耳朵要听,手脚要动等。这时父母为他所做的一切也就是对他进行教育和训练。正确的教育能形成新生儿良好的生活模式及行为习惯。

(二)感觉训练

新生儿的感觉训练是通过视觉、听觉、触觉、嗅觉和味觉来进行的。

1. 视觉训练

眼睛是智慧之窗。人们85％的外界信息都是通过视觉获得的,因此从出生起就要进行视觉训练。新生儿出生时是生理性远视。眼球呈无目的运动,但对光的反应灵敏,遇到强光或风吹时会作出闭目反应。有时父母以为新生儿视觉模糊,看不清事物,就让他整天躺在床上看天花板,使新生儿得不到视觉刺激。其实这时期新生儿的视觉发展一天一个样,能看的东西一天比一天多。可以进行以下几种视觉训练。

看亮光 新生儿出生后已有光感,可在房内挂光亮适度、柔和的乳白色灯或彩色灯,光线不要直射孩子的脸,可以一会儿开灯,一会儿关灯,以锻炼瞳孔扩张与收缩。两周后可用红布包住手电筒,将亮光对准新生儿眼上方约15~20厘米处,沿水平线向左右或前后方向慢慢摇动数次,促使他追视亮光,进行视觉训练。训练时视角仅限于正前方45℃范围,注视时间仅几秒钟。满月时,视角可扩大到正前方90°范围,注视时间可适当延长。

看人脸 新生儿接触最多的是母亲。每次接触时要让他面对母亲的脸,向他眨眼、伸舌或动嘴唇。这时可以观察到他先注视整个脸,从额部到下颌,然后再回上去

看母亲的嘴动、伸舌,再往上看眼睛张开闭拢地眨眼。观察的结果发现新生儿注视嘴和眼的时间最多,因为这两种器官会活动。或经常训练他看脸,到了满月时,新生儿见到人脸就会产生"社会性微笑",这就是训练看人脸的结果。进行视觉训练还可以看母亲的大幅照片、彩色人像、纸板制的脸谱,或看会眨眼、动嘴的娃娃。

看彩球 将彩球悬挂在新生儿胸上方,距离眼部20～25厘米处,逗引新生儿注视。1周后,将彩球在新生儿眼前从左到右移动,再从右到左移动,训练视线随物移动。2周后将球放在新生儿眼前上下移动,并继续向左右移动。满月时将球放在新生儿眼前作360°转圈,训练视线随球转动360°。

看黑白 将黑纸与白纸各一张出示在出生10天左右的新生儿面前,眼与纸的距离约为15～20厘米,先给他看黑纸,然后再看白纸,各注视半分钟。再将黑白纸同时出示,让他同时看两种不同颜色的纸,训练眼球在两张纸之间来回移动。

看形状 将一简单的圆形或方形单一的图片给新生儿看,然后再给他看许多种几何图形画在一张上的图片,各看30秒钟,观其反应。再将两张图片同时出示在他眼前,以测试他选择注视哪一张图片。

看环境 在新生儿觉醒后,每天抱他观看墙壁上的大幅彩色画,床上挂的玩具,空中悬挂的彩灯、彩球,窗外的大树、鲜花、房子等,给予他多种视觉刺激。

2. 听觉训练

新生儿出生已有听觉,生后2周可集中听力,把头或眼睛转向声音的方向,形成视听反应。对新生儿进行听觉的训练,主要是听声音,使其接受听觉刺激,从出生后开始在大脑中储存各种声音的信息。可以进行以下几种训练:

听心跳声 新生儿特别喜欢听心脏跳动的有节奏的声音。当他哭闹时,母亲搂抱在左胸部位,使其听心跳声,他会立即停止哭声。当母亲不在时,可将录下的心跳声播放给他听,也能起同样的效果。因为心跳声与他在胎内听见的母亲心跳声的节奏相同,使他有安全感。

听音乐声 用小型录音机播放优美悦耳的轻音乐,固定1～2首乐曲,在新生儿觉醒时每天定时放5分钟,以建立条件反射,时而改变录音机的放置位置,训练他追寻声源及倾听能力,同时也训练了转头动作。若无录音机也可由父母唱歌给他听。

听说话声 新生儿最喜欢听母亲的说话声,在每日接触他时或在生活护理中,与他喃喃对语,轻声叫他的名字,使他熟悉母亲的声音及自己的名字,使新生儿逐步对母亲的声音及自己的名字建立条件反射。因这时听觉与视觉的反应是分开的,他还不会用眼睛去寻找声音,因此与他说话时要面对他的眼睛,引起他对母亲凝视,让他看到母亲的嘴动。

听玩具声 新生儿喜欢听八音琴、铃声、玩具动物叫声,每次训练时只让他听一种声音,反复地训练听觉。

听环境中的声音　训练新儿听环境中的不同声音,如:开门关门声、自来水从水龙头流出的声音、洗澡时踢水或拍打水声、洗衣机声、电视机播放声等,以刺激新生儿的听觉,接受不同声音的信息。

3. 触觉训练

新生儿触觉灵敏,特别是唇、面颊、眼睑、手掌、足心等处皮肤尤为明显,触动时立即有反应。因此,应从出生后就开始进行触觉训练:

触摸乳房　在喂奶前,母亲搂抱新生儿入怀,握着他的小手去抚摸自己的乳房,然后再喂奶。使他多次触摸乳房后,可以建立条件反射,知道饿了可在此处觅食。

触脸　新生儿觉醒时,母亲用手轻触其左脸颊和右脸颊,训练他向左或向右转头。若能在触动后有这样的反应,母亲可以在他脸颊上亲吻一下,以资鼓励。

触手　成人要经常用手轻柔地抚摸新生儿的每一手指,使他紧握的小手放开,并在每次抚摸后用不同的物体如:硬的木棒、软的毛巾等去触碰他的手掌心,使他感觉到不同物体的触觉刺激。

触身体　在新生儿洗澡前或换尿布后,全裸或半裸身时,成人用手去抚摸他的前身,由胸部、腹部到腿部和两臂,然后翻转身去抚摸他的后身,从颈部往下到背部和臀部。每日进行轻柔按摩,使其皮肤感觉触压的刺激。

4. 嗅觉训练

新生儿出生后就能对有气味的物质发出各种反应:面部表情、不规则的深呼吸、脉搏加强、打喷嚏、转头躲开、四肢不停地动等。进行嗅觉训练时,不管什么气味都让他闻,如喂奶时闻母乳香味,洗澡时闻香皂香,擦脐带时闻酒精味等,使他及早接触各种气味的信息。

5. 味觉训练

新生儿对不同的味觉刺激已有不同的反应:对甜的东西发生吸吮动作,愉快的表情;对苦、酸、咸的物质皱眉闭眼,有不安的表情。成人应有意识地让他尝多种味道。可以用消毒过的筷子浸上酸、甜、苦、咸的各种味道,让他感受到这些不同味道的刺激。

(三) 动作训练

新生儿出生后就具有不学而能的本领;就是无条件反射,如觅食反射、吸吮反射、抓握反射、弯脚反射、转头反射、迈步反射、游泳反射等都是通过动作来反应的。这是生来具有的本能。如果这些本能不及时强化,到了一定的时期就会消失。早期教育和训练的目的就是要促进本能早期出现,又要促使已出现的本能快速地发展。因此,新生儿的动作训练是在无条件反射的基础上,继续巩固这些反射活动,并逐步建立条件反射,使其动作熟练、活动能力增强。婴儿肢体充分地活动,不仅能增强体

质,而且还能促进大脑的发育。新生儿期应进行以下几种训练:

1. 头部活动

转头 将新生儿仰卧在床上,用手指触左侧使其向左转头,再触其右侧使其向右转头。2周后将新生儿俯卧在床上用响铃在其左侧或右侧逗引其向左或向右转头。

抬头 出生第3周将新生儿俯卧在床上,用手扶其前额使其头部向上抬起离开床面。以后用有声响的玩具在他前面逗引并呼唤他,观察他是否试着抬起头部。

竖头 让新生儿仰卧在床上,成人在他正前方,轻轻拉动他的双手,使他从仰卧姿势转为坐姿,观其头部反应,头不随身体竖直,而是滞后。2周后,将新生儿直抱,用手扶持新生儿的颈背部,使其头竖直片刻,然后将手不给支持,而在旁给予保护,观其头部反应,是否能竖直几秒钟。每日训练2次。

2. 四肢活动

抓手指 成人将自己的食指塞进新生儿手掌里,使其抓握,然后抽出来再塞进去,反复数次,以训练他的抓握能力。也可以用圆形的小木柄让他抓握。

弯脚 成人用手指或其他物触碰新生儿脚心,使其自动作弯脚反射数次,以活动腿部的肌肉。

迈步 新生儿具有步行反射,因此可以训练他继续迈步的协调动作。训练时,成人扶新生儿两腋下,将其脚放在桌面上,使其两脚能自动左右交换协调迈步。

手臂伸屈 利用新生儿具有的拥抱反射,使其自动地伸臂、屈臂、双臂交叉搂抱在胸前,以活动手臂部肌肉。训练时,成人用手在新生儿床边近侧敲鼓或猛击床栏,促使其伸开双臂张开手指,然后收回手臂朝前屈曲作搂抱状。

3. 全身活动

游泳活动 胎儿在羊水中"潜泳"了近10个月,他在羊水中不呼吸,具有先天性的屏气能力,这种能力在出生后能保持一段时期。新生儿还具有先天的漂浮能力,加之脂肪多、浮力大,有利于游泳。如果出生后训练新生儿嬉水、游泳,那么这种漂浮和屏气能力就会延续下去。父母可以在每天给新生儿洗澡时,将他放在较大的浴盆里,用一手掌托住他的腹部,另一手托住他的下颌,让他平趴在水中,露出头部,四肢自由活动,推动身体在水中移动。不洗澡时,也可将新生儿俯卧在成人手臂上,用双手托住他的腹部,促其抬头、伸腿、两臂摆动,出现游泳姿势。经常训练可以增强体质,有利于体格发育。

升降活动 成人将新生儿抱起举高,再使其身体下降,头颈后倾10°～15°,可引起新生儿四肢伸展、随后缩屈的全身反应。

(四) 抚爱教育

母爱和父爱对新生儿都是一种精神营养,父母用爱来浇灌新生儿的心田,使他感到温暖、愉快、安全,对良好性格的形成起很大的作用。而良好的情绪和安全感又是新生儿身心发展的重要因素。它能促进新生儿产生积极活动的要求,因此出生后就要对新生儿进行抚爱教育。

1. 合理的爱

父母都是爱孩子的,但不能溺爱、宠爱,而要合理地爱,以科学育儿的观点和方法来对待孩子。父母对新生儿的爱是通过情感表现,肤体接触来使新生儿感觉和接受的。父母还要了解新生儿的身心发育特点,满足他生理和心理的需求,使新生儿逐步产生对父母依恋的情感,和父母相互适应。

2. 笑脸和笑声

父母应让新生儿经常看到笑脸,听到笑声。在给新生儿喂哺、清洁、换尿布、穿脱衣时,母亲与新生儿都有单独接触的机会。这时要边护理他边和他说话,以笑脸和笑声去逗引他,激起他愉快的情绪。

3. 觉醒后逗乐

新生儿睡眠时间长,但也有觉醒的时候。父母应在此时充实他的精神生活,可以让他听音乐、看玩具,亲昵地搂抱他、抚摸他、吻他的脸,和他逗乐。

4. 爱意的鼓励

新生儿不懂什么是鼓励、赞扬。父母应在他每次学会做一些动作时,抚摸他的头,向他微笑和说话,抱他亲吻脸或手来表示爱意。这种动态的表现是一种爱抚,能鼓励新生儿的积极活动。

(五) 适合的玩具

玩具是孩子最好的伴侣,也是教育与训练不可缺少的教具。新生儿的小手还不会抓握,也不会玩弄玩具,但他的眼睛会看,耳朵会听,小手会触摸,因此需要玩具来发展他的视觉、听觉、触觉。适合新生儿的玩具一般都是色彩鲜艳、有响声、能活动的,可以使新生儿能看、能听、能触摸,能引起他兴奋而自发地活动手脚。

训练视觉的玩具可以选择悬挂的彩球、彩灯、妈妈脸谱画、大幅人像画、红色塑料玩具等。

训练听觉的玩具可以选择八音琴、响铃棒、拨浪鼓,能捏出声响的橡塑娃娃或动物等。

训练触觉的玩具可以选择小皮球、小木棒、塑料圆环、布娃娃等。

总之,选择适合新生儿的玩具必须是有颜色、有声响的,要小型、柔软、光滑而无锐利尖角边缘的,分量要轻而易抓握的。

第三篇

婴儿期

(1~12个月)

0~3岁婴幼儿养育

一、婴儿的生长发育

　　从出生 28 天后到 1 岁称为婴儿期。在人生的道路上没有哪一个年龄能比婴儿的生长发育速度更快。婴儿成长的一年中,在生理和心理发展方面都发生着日新月异的巨大变化。

　　婴儿的生长发育具有一定的规律性和身心发育特点。

(一) 生长发育的规律

　　婴儿生长发育的规律有下列 4 条,这 4 条在以后的幼儿期也同样具备。

1. 连续不断地发展

　　婴儿身体的天天长,夜夜大,是一个连续不断的发展过程,但有时长得快,有时长得慢,一般来说年龄愈小,生长发展愈快。出生后的 1～6 个月是孩子一生中生长发育最快的时期,以后就逐渐减慢。

2. 量和质的发展

　　婴儿的生长包括形态上的增长和功能上的成熟。前者是量的增加(如骨骼增长、体重增加、细胞增多等),后者是质的提高(如视觉和听觉功能、手的抓握功能、肠胃的消化功能等)。量的增加和质的提高是相互联系、相辅相成的,而且总是由少到多,由小到大,从低级到高级,由简单功能到复杂功能的发展过程。

3. 各系统发展不是等速的

　　孩子在各个时期中各系统的发展并非齐头并进。如胎儿期神经系统发育最早最快,循环系统发育也较早较快;出生后新生儿期呼吸消化系统由于生活需要而迅速发展,婴儿期感知觉和动作(运动系统)的发展也较早较快,而生殖系统则要到青春期才有明显的发育。

4. 个体的差异

　　婴儿的生长发育虽有一定的规律性,但因先天的遗传因素和后天的环境因素(如社会条件、气候、地理、营养、疾病与护理等)各异,各个孩子的生长发育也有大小、高矮、长得快慢等方面的差异。所以,生长发育的正常标准在同一年龄的孩子中可以允许有一定范围的差别,若超越了这一正常范围,就属不正常。

　　做父母的了解婴儿生长发育的规律性,就可判断自己的孩子生长育是否正常,针对孩子的生长发育情况进行正确的喂养、保健和护理,以保证孩子健康苗壮地成长。

（二）身体发育的特点

婴儿期的体格生长和大脑发育是出生后发展最快的时期。一年中体重增加3～4倍，身长增加1.5倍，大脑重量在1岁末已超过成人脑重的1/2。

衡量婴儿的生长发育是否正常，主要是从体重、身长、头围、胸围、牙齿、骨骼等方面加以观察，其次可以从肌肉、呼吸、消化、排泄、循环及神经的发育来了解发育情况。

1. 体重

在一定程度上体重可以反映骨骼、肌肉、脂肪及脏器发育的综合情况，是评价生长发育的重要指标。体重的增长速度是先快后慢，月龄越小增长越快。最初三个月最快。以下是1～12个月婴儿体重的增长情况：

单位：克

月　　份	每周增加体重	每月增加体重
第1个月	250	1000～900
第2～3个月	200	800～700
第4～6个月	180～150	600
第7～9个月	120～90	500～400
第10～12个月	90～80	400～300

婴儿的体重与出生体重相比，5个月时可增加到出生时的2倍，1岁时增加到3倍。12个月以内的婴儿体重可按以下公式计算：

1～6个月的体重（千克）＝出生体重（千克）＋月龄×0.6

7～12个月的体重（千克）＝出生体重（千克）＋月龄×0.5

应定期测量体重并记录下来，分析生长发育的趋势，以便了解婴儿的发育和营养状况。体重的变化与营养、疾病、护理有很大的关系。婴儿生病后体重不增或不降，饮食营养不够，生活安排不妥，卫生习惯不好都会影响体重的增加。若是婴儿体重低于平均值的15%以下，应请保健医师检查，并及早采取措施。

2. 身长（身高）

是指从头顶到足底的垂直长度，是正确估计骨骼发育和生长速度的指标。身长增长的规律也和体重一样，年龄越小增长越快，也是1～6个月增长最快，平均每月长2.5厘米，7～12个月平均每月长1.2厘米。若出生时身长为50厘米，6个月时可以达66～67厘米，1岁时可达75厘米左右。

身长也要定期测量及记录。身长的增长除了与营养有密切关系外，还受着遗传、性别、生活环境、季节等因素的影响。如父母矮小，孩子也可能矮小；男孩比女孩个子高；生活环境好，营养好，运动锻练机会多，也容易长高；春夏季比冬秋季易增长。

3. 头围

用软尺自眉弓上方,绕后脑枕骨最突出处,转向前一周的长度即为头围。头围也是衡量生长发育的指标之一。出生时头围平均为34厘米。1～6个月增加8厘米,7～12个月增加3厘米。满周岁时头围可达45厘米左右。头围长得过慢或过快都是不正常的现象。脑发育不全或小头畸形的婴儿头围过小,脑积水或佝偻病的婴儿头围过大。

4. 胸围

用软尺自胸前平乳头,向后绕到两肩胛骨下缘,再回到前胸一周,取其吸气和呼气两个数的平均值即为胸围。一般出生时新生儿的胸围比头围小,1岁左右婴儿胸围几乎与头围相等。婴儿头、胸围大小交叉时间的早晚与营养和疾病有关。长期营养不良,肋骨骨化不全,患佝偻病、肺气肿、哮喘和心脏病等的婴儿胸围增长小于正常儿。

5. 乳牙

牙齿的发育要经过三个时期,即生长期、钙化期、萌出期。乳牙于出生时的牙囊(隐伏于牙龈下)内已钙化。健康的婴儿于6～8个月开始萌出乳牙。也有早在4个月或晚至10个月出牙的,均属正常范围。出牙的顺序是先出下中切牙,后出上中切下,一般在5～10个月萌出。再出下中侧牙和上中侧牙,一般在6～14个月萌出。1岁左右共出6～8颗乳牙。不同月龄的婴儿,正常乳牙长出数也可以这样估计:即月龄－4(或6)＝乳牙数。如10个月的婴儿乳牙数应为6颗或4颗。婴儿出牙的时间和速度也是反映生长发育的一个指标。发育好的及时出牙,牙质优良;否则出牙延迟,牙质欠佳。

6. 骨骼

骨骼是人体坚硬的支架,它支撑住身体各部的软组织,使人体具有一定的形状,骨骼还保护脑、脊髓、心、肺、膀胱等内脏,使外力不易损伤这些重要的器官。婴儿的骨骼比较柔软,软骨较多,骨较短细,骨化(钙盐沉积在骨中使骨质变硬)还在不断进行中,随年龄增长,骨骼不断伸长增粗变硬。骨的成分是由有机物和无机物(钙、磷等)构成。有机物使骨具有较大的韧性和弹性,无机物能保证骨的硬度。婴儿骨中有机物较多,无机物较少,故弹性较大,硬度较小,不易骨折但易发生变形。即使骨折也愈合快。现将对婴儿发育关系较大的几种骨骼的特点简述如下:

(1) 脊柱:人的躯干是由椎骨、肋骨和胸骨组成的。它们由软骨韧带关节相连接,组成脊柱的胸廓。脊椎位于背正中,由椎骨组成,包括颈椎(7块)、胸椎(12块)、腰椎(5块)、骶骨(5块,到成人时融合成1块)、尾骨(4块,到成人时融合成1块)。脊柱是人体的大梁,具有支柱、承重和运动的功能。从侧面来看呈S形弯曲,能缓冲从脚上传来的震动和冲击。这种弯曲并非生来具有,新生儿的脊柱几乎没有弯曲。

出生后的第一年中,婴儿的脊柱长得特别快,出现三个生理性弯曲:3个月左右,能抬头时,颈柱前凸,形成颈曲;6个月以后,开始独坐,胸椎后凸,形成胸曲;1岁左右能站能走时腰椎向前凸起,形成腰曲。这些弯曲在婴儿期还未固定,往往在仰卧时会消失,颈曲和胸曲到7岁时固定,腰曲到13岁时才能逐渐固定。由于脊柱富于弹性,生理性变曲尚未固定,骨骼易变形。所以婴儿坐和立的姿势要端正,不宜长时间坐或站,如果坐、立、走的姿势不正,就会使脊柱发生变形,因此应该让婴儿多练习"趴"和"爬"。这种动作不仅能预防脊柱异常弯曲变形及将来发生驼背,还有利于身心发育。

(2) 胸骨:婴儿的胸骨尚未完全接合。胸骨由柄、体和剑突三部分组成,连接不巩固。胸廓形态在第一年时肋骨呈水平状,几乎与脊柱呈直角,第二年起逐步变成锐角,婴儿在维生素D缺乏时引起佝偻病,可使胸廓变形,使胸骨突出,呈鸡胸状。

(3) 腕骨:婴儿的腕骨是由多块小骨组成,比较柔软易折,以后逐渐发育,在出生3个月时,开始出现骨化中心,多数腕骨在3岁后逐渐骨化,13岁左右全部骨化。女孩比男孩早2年。由于腕骨骨化过程较慢,所以婴儿生活中所用的用具,所玩的玩具等物的大小、重量要适合。进行护理或游戏时,要注意动作轻,不能用力过猛地去拉婴儿的手,以免扭伤或发生关节脱臼。

7. 肌肉

人体的肌肉是由肌质和腱质两部分组成。肌质呈红色,由肌纤维构成,有收缩能力。腱质呈白色,由致密的结缔组织构成,不能收缩,肌肉借腱质附着于骨上。婴儿的肌肉发育尚未完全,在形态、成分及功能方面都与成人有差别。婴儿肌肉白嫩、柔软,肌纤维细,间质较多。肌肉成分含水分比成人多,含蛋白质、脂肪、糖及无机物质较少,能量储备较差。故肌肉的收缩力不强,耐力差、极易疲劳。新生儿及4个月以内的婴儿肌肉的紧张度显著高,四肢屈肌紧张大于伸肌,上肢的紧张在2~2个半月消失,下肢到4个月消失。以后随月龄增长,肌肉发育,肌力加强。发育顺序是自上而下,先头颈、躯干,后四肢,故动作的发展顺序也是先竖头、坐,后会站、走。先大肌肉发育,会挥动手臂,后小肌肉发育,学用手指捏物。肌肉的发育和骨骼的发育是分不开的,它们既是人体的支柱,又是运动的器官。因此,婴儿不能整天躺卧在床上不活动,而要经常俯卧、翻身、趴爬、站走及做体操,进行各种活动促使血液循环,使肌肉获得充分的血液供应,以便从中得到更多的养料和氧气。这样肌肉就能发育有力,有弹性,收缩能力也随之而提高。

8. 呼吸

人类的生存离不开氧气,要从外界吸入氧气,及时排出产生的二氧化碳,这个过程就是呼吸。整个呼吸器官根据其结构和功能分为呼吸道(包括鼻、咽、喉、气管和支气管)和肺两部分。呼吸道是传送气体,排出分泌物的管道。肺是气体交换的场所。新鲜空气通过呼吸道进入到肺部，透过肺泡和毛细管壁，将静脉血变为含氧丰富的动脉血，扩散到血液里进行循环，再将血液中的二氧化碳废气扩散到肺泡里，进入肺部，通过呼吸道排出体处。

婴儿肺容量小，代谢旺盛，需氧量多，使呼吸量受到一定的限制。因此，要以加快呼吸次数来代偿呼吸量的不足。婴儿呼吸频率为每分钟 40～30 次。只有室内经常通风换气保持新鲜空气流通，让婴儿经常去户外活动，呼吸新鲜空气，才能适应婴儿呼吸浅表、频率较快、肺活量较小的生理特点。

婴儿的呼吸道狭窄，鼻腔狭小，黏膜柔嫩，且富于血管，易感染而使鼻黏膜充血肿胀，引起鼻腔阻塞，呼吸不畅。婴儿喉腔也狭小，喉腔发炎时出现吸气困难、声音哑、咳嗽多。

婴儿的气管呈长圆筒形，下接左右两支气管，左支气管细长，右支气管粗短而直，故异物多易落于右支气管内。由于黏液腺分泌不足，管壁较干燥，黏膜上纤毛运动差，不易清除外来尘埃颗粒及入侵的微生物，故易感染而患气管炎或支气管炎。

若分泌物侵入到肺部引起炎症时，会引起肺不张或肺气肿。因此，要经常保持婴儿鼻腔通畅，培养用鼻呼吸。不要用手去挖婴儿的鼻孔，不要让婴儿玩小丸类的异物，以免塞入鼻孔。喂奶喂食时要小心，以免异物进入气管。平时要经常抱婴儿到户外锻炼，增强耐寒及抵抗力。

9. 消化

人体吸收营养及排出废料的过程就是消化系统的作用。消化系统包括消化管和消化腺两部分。消化管包括口腔、咽、食道、胃、小肠、大肠和肛门。它起着物理性的消化作用。这些消化管接受食物后进行磨碎、搅拌使食物与消化液充分混合，并将大块食物变成小块食物。消化腺分泌各种消化液，包括唾液腺、胃腺、胰腺和肝、肠腺。它起着化学性的消化作用。消化液中含有各种消化酶，将食物分解成最小的分子。如将淀粉分解成葡萄糖；将蛋白质分解成氨基酸；脂肪分解成甘油和脂肪酸，成为可以吸收的物质。婴儿消化系统的特点：

（1）口腔：口腔是消化道的起始处，食物进入口腔时，先用牙切磨，再用舌搅拌，形成食团，然后吞咽进入食道。婴儿口腔小，牙齿少，牙质脆，釉质薄，易于破损。由于舌短而宽，搅拌食物的灵活性差，唾液腺分泌量少，调和食物吞咽能力差。到 3 个月后分泌量增加，常因吞咽能力不足产生流涎现象。因此，婴儿的饮食要细软、碎烂，易于吞咽。口腔的消化主要是唾液腺使食物中的淀粉变成糊精和麦芽糖，对糖进行最初的消化。

（2）食道：婴儿的食道呈漏斗状，上连咽，下接胃，全长 11～12 厘米，食道短，黏膜嫩，易于损伤。食道将咽下的食团通过蠕运输送到胃，在此外不停留，也不进行消化。

（3）胃：胃是消化道中最膨大的部分，呈水平位，形如囊袋状。上口贲门接食物与胃液充分混合变成半液体状的食糜，并将食糜推动到幽门，进入十二指肠。婴儿的胃壁肌肉层及弹性组织发育还不健全，胃的蠕动能力较差，贲门又松弛，因此胃内容量过多，哭闹或激烈运动之后，常易溢奶。3 个月的婴儿胃容量约为 100 毫升，1 岁时约为 250 毫升。婴儿胃排空的时间与食物种类有关，母乳约为 2.5～3 小时，牛奶 3～4 小时，水为 10 分钟，糖类为 2 小时，蛋白质排空时间较长，脂肪类食物排空时间更长。胃的主要功能是暂时贮存食物、分泌胃液（含有盐酸、胃蛋白酶、黏液、无机盐、水和消化作用较弱的脂肪酸）调和食物后，吸收少量的盐（如铁、钠）及部分水，而其他的蛋白质、脂肪、糖等经过初步消化后进入小肠内再消化吸收。婴儿应定时进食，随月龄的增长由少量逐渐增多，不宜吃油煎及不易消化的食物。

（4）小肠：小肠包括十二指肠（约有 12 个横指长）、空肠和回肠，起始于胃幽门，终止于盲肠，是消化道中最长的部分。新生儿小肠为 350 厘米左右，婴儿小肠长度是身长的 6 倍，而成人小肠只有身长的 4.5 倍。由于小肠是消化食物和吸收养料的主要部位，婴儿的小肠较长，食物停留在肠内的时间亦长，有利于营养物质的消化和吸收，对生长发育迅速的婴儿非常有利。

当胃部排空后的酸性食糜到达小肠中，刺激肠黏膜时，引起肠液、胰液分泌，以及胆汁的排空。胆汁虽不含消化酶，但能促进脂肪的消化。肠液和胰液含有分解蛋白质、糖类和脂肪的多种消化酶。食糜在小肠蠕动和各种消化酶的分解作用下，蛋白质分解为氨基酸，糖类分解为葡萄糖，脂肪分解为甘油和脂肪酸等溶于水的小分子物质。这些小分子物质和维生素、无机盐与水主要由小肠吸收。小肠黏膜表面有很多皱襞，皱襞上有许多细小的绒毛，绒毛中有毛细血管，消化后的营养小分子进入绒毛内毛细血管，再入血管进行血液循环。食糜到了小肠末端，绝大部分营养物质被吸收，剩下残渣随着小肠蠕动进入大肠。

婴儿肠壁的肌肉和弹性组织发育较差，加之肠的蠕动也较差，易引起便秘。长时间坐便盆，易引起脱肛。婴儿小肠内各种消化酶的分泌量不足，不能适应食物质和量的较大变化，而婴儿生长发育非常迅速，又需要少吃多餐摄入较多的饮食。小儿消化机能经常处于紧张状态，若饮食过多或安排不当，都易引起消化不良。

（5）大肠：大肠是消化道最下一段，包括盲肠、阑尾、结肠和直肠。上端为盲肠连接小肠，下端为直肠连接肛门。盲肠下端伸出的细长管，叫阑尾，呈漏斗状，异物进入不易排出，易发生阑尾炎。结肠是大肠中最长的部分。婴儿的结肠与腹后壁固定较差，活动性大，婴儿期易发生肠套叠、肠扭转。直肠上端与结肠相连，下端为肛管，管的下端是肛门。

大肠主要的作用是进一步吸收小分子无机盐，使食物残渣形成粪便，经过肛门排出体外。大肠内有丰富的大肠腺，能分泌碱性黏液，具有保护肠黏膜，润滑粪便的作用。肠内还有某些细菌也参与消化过程,细菌和酶能分解蛋白质、碳水化合物、脂肪,溶解纤维素,并利用其中的食物残渣,提取一些简单的物质合成维素 K 和 B,供体内吸收利用。

10. 排泄

人体在新陈代谢过程中,不断地产生二氧化碳、水、无机盐、粪便和尿等。这些产物在体内聚多了会影响健康,甚至危及生命,因此需要排泄出体外。如呼吸道排出二氧化碳,皮肤排出部分水和少量无机盐类,肛门排出粪便,尿道排出尿液。人体中大部分的代谢产物是粪和尿。

粪,食物经过消化,从小肠进入大肠后,先是液体状态,经大肠吸收水分后,逐渐浓缩成粪块,最后通过肛管,从肛门排出。婴儿每日排便 1~2 次,正常的呈黄色。若大便呈绿色时则表示肠蠕动过快或患了肠炎;大便呈灰白色时多为胆道梗阻;大便为黑色时多为服铁剂或含有铁质较高的食物所致;大便呈柏油状时多为上消化道出血;大便表面带有鲜血或血丝时多为肛门附近出血或肠息肉所致。婴儿的大便排出后,应多加观察:遇大便有恶臭时,表示蛋白质消化不良;出现多泡沫,表示碳水化合物消化不良;外观呈油状,则表示脂肪消化不良;大便内有白色凝块,多为未吸收的脂肪和钙镁化合物形成的。应根据以上不同的情况改善婴儿的饮食。

尿,由肾脏不断地通过肾小球的过滤作用和肾小管的重吸收和分泌作用,形成原尿,经输尿管输送至膀胱暂时贮存在那里,当尿液增加到一定容量时,经过尿道排出体处。婴儿的肾相对比成人大而重,于出生时已基本发育,在 1 岁时生长得最快,但功能较差。输尿管相对短而宽,弯曲变大,管壁肌肉和弹性组织发育不全,因此容易出现尿流不畅,易使细菌在此繁殖,引起尿路感染。婴儿的膀胱容积小,出生时膀胱容量为 50 毫升,3 个月为 100 毫升,1 岁为 200 毫升。因此,排尿次数较多,婴儿期一般 24 小时的排尿次数:1~3 个月为 20 次左右,3~12 个月为 15 次左右。尿量与排尿次数,个体差异很大,可受气温、饮水量、食物种类、精神因素等影响。尿道与膀胱相连,下端开口于体外,婴儿尿道短,尤其女婴儿的尿道更短,仅 1~2 厘米,开口处又接近肛门,故易受粪便的污染而引起尿路感染,因此,要每天清洗,保持清洁。婴儿的尿液为无色或淡黄色透明,属正常。有时偶有盐类(磷酸盐和尿酸盐)结晶沉淀,使尿液混浊,尤以在冬季或放置过久之后,亦属正常。如患肾结核、急性肾炎时,尿液呈红色;患肝脏疾病时,尿液呈深黄色。婴儿的尿液初排时并无臭味,若是尿在尿布或裤子上不及时更换,就会使尿液腐解而发出尿臭。因此,要及时更换尿布,清洁臀部。

11. 循环

循环系统是一个闭锁的、连续性的管道系统,它包括心脏、动脉、静脉、毛细血管。血液由心脏经过动脉、毛细血管、静脉再返回心脏的过程称血液循环。心脏是

血液循环的动力器官,心脏收缩时推动血液进入动脉及其他分支,再到毛细血管,在此处进行物质交换,将含氧及营养物质的新鲜血液渗入到各系统的组织中去,同时使组织中的二氧化碳及其他代谢产物输入毛细血管,并汇集到静脉,通过心脏舒张,静脉的血液返回心脏。婴儿心脏的大小近似本人的拳头,外形像倒放的桃子,心尖部朝下。心脏内有四腔,即左心房、左心室、右心房、右心室,并分为左右不相通的两半,在房室之间是相通的,房室口上有特殊的瓣膜,可以防止血液由心室逆进入心房,并保证按一定方向流动。

婴儿的心肌薄弱,心腔容量小,心壁较薄,收缩能力差,所以每次收缩时输入的血量少。但婴儿新陈代谢旺盛,对氧、营养物质需要多,因此只能以增加每分钟收缩的次数来满足所需的供血量。年龄越小,心跳次数越多。每分钟心跳次数:新生儿130～140次,1岁以内100～120次,1～3岁150～110次。心率(每分钟心跳数)容易受各种因素的影响,如进食、运动、哭闹、发热等,都可促使心率加快。婴儿心率的测定要在睡眠或安静时进行按脉测数。若遇发热,体温比正常标准每升高1℃,心率约增加15～20次/分。

12. 神经

神经系统是生命活动的主要调节系统,它在身体各系统中处于支配地位,起着主导作用。神经系统包括中枢神经和周围神经两部分。中枢神经包括脑和脊髓;周围神经包括脑神经、脊神经和植物神经。其结构见表:

神经系统
- 中枢神经
  - 脑:位于颅腔内
    - 大脑脑干:包括延脑、桥脑、中脑、间脑
    - 小脑
  - 脊髓:位于椎管内
- 周围神经
  - 脑神经:12对,分布于头部
  - 脊神经:31对,分布于躯干和四肢
  - 植物神经:包括交感神经和副交感神经,分布于内脏、心血管及腺体

神经始于中枢神经系统,由脑和脊髓发出,通过周围神经系统,分布到全身各器官的神经结构,来调节全身各器官的活动,同时将全身各器官的变化,通过周围神经的联系,传递到脑和脊髓里。

婴儿的神经系统早在胎内就是发育最早的器官,出生后第一年,仍处于迅速发育的过程中。脑的发育最快,出生6个月后,在外表上与成人相近似。脊髓在构造上2岁时接近成人,由于婴儿脑发育快,就需要充分的能量和丰富的营养物质。脑细胞活动所需的能量,主要依靠葡萄糖。营养物质主要靠优质蛋白质、类脂质、磷脂等,此外还需要充足的氧气。小脑是负责保持身体平衡、协调肌肉运动的。婴儿的小脑发育较迟,故身体不易平衡,常跌跤,大肌肉和小肌肉活动不够协调。脊髓是躯体和内脏与脑联系的通道,负责反射(如肌腱反射、腹壁反射、排尿和排便反射)和传导。出生时脊髓

虽已发育完全,但比脑缓慢。脑神经是负责支配面部各器官的感觉和运动的。脊神经是管理躯干、四肢、皮肤和肌肉等部位感觉和运动的。婴儿的脑神经和脊神经的髓鞘是在最初3个月形成的,而神经末梢发育则需要3年。植物神经是调节内脏器官活动和物质代谢的,保证身体更好地适应内外环境的变化。婴儿出生时已具备这种机能,由于大脑皮层控制能力差,交感神经和副交感神经之间调节不平衡,婴儿易出现心律不齐,面部血管舒缩不稳定,消化液分泌机能紊乱或胃肠道痉挛等现象。

由于婴儿的神经系统发育尚未完善,大脑皮质发育较弱,兴奋过程强于抑制过程,所以婴儿易于激动,好动,注意力不集中,容易疲劳。因此,应注意安排婴儿的活动,动的活动与静的活动交替,还要合理地安排一天的生活,保证婴儿有充足的睡眠时间,以消除疲劳,弥补耗损,并能对神经系统有保护作用。

(三) 心理发育的特点

儿童的心理发展主要有两个因素:即生理因素和社会因素。生理因素包括遗传素质、先天素质和生理成熟。社会因素包括生长所处的社会环境。婴儿期的心理发育是以身体发育为物质基础的,不同遗传因素和不同先天素质奠定了婴儿心理发育的先天差异。生理成熟与心理发育有密切的关系,心理发育依赖于生理成熟,许多心理活动必须在生理成熟的基础上才能出现,才能发展。婴儿的大脑、神经系统的发育是心理发育过程的生物基础。但发挥主导作用的还是决定于婴儿生活中社会环境的实践和现实的作用,还与婴儿所接受的教养与教育有关。每个婴儿所处的社会环境中接受的早期经验和早期教养、教育不同,致使心理的发育产生明显差异。因此,出生第一年的心理发育奠定的基础对今后的心理发展有重要的意义。

从满月到1岁是婴儿的身体和心理发育最快的时期。婴儿从吃奶到断奶,从躺卧到行走,从哭叫到咿呀学语,从被动受人摆布到主动与人交往。这一系列的巨大变化,明显地表明婴儿身体的迅速发育与心理发育的发生、发展的变化,身体发育和心理发育在发展中相互间起着促进的作用。婴儿心理发育的特点主要表现在感觉和认知、动作、语言、情感和社会行为方面。

感觉和认知:

婴儿的感觉发展速度很快,知觉发展较晚、较慢,开始有了明显的注意和初步的记忆能力。

视觉 从满月到2个月初起,婴儿开始视觉集中,视线随物体左右移动,视觉距离可达1～1.5米,时间约为5秒钟。3个月时视线能跟踪物体上下移动,视觉距离可达4～7米,时间可增长到7～10分钟,对注视的物体有所选择,最喜欢注视人脸,也喜欢看自己挥动的小手。4个月时可以区别颜色,特别是红色物体最容易引起婴儿兴奋。5～6个月时婴儿喜欢照镜子,用手去抓镜子里的人,这时婴儿的眼——手

开始协调,凡是看见的物体,只要在近处都要伸手去抓。婴儿喜欢观察四周人们所进行的活动,如街上的来往行人、司机开汽车、小朋友踢球等,还能注视远距离的物体,如天上的飞机、月亮、飞鸟等。半岁以后,视觉已不是单纯地注视物体,而是感觉和知觉在一起来感知和观察事物。

听觉 满月后,婴儿听觉很灵敏,听到巨响会惊醒。2个月时,听到说话声、音乐声会停止哭泣去倾听。3个月时,能感受不同方位发出的声音,会将头或视线转向声源,视觉与听觉开始协调活动。4个月时,婴儿听到轻快、柔和的音乐表示愉快,而对强烈的噪音表示不快,这时声音已对情绪有反应了。5个月时,婴儿已能分辨亲人的声音,特别是听到母亲的声音就高兴、活跃。6个月以后,婴儿能区分严厉或和蔼的声音,并有不同的反应。听到严厉声而惧怕啼哭,听到和蔼声就笑脸相迎。

肤觉 肤觉包括触觉、痛觉、温度觉。人体的皮肤对这三种肤觉的感受性各有不同。触觉以舌尖和指尖的皮肤感受性最大,背和腹部的皮肤感受性小。痛觉则以背部和腮部的皮肤感受性大,指头和手掌的皮肤感受性小。温度觉是常被衣服掩盖的部分感受性大,而外露的皮肤如脸、手感受性小。婴儿主要是运用手和嘴来感受能接触的物体。2~3个月时,婴儿只能无目的地挥动手臂,偶尔用手触碰到身上的衣服,所盖的被褥;4~5个月的婴儿试图触摸抓握悬挂的玩具,有时也会双手相碰互相抓握,将手放入嘴里吮吸;6个月以后婴儿无论用手抓到什么东西都往嘴里送。这表明手和嘴唇的部位最敏感。婴儿的痛觉和温度觉很敏感,对各种痛觉刺激如跌痛、烫痛、针刺痛等会作出局部或全身的反应,并大哭,全身乱动。温度觉发展很快,如对水温过高或过低,外界空气的过热或过冷都有强烈的反应。

味觉 婴儿对味觉的差异比较敏感,遇到习惯了的滋味或有区别的食物,能辨别出来,产生不同的反应,如吃惯了母乳的婴儿不愿吃牛奶。3个月的婴儿已能精确地区分2%与1%的糖水及0.4%与0.2%的盐水和普通水。4个月的婴儿能区分酸、甜、苦不同味道的食物,如橘子水(酸味)、蜜糖水(甜味)、药水(苦味)、白开水(无味)的差别。半岁以后的婴儿能吃各种味道的食物,对喜爱的食物易偏食。

嗅觉 满月后,婴儿经过多次的对某种香味物质刺激的经验形成条件反射,如闻到奶香气味就用嘴寻找乳头。2~3个月,婴儿已能对两种不同的气味进行分化,但不稳定。4个月时,嗅觉的分化才比较稳定。

知觉 半岁以后,婴儿在感觉的基础上形成知觉。知觉是反映对客观事物整体的认识过程。任何一个事物,都包含多方面的属性,单靠某一种感觉是不可能有整体的认识的,如认识苹果,通过视觉只能认识颜色、形状;通过味觉只能品尝酸甜味道;通过嗅觉只能闻香味;通过触觉只能摸到软硬。若要全面地认识苹果的各种属性(色、香、味、形等),必须要靠各个感觉器官的综合活动,才能全面地正确地去认识。这就是知觉的活动。婴儿在半岁前,由于眼、手不能协调活动,很难完成整体的认识过程。在半岁以后,眼、手可以协调活动,耳、鼻、嘴也参与活动,协作感知事物的属性,从而获得完整的认识。6~8个月的婴儿能初步感知物体的形与数,区分大小与多少。若用两个大小不同的橘子或多少不等的两堆糖果逗引他去拿时,婴儿会趋向于取大橘子或多数一堆的糖果。9~12个月的婴儿能感知事物之间的关系:① 感知事物与探索因果的关系,如婴儿喜欢扔玩具,什么都往地上扔,扔后要成人拾起,又再扔下,反复多次。这是婴儿在探索扔出的东西会发生什么结果。如皮球扔出后会滚到远处,积木扔出后会静止不动,响铃扔出后会发生响声。② 感知事物与各种外来刺激的关系,如听到开门声、脚步声及爸爸说话声(声音刺激听觉),知道爸爸回家了;碰到电灯开关(碰物刺激触觉)感知电灯亮了;看见手帕掩盖着妈妈的脸,婴儿拿掉手帕就感知妈妈的笑脸(看物及动作刺激视觉与触觉)。③ 感知事物与语言的关系,如妈妈说"大便了"并发出"嗯嗯"声,婴儿知道要坐在便盆上排便。能感知日常接触最多的实物如碗、杯、牛奶、鸡蛋等与发音的名称之间的关系。④ 感知事物与动作和语言的关系,如对婴儿说:"宝宝把娃娃拿给妈妈。"要婴儿爬过去把娃娃拿来。⑤ 感知事物的"有"与"无",如看见盘子里有蛋糕,知道"有",会拿来吃,吃完了就伸出空着的双手表示"无",意思是没有了,还想要。

注意 人的注意可分为无意注意和有意注意。无意注意是没有预定目的,也不需要意志努力的注意。有意注意是有预定目的,需要加以意志努力的注意。新生儿没有集中的注意,婴儿的注意属无意注意。从2个月左右开始出现比较集中的注意,如看亮光、彩色物体。3个月时,婴儿喜看人脸、有声响及活动的玩具,但注视的范围有限。半岁后,随着知觉的发展,婴儿眼手动作协调,并能爬会走,注意范围也逐渐扩展。凡是能满足他身体需要的物体,如食物和餐具,彩色、有声响、能移动的玩具等,最能吸引他的注意。整个婴儿期的注意力很不稳定,注意事物的时间短暂,而且容易转移。如不能专心地进食,常在进食时玩餐具;环境中有新鲜事物出现,注意力立即转移。

记忆 记忆也分为无意记忆和有意记忆。记忆是经验的识记,保持和回忆(包括再认和再现)的过程。刚出生的新生儿是没有记忆的。随着最初的条件反射出现,记忆才开始发生。出生头两周婴儿建立了"吃奶姿势"的条件反射。每当妈妈抱在怀中的姿势出现时就"记住"要吃奶了,这是记忆的最初表现。婴儿的记忆是以再认(将过去感知的事物识记后保持在脑中再次将识记的事物出现在面前)的形式出现。如5~6个月时,婴儿再认妈妈,随后扩大到再认经常接触的熟悉人。7~8个月时,婴儿已能清楚地分清熟悉的人与陌生人。1岁开始出现明显的再现。婴儿的记忆为无意记忆,保持的时间很短,只能再认几天以前识记的事物,到满周岁时再认能力增至十几天。因此,要将已识记的事物经常出现再认,才能保持记忆。

动作 出生第一年动作的发展最快,变化也最大。新生儿只能躺卧,满周岁就

能独立行走。在短暂的一年中,婴儿竟掌握了人类各种运动最基本的动作:抬头、翻身、坐、爬、站、走,显示婴儿的大脑和神经系统、骨骼、肌肉的迅速发育。婴儿的动作发展是从大肌肉动作到小肌肉动作逐月发展的。

1. 大肌肉动作

满月到2个月末,婴儿开始抬头;3～4个月,直抱时头竖直,开始翻身;5～6个月,先扶坐后独坐,先从仰卧翻为俯卧,后从俯卧翻为仰卧;7～8个月,会爬行,能扶站;9～10个月,能扶走;11～12个月,能独走数步。在动作发展的过程中,婴儿学会了抬头、竖直头时就能看到不同方向的事物;能坐会爬以后,可以看到上下前后及四周远距离的事物;会行走后,更加扩大了视野,能接触更多的事物,促使婴儿的感知灵敏,认识能力加强,从而促使其心理的发展。

2. 小肌肉动作

婴儿的小肌肉动作是从被动的、无意识的向主动的、有意识的方面发展。2个月时,婴儿只能被动地抓握放入手中的物品;3～4个月时,开始用手去触碰物品,这是一种无意识动作,由于眼手不协调,不能伸手去抓握看到的物品;5个月时,开始眼手协调,能准确地主动抓物品,用整个手掌弯起一把抓,大拇指不起作用;6个月时,用大拇指与其他四指相对抓物品,这时还不能两手同时抓物品,一手抓物品时就将另一手抓的物品丢掉;7～8个月,从单手抓物品进展到双手配合协作活动,如两手各抓一物品对敲,将右手抓的物品递给左手,双手玩弄玩具;9～10个月,凡是婴儿看到的物品都会立即动手去取,会用拇指和食指相对捏取小物品,捏物品方式从用"钳式"捏过渡到"镊式"对捏取物,这是人类最初的操作技能;11～12个月,能用手和手指做许多事,如脱鞋子、拿帽子、捧杯喝水、握笔乱画。婴儿的手在眼的视线下参加各种活动,并不断地探索尝试,从失败中获得教训,从探索中感知事物之间的关系,为以后自我服务与劳动实践打下基础。手的动作要依赖脑的发育,而又能促进脑的发展,因而"心灵手巧"和"手巧心灵"是相辅相成的两个方面。

语言:

语言可分为外部语言和内部语言。外部语言包括口头语言和书面语言。内部语言是人们在思考时所用的无声语言。出生第一年是口语发生期,可分为三个相互交错联系的阶段:

(1)自发的发声阶段(出生～6个月)

新生儿第一声啼哭就是发声的开始,第1个月的哭声没有特别的意义,不管什么原因引起的哭,声音是没有区别的。第2个月开始,婴儿的哭声已有所示意,如饥饿、尿湿、排便、不适及疼痛的哭声在时间、音调和音量上都显然不同。婴儿通过哭声来表达自己的需要,能引起成人的注意和关心。在哭的过程中也是在进行自发的发声练习。由于婴儿哭时,吸气短,呼气长,和说话时的呼吸状况相同,使发音器官和呼吸器官配合起来自然地获得锻炼,因此父母不要听见哭声就去抱婴儿,以免剥夺了他们发声练习的机会,当然也不能让婴儿久哭不理。第 3 个月初,婴儿在吃饱、睡足和精神愉快时,开始自发地发出喉音,如 a—a(啊)、o—o(喔)、e—e(鹅)等单元音。4 个月时,婴儿能发出咯咯的笑声,并会用咿呀发音来逗引成人与他说话。5～6 个月的婴儿从发单元音到复合音组(元音和辅音),如,ma—ma(妈)、ba—ba(爸)、da—da(大)、na—na(那)等,听起来好像是叫妈妈、爸爸,其实仍是无意识的发音,而不是语言,是语言发生前的发声准备。这种自然的发声练习在后半年中依然存在。

(2)听懂词音和词义阶段(6～9 个月)

婴儿听懂成人说话是先听懂词音,后听懂词义。半岁以后,婴儿在多次感知某种物品或动作的同时,听见成人说出它们的词音,于是在头脑里,这一物或动作的形象和词的声音之间建立了联系。经过多次的感知经验,7～8 个月时,婴儿只要听到这个词音就能引起相应的反应,如听见问:"灯呢?"婴儿会用眼找寻,伸手指灯。听见说:"妈妈抱",就会立即张开双臂朝向妈妈。这是婴儿对词的声音引起的反应,而不是对词义的反应。因此,对于相似的词音都会引起同样的反应。如问他:"帽帽呢?"他用手指玩具猫。9 个月时,婴儿开始在听懂词音的基础上逐渐懂得了一些简单的词义,如以前听见说"再见"的词音时,是被动地由成人把着他的手挥动,而现在听见说"再见"这个词时,能主动地向人挥手,开始对词义发生反应。

(3) 模仿发音初学说话(10～12 个月)

模仿成人发音是比较复杂的过程。婴儿听懂词音主要是依靠听觉和视觉并伴以动作的协调作用。而模仿发音不仅依靠听觉去注意成人的发音,依靠视觉去观察成人嘴的动作和口型的变化,而且还要自己去尝试唇、舌、声带等发音器官的协作活动,学会控制发声气流,其间缺乏任何一方面都难以模仿发音。因此,婴儿模仿语音需要一个相当长的过程。一般在 10 个月时开始模仿词音,1 岁左右才初学说话。听懂的词大致有 10～20 个,但能说出的词却寥寥几个。最开始说的第一个词,大多数是"妈妈"或"爸爸",因为这两个词最容易发音,而平时接触爸爸、妈妈的具体形象又最多。婴儿发音有节奏、有声调、有停顿,但发音不准,如说"杯杯"常发音为"别别",说"糖糖"发音为"大大"。有时发出的音不一定能听懂,不少词音要成人根据当时的情境去猜想词义。尽管婴儿这时说出的语词为数极少,发音又不清楚,但婴儿已能借用简单的语词来表达自己的愿望和要求,开始用语言伴以动作和表情与人交往。

情感和社会行为:

情感是在情绪的基础上形成的。情绪是指与人的生理需要是否得到满足相联系的最简单的体验,情感是与人的社会需要是否得到满足相联系的体验。人们早期的社会行为是通过情感表现出来的。

婴儿的情绪和情感的发生与发展具有两个特点：

(1)从不分化到逐渐分化

新生儿出生时就具有原始的情绪反应，是不分化的。如感到饥饿、尿湿、疼痛和不适时，都以哭声表示。随着月龄的增加情绪逐渐分化。2～3个月时，分化为愉快和不愉快的情绪；5～6个月时，愉快的情绪又分化出喜爱和高兴，不愉快的情绪分化为厌恶、发怒和恐惧。

(2)从生理需要引起过渡到社会需要引起

最初的情绪反应都是出于生理需要是否得到满足而引起的。如饿了后喂奶，吃饱了就有安静而满足的情绪反应；2～3个月的婴儿对人脸出现积极情绪的反应，并舞动手足，对人微笑，这是"天真活跃"的反应，是婴儿第一次出现社会性的微笑，表示社会性需要的情绪反应；4～5个月时，婴儿开始喜欢有人陪伴，需要成人逗引和他说话；6个月以后，婴儿依恋情绪出现，喜欢依恋亲人，特别是母亲，与此同时出现怕生的情感。

婴儿的社会行为起始于和亲人交往。2～3个月时，婴儿以微笑和咿呀发音来逗引人的注意。当人们抱起或逗引他时，他以动手蹬脚来表示欢迎，表示高兴。这时不论是熟悉的人或陌生人都一视同仁对待。5～6个月时，婴儿对人持选择性态度，对熟悉的人与陌生人分别对待，喜欢与熟悉的人交往、逗乐，如玩"躲藏"游戏而感到快乐，见了陌生人立即躲避，甚至大哭。7～8个月时，婴儿对陌生孩子则不怕生，喜欢观看孩子们的活动，这时期婴儿喜欢照镜子，和镜子里的"婴儿"玩，用手去摸镜子，用嘴去亲吻，完全没有意识到那就是自己的形象。婴儿在与成人交往中还能够分辨成人的声音和态度，对亲切和蔼的声音表示欢迎、愿意亲近并以微笑来回答。对严肃愤怒的声音会出现惶惶不安的表情，不愿亲近并立即避开，以哭声来表现。

婴儿期是人生的起点阶段，这时期的婴儿日新月异地发生着生理和心理的巨大变化，父母不仅要掌握婴儿的生理特点，还要掌握心理特点，及早对婴儿进行保健及教育，使婴儿在人之初的模式时期打下良好的基础。

二、婴儿的喂养

　　婴儿期是生长发育的第一阶段——细胞增生阶段。此阶段早期营养与生长发育的关系最为密切,若是营养丰富,则生长发育良好,大脑发育正常。反之,则生长发育落后,大脑发育迟缓。因此,要使婴儿生长发育正常,少生病或不生病,就需要供给大量的营养物质(尤其需要足够的蛋白质)。但这时期的婴儿消化机能尚未健全,容易引起消化不良,如果喂养不当,很容易发生营养缺乏症,如佝偻病和缺铁性贫血等。因此,要注意科学喂养。

(一) 婴儿需要的营养素

　　婴儿期需要的营养素有六大类:即蛋白质、脂肪、碳水化合物(糖)、维生素、矿物质(无机盐)和水。这些营养素都为婴儿生长发育提供不同的营养功能。

1. 蛋白质

　　组成　蛋白质是一种复杂的化合物,由碳、氢、氧、氮四种元素组成。这些元素先构成 20 余种氨基酸,再由各种氨基酸以不同的联合,组成不同的蛋白质。其中有 9 种是儿童必需的:即赖氨酸、色氨酸、苯丙氨酸、亮氨酸、异亮氨酸、苏氨酸、蛋氨酸、缬氨酸和组氨酸。这 9 种氨基酸为必需氨基酸,它们必须依靠食物提供,不能在体内合成(非必需氨基酸则可在体内合成)。因此,婴儿需要含有较多蛋白质的食物。

　　功用　蛋白质是构成身体组织、维持生命所必需的物质,是构成身体细胞原浆及体液的重要成分。人体中的肌肉、神经细胞、血液、酶、激素、免疫体、毛发等没有一样不是由蛋白质组成的。它的功用是保证供给身体各器官与组织新生的原料和修补组织的缺损。对婴儿的生长发育尤为重要。平时,婴儿需要蛋白质来增生和构成新组织;在发热、饥饿、疾病时需要蛋白质来补充修复身体需要。蛋白质还可以供给热量(每克可供热量 4 千卡),可以增强身体的抵抗力(用来抵抗传染病原的抗力,主要来自蛋白质)。此外,身体中酶、内分泌腺所分泌的蛋白质激素、免疫体的形成都有赖于蛋白质。

　　来源　蛋白质来源有二:一为动物性蛋白质,来源于乳类、瘦肉类、蛋类、鱼类、肝类、虾类、禽类;二为植物性蛋白质,来源于豆类及其制品(豆腐、豆浆、豆腐干等)、谷类(大米、小米、小麦、玉米等)及其制品(乳儿糕、面包、饼干等)、坚果类(花生、瓜子、核桃仁等)。

　　选用　婴儿膳食中首选母乳为蛋白质的主要来源,母乳蛋白质比牛乳蛋白质好,因为母乳蛋白质中 2/3 为乳清蛋白,所含必需氨基酸较多,在胃内形成凝块小,

容易消化。牛乳中4/5为酪蛋白,所含氨基酸不如乳清蛋白质好,在胃内凝块大,不易消化。其次为鱼肌蛋白(黄鱼、带鱼、鲳鱼等)所含的氨基酸比较完善,其组成比值与婴儿的需要亦接近。其他如蛋类、瘦肉类、肝类等也都具有生理价值很高的动物性蛋白质,可以随着婴儿的月龄增长、消化能力增强,逐步在添加辅食时选用。此外,大豆所制的豆乳、豆腐、豆腐干等是优良的植物性蛋白,也适合婴儿选食。乳儿糕中的米粉、面粉中蛋白质的质量较差,所含的必需氨基酸较少,不宜单独长期食用。

选用蛋白质的食物时,要注意蛋白质的互补作用。采用两种或两种以上的生理价值较低的蛋白质(或一种高,一种低的)混合食用,由于它们之间取长补短,其生理价值比原来的任何一种蛋白质的生理价值都高。如豆沙包(豆类与面粉混合)、绿豆粉(豆类与大米混合)、豆腐肉末、鸡蛋面、肝泥粥等(动物性蛋白质与植物性蛋白质混合),都能达到蛋白质的互补作用,比原来单独一种的营养好。

需要量 母乳喂养的婴儿,每日每千克体重需蛋白质2~2.5克;牛乳喂养的婴儿,每日每千克体重需要蛋白质3.5克。混合喂养的婴儿,每日每千克体重需蛋白质4克。婴儿缺乏蛋白质,会导致发育迟缓、消瘦、体重不增、免疫力薄弱,容易腹泻和感染疾病。若摄入蛋白质过多,会出现大便干燥,小便浓缩,加重肾功能的负担,可致高氮血症。

2. 脂肪

组成 脂肪是由脂肪酸和甘油组成,分为液体和固体两类,呈液体状的称油,如豆油、菜籽油、花生油、芝麻油等。呈固体状的称脂,如猪油、牛油、羊油等。脂肪酸有饱和与不饱和两种。饱和脂肪酸多含于动物脂肪中,不饱和脂肪酸多含于植物油中。后者对婴儿生长发育有利。

功用 脂肪是供给热量最丰富的来源,每克脂肪可供给热量9千卡。它能保持体温,具有保暖作用,还能保护内脏、血管和神经不受损,滋润皮肤不干燥。同时,脂肪又是良好的溶解脂溶性维生素A、D、E、K,促进人体组织的吸收和利用。更为重要的是脂肪为合成髓鞘的要素,含有维持正常机能所必需的不饱和脂肪酸,它是神经发育和髓鞘形成过程中的必需物质。

来源 可以从含脂肪的食物中获得。动物性食物有猪油、牛油、羊油、奶油、鱼肝油等,植物性食物有豆油、花生油、菜籽油、芝麻油、玉米油、茶籽油、橄榄油等。此外,乳类、蛋类、肉类、鱼类中也含有脂肪。

选用 婴儿应首选母乳为主食,因人乳所含的不饱和脂肪酸较多(如人乳中花生四烯酸约为7%,牛乳只含3%),而且最容易迅速吸收。母乳喂养的婴儿摄入热量的50%来自乳脂,数量虽多但较易消化。其次,可选用植物性脂肪和鱼肝油。因为植物油多含不饱和脂肪酸,较动物性脂肪容易消化。鱼肝油含有维生素A、D最多,对婴儿生长发育有利。

需要量 婴儿每日每千克体重约需脂肪 4 克。脂肪量不能摄入过多,否则易引起消化不良,影响食欲。在 1 岁以内摄入过多的脂肪,将来成年后易患肥胖病,肥胖者易发生心血管疾病。脂肪量也不可摄入过少,否则导致体重不增,脂溶性维生素缺乏,出现皮肤干燥,会生皮炎等病。

3. 碳水化合物

组成 碳水化合物是由碳、氢、氧三元素所组成,分为单糖(如葡萄糖、半乳糖、果糖等)、双糖(如乳糖、麦芽糖、蔗糖等)、多糖(如淀粉、肝淀粉、糊精等)三大类。双糖与儿童营养关系最密切。多糖中的肝淀粉是人体中存储的碳水化合物。

功用 碳水化合物是供给人体热能最主要的来源,1 克碳水化合物能供给热量 4 千卡,其供给的热量占人体需要总热量的 50%~60%。它可以转变成脂肪在人体内储藏备用。碳水化合物能促进生长发育,如葡萄糖、果糖、蔗糖、乳糖等均为发育所必需的。乳糖又可致酸性发酵,帮助钙、磷的吸收。它又能完成脂肪的氧化,节约蛋白质的消耗。它也是脑细胞代谢基础,又是主要器官中的养料,如神经细胞时刻需用血糖,如果血糖降低,即有发生昏迷、休克的可能,此外它还有去毒和利尿的作用。

来源 植物中含有大量的碳水化合物,如谷类(大米、面粉、小米、玉米等),豆类(黄豆、蚕豆、豌豆等),蔬菜中的根茎类(山芋、土豆、芋芳等)以及水果类(苹果、香蕉等)。凡是含淀粉或糖较多的食物,都含有较高的碳水化合物。乳类中也含有较多的糖,足够供给婴儿需要。

选用 婴儿除了从乳类中获得碳水化合物外,还可以选用谷类制品,如米汤、米糊、麦片粥、烂饭、面包、饼干、馒头等;豆类制品如豆浆、豆腐、蚕豆泥、赤豆沙等;根茎类制品如土豆泥、山芋糕、藕粉等;水果类如苹果泥、香蕉泥等,以及糖类和糖类制品。

需要量 婴儿每千克体重约需碳水化合物 12 克,若碳水化合物供应不足,热量不够,只能消耗蛋白质和脂肪的热量时,就会使婴儿体重降低,影响生长发育。若碳水化合物供应过多,除体内代谢需要的消耗之外,多余的转为脂肪存储于体内时,婴儿脂肪增多,貌似肥胖,但肌肉松弛,抵抗力差,易受感染。

以上的三种营养素:蛋白质、脂肪、碳水化合物在人体内氧化后都能产生热能。它们在人体中所占的比率是:蛋白质占 10%~15%,脂肪占 25%~30%,碳水化合物占 50%~60%。由此可见碳水化合物是供给人体热能的主要来源。

4. 维生素

维生素是一种维持生命所必需的营养素,又是调节生理机能的要素。来源于食物,但不供给热量。它可分为脂溶性和水溶性两大类,其中与儿童生长发育有关的维生素有 A、B_1、B_2、C、D、E、K 及烟酸等。关于这些维生素的功用、来源、需要量和导致的缺乏及过多症可见下表。

主要维生素的功用、需要量、来源及缺少与过多的影响

维生素名称	功用	单位	每日膳食中供给量				缺少的影响	过多的影响	来源
			0～6个月	6～12个月	1～3岁	3～7岁			
A（胡萝卜素及视黄醇）	促进生长发育，与维生素D合用能促进骨骼与牙齿的发育。维持上皮组织的正常构造，保护视力的正常功能。	国际单位 IU	670	670	1100～1600	1700～3300	发生干眼病、夜盲症，皮肤和黏膜角化、骨骼和牙釉发育障碍。	长期服用超过5000单位可发生中毒症，导致食欲不振，皮肤发痒，毛发脱落，肝脾肿大。	肝、肾、鱼肝油、乳类、蛋黄、绿色蔬菜、胡萝卜及黄色水果。
B₁（硫胺素）	促进生长发育，增进食欲，调节碳水化合物的代谢，预防脚气病。	毫克 mg	0.4	0.4	0.7～0.8	1～1.2	食欲不振、易怒、易倦、健忘、脚气病。	无害。	米糠、麦麸、豆类、花生、硬壳果、猪肉、猪肝。
B₂（核黄素）	保护皮肤、口部及眼部的健康。	毫克 mg	0.4	0.4	0.7～0.8	1～1.2	口角炎、舌炎、皮炎、眼病。	无害。	肝、蛋、乳、肉、豆腐、绿色蔬菜、干酵母。
B₅（烟酸、尼克酸）	组成呼吸及碳水化合物代谢中的辅酶，维持皮肤和神经机能的健全。	毫克 mg	4	4	7～8	10～12	癞皮病、皮炎、腹泻。	血管扩张、面红。	肝、肉类、花生、酵母。
C（抗坏血酸）	保护血管壁细胞，促进铁吸收，抗御传染病，维持牙齿、骨骼的健康。	毫克 mg	30	30	30～40	45	坏血病。	无害。	橘、橙、柚、杨梅、山楂等新鲜水果，番茄、鸡毛菜等新鲜蔬菜。
D	促进钙、磷吸收，促使骨骼正常发育。	国际单位 IU	400	400	400	400	佝偻病。	每日服维生素D2000～5000单位，数周发生中毒、呕吐、腹泻、头痛。	肝、蛋黄、奶、鱼肝油，阳光照射皮肤获得。
E	抗氧化，保护胡萝卜素、维生素A和豆油酸在小肠内不被氧化。	毫克 mg	5（早产儿9）	5	5	5	早产儿溶血症、硬肿症、贫血。	大剂量服用后出血，乏力，损害肝、肾功能。	麦胚油、豆类和蔬菜。
K	凝血作用，为肝内制造凝血酶原的物质。	毫克 mg	1	1	1	1	一般小儿不缺少，新生儿缺少时可发生出血，称黑便症。	早产儿发生高胆红素血症。	动物肝、绿叶蔬菜。

5. 矿物质(无机盐)

矿物质是维持人体正常生理机能不可缺少的物质,它不供给热量。人体中的主要矿物质有10余种之多,其中与儿童关系最大的有钙、磷、铁、碘。其他无机盐,如镁、硫、铜、锌、钴等都是人体必需的物质,只是需要量极少,故称之为微量元素,正常情况下不易缺乏。其中锌与儿童营养关系较大,但母乳喂养的婴儿不会缺乏锌。

主要矿物质的功用、需要量、来源、缺少或过多的影响见下表。

主要矿物质的功用、需要量、来源及缺少与过多的影响

矿物质名称	功 用	单位	每日膳食中供给量				缺少的影响	过多的影响	来 源
			0~6个月	6~12个月	1~3岁	3~7岁			
钙(Ca)	组成骨骼及牙齿的主要成分。帮助血液凝固,镇静神经。	mg(毫克)	400	600	600	800	佝偻病,手足搐搦症。	钙量过多使磷盐沉淀。	乳类、蔬菜、豆及豆制品。
磷(P)	构成骨骼、肌肉、神经,协助糖和脂肪的吸收和代谢。	g(克)	1~1.5	1~1.5	1~1.5	1~1.5	佝偻病。	消耗人体钙质。	乳、肉、豆、五谷。
铁(Fe)	制造血红蛋白及人体其他铁质化合物。	mg(毫克)	10	10	10	10	小细胞性贫血。	无害。	肝、蛋黄、血、红色瘦肉、绿色蔬菜、桃、杏、李子。
碘(I)	维持甲状腺的正常生理,制造甲状腺素。	μg(微克)	(微量)40	(微量)50	(微量)70	(微量)70	甲状腺功能不足(甲状腺肿大、地方性克汀病。	饮食含量无害。	海藻类(海带、紫菜)、海鱼。
锌(Zn)	在人体内构成几种酶与胰岛素,促进蛋白质合成和生长发育。	mg(毫克)	3~5	3~5	10	10	矮小症、贫血、生长停滞、皮肤损伤。	可致胃肠道症状。	初乳(出生后头5天的母乳)、瘦肉、牛肉、鸡等动物性食品、花生、豆类等各种食品。

近年来,复旦大学(原上海医科大学)在钙营养、脑营养、免疫营养等方面深入研究后认为要注意以下几方面的问题:

(1)宝宝补钙时常有出现胃肠不适、便秘、胃口下降等情况,主要是因为某些钙营养品不适合宝宝稚嫩的胃肠道而致,应该注意适当选择。

① 要选择对胃肠道刺激小的钙源;例如天然乳钙、L-乳酸钙、骨质磷酸钙等。

②要选择含有多种促进钙吸收的营养素,以提高钙的吸收率;例如多种优质氨基酸、酪蛋白钙肽、低聚糖、维生素D、乳糖等。

③要注意补充促进钙利用的营养素;例如牛初乳、水解胶原蛋白维生素、葡萄糖酸镁,以促进吸收进体内的钙发挥生理作用。

④现代医学证明:钙可明显抑制铁的吸收,补钙容易导致婴幼儿铁缺乏,因此补钙时还应适当添加铁剂,以促进铁吸收的营养素。

(2)营养素对婴幼儿大脑发育的重要性:

据研究证明,婴幼儿期(0～3岁)及学龄前期(4～6岁)是孩子脑发育的高峰期及高峰延续期。这时期也是智能、智商发育的黄金时期和关键时期。家长除了要关心孩子的体格生长发育外,更应关心孩子的智能发育,也就是脑的发育。据研究,除了遗传因素外,对孩子智力发育的影响主要有两方面:一是外在环境因素,即早期智力开发(胎教早教);二是内在因素,即供给大脑必需营养素,包括以下几种:如蛋白质、脂类、碳水化合物、常量微量元素、维生素等。

①蛋白质是脑细胞的主要成分,它在体内代谢为各种氨基酸,其中的牛磺酸对大脑发育的关系最为密切,具有促进神经系统生长发育、增殖分化及增强学习记忆的作用。

②脂类:在大脑所需要的各种营养素中脂类排第一位。而脂类中最重要的是以植物源性的ω_3(亚麻酸即高含量a－1NA)为代表的多不饱和脂肪酸、植物源性ω_3,能作用于大脑发育的各个方面,是大脑发育的关键性营养素。世界卫生组织和我国卫生部均将植物源性的ω_3列为ω_3系不饱和脂肪酸中唯一的必需脂肪酸,富含ω_3的食物有橄榄油、野茶油、马齿苋等。

③微量元素:微量元素缺乏会引起智力低下,碘元素缺乏则影响甲状腺,不仅影响大脑及神经系统发育,导致智力低下,且使生长停滞身材矮小。

④维生素:维生素作为辅酶参与代谢,保证大脑发育和正常的生理活动。若缺乏时可引起神经及精神障碍。维生素A对视觉发育和功能起着十分重要的作用,维生素B和维生素C都参与和脑发育、脑功能及学习记忆密切相关的体内物质的代谢。

家长要培育健康聪明的下一代,应掌握最新的科学知识,才能使孩子具有健康强壮的身体,且还具有聪明的头脑。

6. 水

组成 水是人体不可缺少的重要营养素,它由氢、氧元素组成。

功用 水是构成全身组织的重要成分,人体内血液、淋巴、内分泌以及其他组织的每个细胞都含有水分。水占人体重的70%～75%,若损失水达20%以上,人便无法生存。

水是血液的主要组成部分,可随血液循环调节体温。

水能帮助食物吸收和消化。没有水,干食物不能下咽,也无消化液帮助溶化,人体不能吸收营养,处于饥饿状态,难以生存。

水能帮助体内运输营养素及排泄废物,在人体新陈代谢中将营养物质运输到各组织进行吸收后,又将废弃物质运输至排泄器官排出体外。尿液需由肾脏通过尿道排出,若摄入水量不足,肾脏不能顺利将有害物质排出,将造成尿中毒。粪便由肠道经肛门排出,若水量不足,易便秘。

水是关节及肌肉的润滑剂,又是维持体液正常渗透压的必要条件。

来源　水不仅从饮水、饮料、液体食物中获得,还可从固体食物中的水分以及食物氧化的组织细胞代谢所产生的水分中获取。

选用　婴儿适合饮微温开水、新鲜菜水、果汁。不宜食用含防腐剂、有色素的罐头或瓶装饮料。

需要量　水的需要量决定于人体内新陈代谢和热量的需要。婴儿新陈代谢旺盛,热量相对需要较多,而且其肾功能较差,因此水分也相应要增加。半岁以后,婴儿活动量逐渐加大,散热较多,需要增加足够的水分来弥补消耗。正常的婴儿每日每千克体重约需水100～150毫升,随年龄增长而减少。患儿应多饮水,如发热、腹泻、呕吐时大量失水,这时补充水分可以降低体温,补充体液,顺利排出有害物质,以缩短病程,恢复健康。婴幼儿每日需水量见下表:

婴幼儿需水量(每日)

年龄	每日需水量(毫升/千克体重)
10 天～	125～150
3 月～	140～160
6 月～	130～155
1 岁～	120～135
2 岁～	115～125
6 岁～	90～100

(二) 坚持母乳喂养

母乳是1岁以内婴儿最理想的食品,因为它热量高,所含蛋白质、脂肪、碳水化合物都适合婴儿消化能力的需要。它还能随着婴儿生长发育的需要,自然地调节营养成分、浓度和分泌量。从婴儿出生到10天,母乳分泌的是含脂肪少、蛋白质多、矿物质多的稀薄初乳;10～30天,母乳分泌含脂肪较多的过渡乳;2～9个月时,婴儿胃容量增大,需要量也随之增加,这时母乳分泌的是成熟乳,其量多而营养好;10个月后分泌的晚乳,其质降低,量减少。

母乳喂养应坚持到婴儿10～12个月。若母乳不足,应尽量给母亲提供营养丰

富的膳食,多吃汤类,并应保持充足的睡眠时间,情绪愉快,以促使奶量增加,尽可能维持到婴儿6个月以后再进行混合喂养。

母乳分泌的质和量在喂奶的全过程中是不相同的。以一次喂奶的过程来分,开始的乳汁脂肪含量低、蛋白质含量高,最后的乳汁正好相反,脂肪含量高、蛋白质含量低。见表:

喂奶过程中人乳成分表(%)

营养素	开始乳	中间乳	最后乳
脂 肪	1.73	2.77	5.51
蛋白质	1.13	0.94	0.71

因此,母乳喂养应先喂完一侧乳房的乳汁,使婴儿吮吸蛋白质和脂肪含量高的乳汁,若不够,再喂另一侧。有的母亲在喂奶时将开始乳挤掉,有的还未喂完一侧乳房就调换喂另一侧乳房,这样就不能使婴儿获得较高的营养素。在分泌乳量方面,开始哺乳的2~3分钟内,乳汁分泌极快,可为每次乳汁总量的半数,过了8~10分钟后,乳汁渐少,几乎吸不到多少乳汁。一天中分泌的乳量也有差别,清晨乳汁分泌多,午后母亲较疲劳,乳汁分泌比较少。因此,母亲最好午餐后能午睡片刻,体力恢复后再喂奶。

在这时期应养成婴儿定时哺乳的好习惯,根据月龄增长来安排哺乳时间及次数。2~3个月时,乳汁在胃中停留2~3小时,因此,每隔3小时喂一次,每次喂奶15~20分钟;3个月后间隔4小时喂一次,可减少一次夜间哺喂。

婴儿喂乳时间表

婴儿月龄	间隔时间(小时)	每日次数	晚间休息时间(小时)	备 注
出生~	2~3	7~10	5~6	根据婴儿饥饱需求可不定时喂乳。
2个月~	3.5	6	6.5	白天定时,夜间按婴儿需求喂乳。
3个月~	4	5	8	减少夜间一次喂乳。
5个月~	4	5	8	
6个月~	4	5	8	减少母乳1~2次,用牛乳替代。
7~12个月	4	5	8	根据婴儿具体情况逐渐减去母乳,以牛乳辅助食物替代。

(三) 及时断母乳

母乳虽是婴儿最好的主食,但随着婴儿月龄的增长,活动量增多,对食物和营养的需求增加,而母乳的量逐渐减少,质也渐差,所含的营养成分也不能满足婴儿生长发育的需要。若不及时断乳,婴儿总是依恋母乳而不愿接受其他食物,必然会营养不良,生长发育受阻,因此应及时断母乳。

8～12个月是婴儿断母乳最适当的时候。因为此时期婴儿已长出门牙,咀嚼机能加强,消化、吸收功能也增强,这时已具备了断母乳的条件。但也要根据不同的情况分别对待。在牛乳或代乳品缺乏,营养品供应较差的地区,可以延迟到1岁半再断母乳,但要增加辅助食品,可保留每日1～2次母乳。若是母亲患重病或再受孕时,必须立即停止喂母乳。

断母乳时要选择合适的季节,以春秋季断母乳为宜。夏季气候炎热,婴儿消化力弱,容易引起消化道疾病,可以延迟到秋季断母乳。冬季气候寒冷,婴儿断了母乳睡眠不安,容易感冒,可以延迟到春季断母乳。此外,还应注意在婴儿生病时不要断母乳,可等恢复健康后再断。

断母乳是婴儿吸收食物转化的关键,处理不好会对健康有影响。若喂养不当则发生消化不良,若营养素缺乏则发生营养不良,若不重视饮食卫生则易患腹泻、痢疾等病。因此,断母乳必须要经过较长的准备时期,让婴儿逐步适应辅助食品的添加,再逐渐减少哺乳次数。一般是先减去夜间哺乳,以后再减去白天上午或下午哺乳。因早晨母乳分泌多,应最后减去早晨起床后的哺乳,直到完全停止母乳。但必须认识到断母乳并不是断其他乳类,应及时以牛乳或豆代乳粉来代替母乳。

断母乳时应注意婴儿的情绪,不能搞"突然袭击",更不能采取"急刹车"的断母乳方式。有的母亲突然躲开婴儿,住在他处,婴儿吃不到母乳,哭闹数日断了母乳;有的母亲在乳头上抹辣味或苦味的东西,甚至用恐吓的方法,使婴儿不敢吃奶。这些强制性的断母乳很不好,不但影响婴儿的情绪,使婴儿心理不安宁,还影响肠胃的消化功能。这些不科学的断母乳方法是不可取的。

(四) 添加辅助食品

1. 添加辅助食品的目的

❀ **增加营养**

随着婴儿月龄的增长,消化器官及其功能的不断完善,胃容量的逐渐增大,消化酶的日益完善,活动量的增多等,乳类作为婴儿的主要食品,已难满足婴儿生长发育的需要。如铁,婴儿每日需要量10毫克左右,乳类每百克只含铁0.1～0.2毫克,从母体带来的铁,仅够使用3～4个月。钙,婴儿每日需要量600毫克,而人乳每百克

只含 34 毫克,牛奶含 120 毫克。维生素 C,婴儿每日需要量 30 毫克,牛乳每百克只含 1 毫克,母乳每百克含 6 毫克。因此,无论母乳喂养、混合喂养或人工喂养的婴儿均需补充辅助食品。

锻炼咀嚼

婴儿出生到 5 个月,由于无牙齿,消化力弱,仅能吃流质,进而吃半流质食物,到 5~6 个月时,婴儿开始长牙,到 1 岁左右共长出 8 只乳牙,已能咀嚼半固体到固体食物。这时逐渐增加固体辅助食品,可以训练婴儿咀嚼动作,促进牙齿的生长,锻炼口咽部的吞咽能力,增强消化机能。

断奶准备

婴儿要在完全习惯吃各种辅助食品的基础上,才能完全断母乳。在添加辅助食品的同时,可训练婴儿从用奶瓶吸吮到用匙喂食,再培养从杯、碗中授食到婴儿自己捧杯喝水,拿匙自食,为断母乳做好准备。

2. 添加辅助食品的原则

从一种开始,由少到多

添加辅食种类应从一种开始,待婴儿适应后再增加第二种,以后再逐步递加到多种。如婴儿 4 个月时要添加蛋黄和奶糕,这两样食物不能同时添加,要先吃蛋黄,待婴儿适应后,再开始加奶糕。若同时添加两种食物,如果婴儿消化不良或对某种食物有过敏反应,就分不清是哪一种食物引起的。添加数量也要从少到多,但不能过多,应适合月龄的需要量。如增加蛋黄时,4 个月只能吃 1/4 个,5 个月增至 1/2 个~3/4 个,6 个月才能吃 1 个。

从稀到干,从软到硬

添加食物的质要从流质(乳类、果汁、菜水等)、半流质(粥、藕粉、羹等)至固体食物(面包、饼干、馒头等)。同是固体食物要先吃软的(如蛋糕)后吃硬的(如馒头干),以便牙齿和肠胃逐渐适应。

观察反应,采取措施

要仔细观察婴儿对辅助食品的反应,有的婴儿不喜欢吃辅助食品,可在吃奶前加喂。喜欢吃者,可以在吃奶后再喂。婴儿开始吃辅助食品后,应每天观察大便,如大便次数增加且不消化,应暂停喂几天,以后大便正常了再从少量添加。在婴儿患病时,不宜增加新品种的辅助食品。

3. 添加辅助食品的品种及数量

从出生半个月后就可以添加辅助食品,其品种、数量、添加次数及次序见表。

婴儿期辅助食品种类及每日添加量表

月　龄	品　种	数量	次数	备　注
半个月	浓缩鱼肝油	1滴	1	
1个月	浓缩鱼肝油 菜水或果汁(番茄汁、山楂水或橘子汁)	1滴 25～50克	1 1～2	初食应冲淡,两次哺乳之间喂食。
2个月	浓缩鱼肝油 菜水或果汁(同上,增加西瓜水)	2滴 100克	2 2	每次1滴。 原汁,两次哺乳之间喂食。
3个月	浓缩鱼肝油 菜水或果汁(同上)	3滴 100～125克	3 2	每次1滴。 原汁,两次哺乳之间喂食。
4个月	浓缩鱼肝油 菜水或果汁(同上) 奶糕 蛋黄	4滴 150克 1块 1/4个	2 3 2 2	每次2滴。 原汁,两次哺乳之间喂食。 每次1～2汤匙,渐加至3～4汤匙。 用开水调成流质喂食。
5个月	浓缩鱼肝油 菜水或果汁(同上) 试吃果泥 蛋黄 烂粥 菜泥 植物油	4滴 150克 少量 1/2个 1/3碗 25克 数滴	2 3 2 2 2	每次2滴。 原汁,两次哺乳之间喂食。 用开水调成泥状。 不加调料可与少许牛奶调拌。 每次1～2汤匙渐增加到50克。 烧熟后拌入菜泥中。
6个月	浓缩鱼肝油 菜水或果汁(同上) 或果泥 蛋黄 烂粥 碎菜 水果泥(苹果泥或香蕉泥) 植物油	4滴 150克 20克 1个 1/2碗 25克 25克 1/2羹匙	2 2 1 2 2 2 2	同上。 同上。 同上。 同上。 同上。 可用羹匙刮成泥浆喂食。 同上。
7～9个月	浓缩鱼肝油 菜水或果汁 或果泥 肉末、肝泥或鱼泥 整蛋 粥或面条 豆腐 碎菜 饼干、面包或馒头干 植物油	4滴 200克 50克 25克 1个 1碗 25克 50克 2片 1羹匙	2 2 1～2 1 1 1～2 2	同上。 蒸蛋羹。 帮助磨牙咀嚼 拌入肉末、鱼泥或碎菜中烹调。

月　龄	品　　种	数量	次数	备　注
10～12个月	浓缩鱼肝油	4 滴	2	自制小型饺子、馄饨便于喂食。
	肉末、肝泥、鱼泥或碎虾仁	50～100 克	2	
	烂饭、面条、饺子、馄饨、包子等	1 碗	2	
	碎菜(胡萝卜泥、芹菜末等)	100 克	2	可与面条一起烹调或蒸熟后拌入烂饭中。
	鸡蛋	1 个	1	
	豆腐	50 克	1	
	水果	50 克	1	
	饼干、馒头干、面包、蛋糕或其他点心	50～100 克	1	

4. 辅助食品的制作方法

(1) 菜水或果水:将新鲜蔬菜或水果洗净切碎,以一碗菜与一碗水的比例,先将水煮开,再将切好的菜或水果放入锅内,加盖煮 5 分钟,稍冷后,将水滤出即可食用。

(2) 番茄汁或橘汁:

番茄汁:将番茄洗净,用开水烫后去皮,再用消毒纱布包住番茄,用消毒调羹挤压成汁。初食应加开水 1 倍。

橘子汁:将橘子外皮洗净,切成两半,每半只在消毒过的挤汁器上旋转数分钟,待果汁流入槽内,用消毒纱布过滤后,取出橘子汁。初食时应加开水 1 倍冲淡,月龄增大后可吃原汁。

(3) 蛋黄:将鸡蛋洗净,放入冷水锅中煮熟(煮得老一些),取出去壳,剥去蛋白,将蛋黄压成泥状,用开水调成液状喂食,也可拌入奶糕或粥中用匙喂食。

(4) 菜泥:将青菜或菠菜嫩叶洗净切碎,加盐少量,置于蒸锅内蒸熟,取出捣碎,去掉菜筋,用勺搅拌成菜泥。也可以将碎菜叶置于小锅内加水及少量盐,煮沸 15 分钟,取出放在消毒过的铜筛内,用勺来回压挤成菜泥,再加油炒之。胡萝卜泥制法与菜泥相同。

(5) 水果泥:将苹果或香蕉洗净,苹果切成两半,香蕉剥去一边皮,用勺刮成泥,随刮随喂。

(6) 烂粥:大米约 30 克,洗净后浸泡 1 小时,加水 3～4 碗,置锅内煮 1 至 1 个半小时,到烂如糊状即可食用。

(7) 牛奶麦片:麦片 1 小杯,加 3 小杯水,置锅内煮沸,边煮边用勺搅拌,煮熟后再加牛奶、白糖煮片刻,搅拌均匀后取出,待晾到微温时喂食。

(8) 蒸蛋羹:将鸡蛋打至蛋黄和蛋清混合均匀,加水适量,加盐少量,置于蒸锅内蒸熟食用。

(9) 蛋奶糕:鸡蛋 1 个,打匀,加糖 1 羹匙,牛乳 100 毫升调和,倒入小碗中,置于蒸锅蒸熟后食用。

（10）藕粉：藕粉1羹匙，糖1羹匙，先用少许冷开水调匀，再用沸水冲开调拌成羹糊状。

（11）杏仁羹：杏仁粉1羹匙，糖1羹匙，调法与藕粉同。

（12）芝麻、花生或核桃粥：将芝麻、花生米或核桃仁炒熟，不要炒焦，用擀面棍前后滚压成碎粉，加入煮好的烂粥中，加少量盐或糖食用。

（13）枣泥粥：将红枣洗净，煮熟，去皮去核，压成泥，加入烂粥中，加糖搅拌均匀备用。

（14）肝泥粥：将生猪肝洗净，用刀刮成泥，放入油锅中，加少量料酒、葱、盐，用大火煸炒一下，立即放入煮好的烂粥中搅拌均匀即可。

（15）肉末面：将生瘦肉洗净，剁成细末，加葱末、料酒、少量盐和生淀粉，搅拌均匀，倒入用清肉汤煮熟的挂面中（挂面在煮沸之前，要切成6～7厘米长）煮熟食用。

（16）鱼泥粥：将鱼洗净，去骨、刺，去鱼皮，将鱼肉剁碎成泥，放料酒、葱末、少量盐，搅拌均匀，放入煮好的烂粥或菜泥粥中煮熟，即成鱼泥粥或鱼菜粥。

（17）豆腐蛋花羹：将豆腐先在沸水中浸泡数分钟，去掉豆腥味，取出后放在锅中煮熟，加盐、葱末，再将打匀的鸡蛋倒入锅中，与豆腐一起搅拌，最后加少许生淀粉水，边煮边搅拌成羹状，也可放糖吃甜食。

（18）红薯条或马铃薯条：将红薯或马铃薯洗净、去皮，切成细条，晾干，放入烤箱或微波炉烤熟，让婴儿用手拿着吃，称"手指食物"。

三、婴儿的保健与护理

婴儿出生后经过28天的新生儿期，大多数弱小的生命都能勇敢地适应与母体完全不同的新环境，顺利地度过人生的第一关，进入到第一年的婴儿期。

婴儿期是生长发育最迅速的时期，身体的各个系统在不断地发生变化，生理功能也在不断地完善，但由于婴儿的各种生理机能尚不成熟，适应力差，在6个月后，婴儿从胎内带来的免疫成分已不足，而自身的免疫能力尚未健全，故抗病能力弱，易受病菌侵犯而感染各种疾病。加之婴儿不知危险，又缺乏自我保护能力，还易发生意外事故。因此，一切都要依靠成人的亲切关怀，全面照顾，加强保健，精心护理，才能保证婴儿在这一年中健康成长。

合理生活是婴儿期保健与护理的一个重要方面。

（一）合理的生活

新生儿的生活是没有规律的,睡醒就吃,累了就睡,白天睡觉,夜里吵闹。经过三四周以后,才能逐渐适应一般的生活规律。

怎样使婴儿合理地生活呢?父母要根据婴儿的年龄特点科学地安排一日作息时间,使婴儿在规定的时间按时哺乳或进食、睡眠、活动、游戏,从小养成有规律、有秩序的生活习惯。

1. 睡眠时间

婴儿的神经系统正处于发育过程中,神经细胞机能较弱,耐受力低,容易兴奋,也容易疲劳。如果睡眠不足,婴儿易哭闹,食欲减退,体重减轻,肌肉松弛,进而影响生长发育。因此,要保证充足的睡眠时间。不同月龄的婴儿需要睡眠的时间不一样,月龄越小需要睡眠的时间越长,睡眠次数也越多。

2. 饮食时间

根据婴儿消化功能的特点来安排进食的时间和次数。胃肠是按照生物钟的规律进行蠕动,分泌消化液的。婴儿胃容量小,消化力弱,每次不能吃得过多,时间也不能相隔过长。一般来讲,食物停留在胃里的时间大约是3~4小时,所以两餐之间的相隔时间不要少于3小时,也不应超过4小时。

3. 活动时间

在婴儿的生活中,经常保持良好的情绪,能促进动作和智能的发展,陶冶健康的性格,这就要求父母必须在每天的生活中合理地安排活动时间。活动时间是随年龄的增长而逐渐增加的。除了在室内进行活动以外,还应安排充分的户外活动时间,尽可能保持每天2小时。小婴儿睡眠时间多,除了寒冷季节外,在晴天无风的日子里,可以安排在户外睡眠。因为户外空气新鲜,阳光充足,能促进新陈代谢,帮助生长发育,提高抗病能力。在安排活动时,特别要注意做到动静交替,脑力和体力活动交替,使大脑皮质的兴奋过程和抑制过程有规律地进行,以保护婴儿神经细胞的正常发育。

安排合理的生活制度,还要注意婴儿一天中的精神变化。一般说来,婴儿睡了一夜,早上吃饱了,精力最充沛。婴儿精神饱满,注意力集中,可以安排脑力活动。然后,应安排轻松自由的户外体力活动,或与成人一起进行一些活动量较大的游戏,如爬去找妈妈、追皮球等。婴儿玩累了,精神疲劳,应安排早睡或午睡。晚上睡觉前,不宜安排脑力或体力活动,应安排安静、轻松的娱乐活动,以免过分紧张、疲劳或过分兴奋影响睡眠。安排合理的生活制度还应注意季节特点。如冬天日短夜长,早晚较冷,可安排早上晚些起床,晚上早些就寝,早睡或午睡时间稍短。相反,夏天日长夜短,白天炎热,早晚凉爽,可以早起晚睡,午睡时间延长。

　　总之,每个家庭应该根据婴儿的年龄特点,合理安排一日生活的作息时间,并且严格执行,使婴儿在规定的时间按时睡眠、哺喂、活动与游戏,从小养成有规律、有秩序的生活习惯,促进身心健康。

　　以下附1岁以内婴儿一日活动时间分配表及一日生活时间表,供参考。

1岁以内婴儿一日活动时间分配表

生活内容　　　　月　龄	睡　眠				饮　食		活　动
	昼　间		夜　间 (小时)	共　计 (小时)	次数	间隔时间 (小时)	持续时间 (小时)
	次数	持续时间 (小时)					
2～3个月	4	1.5～2	10～11	17～18	6	3～3.5	1～1.5
4～6个月	3	2～2.5	10	16～18	5～6	3～3.5	1.5～2
7～12个月	2～3	2～2.5	10	14～15	5	4	2～3
备　注	家长可以参照以上时间分配,结合家庭作息时间和季节特点定出生活制度。						

2～6个月婴儿生活时间表

时　间	生活内容
6:00～6:30	起床　哺喂
6:30～7:30	室内活动　户外活动
7:30～9:30	第一次睡眠　被动体操
9:30～10:00	哺喂
10:00～11:00	室内活动　户外活动
11:00～13:00	第二次睡眠
13:00～13:30	哺喂
13:30～14:30	室内活动　户外活动
14:30～16:30	第三次睡眠
16:30～17:00	哺喂
17:00～18:00	室内安静活动
18:00～19:30	第四次睡眠
19:30～20:00	哺喂
20:00～次晨6:00	夜间睡眠
(23:00～24:00)	(夜间哺喂一次)

　　注:睡眠时间总计17.5小时,白天4次共7.5小时,夜间10小时。4～6个月白天睡眠减少1次,减去1.5小时,活动时间增加到1.5小时。饮食5～6次,两餐间隔时间3.5小时。

7～12个月婴儿生活时间表

时　间	生活内容
6:00～7:00	起床　坐盆　盥洗　早餐
7:00～8:30	室内活动　户外活动
8:30～10:00	第一次睡眠　主被动体操
10:00～10:30	坐盆　洗手　午餐
10:30～12:30	室内活动　户外活动
12:30～14:30	第二次睡眠
14:30～15:00	起床　坐盆　洗手　午点
15:00～16:30	室内活动　户外活动
16:30～18:30	第三次睡眠
18:30～19:00	起床　坐盆　洗手　晚餐
19:00～20:00	室内安静活动　盥洗
20:00～次晨6:00	夜间睡眠
(22:30～23:00)	(夜间哺喂一次)

　　注:睡眠时间总计15小时,白天3次共5小时,夜间10小时,10～12个月白天睡眠减少1次,减去1小时,其他两次睡眠每次2小时,夜间约为10小时,总计14小时。

　　饮食共计5次,两餐间相隔4小时。

　　活动时间每次为1.5～2小时,10～12个月每次为2小时。

（二）日常生活护理

1. 睡眠

（1）良好的睡眠环境：婴儿入睡的环境应安静，光线暗淡，空气新鲜，温度适宜。使婴儿躺在床上后，在环境的影响下，从兴奋的情绪逐渐转变为抑制状态。有些家长将睡房布置得五彩缤纷，还将大娃娃、布动物放在床上陪睡，以致婴儿不是感到兴奋就是引起恐惧，反而影响入睡。据研究：婴儿出生的最初 6 个月内，对环境中出现的鲜艳色彩并无反应，而对黑白对比强烈的色彩反应最强。因此，婴儿的睡房不宜装饰得五彩缤纷，只要采用黑白色的图案或几何图形即可。婴儿在 6 个月后也不宜将娃娃、动物、玩具带上床去陪睡。还是单调少刺激的环境使婴儿容易入睡。也可以播放固定的催眠曲或摇篮曲之类的音乐，促使婴儿入睡。据专家研究：初生婴儿对音乐节奏并不陌生，并且有很好的听力，这与在胎内听惯妈妈的心跳声有关。音乐以每秒钟 72 次的心跳频率，相当于中速度节奏的乐曲，婴儿最易接受。在睡眠环境中，不妨每次都播放同一首轻柔的催眠曲，形成睡眠时的条件反射，婴儿就入睡快。此外，睡眠环境中还要防止蚊、蝇、昆虫、猫、狗等的干扰或伤害。

（2）安全舒适的床：婴儿应有单独的小床，以木板床为宜。从小养成睡木板床，可以避免以后脊柱弯曲。床距地面约 76～80 厘米，长约 120 厘米，宽约 65 厘米。床的四周应有床栏，一侧的床栏可以放下，便于家长护理，在离开婴儿时应将床栏拉上并将插销插好。栏杆之间的距离不宜过大，以防小儿的头、脚伸出。床的四周要求圆角。床上应有垫子，在婴儿臀部处再垫上塑胶布，然后再铺上床单。被褥要根据季节更换，1～2 个月的婴儿不需用枕头，3 个月后可给婴儿睡枕头，枕头长约 30 厘米，宽约 15 厘米，高约 3 厘米。枕心选用木棉，枕套用全棉布制成为宜。

（3）调整睡眠时间：从 1 个月到 12 个月随着婴儿的月龄增长，活动及醒着的时间增多，睡眠的时间及白天睡觉的次数逐渐减少，因此根据婴儿生理需要，应调整睡眠时间，详见前表。

（4）建立最初的好习惯：婴儿出生后的半年中，由于神经系统尚未成熟，易疲劳，需要充足的睡眠才能保证生长发育。1～2 个月的婴儿除了哺乳、清洁、活动外，几乎整天整夜都在睡眠。这时就要开始建立好的睡眠习惯。让他定时自动入睡，即使哭闹一会儿也不要去理他，因为这个时期婴儿常常需要哭闹一会儿（有时因为他哭闹可以促使手脚全身运动）就自然地入睡了，而不是要求成人抱起来，采用拍、摇、走的方法使他入睡。婴儿的大脑皮层有一种特性叫动力定型，如果每次按时间自己入睡，久而久之就形成了动力定型，知道在此时间，睡在固定的床上，即使无人陪伴，也会哭闹一会儿就自动入睡了。

（5）夜间睡眠啼哭：婴儿夜间突然醒了啼哭，常使家长烦恼。除了疾病外原因很多,一般是由于体内外不良刺激引起身体不适,如口渴了、肚饿了、尿湿了、过冷、过热、蚊虫叮咬、鼻塞不通气、腹部胀气等。也有些婴儿夜哭是出于心理方面的原因,如白天听到巨响受惊而惧怕,玩得过于兴奋,断奶前母亲突然躲开等。对于夜间啼哭要找出原因并耐心地针对原因处理。一般来说,解决了婴儿身体或心理方面的不适,就会解除婴儿的烦恼而重新入睡。千万不要将婴儿抱起、抚拍、摇晃、逗引玩耍,那会使婴儿更兴奋,更难以入睡,还会形成不良习惯。对于难以入睡的婴儿,家长可陪伴在婴儿床前,用手轻轻抚摸他的小手、背部,安慰他重新入睡。

2. 饮食

(1) 坐定喂食:婴儿哺乳时要有固定的地方,到 3~4 个月时也要在固定的地点,由母亲抱在怀里喂菜水、果汁等。到 5 个月后婴儿可以坐在高脚靠背椅上喂食,10 个月后婴儿可以坐在小靠背椅上,将小碗放在桌上喂食。让孩子从小就有固定的地点、座位,专心坐定进食。婴儿通过条件反射,形成了习惯,长大后就不会形成坐不住,边走边吃的不良习惯。

(2) 适应餐具:婴儿出生后只会用嘴吮吸乳头,到了 1~2 个月后可以用小勺试着喂一点水,让他初次适应用小勺喝水,同时也适应吮吸奶瓶中的水、菜水或果汁。4 个月后适应用小勺吃蛋黄、果泥、菜泥、奶糕等。小勺里的食物不要盛得太满,仅半勺喂下后再喂第二勺。开始婴儿不习惯,常用舌头把食物推出口外,这是因为他的舌头还未学会把食物往后送,因此要耐心让他多练习,以逐步适应用小勺进食。习惯了小勺进食将终生受用。9~10 个月的婴儿已能在母亲的帮助下两手扶杯喝水,最好用双手柄茶杯,杯内只盛大半杯水,扶着婴儿两手慢慢送进嘴里。11~12 个月婴儿学着用勺从小杯(或小碗)中舀食物企图送进嘴里,开始不适应,小勺未送到嘴边就将食物掉下了,这是由于手眼还不能协调,经训练后 1 岁半左右方能自助自食。

(3) 学会抓食:婴儿 5~6 个月时就已能用拇指和其他手指相对抓物,7~8 个月时不妨让他学会用自己的手指去抓捏小软糖丸、小圆饼干送进自己嘴里去吃。以后逐步学会抓吃大块饼干、蛋糕、面包、西瓜、橘子瓣等,一口一口咬下来,慢慢吃。这是婴儿还无能力使用餐具自食的阶段,因此,这时是用手代替餐具自喂自食的过渡时期。这时期手的清洁卫生十分重要,在进食前后都要为婴儿洗手。

(4) 不吸空奶头:西方国家怕婴儿哭闹影响成人的工作及休息,从婴儿出生就备有安抚奶头数只。据科学研究:新生儿生来具有的吮吸反射持续到生后 4 个月将逐步消失。4 个月内的婴儿吮吸奶的次数较多,一般能满足其生理需求,随着月龄的增长,辅助食品的逐渐增加,不需要吮吸空奶头。让婴儿吮吸空奶头会吸入大量的空气,引起腹胀,到了饥饿时又影响消化液的分泌,从而影响食物的消化吸收。长期吸空奶头,还会压迫牙床,影响颌面部发育,容易造成门牙排列不齐,不仅影响美

观,还影响咀嚼功能和正常的发育,甚至更换的恒牙也会排列不齐。

过去我国不流行给婴儿吮吸空奶头,遇到婴儿哭闹时,母亲常会将乳头或奶瓶头塞到婴儿嘴里,避免哭吵。也有的母亲以乳头当催眠剂,养成婴儿边吃边睡的坏习惯。

3. 排泄

(1)摸清小便规律:婴儿每天排尿次数及尿量,取决于饮水量和出汗量,如果饮水多,出汗少,排尿次数就会增加,尿量增多;若饮水少,出汗多,排尿次数就会减少,尿量减少。据统计,周岁婴儿每天排尿次数及平均总排尿量如下(供参考):

月　龄	排尿次数/日	排尿量/日
出生～2天	4～5次	0～8毫升
3天～10天	20～30次	30～300毫升
10天～2个月	18～20次	120～450毫升
2个月～1岁	15～16次	400～500毫升

由于婴儿的个体差异很大,膀胱容量大小不同,容量大的,所贮存的尿液多,排尿次数就少;容量小的,所贮存的尿液少,排尿次数就多。因此,有的婴儿一夜要尿几次,而有的婴儿一整夜不尿,直到清晨起床才小便。家长要根据自己婴儿的身体情况,饮食情况,饮水多少,气候及当天婴儿的情绪等因素,摸清婴儿的小便规律,及时提醒小便。

(2)观察尿液情况:尿液是人体的排泄物,是新陈代谢的废物,如肌酸、肌酐、尿素、尿酸等。正常婴儿的尿液应是淡黄色、清亮的。但有些婴儿的尿液混浊,在便盆,可见一层黄白色的沉渣,其实,这种情况绝大多数是生理性的。因为婴儿的肾脏在出生后已担当起清除人体内废物的职责,肾脏要过滤血液,制造尿液,由于婴儿肾脏发育还不够健全,往往将人体内不一定会随便排出的少量盐类(如尿酸盐、磷酸盐、草酸盐、碳酸盐等),轻易地随着尿液排出体外,造成尿液混浊,出现许多沉淀物。这种沉淀物可通过尿液加热或在尿内滴入3～5滴食醋后,再在小火上煮沸,沉淀会溶解消失。因此,遇到此类情况时,应保证婴儿有足够的饮水量,也可口服维生素C以溶解尿沉淀物。有时在婴儿服药的过程中,突然发现尿液的颜色发生了变化,家长也十分惊慌。其实,是带颜色的药物排入尿液,将尿染上颜色,或是药物在体内产生的代谢产物有颜色,进入尿液所致。药物引起尿色改变,在停药后颜色即转为正常,不影响健康,家长不必为此担心。

(3)添加新食物后的大便:婴儿从1个月开始就尝试菜水、果汁水,一直到1岁时吃各种食物。在添加每一种新食物时,最好单独喂,并在次日观察大便中新食物排出的消化情况。因为婴儿单吃母乳时,大便呈金黄色,细腻、柔软。吃牛奶时大便呈较硬的淡黄色,添加了米、面、菜、肉、蛋、鱼等辅助食物后,大便量增多,颜色加深,干燥成形。有时添加青菜后,常在大便中发现菜叶。食物中油脂过多或不易消化,大便则呈稀状,并带有不消化的食物排出。因此,要及时采取措施,如将菜叶切细,将食物在烹调中煮烂等,使婴儿适应新食物,大便排出正常。

(4)注意婴儿便秘:婴儿便秘常发生在喂牛奶的婴儿中,因牛奶中蛋白质高,乳糖少,易引起大便干结。尤其是不喝开水或少喂水的婴儿更易发生便秘。对便秘的处理方法是:

在牛乳中增加 5％～8％ 的糖,可采用蜂蜜或蔗糖。

增加水分,每日除乳汁外,每千克体重至少要喂水 50 毫升,即 8 千克重的婴儿每天至少喂水 400 毫升。

增加果汁(如橙汁、西瓜汁)及蔬菜泥、果泥等含纤维素较多的食物,促进排便。

定时排便:每日根据婴儿排便的规律,在固定的时间和固定的地点进行排便。

采用开塞露通便:当婴儿大便干结不易排出时,可在婴儿肛门塞甘油开塞露通便。

去医院检查:如果采取以上措施仍持续便秘,应带婴儿去医院进一步检查,排除巨结肠等先天性缺陷后进行医治。

4. 清洁

婴儿期的清洁工作全部需要家长耐心、细致地为婴儿服务,婴儿到半岁后逐步学会配合家长为他进行盥洗。家长的动作要轻柔,使婴儿舒适,有安全感,产生愉快的情绪,愿意积极参与,不因盥洗而恐惧、反感。

(1)每天洗澡:婴儿皮肤柔嫩,血管丰富,吸收力强,如不注意皮肤的清洁,细菌从毛孔侵入易引起疾病。每天为婴儿洗澡是一项很重要的护理工作。因为洗澡可以保持皮肤清洁,减少皮肤感染的机会,促进血液循环,刺激婴儿的触觉。每日洗澡还可以对婴儿的身体进行一次全身检查,以便及时发现皮肤上有无皮疹、出血、损伤或其他异常情况,及时采取措施进行处理。

婴儿洗澡的时间最好在早晨喂奶前。洗澡前家长要先将自己的手洗净,准备好洗澡用具,调整室温在 18～22℃ 之间,水温为 38～40℃。洗澡的次序是:先在小脸盆里洗脸,清洁眼、耳、嘴、鼻及面颊,6 个月前的洗法与新生儿期相同,6～12 个月可直接用小毛巾清洗;然后用香皂或婴儿洗头膏抹在婴儿头部洗头,将小脸盆中的肥皂水倒掉,再在大澡盆中清洗净头部后,将全身放在大浴盆中为婴儿洗澡。6 个月前洗澡方法与新生儿期洗法相同,6 个月后婴儿已能在盆中坐着洗,为了避免婴儿坐不稳,滑倒,可在浴盆底放一个橡胶坐垫或一块大毛巾。家长要用一只手弯在婴儿背部,让婴儿靠好,另一只手用毛巾为婴儿从上到下、从前到后地洗。清洗时要注意洗净皮肤皱褶处,如耳后、颈项、腋下、手心、腹股沟、腿弯处。洗完后用大毛巾将

婴儿身上的水擦干,再擦润肤油或扑爽身粉,然后穿上衣服。洗澡时动作要轻柔迅速,在约10分钟左右洗完。每天洗澡,不必每次都用香皂或婴儿洗头膏,可以隔1～2天用一次。应用婴儿专用香皂为宜。凡是夜间难以入睡、哮喘、咳嗽严重的婴儿,如坚持晚上睡眠前洗澡,可促进血液循环,温肺祛寒,易于入睡。凡是婴儿患感冒、发烧、呕吐、腹泻频繁等疾病时不宜洗澡。因洗澡后全身毛细血管扩张,血容量相对不足,会导致脑缺血、缺氧而发生虚脱。发烧时洗澡易导致外感风寒而加重病情,只能用热毛巾擦身。此外,婴儿若患脓疱疮、水痘、麻疹、荨麻疹等疾病也不宜洗澡,以免导致皮肤进一步损伤,引起化脓性感染,加重病情。

(2)护理臀部:婴儿期由于大小便不能自理,而且次数多,臀部的清洁护理特别重要。护理不当常易造成尿布性皮炎(红臀)。主要原因是大小便后未及时更换尿布,或大便后未及时清洗;腹泻时大便次数增多,刺激臀部皮肤。红臀一般分为三度:Ⅰ度皮肤表皮发红;Ⅱ度表皮发红并伴有皮疹;Ⅲ度表皮剥脱糜烂或有溃疡面。因此,防止红臀要注意早期护理,应做到:

为婴儿勤换尿布,大小便后要勤洗臀部,擦干涂润肤油或爽身粉,以保持皮肤干燥。尿布质地应柔软,应用弱性肥皂或刺激性小的洗涤剂清洗,洗净后再用开水烫洗干净,并在阳光下晒干以杀灭细菌。

遇婴儿腹泻时应及早诊治,尽早停止腹泻,恢复健康。

婴儿臀部轻微发红时(即Ⅰ度红臀时)就应引起注意,每次清洗后暴露臀部在阳光下照射,或用红外线灯照射,也可用电吹风将臀部皮肤吹干,使皮肤能经常保持干燥。还可以涂擦鞣酸软膏,也可涂口服的鱼肝油滴剂。

(3)婴儿洗手、洗脸(包括洗眼、耳、鼻、口等)、洗臀部、洗脚、擦身、剪指甲趾甲、理发等具体的清洁与护理方法,请参看新生儿护理——清洁卫生。并根据月龄的增长加强护理。

5. 衣着

婴儿的衣着要合乎卫生要求:一是要御寒保暖,保护身体,免受外界各种因素的伤害;二是要大小合体,便于活动,有利于生长发育;三是清洁易洗,不刺激皮肤,便于经常更换。

衣、裤

面料:应选用柔软、吸水性好的全棉制品,既保暖又透气吸汗,不擦伤皮肤,不易引起皮肤过敏。

大小:要宽松合体、利于行动、便于穿脱,不影响体格发育。1岁以内的婴儿生长很快,不宜穿窄小的衣服,以免限制胸廓的生长和肺部的发育,以及四肢的自由活动。

多少:不宜穿过多过厚的衣裤,从小要养成婴儿少穿衣的习惯。可以根据婴儿的月龄和活动情况来考虑穿衣的多少。1~3个月的婴儿躺在床上时间多,活动少,可以比成人多穿一件衣。4~6个月婴儿的活动增多,可以和成人穿衣一样多。7~12个月婴儿的活动已由被动转向主动,活动量大,不宜穿多,应比成人穿得少些。俗话说:"如要孩儿安,常带三分寒。"孩子穿多了,一活动就出汗,更容易感冒,影响身体健康。

款式:简单、大方、便于穿脱、富有童趣、性别分明。7个月左右的孩子学爬时,可穿连衫裤,便于爬行活动。11~12个月时孩子学会走路,喜坐地玩耍,这时还穿开裆裤,容易被病菌污染并侵入外生殖器和尿道口,引起阴道炎、尿道炎,因此要穿满裆裤。给孩子穿紧身裤、尼龙健美裤等,会压迫外生殖器,不仅影响生长发育,还易引起局部皮肤损伤和发炎。婴儿半岁以后最好穿背带裤,可避免裤带或松紧带勒紧胸腰部,影响骨骼的正常发育。此外,要让孩子从小对自己的性别有所认识,男女性别不得混淆,否则容易造成心理上的偏异,影响今后在社会上的性别角色。

鞋、袜

鞋:人的每只脚有26根骨头、107根韧带和19块肌肉。一个人的一生中,至少要走1万公里以上的路,因此不能忽视穿鞋的问题。尤其在出生的第一年中,婴儿的脚骨多为正在钙化的软骨,骨组织弹性大,易变形,加上脚的表皮角化层薄,肌肉水分多,容易受到损伤而感染。脚的底部分布着与身体脏器相关的血管和神经,并有许多重要的穴位,人体各部位的器官都能在脚底找到一个固定的反射区。因此,双脚对于人的身体来说,就像树根对于树一样的重要。此外,婴幼儿的足弓正处于发育期,鞋能保护足弓,当脚着地走路或负重时,足弓可以缓冲由地面产生的大部分震荡,保护足踝、膝、腰、脊椎和脑不受震动的损伤。应该怎样选择童鞋才合乎卫生,对脚的生长发育有利呢?

童鞋的质料以牢固、柔软为宜,应选择布面和布底制成,舒适、透气性好,不宜穿人造革塑料底的童鞋,因为它既不透气又易滑倒摔跤。

童鞋的大小要合适,过大或过小都不利于活动和脚的生长。因孩子脚长得快,有的家长便故意买大尺寸的鞋,以便多穿些时间。殊不知,由于小脚在大鞋中得不到相应的固定,不仅易引起足内翻或足外翻畸形发育,还会影响以后走路时的正确姿势。还有些家长以为鞋子虽然小了却未穿破,就让孩子将就着把脚塞进去再多穿些时间。孩子的脚骨软,鞋太小了也会妨碍脚部肌肉和韧带的发育。因此,买鞋时应该带孩子一起去试穿,要根据脚的尺寸,使大脚趾与鞋面相应的部分相吻合,既要有空间让脚生长,又不能使空隙过大,否则既不合脚又不便走路。成人最好用食指插在脚后跟处试一下,以不松不紧为宜(鞋比脚约大0.5厘米)。一只脚试穿合适,再试另一只,两只都试好后,再让孩子站起来,行走几步,感到舒适即可。家长应时常注意孩子脚的生长速度,鞋子穿小了就要及时更换。

　　童鞋的式样以宽头、穿脱方便、行走舒适为宜,最好采用搭扣,不用鞋带,因鞋带易脱落,容易踩在地上跌跤。刚学走路的孩子穿的鞋要轻,鞋帮要高一些,能护住踝部为好。会走后可穿硬底鞋。

　　童鞋的颜色要鲜明、好看,以吸引孩子学走路的兴趣。

　　袜:以全棉织品制的童袜为宜,不要给孩子穿尼龙袜,因为尼龙袜不透气,孩子脚汗又多,极易患脚癣。袜的尺寸要合脚,穿小了也要及时更换。

枕、被

　　枕:3个月以内的婴儿脊柱是直的,平躺时,背部和后脑部在同一平面上,婴儿头大,几乎和肩同宽,因此不需要睡枕头。为了防止吐奶,在喂完奶后,可将上半身适当垫高一些。3个月后,婴儿学会抬头,颈部脊柱开始向前弯曲,胸部脊柱逐渐向后弯曲,躯体发育远比头快,肩部渐渐加宽,这时应该睡枕头。枕头不宜过高,一般以3厘米高为宜。因为太高了婴儿睡时不舒服,长期睡高枕易形成驼背。枕头宜柔软,枕芯可以用木棉、荞麦皮、喝过的茶叶晒干制成,不宜用不透气的填充物,如海绵制品。

　　被:婴儿的被褥可根据季节不同而改变,应有单被、夹被、棉被和薄绒毯等。此外,还可以备有睡袋供户外睡眠使用及防止夜间踢被用。

(三) 保护感官

　　人类具有五种感觉器官,即眼、耳、鼻、舌、皮肤。各种感觉器官就像精密仪器一样,愈使用就愈能发挥功能,不用或滥用时便会失灵。为了使感官充分使用,发挥潜能,必须从婴儿出生后就开始加以保护,使它们不受到伤害。

怎样保护感官

　　1. **不使感官过分疲劳**:由于感官过分疲劳就会失灵,因此要在它感到疲劳之前就停止使用。以嗅觉为例,长期在香料厂工作的人,嗅觉因受到过分刺激而失灵。

　　2. **专心注意发挥功能**:要使感官充分发挥功能,一定要让孩子有一个清静而有秩序的环境,使他能专心地看、听、嗅、尝、触摸,注意力集中地去发挥感官的功能。一些孩子的感官之所以未能发挥作用,多半是由于不专心,注意力受到干扰所致。

　　3. **避免过多噪音刺激**:当今社会环境中的各种噪音较多,即使在家里也时常受到不少噪音的刺激,对孩子的听觉、神经系统和心智的发展都有不良的影响。因此,要有意识地减少噪音或尽量让孩子避开噪音环境,以保护感官免受伤害。

　　4. **充分运用五种感官功能**:训练孩子充分运用自己的五种感官,使其在早期都能发挥各自的作用,这也是对感官的保护。若是感官长期不使用,就容易退化,失去作用。有时只使用一两种感官,而完全不运用其他感官,过了一段时间,这些受到忽略的感官就会渐渐地退化。

要使五种感官都能充分地发挥功能,必须根据各种感官的特性加以保护,其中以眼睛和耳朵两种器官的保护最为重要,皮肤次之。以下分别谈谈三种感觉器官的保护。

眼睛——视觉器官的保护

眼睛的结构

眼是人体感受光的刺激,产生视觉的器官。眼对孩子的一生起着重要的作用,家长应先了解眼的结构,以便注意怎样去保护孩子的眼睛。

眼的结构是由眼球和保护眼球的附属器官所组成。

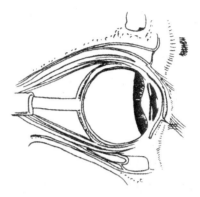

眼球

眼球位于眼眶内,呈球形,周围有眼肌附着保护,后面有视神经连于脑。眼球由眼球壁和眼球的内容物组成。

眼球壁:维持眼球的形状,由外膜、中膜、内膜三层所组成。

(1)外膜:前面眼黑部分有一层透明的膜叫角膜,有透光作用,感光敏锐,其他部分为乳白色不透明的巩膜。它坚韧,对眼球有保护作用,发生黄疸时会出现黄色。

(2)中膜:又称血管膜,包括虹膜、睫状体和脉络膜三部分。

虹膜:呈棕黑色,中央有一可变化的小圆孔称瞳孔,是光线射入眼球内部的孔道。虹膜内有平滑肌,可调节瞳孔的大小,光线过强瞳孔就缩小,光线过弱则瞳孔放大。起着照相机光圈的作用。

睫状体:呈环形,内含有平滑肌,有调节晶状体凸度和产生房水的作用。

脉络膜:在睫状体后部,含有丰富的血管和色素,可供给眼球营养和防止光线的散射,具有照相机暗盒的作用。

(3)内膜:又称视网膜,含有感光细胞,具有感光辨色作用。类似照相机的感光胶片。眼球的内容物:包括房水、晶状体、玻璃体三部分组成屈光系统,有透光、折光作用,能把外来的光线聚集在视网膜上。

① 房水:是透明液体,充满在角膜与晶状体之间。

② 晶状体:为双凸透明体,具有弹性。

③ 玻璃体:为透明胶冻状物,充满在整个眼球后部。

眼球的附属器官

对眼球起保护、运动和支持的作用。包括眼睑、结膜、泪器、眼肌。

眼睑:又称眼皮。分上下眼睑,睑缘有睫毛,睫毛可以保护眼球防止汗液、雨水流入眼内,还可阻挡外来灰尘。睫毛根部有皮脂腺,如受到感染,可引起皮脂腺炎,形成麦粒肿。再深层为肌层,肌层深面为睑板,内含睑板腺,能分泌脂类,滑润睑缘,

如受到感染或分泌物不能排出时,引起发炎会形成麦粒肿。

结膜:是一层透明黏膜,被覆盖在眼睑内的称为睑结膜,覆盖在巩膜前部的称为球结膜。结膜上有丰富的血管和淋巴组织,是沙眼和结膜炎、红眼病的发病部位。

泪器:包括泪腺和排泪管。泪腺分泌泪液,通过眼睑活动以湿润眼球。若眼内进入异物,泪水大量分泌可将异物冲掉。排泪管与鼻腔相通,可排出过多的泪液,渠道是由泪点→泪小管→泪囊→鼻泪管再到下鼻道。常见孩子大哭时,一部分泪水从眼中流出,另一部分由鼻腔流出。

眼肌:眼肌经常收缩,使眼球在眼眶内向上、下、左、右方向灵活转动,并可提升眼睑。

视觉的保护

眼是人体最重要的器官,人们称它为"心灵的窗户"。有85%的外界信息都是通过视觉反映到大脑的。孩子之所以能看见物体,是由于外界物体借助于光线射入眼球,通过角膜、房水、晶状体、玻璃体等折光系统的折射,并通过瞳孔、睫状体的调节,使物像聚集成焦点,投入视网膜上,刺激感光细胞,产生神经冲动,最终沿着视神经传人大脑后产生视觉。

婴幼儿时期是视觉发育的关键时期。婴儿出生后视觉发育尚未完善,眼球较小,眼轴相对短些,屈光系统调节能力差。这时期孩子绝大部分是远视。随着年龄的增长,眼轴逐渐变长,眼的屈光状态由远视变为正视。

根据眼的结构和婴幼儿视觉的特点,加强对孩子的视觉保护,促使其正常健康地发育,应该注意以下几点:

加强观察

从出生起,家长要注意观察孩子的视力是否正常,在观察时可对照3岁前各期视力发展情况:

初生:视力极低,对强光有瞬目反射,数天后看灯光。

2周:用手电筒光自半米处移近婴儿,发现婴儿双眼向内转动。

3～6周:能注视较大物体,双眼随手电筒光单方向转动。

2个月:双眼追随物体从左到右、从上到下转动。

3个月:双眼随物按弧形作180转动,较长时间注视。

4个月:眼随活动玩具移动,见物伸手去接触。

5个月:能看近物,眼手开始协调,见物伸手能抓到。

6个月:产生色觉,分辨颜色,注视较远的物体,如天上鸟飞、飞机等。

9个月:注视画面上单一线条,对感兴趣的事能集中注意30～60秒钟。视力大约0.1。

1岁:按指令能指出娃娃的眼、鼻、耳、头发等,会玩弄玩具,集中注意3～5分钟,失落玩具时会寻找。

2～3 岁:能识别不同的颜色约 4 种,不同形状约 2～3 种,注意力集中 5～15 分钟。视力约 0.5。

加强护理

(1) 避免强烈刺激:带孩子外出、户外活动或晒太阳时应戴帽,避免强光直接照射眼睛。还要避免强烈的风、尘烟等刺激。

(2) 室内注意采光:不让孩子在光线不足的地方看图画书或做其他用眼的活动,以免视力减低。

(3) 看图书保持距离:眼与图书之间保持一定距离,坐的姿势要端正,以免距离太近易患近视。

(4) 用眼时间宜短:不论看近距离或远距离物体都不宜时间过长,以免视力减弱。

(5) 注意眼的卫生:从出生起就要给孩子专用的毛巾、面盆、手帕,并教育孩子不用手揉眼睛。

(6) 适当增加营养:在孩子每日饮食中增加含维生素 A 的食品,如动物肝、蛋类、胡萝卜泥和鱼肝油,以保持视网膜杆状细胞获得充分营养,增强眼的适应能力。

注意安全

孩子年幼无知,没有危险感,又无生活经验,给孩子玩的东西要考虑安全。如尖锐玩具、针、剪刀等,玩弄时易刺伤眼睛。外用药水药膏要妥善放置,以免误伤。放鞭炮时不宜让孩子接近,以免被击伤。

定期检查

影响视力的疾病是多种多样的,有先天遗传的眼病,如先天性小眼球,先天性视网膜脱离,先天性夜盲和先天性白内障等。这些眼病都是在受精卵细胞分化发育为胎儿眼睛时,眼球发育异常而引起的。这些眼病在新生儿出生后医生进行筛查时可及时发现,有的在定期检查时发现。还有些眼病是后天护理不当而引起的,如斜眼、对眼、烂眼、沙眼、红眼睛等,要及时发现,早期治疗。每半年或一年进行一次视力定期检查,及早发现远视、近视、弱视,以便进行早期矫正。

耳——听觉器官的保护

耳是人体感受声音刺激,产生听觉的器官。耳不仅有听觉功能,同时还有平衡功能,使人体保持姿势的平衡。耳虽小,但它的结构是很精密微妙的,家长了解耳的结构后,就能更好地对孩子的听觉加以保护。

耳的结构

耳是由外耳、中耳和内耳构成的。

外耳:包括耳廓、外耳道和鼓膜三部分。

耳廓

它像一个收音机喇叭,负责收集声波,送进外耳道。耳廓主要由软骨组成,表面覆盖皮肤。因皮下组织较少,血管浅表,故受冷后易发生冻伤。耳廓下是脂肪组织,没有软骨,称为耳垂,也易受冻伤。

外耳道

它像个传声筒,声波由此传入。外耳道主要由皮肤及软骨组成。皮肤厚,有毛囊、皮脂腺及耵聍腺。耵聍腺分泌耵聍(俗称耳屎),有保护外耳道的作用。此外,还有丰富的感觉神经末梢,遇耳内感染有炎症肿胀时会感到疼痛。外耳道不是直管道,在检查外耳道时,需将耳廓向后上方提起,使外耳道成直管才能看清。

鼓膜

位于外耳末端与中耳相接,为椭圆形半透明的薄膜,富有弹性,可随空气的波动而振动。声波通过鼓膜的振动传入中耳。

中耳:包括鼓室、咽鼓管和乳突三部分。

(1)鼓室:它是一个不规则的小腔,内有三块听小骨,相互巧妙地连结成一个链。声波通过鼓膜的振动传入鼓室内听小骨,再传到咽鼓管和内耳。

(2)咽鼓管:上接鼓室,下通口咽部,它具有保持中耳与外界气压平衡的作用。婴儿的咽鼓管短而宽,呈水平位,经常处于关闭状态,只是在吞咽、说话、打哈欠、咀嚼等动作时,才短暂地张开。当婴儿发生回奶、恶心呕吐时,奶汁易通过咽鼓管进入中耳,引起中耳炎。感冒时,鼻咽部的病菌很容易通过咽鼓管进入中耳,使中耳感染。

(3)乳突:乳突内有许多小气房,其中最大的气房与鼓室相通,气房内衬有黏膜,与鼓室黏膜连接,所以患中耳炎时可以蔓延引起乳突炎。

内耳:包括耳蜗、前庭和半规管。

(1)耳蜗:它形如蜗牛,是听觉感受器,具有分析声音的功能。在接受声音的刺激,对音波引起反应后,经过听觉神经传导到大脑。

(2)前庭和半规管:是平衡感受器,它接受体位变动的刺激,经前庭神经传导到大脑。

听觉的保护

耳是人类接受外界信息的器官,它在孩子学习语言及新事物,与人交往时起着重要的作用。孩子出生后就具有听觉,是由于外耳收集了外界的声波,引起了鼓膜的振动,从而带动了中耳部位的听骨链运动,继而又推动了内耳淋巴液产生波动。这里的神经末梢排列成钢琴键一样,可以接受各种高低不同的音波,并由听神经将刺激传至大脑,经大脑的分析综合,产生听觉。

由声波振动开始到产生听觉的时间很短,但经过的各个部位却不少,其中任何一个部位受到损伤,都会使听力下降,严重损伤时甚至完全丧失听觉,成为聋子。引起孩子听觉下降或耳聋的原因很多,有的是先天的,与遗传有关;有的是孕期服用某些药物或患有某些传染病,影响了胎儿内耳听觉器官的发育;也有的是后天孩子患了脑炎、脑膜炎、腮腺炎、猩红热、伤寒病等传染病及中耳炎,因治疗不及时而致;还有的是孩子服用某些药过量造成的。因此,家长不能忽视对孩子的听觉保护。

那么,怎样加强对孩子听觉的保护呢?

加强观察

家长应从孩子出生起就观察他的听力发育是否正常,以后还要随着孩子的年龄增长观察孩子的听力进展,可参考以下听觉发育的过程进行对照。

新生儿:已具有听觉,50～90分贝的音响能刺激呼吸的改变。满月时听力集中,听到母亲说话声能暂时停止哭泣,吃奶时听到巨响会中断吮吸动作。

2个月:听见声音会作出积极的反应,如听见欢快的音乐声会手挥脚动。

3～4个月:用眼寻找声源,能区别不同方向发出的声音。

5～6个月:能辨别成人的声音。对声音能初步区分,如听到母亲的声音特别高兴,对严厉或和蔼的声音有不同的反应。

7～8个月:能区别语言的意义,如抱抱(抱他)、坐坐(坐好)、球球(玩球)等。

9～10个月:寻找不同的声源,如洗衣机声、电视机声、人们说话声等。

11～12个月:听到自己名字会立即反应,会用眼睛寻找成人所问及的东西,能做回答性动作,如挥手"再见",拍手"欢迎",点头"谢谢"等。

1～2岁:理解词意,听懂简单的吩咐,并能按指示的要求去行动,如拿报纸、去洗手、放好玩具等。

2～3岁:听音乐、儿歌、故事,成人问话时会做出不同反应,并能按听懂的意思来模仿,做出回答。

3岁后:听觉发育趋向完善。

加强护理

(1)保持环境安静:尽量减少噪音,避免巨响,以免损伤孩子听觉,刺激神经紧张,引起心情烦躁。

(2)增强体质、预防疾病:孕妇在怀孕3个月以内少去公共场所,以防病毒感染,影响胎儿听觉器官的发育。孩子要经常锻炼身体,增强抗病力,注意保持鼻腔通畅和口咽部清洁,预防呼吸道感染,防止中耳炎。不去人多、空气污浊的场所,以免感染传染病影响听觉。

(3)慎用药物:孕妇和孩子都要慎用对听力有损害的药物,如新霉素、链霉素、卡那霉素及庆大霉素等。此外,还有些中药,如牛黄清心丸、琥珀抱龙丸、七珍丹等,内含雄黄,雄黄含砷,对孩子内耳有害,应慎用。

(4)防止水灌入耳:洗头、洗澡或游泳时,要防止水灌入耳内,应在洗毕或游泳

后用消毒棉签将耳内积水卷净。

（5）不要随便挖耳：常见有些家长用发卡、火柴棍、手指甲或耳挖子等物来为孩子挖耳屎，这很容易挖伤耳道引起发炎或疖肿，甚至发生危险。其实，孩子若有少量耳屎，不会有不适的感觉，一般情况下，耳屎随着咀嚼等经常的动作会不知不觉地向耳外排出。若因耳屎过多堵塞耳道，影响听力造成耳鸣、疼痛时，可用消毒的棉签轻轻地将耳屎挖出。若挖不出时应请医生取出。

（6）慎取入耳的异物：平日家长要教育孩子不要将异物塞入耳内。由于孩子年幼无知，常会将豆类、珠子、药片、纽扣等小物塞入耳内。如果塞入不深，家长应小心掏出，不要用手去抠，以免异物进入更深。若塞入太深，掏不出时，应立即去医院请医生取出。若蚊、苍蝇、小虫进入耳内，会发出响声，刺激耳膜，引起感觉疼痛。此时家长必须镇静，可将电筒光对着耳道口，采取光亮诱虫出耳的办法，也可将植物油、甘油、温开水或酒精滴入耳内将虫杀死，用耳镊取出，再用消毒棉签卷净耳内余液。对于植物性的异物不可往耳内滴油、酒精、水等液体，因黄豆、赤豆、米粒等异物在耳道内遇水易膨胀，反而阻塞耳道不易取出。遇到这种情况应请医生处理。

定期检查

由于婴幼儿期语言发育及神经功能未臻完善，要发现孩子听力的异常较为困难，家长要按期到儿童保健所进行健康检查，特别对那些过分安静，不会咿呀学语，或到了1岁还不会叫亲人的婴儿，应及时请五官科医生检查，以便及早发现听觉发育异常，采取措施。

家长也可自己进行声响测试，以检查孩子听觉发育的情况。

（1）检查对巨响声的反应：正常婴儿对突然巨响声或击鼓响声能做出强烈反应，引起大哭、惊骇或瞳孔放大的反应。若对声响毫无反应，则表示有耳聋现象；若对声响反应迟钝，可能听觉不好（或称残余听力）。

（2）以呼喊或击掌来检查：家长在孩子背后距离6米处击掌叫喊孩子的名字，若孩子无反应，家长跨前一步，缩短与孩子的距离再做检查。若缩短至3米，孩子仍无反应，可认为听力有障碍。

（3）结合生活测试：在孩子睡眠将醒之时，久久呼唤不醒，应注意听觉是否有障碍。

（4）在孩子背后开大收音机或电视机的音量，观察孩子面部表情的改变。如孩子立即左顾右盼，寻找声源，则为正常；若无反应则为异常；若虽有反应，但不立即表现，反应迟钝，不持久，则为残余听力。

观察孩子对外界新景象反应：带孩子到新环境中去接触新景象时，孩子立即感到新奇，表现兴奋，举止行动活泼，自动去倾听各种声音，去观察，则为正常；若不活泼、积极主动，只会通过用眼观察成人的动作、手势及面部表情来理解成人说话的意思,就要注意孩子的听觉发育是否异常。一旦发现孩子的听力有异常现象,应及早去医院请医生做进一步的检查,以免延误了治疗的时间。

皮肤——触觉器官的保护

皮肤是人体感受痛、温、触、压等刺激的感受器,皮肤不仅有感觉功能,而且还具有防御、排泄、调节体温及吸收的功能。此外,皮肤还有免疫功能,因为皮肤的皮脂腺分泌的饱和脂肪酸和汗腺分泌的乳酸以及溶菌酶都具有杀菌作用。皮肤还能制造维生素 D,对预防佝偻病有帮助。

3 岁前孩子皮肤的特点是皮肤薄嫩,血管丰富,防御功能差,因此皮肤易受损伤和发炎。又由于神经系统发育尚不完善,使皮肤对外界的适应能力较差,容易受冷或受热。但孩子皮肤吸收和排泄二氧化碳及水分的能力较成人显著,这是因为孩子处于生长发育阶段,新陈代谢旺盛,皮肤的吸收和排泄也比成人多。

由于以上特点,保护好孩子的皮肤十分重要,家长需要先了解孩子皮肤的结构。

皮肤的结构

皮肤覆盖在身体表面,由表皮和真皮组成。此外,还有皮下组织和毛发、皮脂腺、汗腺等皮肤附属物。

表皮

是皮肤的最表面的一层,分为角质层和基底层。

(1)角质层:是由数层扁平的上皮重叠而成,表皮极薄,但受摩擦的部位较厚,表皮角化层极易脱落成皮屑。皮肤的韧性和弹性可抵抗与外界接触时的摩擦,防止细菌的侵入,但当皮肤有破损时易感染疾病。

(2)基底层:在表皮的深部,此部分的细胞分裂能力强,增生的细胞不断地向表皮推移,因此皮肤受损、破裂后易于依靠增生的细胞而恢复。

真皮

在表皮的深部下层,内含有丰富的血管、淋巴管、神经末梢,以及触、压、冷、温等多种感受器。

皮下组织

在真皮下面的深层,由疏松结缔组织构成,与肌肉之间保持疏松的联系,使皮肤适当地移动,免受机械性损伤。皮下层有大量脂肪,有保持体温和缓冲外来压力的作用,此外还有血管、淋巴和神经末梢。

皮肤附属物

包括毛发、皮脂腺、汗腺。

(1)毛发:人体除了手掌和足底外均有毛发,露出皮肤的部分称毛干,埋在皮肤内

的称毛根,毛根周围的管状鞘称毛囊,毛囊易藏细菌可引起感染,如毛囊炎、疖子等。

(2)皮脂腺:在毛囊的周围,其排泄管开口于毛囊,分泌物为皮脂,可润滑皮肤和毛发,当皮脂腺出口阻塞,分泌物不能排出时,也易引起感染。

(3)汗腺:位于真皮及皮下组织中,排泄管开口于表皮的表面,若导管阻塞,易引起痱子。

皮肤的保护

皮肤是人体的天然屏障,它具有痛、痒、冷、热、触、压等各种感觉,可以适应千变万化的环境,并能及时做出反应,以防人体受到损害,因此要注意对皮肤加以保护。根据3岁前孩子皮肤的特点,对皮肤的保护应注意以下几点:

勤清洁

由于孩子的皮肤柔嫩,角质层较薄,保护功能差,容易损伤和发炎。应该从小培养孩子良好的卫生习惯,每天按时洗手,洗脸,洗脚和臀部,定期洗头,洗澡,以去除皮肤上的污垢、汗液和皮脂,使皮肤经常保持清洁,有利于皮肤发挥呼吸功能。尤其夏天天气炎热,孩子活动增多,汗液分泌较多,若不重视勤清洁,就易生痱子、疖子。感染了细菌易引起皮炎、脓疱疮等病。婴儿要经常清洁臀部,以免尿液、粪便污染、刺激皮肤,引起红臀,使皮肤受损、溃烂。

勤更换衣服

孩子的皮肤对冷热的感觉反应灵敏,体温调节功能很差,因此要根据天气的变化增减衣服,做到勤穿勤脱。衣着要松软、宽大,勤换洗。尿布的吸水性要强,便于更换,以减少尿液与皮肤接触摩擦。

勤剪指甲

孩子天性好动,小手喜欢东摸西抓,很容易接触各种污垢、细菌。尤其是指甲缝内最易藏污垢。若不经常剪指甲,孩子指甲长了还会抓破自己的皮肤,引起皮肤化脓性感染,使皮肤溃烂。

勤锻炼

孩子的皮肤内血管丰富,存有神经末梢及多种感受器,能感受外界的各种刺激。从小就应带孩子去户外活动,进行户外睡眠,利用日光、空气和水进行身体锻炼,可以增强孩子皮肤的抵抗力,使之逐渐适应外界自然环境的变化。

勤保护

孩子的皮肤娇嫩,脸部和手部的外露皮肤可以选用中性或微酸性、脂肪含量较多的霜剂搽护,如儿童面霜等。不宜用成人的美容霜或化妆品打扮孩子。有的家长用母乳为婴儿搽脸,以为可以营养孩子的皮肤,其实不妥。因为母乳虽营养丰富,但易生长细菌,遇汗水、皮肤分泌物、奶汁混在一起时易阻塞毛孔,引起感染,还易招引蚊、蝇、昆虫、老鼠来侵咬。孩子清洁用的香皂宜选择中性、无刺激的婴儿护肤皂,可使皮肤少受刺激。

防感染

天热时,孩子的皮肤暴露在外的面积较多,加上夏天易出汗,容易引来昆虫叮咬。常见的昆虫有蚊子、臭虫、跳蚤、螨、蜈蚣、刺毛虫、小飞虫、黄蜂等。叮咬后孩子感到痒或刺痛、局部红肿。一般虫咬后可涂必舒膏、炉甘石洗剂、清凉油或花露水等,约3～5日可自行消退。皮肤化脓时可用红霉素、新霉素软膏涂抹患处。皮肤特别敏感的孩子经抓痒后,可见全身密集红色丘疹,抓破的皮肤有渗液、出血,甚至继续感染。如有发热、怕冷等全身症状,应立即去医院治疗。

此外,家庭中要注意环境卫生,消灭昆虫滋生场所,大力灭虫,采取预防措施,做好个人卫生,可以防止蚊虫侵袭孩子。

(四) 保护乳牙

每个孩子都应该有一副整齐、健康、漂亮的牙齿,因为它对身心健康、语言发展、性格形成和社会交往都有一定的影响。

人的一生有两副牙齿,一副是乳牙,一副是恒牙。乳牙是临时的,但它与恒牙的生长有密切的关系。可是有不少父母不重视对孩子乳牙的保护,甚至孩子发生了龋病(蛀牙)也不去医治,认为过几年乳牙就要换成恒牙,治不治没关系。这种错误的观点往往会影响乳牙的健康和恒牙的正常生长。因为孩子的一副乳牙要使用6～12年,从小注意保护,乳牙就能正常生长,孩子就能很好地咀嚼食物,这样有利于食物的消化和营养的吸收,促使身体健康。若乳牙保护不好,很容易患龋病,龋病极易损害牙髓组织(牙神经),引起牙髓病或根尖病等合并症,不但会影响将来恒牙的正常生长,还会影响孩子学语、发音。孩子与人交往时,怕别人看见自己的坏牙、黑牙、缺牙,而不愿张口笑或随意交谈,从而影响面肌的发育。更重要的是咀嚼无力,不利于消化及吸收营养,长此下去,影响身心发育。

乳牙的结构

要保护好孩子的乳牙,应先了解乳牙的结构。

乳牙位于上下颌骨的牙槽里,每个牙齿可分为三部分,露出牙槽外的称为牙冠,嵌在牙槽内的称为牙根,牙冠与牙根之间称为牙颈。

构成牙齿的成分是牙本质,在牙冠部分。牙本质的外层有釉质(珐琅质),质极坚硬,呈乳白色。牙齿中央的空腔称为牙髓腔,含有结缔组织、神经、血管等。

乳牙的生长

乳牙的生长发育分三个时期:生长期、钙化期、萌出期。乳牙的生长期和钙化期是从胎儿时期开始的。乳牙的牙胚,在胚胎形成后第6周时出现,2～3个月时开始钙化,妊娠5个月时,乳牙的基础开始生长。出生时新生儿口腔内虽没有牙,但全部

20 颗乳牙已经钙化,在上下颌骨的牙槽内已有上下各 10 颗乳牙胚,其中以门牙(切齿)钙化最完全,因此也最先长出。

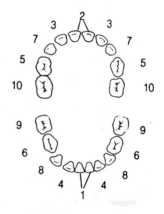

乳牙在婴儿出生后 6 个月至 2 岁半左右陆续萌出。同龄的婴儿长牙有先有后,有的婴儿提早在 4 个月萌出,也有的婴儿延迟到 10 个月才萌出,但都属正常范围。乳牙萌出过迟与骨骼发育有一定的关系,但不一定都是缺钙造成,有时也与患某种疾病有关,如甲状腺功能低下、先天性骨骼发育不全、牙龈增生肥厚等,均能致使乳牙萌不出。

乳牙萌出的时间除了个体差异以外,还受地区、环境、种族、遗传、饮食成分等若干方面的影响。有的婴儿生下后或出生 1~2 个月后,就发现口腔内有 1~2 颗乳牙(经常见于下门牙)。这种过早萌出的乳牙往往没有牙根,容易松动,极易脱落,如果落入气管,会造成婴儿窒息,应该及时拔除,以防万一。如果乳牙坚固又不松动,仍可以保留,但常会妨碍哺乳,容易引起舌头破溃。

在乳牙萌出期间,婴儿会感到牙龈发痒。乳牙穿过牙龈时,会感到不舒服,夜间有时会哭闹,唾液增多,这是正常现象。此时可让他咬较硬的食物,如硬饼干、面包干或馒头干等。出牙期间,口腔内微生物开始增多,易产生各种疾病,如消化不良、口腔溃疡等,要注意口腔卫生。

乳牙分为乳中切牙、乳侧切牙、乳尖牙、第一乳磨牙和第二乳磨牙。乳牙的萌出有一定的顺序和时间,可参考图表对照自己孩子出牙的情况,看看是否正常。

孩子口腔内的牙齿数量还可以依照一个简单的计算公式来估计:即婴儿的月龄－6＝婴儿的牙齿数。如 8 个月的婴儿依此公式计算应有 2 颗牙齿。

乳牙的保健

乳牙不仅是身体生长发育时期的重要咀嚼器官,而且对于消化、面容和颌骨的发育及语言的发展都有极大的影响,还与以后恒牙的正常萌出有密切的关系。因此,父母应在孩子未出生时就开始注意乳牙的保健。要使乳牙生长发育好,应该从以下几方面着手去做:

1. 注意健康与营养

乳牙的保健应从胚胎时期做起,要注意孕期母子的健康和营养。在孕期,母亲患病或营养不良会影响胎儿的颌骨发育和牙的正常生长。若是在牙齿发育阶段(胚胎 4 个月至出生后 8 岁前),母、子患病期间用了大量的四环素、土霉素、金霉素、强力霉素等药物,会引起牙齿变色,妨碍釉质的发育,影响乳牙的质量。孩子患了佝偻病,由于缺少维生素 D 和钙等,使牙胚发育迟缓。孕妇患了甲状腺分泌缺乏病,由于内分泌失调会妨碍胎儿牙胚的形成。由此可见,乳牙发育的整个过程与孕妇和孩子的身体健康有密切关系。

饮食营养对乳牙硬组织的形成与钙化程度起着重要作用,并直接影响乳牙的内在质量。因为构成乳牙的主要成分是钙和磷,如果饮食中缺乏或摄入的钙不能吸收,就会使乳牙结构疏松,易被细菌侵蚀。维生素D可以帮助钙和磷的吸收。维生素A可以增加牙床的抵抗力。蛋白质和维生素C是形成乳牙硬组织所必需的营养素。氟能耐酸抗菌防止龋病。因此,在乳牙的胚胎期应给予足够的蛋白质、维生素D、A、C、钙、磷、氟等,使乳牙结构发育良好,钙化程度高。到了乳牙萌出期,除以上营养素外,还要补充适量的氟来增强乳牙的抗龋病的能力。可以食用含氟较多的食品,如鱼、虾、海带、紫菜等。要以母乳喂养婴儿,提高抗病力,减少疾病。

2. 保持口腔卫生

口腔不卫生,细菌容易侵入到牙缝里的食物残渣中,产生乳酸,造成乳牙牙面脱钙。尤其是多吃糖果、甜食后,更容易发酵产酸,有利于细菌生长繁殖,侵蚀乳牙,形成菌斑,一点一点破坏乳牙,最后变为龋齿。为了保持口腔卫生,应该从小培养孩子良好的卫生习惯:

(1)婴儿在每次进食后喝点温开水,代替漱口清洁口腔。1～2岁的孩子每次饭后漱口,睡前成人帮助刷牙。2～3岁的孩子进餐后要漱口,学会自己早晚刷牙,特别是睡前一定要刷牙。

(2)养成少吃糖果、甜食及零食的好习惯,特别在睡前不要吃甜食,因为白天吃东西时,由于说话或口腔的活动,唾液分泌较多,可以冲刷牙面,较能抑制细菌繁殖。而夜间熟睡后,口腔处于静止状态,唾液分泌减少,细菌容易繁殖。

3. 锻炼咀嚼能力

出生6个月后,就要鼓励婴儿学吃粗硬食物,如烤馒头干、面包干,以锻炼乳牙咀嚼能力,促使牙床骨的发育,摩擦牙床,帮助乳牙萌出。教婴儿咀嚼时,要左右两边轮换咀嚼。因为单侧咀嚼力量不平衡,易造成脸形大小不一。

4. 纠正不良习惯

(1)不含乳头睡觉:婴儿熟睡后应将乳头拉出,换以盛有温开水的奶瓶,让他喝点水,以冲洗口腔。

(2)不吮手指:以免乳牙受到外界压力,不能正常萌出,而形成前牙开颌。

(3)不咬嘴唇:以免唇齿变形,影响美观。

(4)不吐舌头:以免妨碍上下牙生长。

(5)不张口呼吸:长期张口呼吸易使牙弓狭窄,开唇露齿。

(6)矫正睡眠姿势:睡眠时不要经常偏向一侧,不要用手枕在脸下面,趴着睡时不要把下巴压在枕头上等。不良的睡眠姿势长期不矫正,会造成乳牙位置不正,若

一侧颌骨或下颌骨发育不良,长出的牙就会排列不齐。

5. 及早防止龋齿

龋齿俗称"虫蛀牙",发病率高,是牙痛的主要原因。龋洞是乳牙被细菌侵蚀后出现的空洞。早期空洞一般无症状,若不重视防治,龋洞发展比较深时,乳牙患处变为黑褐色,遇冷热或较硬食物刺激时会感到牙痛。龋齿的危害性很大,它能使乳牙缺陷,甚至丧失,并破坏咀嚼器官的完整性而影响消化。龋齿根部若有慢性炎症,病菌就可通过血液循环到达身体各部,引起心、肾、关节等处的病变。因此,防止龋齿发生应做好口腔卫生,并尽可能多吃含氟较多的食物。患儿要及时去口腔医院检查、治疗,及早填补龋洞。严重损害者要拔除。

6. 定期检查乳牙

乳牙的生长发育是否正常,要每年一次定期去口腔保健医院进行检查。如发现无牙畸形(先天性缺牙)、牙颌畸形(个别牙错位、牙弓形态改变为前突或后缩)、牙齿变色、过早或过迟萌出等情况,都应及时向医师报告,以便及早采取措施。

(五)体格锻炼

为什么婴幼儿要进行体格锻炼?

孩子那么小,能进行锻炼吗? 一般父母对于婴幼儿总是保护多,锻炼少,怕孩子吃不消,甚至生病。

婴幼儿时期生长发育非常迅速,身体各部分器官都很娇嫩,尚未发育成熟。骨骼柔软易变形;肌力弱、耐力差;心脏收缩力弱,心跳快;呼吸道和胸腔狭小,肺活量小,呼吸浅,频率快;大脑皮质神经细胞的耐力差,易兴奋也易疲劳;加之孩子对环境的适应能力差,抵抗疾病的能力弱,很容易感染疾病。因此,父母不仅要注意保证孩子生长发育所需的各种营养,促进其生长发育,还要加强保健,精心护理,并从出生的第一年开始,有计划、有步骤地进行体格锻炼,以增强体质,提高抵抗力,预防疾病。

婴幼儿的体质强弱既有先天因素,又有后天因素。其中后天因素起着决定性的作用。如果婴儿出生时很健康,但在其成长过程中缺少体格锻炼,体质就会由强变弱。相反,即使出生时婴儿体弱,但在其成长过程中除了加强护理、科学喂养外,再注意体格锻炼,体质就可由弱变强。体质的强弱在一定条件下是可以相互转化的。若是在婴儿期就开始根据孩子的身心特点,采取适合年龄阶段的体格锻炼方法,并持之以恒,坚持下去,就能奠定良好的健康基础。

体格锻炼对婴幼儿起哪些作用?

1. 促进生长发育

(1)促进骨骼生长:体格锻炼能使血液循环加快,使骨骼组织获得丰富的营养,并对骨骼起机械刺激作用,使骨骼加速生长,孩子能长得高大健壮。

(2)促使肌肉丰满结实:通过体格锻炼,孩子消耗能量增多,血液循环加快,使肌肉组织得到充分的营养,肌细胞随之增大,肌血管网增加,肌纤维增粗,使肌肉逐渐丰满结实,孩子体重增加而不虚胖。

(3)促进心脏发育:体格锻炼时,肌肉要进行有规律的收缩和放松,它能促使血液循环加快,心肌毛细血管开放,引起冠状动脉扩张,新陈代谢加强,迫使心脏收缩力加强,血液输出量增加,这些都促进了血液循环和心脏的发育。

(4)促进呼吸功能:在体格锻炼过程中,呼吸系统肌肉活动需要消耗大量的氧气和排出更多的二氧化碳,这就迫使呼吸器官加倍工作,加深呼吸。经常坚持锻炼就可扩大胸廓,增大肺活量,增强呼吸器官的功能,对防止呼吸道常见病有良好的作用。

(5)增进消化功能:进行体格锻炼,增加了能量的消耗,这就需要补充更多的营养物质,从而迫使消化系统活动加强,消化腺分泌增加,胃肠的消化和吸收功能增强,食欲增加,也有助于孩子的生长发育。

(6)增强神经系统的调节功能:身体各部位的协调活动都是在神经系统的统一控制和调节下进行的,大脑神经系统是人体的"司令部",婴幼儿的神经系统尚处于发育阶段,兴奋和抑制的神经活动不易保持平衡和协调,容易兴奋,也难以抑制。通过体格锻炼,神经系统也能经受锻炼,提高调节功能。

2. 促进动作发展

出生第一年是动作发展最快的时期。在从躺卧到独立行走的过程中,经常进行体格锻炼和不断地训练动作,才能及早地学会俯卧、抬头、翻身、坐、爬、站和迈步学走。孩子掌握了基本的动作后,再要求动作正确、协调、灵敏,为以后学跑、跳、平衡、攀登等动作以及从事各种活动打下基础。

3. 增强适应力和抵抗力

婴幼儿的体温调节功能尚不完善,对冷和热的耐受力差,特别是皮肤和呼吸道对冷和热的刺激很敏感。若经常进行体格锻炼,给予适当的冷和热的刺激,能使皮肤和呼吸道不断经受锻炼,使大脑皮质对冷和热形成条件反射,就可以改善体温调节功能。孩子对外界环境的变化逐步产生适应能力和对疾病的抵抗力,遇天冷时则不易感冒,天热时不易中暑,也不易生痱疖。

4. 有利于智力发育

大脑是从事智力活动的主要器官,需要足够的氧气。让孩子经常在户外新鲜空气下进行体格锻炼,不仅促进了血液循环和新陈代谢,还增加了血流量,能供给脑细胞更多的氧和养料,使大脑的机能随之增强,孩子的精力充沛,反应灵敏,思维活跃,有利于智力的发育。

5. 培养良好的心理素质和行为习惯

进行体格锻炼可以满足孩子的好动、好奇、好玩的心理需求,能引起孩子的兴趣,带给孩子欢乐。这种良好的情绪能养成孩子活泼、开朗的性格,积极向上的素质,有利于心理健康。有些活动要孩子付出较大的努力,勇敢地去尝试,必须克服一些困难后才能达到目的。如婴儿学爬、学走,都要有勇气,都要经过不断练习才能学会。有的锻炼项目还要听从成人的指挥,约束自己的行为去遵守锻炼的规定才能完成。如冷空气、冷水锻炼、学游泳等,都能使孩子学会听从指导,顽强地执行,从而有利于形成良好的行为习惯,这也是一种最初的意志锻炼。

❀ 进行体格锻炼应注意些什么?

体格锻炼必须遵守一定的原则,否则不易收到预期的效果,甚至会发生不良作用。父母应注意以下几点:

1. 从小开始

婴儿满月后对外界环境的刺激尚未形成牢固的习惯,在此时适当地改变外界环境,一般都能逐渐适应。如果从小穿衣过多,不去户外活动,一遇环境或气候的变化就容易感冒,长大后再想改变已经养成的这些习惯就比较困难了。

2. 循序渐进

锻炼时要按一定的顺序缓慢地进行,待婴儿适应后再逐步加强。逐步做到由简单到复杂,由被动到主动,由弱到强,温度由高到低,时间由少增多。冷水锻炼时,水温由高到低,冷刺激由弱到强,户外活动的时间由少到多。

3. 持之以恒

锻炼贵在坚持。经常锻炼才能在大脑皮质上建立巩固的条件反射,形成动力定型,养成锻炼习惯,因此锻炼要不间断。遇生病时,可减少或停止数日,待病愈后,再继续锻炼。

4. 注意体质

婴幼儿体质各不相同,接受锻炼的反应也不同。一般健康的婴幼儿对于冷热刺激较易适应,而体弱儿、早产儿对冷热刺激反应强烈,锻炼时根据身体的具体情况缓慢进行。真正不能锻炼的婴幼儿是极少数的。

5. 结合生活

锻炼必须与日常生活相结合,才能发挥锻炼的作用,促进身体健康。

(1)合理安排生活制度:婴幼儿生活要有张有弛,动静配合,使体格锻炼、睡眠、休息与其他活动能有节奏地交替进行,有利于身体各器官充分发挥作用。

(2)保证睡眠:体格锻炼要消耗一定的能量,需要保证婴幼儿有充足的睡眠和休息,以保持足够的精力和体力及愉快的情绪。否则会因睡眠不足引起精神萎靡,体力不支,情绪不良,不利于生长发育。

(3) 补充营养:婴幼儿进行锻炼,会使体内新陈代谢旺盛,应供给富含丰富营养的食物,弥补体格锻炼时的消耗。若是营养摄入量不足,会出现体重减轻、精神不振。

(4) 注意防护:在锻炼前,要排除环境中的危险因素。锻炼时,要细心操作和照顾,并细心观察孩子的表现和情绪,防止跌跤、脱臼等意外事故,注意身体的变化,加强护理。

婴儿可以进行哪些体格锻炼?

婴儿的体格锻炼可以利用自然界的空气、日光和水,结合自身的生理特点,有计划地进行。空气、日光和水,是大自然赋予人类维持生命、促进健康的三大法宝,而且不需要花很高的代价就能使孩子在健康上获得最大的效益。

1. 利用空气进行锻炼

空气对人体的影响是多方面的。空气能提高人体体温的调节功能,加强新陈代谢,促进血液循环,调节神经系统,增强肺的功能,减少呼吸道疾病,还能增强对外界环境的适应力。

婴儿在进行日光锻炼前先进行空气锻炼。开始可以利用为婴儿换尿布的机会进行室内空气浴,以后可以到户外进行。从夏日开始,暴露四肢及胸、背,到秋季时,当气温在 18~20℃ 以上时,可以在户外停留 2~3 分钟,每日数次。冬日天冷时,可以在户外暴露四肢数分钟,使皮肤接受冷空气锻炼。

婴儿可以进行以下几种体格锻炼:

开窗睡眠

婴儿睡眠时应该开窗,以获得新鲜空气。开窗要结合室温进行,室温在 20℃ 以上可开全部窗;15~20℃ 可开 1/2 的窗;10~15℃ 可开 1/4 的窗;5℃ 左右只开一扇气窗,或每日开窗数次换气。婴儿应睡在室内避风处的睡袋中。冬季室温最好保持在 18℃ 左右。

户外睡眠

婴儿习惯了开窗睡眠后,再进行户外睡眠。进行时先将婴儿放在睡袋中,只露出脸部,在室内先睡熟以后,再放入童车推到户外。开始时在户外睡 20~30 分钟,以后每隔 3 天增加 10 分钟,逐步增至 1.5~2 小时。每天进行一次,应随时检查婴儿的睡眠情况。冬季注意保暖,遇天气严寒时改为室内开窗睡眠。进行的季节最好是从每年 9 月开始至次年 4 月为止。夏季气温太高时,以室内开窗睡眠为宜。

户外睡眠能使婴儿获得充足的氧气,睡得深沉。

2. 利用日光进行锻炼

日光中有红外线,照射后使人感到温暖,血管扩张,促使血液循环。此外,还有活血的作用。日光中还有紫外线,照射在皮肤上,使皮肤中固醇类的物质转变为维生素 D,它能帮助身体吸收食物中的钙和磷,促进骨骼生长,预防和治疗佝偻病(每

暴露出 1 平方厘米的皮肤,照射 1 小时,便可合成维生素 D36 个单位)。此外,适量的紫外线可增加全身的功能活动,加快血液循环,刺激骨髓制造红血球,防止贫血。紫外线还具有消毒杀菌作用。由于紫外线不能透过玻璃,因此,日光锻炼必须在户外进行,但不可照射过量,以防中暑或身体受到伤害。

晒太阳

婴儿可以每天在户外避风处晒太阳。根据气温的高低,尽量露出手臂、小腿直接接触阳光照射,但不要让阳光照射婴儿的眼睛。晒太阳的时候,除夏季外,最好安排在上午 9～10 时半,下午 2 时半～4 时。开始每次进行 5 分钟,随月龄增加,可逐渐延长至 30 分钟。

户外活动

根据婴儿的月龄和季节转变来决定活动的时间、场所和方式。夏季日光强,不要让婴儿长时间在日光下曝晒,可在树荫下活动,因为树荫下也能接受折射和反射的紫外线。春、秋、冬三季更应坚持每日户外活动 2 小时左右,接触日光锻炼的同时也接触了新鲜空气。父母可以用童车将婴儿推到社区的绿化地带或公园里,让婴儿在铺有地垫或地毯上翻滚、爬、学走、玩球等。

3. 利用水进行锻炼

水的锻炼是指用低于体温的冷水刺激人体局部或全身的皮肤,以促进血液循环和新陈代谢,增强身体调节功能的灵敏度和皮肤对寒冷刺激的适应能力。长期进行冷水锻炼,对预防呼吸道疾病有显著效果,因为水的传热性能比空气快二十几倍,身体内的热在冷水中散发比在冷空气中散发快得多。孩子经冷水锻炼后,体内调节功能的神经中枢能适应外界冷热环境的变化,身体可产生适应能力,也就不易伤风感冒了。

冷水锻炼一般都是由夏季开始,经过秋天持续到冬天,再坚持到春天。这样孩子易于接受,容易适应。婴儿期开始进行,只能用微温水逐步降低到低温水,1 岁以后才开始用冷水进行锻炼。

微温水洗手、洗脸

从夏季开始用自来水洗手、洗脸(夏季自来水温度较高,约在 30℃以上),逐渐锻炼到秋季。冬季时,在自来水中加少许热水,使水温保持在 35～36℃左右,略低于体温。

温水洗澡和嬉水

洗澡:婴儿每天按时洗澡一次,夏季增加一次。冬季室温保持在 23～24℃,水温保持在 37～38℃(略高于体温)。家中若无水温表,成人可将肘部放入澡盆内试温,感到适温即可。

嬉水:结合洗澡,可让婴儿在大浴缸中游泳,用手托着婴儿的腹部,让婴儿四肢在水中作划水状,自由嬉水片刻。经过数次后,婴儿就能学会在水中用两手嬉水,两脚蹬水,不停地活动。这也是让婴儿学游泳的开始,是一种很好的全身锻炼的方法。

低温水浸脚

婴儿于半岁开始,在夏季即让他习惯于在自来水中浸脚,一直坚持到秋天。冬天时,可在自来水中加少量热水,使水温保持在30~32℃。开始浸脚时,仅浸入水中1分钟,以后逐步增加到3分钟。水温可根据婴儿身体的反应情况,适当提高或降低。浸脚完毕,要用干毛巾擦干皮肤,擦至皮肤微红。

喝冷开水

婴儿于半岁前喝微温开水,到半岁后应逐步降低水温,到完全喝冷开水。也是从夏天开始,使婴儿逐步适应。婴儿习惯了喝冷开水,肠胃有了适应力,就可以接受一些有营养的冷食,如番茄汁、橘子汁等,但不要给婴儿吃冰冻的冷饮或饮食。

4. 按摩活动

婴儿6个月后还不能自己主动地参与活动,就需要成人帮助按摩。除了新生儿期已做过的手臂部、腿部、胸腹部及背部的按摩外,还可增加以下几种:

脚背脚掌按摩

让婴儿仰卧在铺有棉垫的桌上,成人用左手抓住婴儿右侧膝盖处,用右手拇指和食指捏住婴儿的脚背和脚掌,从脚前部向脚后跟反复按摩4~8次,然后用右手抓住婴儿左腿膝盖,用左手从脚前向脚跟反复按摩4~8次。

直腿按摩

成人将婴儿两腿分开,用两只手的拇指和其余四个指头像抓住婴儿腿一样,从小腿向膝盖上方一直揉摩到大腿根处,左右两手同时揉摩4~8次,以锻炼膝关节伸直时大腿和小腿前面的肌肉。

屈腿按摩

成人用左手抓住婴儿的右脚,用右手的拇指和其余四个指头进行按摩,逐渐从小腿向上按摩到右臀部,按摩4~8次,然后用右手抓住左脚,用左手按摩到左臀部4~8次。以锻炼膝关节弯曲时大腿和小腿后面的肌肉。

胸部按摩

让婴儿仰卧在桌上,成人两只手掌贴在婴儿胸部,从胸部向腋下方向双手同时作螺旋形按摩4~6次。然后用两手抱起婴儿的胸背部,使胸后背部离开桌面3~4厘米,让婴儿作深呼吸。

背肌按摩

搓揉按摩:婴儿俯卧,成人用两手背搓揉婴儿脊背,先从肩部往下按摩到臀部,再接着从臀部往上按摩到肩部,反复4~5次,锻炼婴儿背肌。

捏肌运动:让婴儿左侧朝下躺卧,成人用左手拇指和食指捏住脊椎的两侧肌肉,从臀部到颈后部按顺序往上捏12~15下,这时婴儿会反射性地挺胸,使脊椎像弓一

样挺直。然后让婴儿改变姿势,右侧朝下躺卧,以同样方法进行捏肌。

螺旋形按摩:让婴儿俯卧,成人用两手掌放在婴儿臀部,沿着脊椎成螺旋形地按摩一直到肩部,反复按摩 4～6 次。此种按摩应在婴儿约 3 个月左右能抬起头后进行。

弹式按摩:婴儿俯卧,成人用双手掌相对,用拇指和中指沿着脊椎从臀部向上弹至颈后,两手同时弹脊椎两侧的肌肉,反复 4～6 次,然后再从颈后部沿着脊椎两侧向下弹至臀部 4～6 次。此种按摩应在婴儿约 4 个月左右能两手撑起,抬头挺胸时进行。

5. 婴儿体操

婴儿被动操(2～6个月)

2～6 个月婴儿每日应做 1～2 次被动操。做操前成人将小儿放在床上,脱去外衣和鞋子,换好尿布,将婴儿仰卧。成人站在婴儿的足端,按音乐节奏给婴儿做操。

① 动作要轻柔,边做边逗引,使婴儿情绪愉快。

② 体弱婴儿可选择部分操节,不强求完成全程操节,应循序渐进。

③ 成人在帮助婴儿做操前应先洗净双手,冬季应先将手温暖后再做操。

④ 做操应在吃奶前半小时进行,做操后要让婴儿安静休息 20 分钟左右。

上肢动作

1. 扩扩胸(两手胸前交叉)

预备姿势:成人两手握住婴儿两手的腕部,让婴儿握住成人的大拇指,两臂放于身体两侧。

动作:第①拍将两手向外平展与身体成 90°,掌心向上(图 1);第②拍两臂向胸前交叉(图 2)。共重复两个 8 拍。

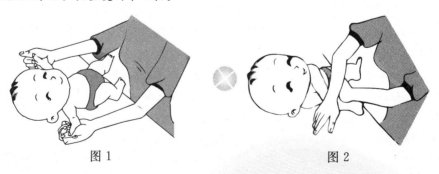

图 1　　　　　　　　　图 2

注意 两臂平展时可帮助婴儿稍用力,两臂胸前交叉动作应轻柔些。

2. 弯弯臂(伸展肘关节)

预备姿势：同1。

动作：第①拍将左臂肘关节前屈；第②拍将左肘关节伸直还原(图3)；第③④拍换右手屈伸肘关节(图4)。共重复两个8拍。

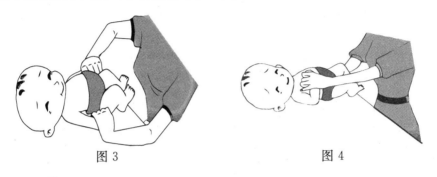

图3　　　　　　　　　　　图4

注意 屈肘关节时手触婴儿肩，伸直时不要用力。

3. 绕绕臂(肩关节运动)

预备姿势：同1。

动作：第①②③拍将左臂弯曲贴近身体，以肩关节为中心，由内向外做回环动作(图5)，第④拍还原；第⑤～⑧拍换右手，动作相同(图6)。共重复两个8拍

图5　　　　　　　　　　　图6

注意 动作必须轻柔，切不可用力拉婴儿两臂勉强做动作，以免损伤关节及韧带。

4. 伸伸臂(伸展上肢运动)

预备姿势:同1。

动作:第①拍两臂向外平展,掌心向上;第②拍两臂向胸前交叉(图7);第③拍两臂上举过头,掌心向上(图8);第④拍还原。共重复两个8拍。

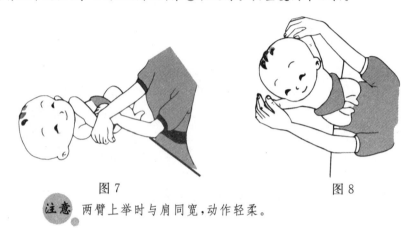

图7   图8

注意 两臂上举时与肩同宽,动作轻柔。

下肢动作

5. 翘翘脚(伸屈踝关节)

预备姿势:婴儿仰卧,成人左手操作婴儿的左踝部,右手握住左足前掌。

动作:第①拍将婴儿足尖向上,屈曲踝关节;第②拍足尖向下伸展踝关节;连续做8拍。后8拍换右足,做伸展右踝关节动作(如图9)。

图9

注意 伸屈时动作要求自然,切勿用力过猛。

6. 屈屈腿(两腿轮流伸屈)

预备姿势:成人两手分别握住婴儿两膝关节下部。

动作:第①拍屈婴儿左膝关节,使膝缩近腹部(图10);第②拍伸直左腿;第③④拍屈伸右膝关节。左右轮流,模仿蹬车动作(图11)。共重复两个8拍。

图 10   图 11

注意 屈膝时稍帮助婴儿用力,伸直时动作放松。

7. 举举腿(下肢伸直上举)

预备姿势:两下肢伸直平放,成人两掌心向下,握住婴儿两膝关节。

动作:第①②拍将两下肢伸直上举90°(图12),第③④拍还原(图13),共重复两个8拍。

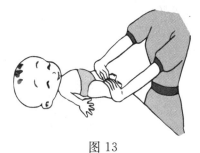

图 12   图 13

注意 两下肢伸直上举时臀部不离开桌(床)面,动作轻缓。

8. 翻翻身(转体、翻身)

预备姿势:婴儿仰卧并腿,两臂屈曲放在胸前,成人左手扶胸腹部,右手垫于婴儿背部。

动作:第①②拍轻轻地将婴儿从仰卧转为左侧卧,第③④拍还原(图14)。第⑤～⑧拍成人换手将婴儿从仰卧转为右侧卧(图15),后还原。共重复两个8拍。4个月以后的婴儿,可由侧卧位再转到俯卧位,再由俯卧位转到仰卧位。

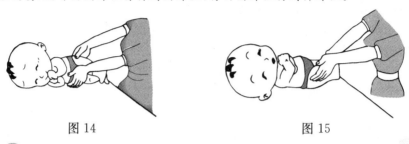

图14　　　　　　　　　　　图15

注意 俯卧时婴儿的两臂自然地放在胸前,使头抬高。

婴儿主被动操(7～12个月)

随着婴儿月龄的增加,在被动做操的基础上,可转入在成人的帮助下发挥小儿主动性,促进全身的锻炼。每次可选做几节,不要求一次全部做完,可听音乐做动作。开始学做时不要求合节拍,先让小儿学习配合成人一起做,熟练后再逐步要求合拍。

1. 拉手坐(起坐运动)

预备姿势:小儿仰卧,成人双手握住小儿双手,或用右手握住小儿左手,左手按住小儿双膝(图1)。

动作:第①②拍,牵引小儿从仰卧位起坐(图2),第③④拍还原,共重复两个8拍。

图1　　　　　　　　　　　图2

注意 拉小儿起坐时,如果小儿不配合就不能过于用力(图3)。

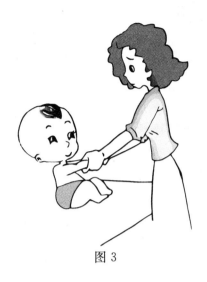

图 3

2. 站站起(起立运动)

预备姿势:小儿俯卧,成人双手托住小儿双臂或手腕(图4)。

动作:第①②拍牵引小儿俯卧跪直,起立,或直接站起(图5),第③④拍还原,共重复两个8拍。

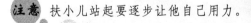

图 4

图 5

注意 扶小儿站起要逐步让他自己用力。

3. 提提腿（提腿运动）

预备姿势：小儿俯卧，两手放在胸前，两肘支撑身体，成人双手握住其两足踝部（图6）。

动作：第①②拍轻轻抬起小儿双腿，约30°（图7），第③④拍还原，共重复两个8拍。

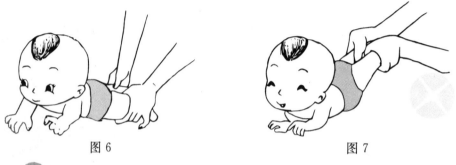

图6　　　　　　　　　图7

注意 动作轻柔缓和。

4. 弯弯腰（弯腰运动）

预备姿势：小儿与成人同一方向直立，成人左手扶住小儿两膝，右手扶住小儿腹部，在小儿前方放一玩具（图8）。

动作：第①②拍让小儿弯腰前倾，拣起桌上玩具（图9），第③④拍直立还原，共重复两个8拍。

图8　　　　　　　　　图9

注意 让小儿自己用力前倾和直立，如不能直立，成人可将左手移至小儿胸部，帮助小儿完成动作。

5. 挺挺胸(挺胸运动)

预备姿势:小儿俯卧,两手向前伸出,成人双手托住小儿肩膀(图10)。

图10　　　　　　　　　　图11

动作:第①②拍轻轻地使小儿上体抬起并挺胸,腹部不离开桌面(图11),第③④拍还原,共重复两个8拍。

注意　动作要缓和,在挺胸、挺腰时可稍用力。

6. 游游水(游泳运动)

预备姿势:小儿俯卧,成人双手托住小儿胸腹部(图12)。

动作:第①～④拍托起小儿悬空俯卧,向前摆动,重复数次,让小儿出现四肢活动似游泳的愉快动作(图13)。

图12　　　　　　　　　　图13

注意　要托住小儿,注意安全,向前摆动,开始时1～2次,小儿适应后可增加次数。

7. 蹦蹦跳(跳跃运动)

预备姿势:小儿与成人对面站立,成人双手扶小儿腋下(图14)。

图14   图15

动作:第①②拍扶起小儿使其足离开床或桌面,同时说"跳、跳"做跳跃动作,以足前掌接触床或桌面为宜,共重复两个8拍(图15)。

注意 动作要轻快自然,让小儿的脚尖着地。

8. 慢慢走(扶走运动)

预备姿势:小儿站立,成人站立在他背后,两手扶小儿腋下;或成人立在小儿前面,两手扶住小儿前臂或手腕(图16)。

动作:第①②拍扶小儿使其左右腿轮流跨出,学开步行走(图17),共重复两个8拍。

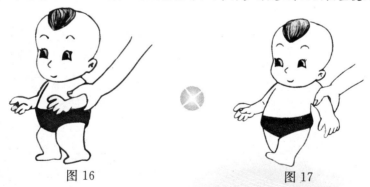

图16   图17

注意 场地要清洁平坦,让小儿站稳后再鼓励开步学走。

四、婴儿的教育与训练

婴儿期是人生的起点,从出生到1岁仅仅短暂的12个月里,婴儿日新月异地发生着巨大的变化:

——从躺卧到直立行走;

——从吃奶到会吃食物;

——从哭叫到咿呀学语;

——从握拳到双手玩物;

——从被动到主动交往。

这一系列的变化表明婴儿期是人类身心发育最迅速的阶段。父母在人之初认真地掌握婴儿的生理和心理特点,对婴儿进行有目的、有计划的教育和训练,不仅能使婴儿身心健康地发展,并可为日后各年龄阶段身心健康的全面发展打下良好的基础。

婴儿期的教育和训练是通过外界环境对婴儿顺应发展的适度刺激,使婴儿亲身感受和体验,从而获得多种早期经验。在良好的教养环境中,随着婴儿大脑发育的成熟和早期经验的积累,婴儿开始从被动地接受教育和训练,逐步发展到主动地去探索世界。不断地发展能力,启迪智慧,从而促使身心健康发育和发展。

婴儿的教育和训练内容包括:生活习惯、动作、感知觉、语言、情感与社会行为等方面,并通过玩玩具和游戏来进行。

由于婴儿在第一年中身心发育比任何时期都快,一个月比一个月的变化都很大,现分为1～6个月和7～12个月两个阶段来进行教育和训练。

(一) 1～6个月婴儿的教育与训练

根据1～6个月婴儿的发育特点,可以从以下几方面进行教育和训练。

1. 生活习惯的培养

生活要有规律

婴儿经过了新生儿期对外界生活环境的适应,根据他的生理活动规律,形成了自身的饥、饱、醒、睡、活动、休息、哺喂、排泄的节律和秩序,这时就要在他的生活内容和顺序上给予科学的安排,形成一种合理的生活制度,从睡眠、哺乳、活动等方面培养婴儿每日有规律的生活习惯。

培养良好的睡眠习惯

睡眠对婴儿很重要,因为半岁以内的婴儿神经系统发育尚未十分成熟,兴奋持

续时间短,容易疲劳,过度疲劳后易转入抑制状态进入睡眠。婴儿体中的每个细胞的生长都需要能量,而睡眠是一种"节能"的最好办法。睡眠时身体各部分的活动都减少了,肌肉松弛了,呼吸心率减慢了,脑组织消耗能量减少了,这时大脑皮层处于弥漫性的抑制状态,对神经系统起保护作用,能量需要重新积累,以便弥补劳损而获得新的体力和精力。况且人体内有一种内分泌腺体在儿童时期分泌生长激素,常在睡眠时分泌量最多。它可以促进组织蛋白质合成,加速全身各组织的生长,特别是骨骼的生长。婴儿需要有充足的睡眠才能保证正常的生长发育,所以要培养良好的睡眠习惯。

(1)睡眠环境要安静,减少外来的干扰,以免影响婴儿入睡。

(2)保持睡前婴儿的稳定情绪,以利入睡。避免婴儿过度兴奋、哭闹、发脾气。若遇情绪不好时,父母可以低声哼唱催眠曲或播放舒缓乐曲,促使婴儿情绪稳定,获得安慰,以利入睡。

(3)培养婴儿自己入睡,不要以拍、摇、晃、抱着走等方式使他入睡,一经养成此习惯,就难以改过来。

培养良好的饮食习惯

这时期的婴儿生长发育迅速,新陈代谢旺盛,必须供给充分的营养素。但婴儿消化薄弱,胃容量小,胃壁肌肉发育还不健全。从小培养良好的饮食习惯,使婴儿进食有规律,很好地消化食物,吸收营养,才能满足身体的需要,促进生长发育。

6个月以内的婴儿主要是哺乳,要吃好、吃饱,还要消化好。让婴儿适应增加的辅助食品,愿意接受,喜欢学吃,有一个良好的开端。

(1)喂哺要根据婴儿的月龄增长调整食量和时间,逐步实现定时定量。若不注意培养时间规律,总是一哭就喂奶,会因进食奶量过多而造成消化不良,不仅这种习惯不好,还会影响身体健康。

(2)养成专心吃奶的好习惯。母亲应让婴儿安静地吃奶,不受外界干扰,不要逗引孩子,也不要让婴儿边吃边玩,以免延长喂奶时间。偶尔遇到婴儿在吃奶中途停顿一会儿,那是因为吮奶很费力,需要休息片刻后再继续吃奶。

(3)满月后即可训练婴儿用奶瓶吮吸温开水、菜水、果汁等。5～6个月的婴儿已能用手抓握,可以帮助他用双手捧扶奶瓶吮水,自我服务能力的培养从此开始。

(4)让婴儿适应吃各种辅助食品。添加辅助食品应从少量开始逐步增多,此外还要由稀到稠,由淡到浓,由细到粗,由一种到多种,循序渐进,使婴儿乐于接受,逐步适应各种辅助食品。婴儿不乐意进食时,可以在每次喂奶前,趁婴儿饥不择食之际,先喂少量辅食,然后再喂奶。待婴儿适应后仍先喂奶,再补以辅食。3个月时可以训练婴儿用小茶匙吃食,先学吃水或奶,到4～6个月就可以逐步学吃蛋黄、蒸蛋羹、菜泥、果泥、鱼泥、肝泥、奶糕及粥等。

培养良好的排便习惯

培养排便习惯和培养饮食习惯同等重要。

婴儿出生第一个月,大小便次数多,无需培养排便习惯。

2～3个月时,母亲可观察婴儿每天排尿及排便的次数和时间,以便掌握排尿和排便的规律,及时更换尿布,清洁臀部。

当母亲掌握了婴儿排尿和排便的规律,记录下每天排尿及排便的次数和时间,从4个月左右就可以开始用固定的"嘘嘘"声刺激排尿,用"嗯嗯"声刺激排便,并以抱他排尿或排便的固定姿势,建立条件反射,逐步养成听音排尿或排便的好习惯,进一步养成定时大便的习惯。

培养良好的清洁习惯

婴儿对疾病的抵抗力很弱,易感染各种疾病。从小培养婴儿爱清洁的好习惯,可以使婴儿少生病,保持身体健康。

(1)勤换尿布:婴儿爱清洁的习惯始于要求换尿布。让婴儿养成尿湿后感到不舒适,以哭声来提醒成人及时为他换尿布的习惯,可以使他以后爱清洁。

(2)勤洗澡:婴儿皮肤娇嫩,身体分泌物多,长时间的睡眠使婴儿躺卧在床上,再加上排尿、排便后常常不能及时清理,因此需要每天洗澡,以使婴儿感到干净、舒适。

(3)勤洗手脸;排便后洗臀部:由于婴儿每日哺乳次数多,常将奶液或辅食残留在脸颊、嘴、下巴等处,应及时清洁。婴儿的手常抓握,手掌内易分泌汗液,因此要经常洗手,洗脸。排便易污染臀部,也应及时洗净。使婴儿感到清洁舒适。

(4)勤换衣服:由于婴儿新陈代谢旺盛,身体分泌物多,因此要勤换衣服。经常保持衣服的清洁美观也要从婴儿时期培养。

良好生活习惯的培养要长期坚持,不可间断,这样,不仅有利于婴儿的身体健康,还可终生受益。

2. 动作训练

动作发展是婴儿智能发育的重要标志,因为所有的有意识动作都是在大脑皮层的有关区域指挥下发生的。婴幼儿的动作发展和心理发展有密切关系,尤其是早期婴儿的动作发展,在某种程度上标志着心理发展的水平。因此,促进婴儿期动作的发展可以促进心理发展,动作训练对婴儿来说是非常重要的。

婴幼儿动作分两大类:身体大动作(即全身大肌肉动作)和精细动作(即手部小肌肉动作)。身体大动作包括抬头、翻身、坐、爬、站、走、跑、跳、钻、攀登、下蹲、平衡等基本动作。精细动作包括抓、握、扔、放、穿、嵌、拼、搭、捏、画、撕等动作。婴幼儿的动作训练应遵循神经系统发展规律顺序进行。其发展规律如下:

(1)从上到下的头尾规律:即从头部到身体躯干部位再发展到脚部。因此,动作训练顺序应从竖头、抬头开始,然后翻身、学坐、爬,最后才训练站立、行走。

(2) 从中央到边缘的近远规律:即从接近身体躯干部位向边缘部位发展。因此,动作训练时,上肢是从小臂开始→前臂→手腕→手→手指。下肢是从大腿开始→小腿→脚→脚趾。

(3) 从大到小:即从大肌肉动作到小肌肉动作。因此,动作训练应先训练身体的头部、躯干、双臂和双腿的动作,然后才是手部动作,最后是精细的手指动作。手部动作是按照从混沌到分化,从无意到有意,从粗拙到精细的顺序发展来进行训练。从抓握用手一把抓→拇指与四指抓握→拇、食指捏物→用手操作餐具→执笔画图→穿衣扣扣子等动作。

1～6个月婴儿的动作训练内容与方法:

身体大动作的训练

(1) 竖直头部:2～3个月时,成人一手将婴儿竖直抱,另一手托住头和背部,训练婴儿将头竖直向左右转头观望,以锻炼颈椎支撑力,每次3分钟左右,逐渐延至5分钟,时间不宜过长;4～5个月时可训练背靠成人胸部而坐,头竖直左右转动180°。

(2) 抬头:每天将婴儿空腹俯卧在床上,用响铃逗引婴儿抬头,1个月开始训练几秒钟,以后逐渐延长时间,使头抬起离开床面;2个月时抬头达45°;3～4个月可达90°,并支撑前半身,挺起胸部。抬头训练可锻炼颈椎和背肌、胸肌。

(3) 翻身:3个月时训练婴儿从仰卧转向侧卧。开始训练时,成人用手托住婴儿一侧的手臂和背部,缓慢推向另一侧,使其侧卧;4个月时将玩具放在婴儿一侧逗引他抓玩具而顺势自动翻成侧卧位;5个月时用铃声逗引训练婴儿从仰卧位先翻成侧卧,再推动他翻成俯卧位。每日训练数次;6个月时训练婴儿从俯卧位翻向仰卧位。先用手推动婴儿的背部帮助他翻身,训练多次后,用玩具或铃声逗引婴儿自己翻身。翻身是变换体位的全身运动,为以后婴儿学爬行动做好准备。

(4) 坐:3个月时将仰卧在床上的婴儿双手轻轻拉起,缓慢地拉成坐势位;4个月时成人用双手扶着婴儿的髋部训练坐起;5个月时训练婴儿背靠成人胸前坐在大腿上,或坐在童车靠背椅上;6个月训练婴儿独坐片刻,但需成人在旁照顾,以免跌倒。但独坐时间不可过长。

(5) 扶站:2～3个月时双手抱婴儿身体两侧,向上举高,然后放下,站立在成人大腿上或桌上,训练婴儿腿和脚的支持力;4个月时可扶腋下站立片刻;5～6个月在扶站时婴儿双腿有力、不弯曲。

手的精细动作训练

(1) 触物:1～2个月时,训练婴儿将紧握的手张开,触摸硬软性质不同的物品,促使其手时而抓握时而放开;3个月时将玩具悬挂在婴儿胸上方,逗引婴儿伸手触摸。

(2) 抓握:1～2个月时,成人经常用自己的食指伸入婴儿手中让他抓握;3～4个月时,成人拿着有柄的玩具,将手柄一端靠近婴儿的手,逗引他伸手抓握,但有时抓不准或抓不住,这时可将玩具柄插入婴儿手中,使其抓住,然后再将玩具拿出来,再训练他抓住;5～6个月时可训练婴儿眼手协调,比较准确地用手去抓悬挂在胸上方的玩具或去取桌上放着的玩具;6个月时,婴儿用手抓握的动作有了显著的进步。从整手一把抓物到用大拇指和其他四指的动作分开对着取物。这时可以训练婴儿双手对着撕纸,双手抓着玩具敲击,左右手相互交换抓握玩具等。

3. 感知觉训练

婴儿的各种知识和经验最初都是通过感觉器官——眼、耳、鼻、口、皮肤在接触中获得的。宝宝出生后只有感觉,通过视觉看到亮光,通过听觉听到声音,通过嗅觉闻到气味,通过味觉尝到味道,通过触觉感到冷热。神经系统将感受到的刺激传入大脑,就产生了感觉。婴儿经过了6个月感觉周围的事物,吸收了多种感觉的信息,逐渐形成了知觉。感觉存在于知觉之中,是知觉的组成部分,知觉是通过多种感觉器官共同活动去获得事物的整体信息,如婴儿认识母亲是通过眼看母脸,耳听声音,嘴吮母乳,舌尝味道,鼻闻气息等。经过多种感觉获得母亲整体的信息认识母亲。

训练感知觉是认识世界的第一步,是一切认识活动的基础。6个月以内的婴儿是训练的起点,应从以下几方面进行训练。

训练视觉的能力

2～3个月时训练视力集中,从几秒钟开始逐渐增加到5～10分钟;注视物体的距离从1～1.5米左右增加到4～7米;视力集中从追随水平方向运动的物体发展到追随作圆周运动的物体;

4～5个月时训练婴儿用眼寻找躲藏在身旁的母亲或寻找掉在地上的玩具;

6个月训练婴儿注视远距离的物体,如天上的月亮、飞机、小鸟;分辨亲人和陌生人;感知不同颜色、形状、大小的玩具;逗引婴儿去选择他喜爱的玩具。让婴儿经常照镜子去感知自己的形象,经常抱婴儿外出接触不同的人、动物、花草、树木,使他有更多的注视机会,训练看的能力。

训练听觉的能力

1个月时训练婴儿听力集中听声音;

2～3个月时训练婴儿听到声音转头向声源;

4～5个月时训练婴儿听各种人的讲话声,从中分辨亲人的声音、陌生人的声音及叫他名字的声音;

6个月时训练分辨不同的声调。如高声、低声、严肃的禁止声、和蔼的赞扬声等。还应训练婴儿倾听各种人的说话声,如男人、女人、孩子、老人等不同的语音。

训练听的能力应该让婴儿每日都有机会接触音乐声、讲话声、玩具声和其他声音,但要避免巨响和噪音,以免影响听觉神经的发育。

训练感觉的协调能力

训练婴儿将各种感觉器官联合起来感知外界的信息。

听觉和视觉的协调能力:训练婴儿听到声音后去寻找声源,看看是什么东西发出的声音,如听到鸡叫声就用眼去寻找鸡在何处,使婴儿通过听和看两个感官的协调感知同一动物的信息。

视觉和触觉的协调能力:训练婴儿看见某人或某物而引起的触动反应。如婴儿看见母亲回家来就伸手要求抱,看见桌上的玩具主动伸手去拿。这是视觉、触觉与运动觉的联合协调能力。

视觉、触觉与味觉的协调能力:训练婴儿看手、玩手、吮手,通过手、眼、口三种感觉器官同时去感知有关"手"的信息,使其视觉、触觉与味觉联合行动。在此之前,视觉、触觉、味觉各司其事,不能联合行动,此时训练婴儿通过视觉看见了玩具,通过触觉用手主动去触摸。通过味觉用嘴、舌去品尝,感知是什么东西,同时婴儿此时期常看手、玩手、挥手、吮手。在此活动中促使其视觉、触觉和味觉联合行动的协调能力,也是去感知手与其他物体有何不同。

4. 听说话,学发音,识图认字形的训练

语言不是婴儿生来具有的,而是后天学会的。学会说话可以与人交往,提高认识能力。

语言的训练在3岁前是从听语音、自我发音,到模仿发音、理解语言及口语表达几方面来进行的。语言的发展是智力发展的标志,因此要及早进行教育和训练。

听说话

出生后半年是说话的准备期,虽然婴儿还不会说话,但对成人的说话声很敏感,喜欢倾听。因为成人的说话声比其他声音更能吸引婴儿集中注意去倾听,所以应经常用语言刺激听觉,促使婴儿多听说话声。

学发音

婴儿这时期常在哭声中发出声音,这种生来就有的自然发音可以锻炼发音器官,同时使婴儿获得发音的机会。因此,在婴儿睡醒吃饱后,偶尔啼哭时不要去抱他,让他哭一会儿进行发音锻炼。随着月龄的增长和发音器官的发育,遇到婴儿情绪好时会自然地发出"咿呀"声。宝宝常常对自己反复发出的声音很感兴趣,这时可利用婴儿觉醒后为他换尿布、洗澡、做被动体操时,以及日常生活中各种机会和他说话,逗引他练习发音,为以后模仿成人学语作好准备。

识图认字形

应与听说话、学发音同时进行训练。因为婴儿天生就有"探究反射",环境给婴儿灌输什么,他就吸取什么。他将看到的形象、听到的声音和接触到的感受全部吸取后,储存在大脑里,心理学上称为"印象记忆"、"图谱认识",婴儿就是凭借这种本

领去认人、认物、识图、认字形、听音、学说话的。婴儿认人和认物的能力是惊人的。他在出生不久就能听声音,转头探究声音的来源。同样,他也能看图、识别图形及字形。经过多次训练就学会识别和区分了。1～6个月的婴儿在听说话、学发音、认字形方面几乎每月都有新进展。因此,成人要根据婴儿逐月的身心发育变化来进行训练。

1～2个月婴儿能根据声音的频率、强度、持续的时间和速度来辨别各种声音的差别。人的声音更能使婴儿集中倾听,为婴儿听语音学说话提供有利条件。此时期不能因婴儿沉默无声而不去对他说话,而应用语音来刺激他的听觉,要常常在他觉醒时给他听各种声音,如唱歌声、音乐声、乐器声、拍手声、电铃声以及其他声音,并和他多说话。这些声音和响声都会引起婴儿的动作反应,逐渐使他能区分说话声与其他声的不同。出生后1～15周的婴儿能注视人脸及其他图形,而对复杂图形的注视更甚于简单图形,尤其喜爱注视人脸图形。因此,应每天给婴儿看各种图形和相应的字形,使婴儿早期接受图形和字形的信息。

3～4个月的婴儿已能发出 a、o、e 等元音(母音),能区分语音和其他的声音,听到说话声会减少活动而注意倾听。这时期应在婴儿觉醒后,利用日常生活中的各种机会与他说话、逗乐,并逗引他练习发音,训练他用自己发出的声音与人应答,以发音代替说话与人交往。在识图与认字形时,可将方形与圆形每种分为黑白2张,分别给婴儿注视,以后将"方"、"圆"两个字与相应的图形同时出现,让婴儿同时注视,识图和认字形。

5～6个月时,婴儿能自发地连续发出元音和辅音组合起来的复合拼音组,如 ma－ma－ma,ba－ba－ba 等,虽然都是无意识的,不是主动地模仿词音,但此时应将这些自发音组与人或物联系起来训练。每逢他发出 ma－ma 时,妈妈就立即应答,并亲亲他,鼓励他继续发音,同时重复婴儿的发音,使其发音得到巩固,为逐步过渡到模仿成人语言、理解语言做准备。这时期可以给婴儿看一些经常接触到的物体图形,以及与图形有关的简单字形,如灯、手、脚等,并指实物给他对照着看。

婴儿听说话,学发音,认图形及字形的训练,需要父母为他提供说话,刺激发音和选择适宜的图形及字形的机会,需要做到:

多逗引:引起婴儿倾听,逗引发音的兴趣;

多说话:经常与婴儿对话,让他听得愈多,学发音愈快;

多表情:说话要面对婴儿,让他看人脸的各种表情,听不同的声调、模仿嘴部张合的口型变化;

多重复:说话简短、重复,便于对某些词音建立条件反射,易于婴儿模仿发音;

多看图与字形:图形宜简单,字形与图形同等大小,反复出现在婴儿眼前,促使"印象记忆"。

婴儿通过半年的语言准备期,不断地进行教育和训练才能逐步增进学习语言的能力,为下阶段学语打下基础。

5. 情感与适应社会能力的训练

3岁前小儿的情感与社会行为,主要表现在与生活环境中接触的人之间相互作用中的态度、情感及其行为。积极的情绪和情感有利于形成良好的行为习惯,这是小儿今后社会情感和社会适应能力发展的基础。父母本身的情感和社会行为以及对小儿的教育,都会对小儿的情感以及适应社会生活环境的能力有极大的关系。

1～6个月的婴儿已具有情绪与情感的表现,而婴儿的情感是具有社会性的,与社会行为的发展分不开。因此,训练时应注意几点:

培养良好的情绪

首先要满足婴儿生理需要,让他睡足,吃饱,玩好,使他有愉快的情绪,有规律的生活,有良好的生活习惯。因为婴儿的情绪是处于身体内外环境的控制下,父母应使他舒适、满足、愉快,才能培养良好的情绪。

建立亲密的情感

父母与家庭成员要与婴儿建立亲密的感情。除了满足生理需要外,还要满足心理需要,使婴儿有安全感和信任感。父母要经常对婴儿微笑,表示亲热,搂抱他和抚摸他的身体,和他讲话、逗乐,并要小心对待婴儿哭闹,不能对他发怒,使他受惊,也不能处罚或不理睬他,否则都会使婴儿的心灵受到损伤。

丰富婴儿的生活

父母要充实婴儿的生活,可以经常带他外出接触周围的人,以满足他社会性需要,并尽量提供满足发展视觉、听觉、触觉以及促使身体活动所需的物品和设备,如彩色挂图、玩具、音乐磁带、小乐器、图书以及运动器具等。成人要经常和婴儿进行谈话交往,为他唱歌,抱他跳舞,与他逗乐、做游戏等。

多与周围的人进行交往

为了满足婴儿社会性的需要,应使婴儿多与人接触。接触婴儿的陌生人态度要亲切、友好,使婴儿不畏惧。因为5～6个月的婴儿已经开始认人了,因此陌生人接触婴儿不能心急,要逐步接近,使他有一个适应过程。急于表示亲热,强迫抱他,反而使婴儿害怕、哭闹。

6. 玩具与游戏

玩具

2～6个月的婴儿要玩能看、能听、能触摸、能抓握的玩具,有利于发展婴儿的视觉、听觉、触觉以及四肢和全身的动作。除了在新生儿期已玩的玩具外,还可增加以下几件:

训练视觉的玩具:色彩鲜艳的彩灯、彩花、气球、娃娃、小动物等。

训练听觉的玩具:声响悦耳、便于抓握的手摇铃、摇鼓、发响娃娃以及录音机等。

训练触觉及动作的玩具:能触摸的布制玩具、积木、皮球、气球、悬挂玩具等。

不同月龄婴儿玩具的玩法

1～2个月:婴儿因视觉和听觉开始集中,能短时间注视鲜艳的玩具,此时期在小床上悬挂彩色玩具,如大彩球、摇铃等,高度以离婴儿前胸上方40～70厘米之处为宜(较大的玩具可挂高一些,约70厘米左右)。成人应逗引婴儿注视玩具,逗引听玩具发出的声音,训练婴儿闻声转头、目光追随玩具移动。

3～4个月:婴儿已能伸手触摸玩具,可将玩具悬挂在他伸手可及的高处,使他能经常抚摸,练习抓握动作,但此时常抓不住,只能触摸玩具。可以提供旋转玩具,如响铃棒、彩色无毒的橡塑玩具、布玩具等。

5～6个月:婴儿已学会伸手取、抓、摇、拿等动作,能自由抓住悬挂玩具。当他学会翻身、扶坐或独坐时,玩具就不用挂着玩,可以坐着用手自由抓着玩。这时期玩具的形状、大小、颜色,及材料种类可以多一些,如小皮球、小套碗、小积木、橡塑制、木制、布制的各种动物玩具等。

游戏

游戏是教育和训练婴幼儿最好的活动形式。0～3岁年龄阶段的游戏称为感觉运动游戏。主要是运用视觉、听觉、触觉、味觉、嗅觉等感官,结合玩弄玩具及动作训练进行游戏。在游戏过程中,婴儿通过感知觉和身体运动在使用玩具中获得乐趣和满足。这种感觉和运动的游戏是婴儿最早出现的一种游戏形式。

婴儿的游戏是以个人玩的形式出现,而且需要亲人和他一起玩,并加以照顾和指导,尤其喜欢与父母亲一起游戏,更能感受亲子共娱的情感与欢乐。6个月前婴儿生长发育迅速,身心发展的变化极大,一个月一个样。这时期应按照婴儿逐月发展水平有目的、有要求地进行游戏。游戏内容和要求要逐步加深,游戏形式虽简单,但都需要有玩具及教具来配合进行。

2个月婴儿的游戏

🌸 观看四周

目的:竖直头部,锻炼颈椎的支撑力,开阔眼界,发展视力。

玩法:一手抱婴儿,一手托住婴儿的头和背,使婴儿头部处于直立状态,头部能自由转动,观看四周出现的人和事物。婴儿习惯了竖抱后,可将手时而托住,时而移开,训练头部逐步竖起,再将托头部的手移至托背部。

提示:此时期可先在室内进行,以后抱到室外进行。开始时每次2～3分钟,以后逐渐增加至15分钟左右。由于婴儿骨骼还未发育好,不能长时间竖抱,只能竖抱片刻后休息一段时间再竖抱。边观看边和婴儿说话,使其感觉眼前的人和事物。

抬头张望

目的:训练抬头、俯卧,锻炼颈椎、胸肌、背肌和腹肌。

玩法:婴儿空腹时,俯卧在床上两臂屈肘,手掌向下,同时将彩色发响的玩具在婴儿耳侧和眼前摇动,以引起婴儿的注意,然后将玩具在婴儿眼前慢慢地上下移动,逗引他抬起头来张望玩具,逐步训练他抬起头与床面呈45°角。

提示:训练婴儿抬头时间不可太长,以不超过2分钟为宜。开始训练时不超过1分钟,以后逐步增加。喂奶后不可训练,以防俯卧时吐奶。此游戏可以持续玩到3个月,抬头要求呈90°角,并能用手肘支撑胸部抬头向前、向左、向右自由观望。

手脚牵物

目的:使婴儿及早自己做游戏,以促使四肢活动,发展听觉、视觉。

玩法:用宽布带对叠系在彩色厚纸袋上,然后将纸袋悬挂在有栅栏的童床左侧,宽布带的另一端系在婴儿的左手腕上。当婴儿挥动手臂时,左手腕上的带子牵动纸袋向上下移动,多次挥动会引起婴儿向左侧转头去注视纸袋,学会自己做游戏。

提示:若是婴儿学会挥动左手腕自己做游戏后,可调换到右手腕牵动挂在右侧的纸袋。也可将宽布带系在左或右脚踝部上端来牵动纸袋。

为了引起婴儿的兴趣,可在纸袋上挂一铃铛,以便在引起视觉反应的同时引起听觉反应。

进行游戏时,成人应在旁监护,以防婴儿乱动,使宽布带或纸袋脱落。

眼随物动

目的:训练眼随着物体移动,并带动头部转动,刺激视觉集中及转头活动。

玩法:父母手持色彩鲜艳的玩具,如彩球、娃娃等,在距离婴儿眼前40厘米处慢慢地将玩具向左边移动,逗引婴儿的视线追随着玩具移动,头部也随之转向左侧,然后再将玩具从左边移到中间,再移到右边,使婴儿的视线追随玩具,头部向右侧转动180°(图1)。也可在小床上方70厘米处悬挂较大的彩色气球或纸花,逗引婴儿注视,并向上、下、左、右各方向移动,以引起婴儿注意追随视力范围内移动的玩具,头部也自由转动。以后再进一步移动玩具作360°圆周移动,促使婴儿眼随物动(图2)。

图1   图2

提示:婴儿对鲜艳的色彩已有视觉追随力,可及早训练,但应注意悬挂物要经常调换位置,不要长时间固定在一个位置,以防婴儿的眼睛发生对视或斜视障碍。

听声寻源

目的:训练听觉反应力。

玩法:将各种能发出声音的物体如摇铃、小鼓、口琴、八音盒、录音机及其他能敲出响声的玩具或用具等,在婴儿视线内先给他听声音,并观察听到声音后的反应。待引起婴儿注意后,再从他的视线中移开,逗引他寻找声源。等到婴儿能辨出声源后,再由近到远变换不同的声音方向和大小不同的响声。

提示:观察婴儿对各种声音不同的反应,逐步训练听觉,掌握声音的大小,不要用刺耳的噪声,以免对听觉过分刺激。

3个月婴儿的游戏

脚蹬音板

目的:锻炼下肢,发展听觉。

玩法:将一块35厘米宽、40厘米长的厚纸板或三合板的四角钻孔,在孔洞中穿入粗橡皮筋或松紧带,系在小床栏杆两侧,并在板上端或两侧钻孔,系上若干小铃,制成音板,让婴儿仰卧在床上,脚部靠近音板。用响铃棒触碰婴儿的脚底,同时对他说:"小脚蹬蹬",逗引他用脚蹬音板,使音板发出响声并来回弹动。婴儿学会后可自己蹬板游戏(见图示)。

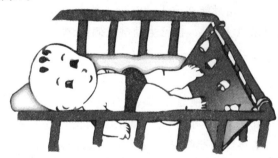

提示:可以在板上调换不同声响的玩具,用不同的声音来激起听觉反应。

触抓纱巾

目的:培养伸手触摸试抓,发展眼手协调的动作,增进亲子情感。

玩法:母亲(父亲或家庭其他成员)用三角纱巾(或方纱巾对叠成三角形)围在自己的颈部,纱巾两端向前胸垂下,然后屈身面对仰卧在床上的婴儿摇动纱巾末端,逗引他注视并伸手触摸,若是婴儿触摸到纱巾,母亲应以笑脸和温和的语气鼓励婴儿

用手去抓纱巾。倘若未抓住,再多次鼓励他尝试,并有意帮助他抓住。当他抓住时,对他微笑,表示赞赏,并称赞他说:"宝宝多能干!"让他抓着纱巾继续玩。

提示:3个月时,婴儿眼手还不能协调抓物,仅会触摸。先逗引他双目注视纱巾,然后用纱巾去接触他的手,使他感觉到。多次游戏后,他就会主动去探索纱巾的位置,并用手触摸。

4个月时,婴儿眼手逐步协调,企图伸手抓纱巾。可以先将他的手指掰开,将纱巾放入他的小手中让他抓握,自己摇晃。

5个月时,婴儿能主动抓着纱巾与母亲同乐。

翻动身体

目的:变换体位,为以后学爬做好准备。

玩法:侧卧 婴儿仰卧在床上,大人从婴儿背部轻轻推动婴儿,使其成侧卧姿势,以后用玩具或拍手声逗引他向侧面看,帮助他向左或右两侧翻身。

俯卧 婴儿仰卧,成人用手托住其左侧臀部和背部,向右侧方向推动,从仰卧推向侧卧,再推成俯卧姿势。将玩具放在婴儿面前,让婴儿俯卧片刻,再将其翻回来,从右侧向左侧推动成俯卧姿势。

仰卧 婴儿俯卧,成人用手托住婴儿胸部向一侧翻成仰卧姿势,再翻回成俯卧,然后再向另一侧翻成仰卧。在翻身的同时,摇晃发响的玩具,以逗引婴儿随玩具指示的方向翻身。

提示:帮助婴儿翻身的动作要轻柔、缓慢。每次游戏时都要边用玩具逗引,边用语言鼓励。3个月时,婴儿只能在成人的帮助下练习翻身。此游戏可以在4~5个月时继续进行,直到婴儿熟练后,自己主动翻成侧卧、俯卧、仰卧各种姿势来自由变换体位。

听音找人

目的:培养亲子情感,发展视觉、听觉、触觉。

玩法:婴儿仰卧在床上,面对母亲。母亲用悦耳的声音叫婴儿的名字,使婴儿用眼去寻找母亲的脸,听母亲的呼唤声。当婴儿注视到母亲时,母亲低下头去亲吻婴儿脸部,并握着婴儿的手,触摸自己的脸颊,使婴儿感觉母亲的爱抚。以后,母亲与婴儿玩游戏时,可以将脸部离婴儿视线时近时远,时上时下,时左时右。变换不同的位置,训练婴儿听母亲呼唤声找人。

提示:这时期的婴儿最喜欢注视人脸,尤其是母亲的脸。因此,在看母亲脸时,同时发出呼唤声。这时母亲应触摸婴儿的身体,在训练视觉的同时训练婴儿的听觉、触觉。

❀ **逗引发音**

目的:训练发音器官,促进亲子情感交往。

玩法:婴儿睡好吃好时,容易产生积极愉快的情绪。可以抱着婴儿面对面地说笑、逗乐或以玩具逗引他发音、应答或抱到户外去观看人、景、动物,使他高兴而发出"啊、哦、咿、呀"各种声音。

提示:这是婴儿最初的发音训练。婴儿常在逗笑时发出笑声及单个韵母声,这是语言准备的开始。

4 个月婴儿的游戏

❀ **伸手够物**

目的:训练婴儿伸手够取玩具,锻炼手臂、手腕、手掌和手指的肌肉,发展触觉及眼手协调能力。

玩法:用鲜艳有趣的玩具在婴儿面前上下移动,逗引婴儿伸手触摸,直到婴儿伸出双手够取捧住玩具。然后再将玩具左右来回慢慢地摇晃,逗引他伸手够取。如果婴儿能够双手捧起玩具,就让他玩,以鼓励他的成功。

提示:玩具大小要适中,以婴儿小手捧住为宜。

❀ **骑坐摇动**

目的:锻炼头颈及背部的肌肉和脊椎骨骼的支撑力,为以后学坐做准备。

玩法:将婴儿两腿骑坐在成人的腹部,用右手抱住婴儿臀部,左手托住婴儿颈部和背部,向前后方向摇动(图1),以后再采用同样姿势向左右摇动,边摇边说儿歌:"摇摇摇,摇摇摇,摇得宝宝笑嘻嘻。摇摇摇,摇摇摇,摇得宝宝真欢喜。"以增加乐趣。

图 1

图 2

提示:摇动时应有节奏,与说儿歌合拍。

也可以将婴儿的两腿并起坐在成人胸部,用同样的方法摇动(图2)。

空中升降

目的:训练双手的抓握力,锻炼手臂及胸腹部肌肉。

玩法:成人仰卧在床上,两脚向上举起,将婴儿胸腹部趴在成人脚掌上,两手紧握婴儿双手。游戏开始,成人将两腿弯曲,让婴儿身体下降;成人将两腿向上伸直,使婴儿的身体上升。婴儿在空中一升一降,好似飞机的升降(如图)。

提示:(1)进行游戏时,成人可以发出飞机的"隆隆"声,以增加乐趣。

(2)在反复进行游戏后,婴儿已能适应,成人可以再将两腿倾向左侧或右侧,使婴儿向左或向右侧移动。

看物听讲

目的:训练听说话,感觉说话的意义,培养视听能力。

玩法:妈妈用亲切、温柔的声音,富有变化的语调,对婴儿出示经常接触的东西,边看边听边说话。如:妈妈给婴儿看奶瓶,喂他喝水;用茶匙喂吃蛋黄。就在给他看奶瓶、茶匙时,讲给他听物品的名称,并告诉他物品的用处,使他对每天接触的各种东西注意看和听,逐步通过视觉、听觉,在脑中贮存各种东西的形象和相应的语音。

提示:(1)告诉婴儿的东西应是日常生活中经常接触到的,如奶瓶、茶匙、牛奶、果汁、鸡蛋黄、衣服、玩具、澡盆、毛巾、娃娃等。

(2)每次出示给婴儿看的东西不宜过多,仅2~3件即可,经常重复,以后逐渐增多。

(3)在看物听讲时,让婴儿有咿呀发音与人"交谈"的机会。

母子共舞

目的:发展听觉、平衡觉和节奏感,增进亲子情感和愉快的情绪。

玩法:母亲将婴儿竖抱在怀中,将自己的脸颊一侧支撑着婴儿的头部一侧,伴着录音机播放适合婴儿听的轻柔、有节奏的音乐,漫步起舞,向前、向后迈着舞步,随着节拍轻轻摇摆、转身或旋转,或是唱歌给婴儿伴舞,根据歌词内容做些简单动作。

提示:选择音乐要优美、轻柔。节奏不宜太强烈,切忌播放"迪斯科"、"摇滚乐"等音乐。

播放时音量和音高要恰当。

播放时间不宜过长,以免引起婴儿听觉疲劳。要观察婴儿的情绪,适当延长或缩短时间。

母子共舞是有启蒙性的婴儿音乐游戏。婴儿从音乐的感受、舞步的动作中获得愉快的情绪和美的感受。切忌选用过分刺激的音乐。

5个月婴儿的游戏

❋ 抓握玩具

目的:训练手眼协调、伸手抓握的能力。

玩法:将带响有柄的玩具摇晃,逗引仰卧在床上的婴儿去注视,再用有柄的一端去触碰婴儿手指,诱引婴儿主动伸手去抓住柄端,然后教他摇晃,自己握着玩。

将玩具放在桌上,妈妈抱着婴儿坐在桌前,自己先示范抓握玩具摇晃给婴儿看,然后放在桌边,让婴儿主动抓住桌上的玩具。

将色彩鲜艳的玩具悬挂在床上方40厘米左右处(婴儿的小手能触摸到的高度),让仰卧在床上的婴儿注视,并逗引他主动去伸手抓握。

提示:玩具应适合婴儿手的大小,要容易抓握的。

❋ 蹬蹬跳跳

目的:训练下肢动作,锻炼脚的支持力,培养语言与动作协调的能力。

玩法:成人坐在椅子上,扶着婴儿两侧腋下,站在自己的大腿上,对婴儿说:"蹬蹬跳跳,蹬蹬跳跳。"说"蹬蹬"时,将婴儿放下站在腿上,说"跳跳"时,将婴儿向上举起,边说边做,重复数次后,婴儿渐渐学会自己站在成人的腿上蹬跳。

提示:经过训练后,婴儿懂得了玩法,可以调换成儿歌说:"蹦呀、蹦呀跳起来,蹦呀、蹦呀跳得高。"让婴儿站在成人的腿上主动跳。说到"跳得高"时,将婴儿举高上身超过成人头部,让婴儿看到远处,以吸引婴儿蹬跳动作的兴趣。

以后还可以在沙发上、床上、桌上做此游戏。

❋ 坐起躺下

目的:增强手的握力和臂力,锻炼腹肌和腰背肌肉,为学坐做好准备。

玩法:婴儿仰卧在床上或桌上,成人站在婴儿脚前,握住婴儿的双手腕,让婴儿紧握成人的拇指。游戏开始时,成人对婴儿说:"宝宝坐起来,坐起来。"同时让婴儿借助成人手拉的力量慢慢地坐起来。然后再说:"宝宝躺下去,躺下去。"让婴儿慢慢地躺下。反复玩数次,等到婴儿自己的手臂增强了拉力时,鼓励婴儿用自己手的握力和臂力拉着成人的手慢慢地坐起来,躺下去(如图)。

提示: 每当婴儿坐起来时,可抱起婴儿亲亲他的手或脸,以示夸奖,再让他躺下去。进行游戏时动作要慢,躺下去时要保护好头部。

找找爸爸妈妈

目的: 培养视听能力,增进亲子情感,知道自己的名字。

玩法: 婴儿背靠妈妈坐在腿上。爸爸用大手帕遮住自己的脸,面对婴儿坐着,叫婴儿的名字数声,然后将头靠近婴儿的手能触及到的距离。妈妈对婴儿说:"爸爸在哪里?"握着婴儿的手去拉下爸爸遮脸的手帕,再说:"爸爸在这里。"爸爸叫婴儿的名字,并逗他发笑。反复玩数次以后,再调换爸爸抱着婴儿,妈妈将手帕遮脸和婴儿用同样的方法进行游戏。婴儿熟悉了游戏的玩法后,再让婴儿脸上遮好手帕,让爸爸或妈妈来找。这时,婴儿也许不等爸爸妈妈拉下他脸上的手帕,自己就会拉下来。

提示: 可以用双手蒙住脸代替手帕。也可以躲藏在婴儿身后叫婴儿的名字,让婴儿转头找寻爸爸或妈妈。

照照镜子

目的: 认识自己的形象和五官,发展触觉、视觉、听觉之间的协调能力。

玩法: 抱婴儿到镜子前,先让他注视镜子中的自己的形象,并对他说:"谁在镜子里? 是宝宝(婴儿的名字)在里面。"并握着婴儿的手去触摸镜子中的手影,感觉玻璃的硬度,然后再拉婴儿的手指向他自己的眼睛、鼻子、嘴巴、耳朵、头发以及小手、小脚,一面指,一面讲出名称,使婴儿能用手触摸这些部位。

提示: 指五官时,不要指镜子中的五官,要指婴儿自己的五官。妈妈可以指自己的五官给婴儿看,以便让他模仿着指自己的五官。

6个月婴儿的游戏

悬身爬行

目的: 训练四肢协调活动,为独自爬行做好准备。

玩法: 将长毛巾包裹住婴儿的胸腹部、成人抓住毛巾的两头向上提起,离地约7～10厘米,让婴儿伸出手脚去接触地面,促使婴儿活动四肢。将毛巾提起,逐步向前移动(见图),使婴儿的手脚顺着移动方向做爬行动作。待婴儿游戏多次后,可以在爬行前方放置玩具以吸引婴儿自动爬往玩具处。

提示: 促使婴儿借外力悬空身体试爬时,必须注意左右手脚轮换协调地移动。进行游戏时要注意安全,地上应铺上地毯或草垫(毛巾要提起抓牢)。

双手撕纸

目的:训练大拇指和其他四指分开对着抓物,以及两手动作协调的能力。

玩法:给婴儿一些干净的废纸(不要用报纸),大小如同信纸,先由妈妈示范撕纸给他看,然后让他双手拿纸,握着他的手教他双手一前一后地用力撕开。以后让他自己随意撕纸玩。

将长宽约10厘米的干净白纸,先用缝纫机轧成各种简单的几何图形,或是其他简单的形状,妈妈先示范撕给婴儿看,然后握着他的手教,让他自己学撕纸,并将撕成的方形、圆形、三角形摆在他面前让他观看,以刺激他的视觉储存这些图形。

提示:报纸的油墨容易污染,不宜使用。谨防婴儿将撕的纸放入口中吃,所以,游戏时不能离开人,游戏后要将纸拿走。

看图发音

目的:训练发音,模仿语言,为学语做准备。

玩法:给婴儿看妈妈的大照片,然后发出"妈妈"的声音,逗引婴儿注视妈妈的口形,逗引婴儿模仿。然后再看爸爸的大照片,同样让他注视,逗引他模仿发出"爸爸"的音。每发一个重复音节后,应停顿一下,让婴儿有模仿的机会。以后每逢妈妈抱他,就让他模仿妈妈发音,爸爸抱他,就教他模仿爸爸发音。然后给婴儿看大幅图片或图书上的常见动物如鸡、鸭、猫、狗,让婴儿模仿这些动物的叫声。

提示:婴儿此时的模仿发音并不是语言,不懂得这是在叫妈妈爸爸。只有在他发音时,能和爸爸妈妈的形象建立起条件反射,他才知道发出的音与人的联系,才便于理解语言。

传递玩具

目的:训练手指抓握及双手传递的动作。

玩法:让婴儿坐在童车上,爸爸和妈妈可坐在婴儿左右两侧。游戏开始时,爸爸将玩具递给婴儿,让婴儿玩一会儿。然后,妈妈伸手向婴儿要玩具,观察婴儿能否将玩具传递给妈妈。若婴儿不给,妈妈就拿另一玩具给婴儿来调换他手中的玩具。然后爸爸再向婴儿伸手要玩具,若婴儿不给,也和妈妈一样,用另一玩具来调换。

妈妈将一个玩具放在婴儿的右手中,等他拿住玩一会儿后,妈妈再将另一个玩具放在他的右侧,观察他是否将右手上的玩具传递给左手,然后再用右手去拿右侧的玩具。反复玩数次后,婴儿才懂得双手可以互相传递。

提示:如果婴儿不懂传递,将手中的玩具丢掉时,妈妈应拾起玩具,仍放在他右手中,要求他将右手的玩具传给左手,然后再让他伸出右手取玩具。

挺身观望

目的:训练支持上身独坐,锻炼颈、腰背的骨骼和肌肉,便于观望及双手活动。

玩法:将大枕头卷成圆柱形,两端用绳子捆紧,放置在床中间,让婴儿俯身于上,双臂放在枕头前面,成人面对婴儿向前,向左右走动,逗引婴儿向各个方向转头观望(见图)。

将方形硬纸板盒前面上方挖洞系上玩具,后面放上方形棉垫,让婴儿坐在方盒中间,背靠棉垫支持上身,可以自由观望,自动取玩具玩。也可以将婴儿的左右两手抓握方盒的两侧,成人推动方盒,让孩子好比坐车在房间里游玩。推到镜子前可以照镜子逗笑。

提示:应控制游戏时间,不可让婴儿独自坐得过久,以免疲劳,身体不能支持。

(二)7～12个月婴儿的教育与训练

半岁以后是婴儿从被动逐步过渡到主动的最初时期。在7～9个月时,婴儿学会自己独坐而不跌倒,会自由地翻滚、尝试爬行,扶着站立时会双脚交替原地踏步,并能扶着家具移步。会伸手去触摸、抓握及玩弄物体,开始用手指尖捡拾细小物体。会有韵律地咿呀作声,开始懂得"不要",知道挥手表示"再见"。喜怒情感分明,高兴时会大笑大叫引人注意;不如意时会发怒、尖叫或以啼哭示意。

10～12个月时,婴儿从扶走学会独走。能扶着家具蹲下去站起来,会用食指来指点想要的东西或想去的地方,喜欢扔东西,凡是拿到的东西,玩弄后会扔掉,然后拾起来再扔出去。能听懂简单的命令,如"躺下睡觉,不要爬起","把报纸递给爸爸"等。常用元音和辅音发出不同的音节,听起来好像说话,但能讲的词很少。开始会说"妈妈"和"爸爸",常以有限的语言伴以动作和表情表达意愿或与人交往。

根据这时期婴儿的发育特点,在前半年教育与训练的基础上,继续从以下几方面来进行教育和训练。

1. 生活习惯的培养

❀ 适应新的生活制度

婴儿的生活制度要随着月龄的增长及身心发展的需要进行调整,父母要培养婴儿逐步适应新的生活制度。

睡眠时间:7～9个月的婴儿一昼夜睡眠15小时左右。夜间10小时;日间5小时,共睡3次,每次2小时左右。

10～12个月的婴儿一昼夜睡眠14小时左右。夜间10小时;日间4小时,共睡2次,每次2小时。

饮食时间:7～9个月的婴儿每日进食5次,两餐间隔4小时,时间可为上午6时、10时、下午14时、18时、晚上22时。

10～12个月的婴儿每日进食5次,两餐间隔4小时,时间可为上午7时、11时、下午15时、18时、晚上22时。

活动时间:睡醒后活动时间(包括哺喂、清洁时间)7～9个月为2小时,10～12个月为2～3小时。

❀ 睡眠习惯的培养

保证充足的睡眠时间,培养婴儿按时自然入睡,按时起床,躺在床上不爬起,睡醒起床不哭闹。睡前避免过度兴奋,保持情绪稳定,睡时要有正确的姿势和良好的习惯,不要让婴儿吮手指、蒙被褥睡。

❀ 饮食习惯的培养

培养婴儿在固定的时间和地点哺喂和进餐,使婴儿对进食的时间和地点建立条件反射,能专心进食。继续训练婴儿喜欢学吃各种辅助食品,以便断母乳。在10个月后逐渐减少奶量,同时增加饭、菜等食物,培养婴儿吃好每一餐饭菜。

还要训练婴儿最初的自助自吃的能力:7～8个月时学习双手抱奶瓶吃奶和喝水、自己拿饼干或面包吃;9～10个月时帮助婴儿学会两手捧杯喝水;11～12个月训练用小茶匙在碗里舀食物送进嘴里。由于动作不协调,往往送不到嘴里而落下,但这是迈出自助自吃的第一步。这时婴儿还无能力自己吃饱,仍需成人喂饱每一餐饭。也不要因为婴儿自己吃不好而剥夺他学习的机会。最好用两只勺,一只让婴儿学吃,一只由成人喂食。

❀ 排便习惯的培养

训练婴儿定时在固定的地方大便,每日1次。训练前要仔细观察婴儿每天排便的时间以及大便前的神态表现,如突然停止活动、用劲屏气、脸涨得红等,以便掌握大便规律,培养坐便盆排便。开始时,成人应扶好婴儿坐便盆,以免跌跤或便盆打翻。坐盆时间不宜过长,每次不超过5分钟。如果大便排不出,也不要勉强,过几分

钟再试。坐盆时不要喂食,不玩玩具,以免分散注意力或使婴儿误将便盆当成坐椅而失去坐盆排便的意义。

训练婴儿小便也可坐便盆以"嘘嘘"声刺激排尿。一般可在婴儿哺乳、喝水后1～2小时,睡前、醒后、外出前、回家后及饭前给婴儿坐盆。夜间不必将婴儿叫醒小便,可用一次性尿布,以免养成半夜醒后不入睡的不良习惯。

清洁习惯的培养

婴儿虽小,也要从小培养爱清洁的好习惯。7～9个月时,在为他洗手洗脸或换上干净衣服时对他说:"真干净,真好看。"每天重复,边做边说,逐渐使婴儿理解。10～12个月时,训练婴儿主动配合穿衣盥洗,教他洗手时主动伸出小手,洗脸时闭上眼睛,穿衣时伸出手臂到袖洞,穿鞋时主动将脚伸入鞋里。此外,还愿意成人为他按期理发、洗头、洗澡、剪指甲等,养成爱清洁的好习惯。

2. 动作训练

婴儿在6个月以前的动作是以上半身的活动为主,使用头、手臂和手来进行活动。而在7～12个月时,动作的发展可根据神经系统从上到下的发展规律,逐渐从上半身的活动转移到下半身,使用臀部、膝部、腿部和脚部来活动。如先会用臀部独坐,再将膝部跪在地上协同手臂学习爬行,然后才学用双脚交换迈步。因此,这时期动作训练的重点是教婴儿学会爬行、站立、扶走到独立行走的基本动作,以及手和手指的精细动作。

大动作训练

巩固独坐

婴儿在6个月时已能靠坐或独坐片刻,7～8个月时继续巩固独自坐得稳。由于每个婴儿骨骼发育的程度不同,有的婴儿独坐时身体不能保持平衡,常将身体前倾靠两手扶持而坐,因此不能让婴儿独坐较长的时间。9～12个月婴儿独坐自如时,可训练他改变体姿,从坐姿扶着支持物站起来、坐下去,或从卧位坐起来爬行。

爬行

爬行是一种手脚并用的全身运动,对婴儿来说是比较难学的动作。因此,有些婴儿先学会坐后能坐着玩,坐着观看,而不愿学爬行。坐和爬是相互关联的两种动作,应该同时进行训练,使婴儿在同一时期既会坐又能爬。如果坐久了就趴下玩一会儿。若是爬累了,可以坐起来休息一会儿。训练爬的动作非常重要,因为坐只能在固定的地方,而爬能移动身体,主动地去自己想去的地方,使活动范围扩大,探索事物增多,认识能力增强。因此,会爬的婴儿比只会坐不会爬的婴儿要灵活得多。

学爬的动作是早在6个月以前婴儿学会俯卧、抬头、挺胸后使上肢能将上半身撑起来,并且在成人扶持婴儿两腋下作跳蹬动作腿力增强后,四肢都有劲了再来学爬。因此,在7～8个月教婴儿学爬时,先俯卧,将上肢两肘部支撑前身,下肢两膝部跪下,然后成人用双手抵住婴儿脚底,将左右两脚轮换向前推动,使婴儿依靠推力,左右两肘、两膝交替向前移动。婴儿在学爬时,往往因手与膝的动作不协调,手肘部比膝部用力较大,而出现向后退爬的动作。经过反复训练后,就能取得经验,熟练地向前爬行。这时可以用球来逗引婴儿向各个方向爬去追球。

站立

站立需要依靠两脚和两腿及脊椎骨的力量将身体支持直立,并要保持平衡不致跌倒,这是比爬行要求更高的动作。7~8个月时,婴儿在依靠成人扶持两腋下站立的基础上,进一步训练扶着成人手臂而站立;9~10个月时可训练婴儿依靠自己的臂力扶着栏杆或家具站立;11~12个月时训练婴儿从靠墙支持身体独站,保持身体平衡到离开墙也能保持身体平衡,独立站稳。

行走

训练行走不仅要身体平衡地站立,而且还要举腿迈步不跌跤,其难度又较前几种动作大。因此,有些家长怕婴儿摔跤而迟迟不训练婴儿学走。其实,及早训练婴儿学走的好处很多,走路能促进肌肉发达,锻炼身体,通过四处行走能增长见识,开发智力。学走路难免要跌跤,但不怕跌痛,爬起再学走,能锻炼意志,形成不怕困难的良好性格。

训练行走可以从7~8个月开始扶着他的两侧腋下让他两脚向前轮换迈步;9~10个月婴儿能扶站时,可训练扶着床栏杆、家具或成人手臂学走;11~12个月时训练婴儿拉着成人两手,将两脚踏在成人脚背上,成人向后退着走,带动婴儿跟着左右脚轮换着向前走。此时还可以训练婴儿扶着小推车走,牵着成人一只手走,逐步自己独立走几步,或在父母相对蹲下的一段距离间,用双手拦护下来回独自学走。当婴儿有信心独自行走几步时,可以在他前面用玩具逗引他独走,逐步增加走路的距离。要及时赞扬以资鼓励学走的信心。遇跌跤时,要加以抚慰并加强他的自信心,休息片刻后再继续学走。

❀ 手指精细动作训练

精细动作是指手指的动作。婴儿在6个月以前是运用整个手来活动的。到了6个月时,拇指与其他4指分开相对抓物,这时才将感知觉与动作联系起来,以手与眼看、耳听协调行动,使动作发展为有意识的活动。7~12个月婴儿的动作是从整手活动分化为手指的单独活动及两手指的协作活动,即以食指单独指点人或他需要的物,以及将拇指和食指相对协作起来对捏小物品。这种钳式的捏物方式是人类所特有的,人类的许多技能都是靠它来完成的。因此,训练婴儿的精细动作非常重要。训练方法如下:

7~8个月时,训练用手去取面前的小物品,如用拇指和其他4指相对取软糖丸或小饼干。两手各拿一物对敲,玩弄,互相传递。训练撕纸,使两手协调动作得到锻炼。

9～10个月时，训练婴儿用拇指和食指以钳式抓握方式，对捏起葡萄干、米花或其他小粒食品（如面包屑、饭粒等）。向他索物用手递给，将玩具投入容器。

11～12个月时，训练食指单独活动。给婴儿玩有洞的大积木或大木珠，教他用食指钻到洞里去探索小洞，或将食指插到衣服纽扣洞眼或小口瓶洞中去玩弄，用食指去揿录音机开关，用食指和拇指协作去扭动灯开关，用手握笔随意乱涂等。

3. 感知觉训练

7～12个月婴儿学会自己爬、站、走以后，能接触更多的人、物、事，使他感知的视野扩大。在视觉训练中，可以注视近距离的人和物外，还应训练看稍远处的人和物。如马路上的各种车辆、天上的飞机和飞鸟、远处的树林和房子等。在听觉训练中，可以听各种不同的声音，如动物叫声、车辆声、敲锣打鼓声、音乐唱歌声及其他经常能听到的声音。在味觉训练中，可结合日常添加的各种食品给他尝不同的食物味道。训练触觉时可以让婴儿去感知各种无危险性的物品，如布、纸、棉花、塑料品、木盒等，来感知多种物品的不同性质。通过感知觉促进认识。

这时期的婴儿是将感觉和知觉联系在一起来认识事物的，因此，要结合婴儿的实际生活体验进行训练。

形状知觉训练

婴儿出生后仰卧在床上时，就接受屋内方形天花板的感知。而在蒙古帐篷里生长的婴儿则接受圆形帐顶的感知。这种对形状的感觉出生后就具有，而在1岁前婴儿的形状知觉发展得很快，因此不要忽视训练。父母不要以为婴儿什么都不懂而去买一些形状极简单的玩具，应随月龄增长，购买从简单到复杂的玩具来适应形状知觉训练的需要。婴儿可以通过玩弄物品和玩具来感知，如各种形状的积木，圆形球和碗，方形盒和手帕等，以及在吃各种形状的饼干、面包等食物时，获得亲身的感知经验。

大小知觉训练

在生活中，婴儿会接触到大小不同的人和物，如接触到大人与小孩，大小动物，大小球和娃娃以及其他大小玩具等，都可以训练婴儿的大小知觉。

颜色知觉训练

早在3～4个月时，婴儿对颜色已有辨别能力，喜欢注视彩色物。4～8个月的婴儿喜欢明亮色而不喜暗淡色，已表现出爱看暖色，如红、橙、黄色，不喜看冷色，如灰、蓝、紫色，特别偏爱红色。因此，训练婴儿看各种不同颜色的物体的同时，可注意他的偏爱，选择玩具时也应注意颜色。训练颜色知觉时也要结合日常生活中看到的各种颜色来进行，如食物、衣服、花朵、玩具、用具等。

4. 语言和认识能力的训练

人类有两种语言，一种是口头语言，又称"听觉语言"，是作用于耳朵的听觉信号,是用各种语言代表一定的事物、思想和情感。这些声音通过多次重复,小儿听惯了就能领悟、记住、模仿发音,于是就学会了口头语言。另一种是书面语言,又称"视觉语言",是作用于眼睛的视觉图像,用视觉图像——文字,代表一定的事物、思想和情感。这种有意义的符号,小儿看惯了也能领悟、记住,进而发音读出,于是就学会了识字阅读。

在人们生活中都习惯了用口头语言交往,认为书面语言较难,而不在3岁前去教小儿,往往延迟到入幼儿园或小学才去教。其实,视觉语言比听觉语言更简便易学,因为视觉接受信息、帮助记忆的能力比听觉强,而人的知识80％来自眼睛去感受,接受的信息量比听觉多。再者视觉语言词汇虽多,但文字只有2000多常用符号,要认的字并不多,比小儿听各式各样的方言、土语的音节要简单多了。况且在教视觉语言读词音时,有听觉语言的协助,多了一个音响支柱,就会记得更牢,更快。因此,在婴儿期只要婴儿醒着,每日每时都在接受各种声音刺激,同时也在学习听觉语言。因此,婴儿在出生后就要让他接触图形、文字、像接触口语一样去识图、识字。越早识字,掌握视觉语言就越容易。视觉语言与听觉语言并进更容易学,使语言发展更快。

婴儿期是准备学语的阶段,也是学口语及识字的准备时期。这时期不仅能听懂理解日常生活中的常用口语,并能说出单词句,模仿发音,认识几十个字。

婴儿学语需要有丰富的语言环境,要成人多讲、多教,让他多看、多听、多模仿发音,还要在训练语言的同时教婴儿认识所接触的事物。虽然婴儿不能用语言来表达他所认识的事物,但他会以动作或表情来表达。如妈妈问他:"宝宝的小手呢?"他不会说"在这里",而是将双手伸出来做回答性动作。当玩具掉在地上,爸爸为他拾起后给他时,他不会说"谢谢",而是以高兴的微笑来表示谢意。遇到此种情况,成人要替他说"小手在这里。""谢谢。"经过多次语言和认识的事物联系起来形成的条件反射,使婴儿学会听懂、理解语言的意义,再进一步模仿发音,学会说话。这时期可以按不同的月龄提出不同的训练要求:

(1)训练7～8个月婴儿模仿成人发音,结合认识的人和物来理解简单的语言。如婴儿无意识地发出"ma－ma"或"ba－ba"的音节时,让他看着妈妈或爸爸的脸,使他的发音和人的形象联系起来,并注意成人说"妈妈"或"爸爸"的口型和音调,让他边认识边模仿发音。训练婴儿听语和学语可以观察他的反应,以此了解他是否理解了。若是听懂了,就会做出回答性动作反应。如询问婴儿"灯在哪里?"只要他用眼向灯处张望,就知道他懂了;在母亲离家时对他说"再见",他若以"挥手"动作来回答也表示已理解母亲外出。凡是婴儿有好的行为时,应对他说"好"并以拍手来赞扬鼓励。若是婴儿理解了,也会自己跟着拍手。同时也要在他表现不好时说"不好"并以摇头示意,让他理解。

(2)训练9～10个月婴儿认识常见的人和物,不仅去看去听,还要让他去接触,

增加感性认识,然后再教他用学语的声音伴以动作来表示他的认识。如根据成人语言的指示来认识父母、祖父母或外公、外婆等人。让他知道自己的名字,当叫他名字时会朝人看,学会答应。认识苹果时,知道"苹果"二字的发音,触摸苹果,观看颜色形状,再尝尝苹果泥的味道,使他将词音、物体、动作、感知联系起来认识,就能加深理解,这是学语的基础。

(3)训练11~12个月婴儿听懂词意,分辨词音,模仿发音学说话。这时期是语言萌芽期,仍是听得多,说得少。除了会说妈妈、爸爸,还可以训练说几个常用的易发音的词,但发音不准,不少词要根据当时的情境来猜。训练时要结合实际生活中的具体形象来教,如穿衣时,边穿边教说衣服、裤子、鞋子、袜子。玩玩具时边玩边教,这是小鸭,呷呷呷;这是小猫,喵喵喵。婴儿对小鸭、小猫等名称不易发音,但能用好发的音"呷呷"、"喵喵"等来理解是什么玩具或动物,并学着发出这些声音。虽然婴儿还不会说许多话,但喜欢听成人说话,将成人的词音和词意都储存在大脑里,通过反复教和听,并看实物来认识理解。

出生第一年是语言的准备阶段。婴儿从自我发音到咿呀学语,能说出第一个词,都是这个时期发生的。成人要多和婴儿说话,以正确的发音教婴儿模仿,并结合日常生活中的事物让婴儿多看、听、接触,以增加认识和理解,为学会说话做准备。

5. 情感与适应社会能力的训练

1岁前婴儿的情感比较简单,主要是满足了生理需要,能吃饱、睡好、逗乐就会引起愉快的情感。在半岁以后,消极的情绪逐渐减少,积极的情绪增多,这时与社会性需要相联系的情感开始萌生。若是父母经常与他说话、逗乐,带他去接触自然环境和社会环境,满足他的社会性需要,则会使婴儿情绪好,活泼愉快,并能促使适应社会的行为发展。父母应在婴儿期注意培养:

(1)7~8个月时让婴儿有机会接触陌生人,以减少惧怕和不愉快的情绪。平时可带婴儿去公园或亲友家,去接触各种人,并观看人们一起游玩、唱歌、跳舞或参与在其中逗乐,以增进愉快的情绪,使其逐渐愿意与陌生人交往。

(2)9~10个月时有意识地让陌生人来家做客,先与家人谈话,然后与婴儿逗乐,做躲藏游戏、玩玩具等,待婴儿情绪好时,让婴儿与家人一起递给陌生客人糖果,让陌生客人抱婴儿亲脸表示友好。这时还可以让比较大的小朋友来与婴儿一起玩。小朋友会与婴儿逗乐游戏,能让婴儿快乐,使之逐渐愿意与人交往。

(3)11~12个月时婴儿已稍能理解语言,并能独立行走或扶走。可带婴儿去亲友家做客,培养他不怕生、不哭闹,并学习与人交往的友好行为。如愿意和主人握手或亲脸表示友好,接受糖果或玩具时学会点头或抱住双手作揖表示谢谢。临走时经父母指示会挥手表示再见。

此外,培养婴儿的情感和社会行为时,还需要父母的爱抚、关心和理解。

6. 玩具与游戏

7～12个月婴儿的玩具和游戏以训练爬、站、走和手与手指的精细动作为主，发展感知觉，增加认识，听说话模仿发音，学单词以及逗乐性、娱乐性的玩具和游戏。

玩具：

（1）训练动作的玩具：练习爬的动作，要有引导向前爬的玩具，如皮球、机动汽车或飞机等，训练站和走的小围栏或有木栏的床，以及吸引站或走的逗趣玩具，练习全身活动的摇马、摇船等。此外，还应有练习手的摆弄及手指捏物的玩具，如小积木、小木珠、纸盒、小转盘、小按键、锤床、铃鼓等玩具。

（2）发展感知觉的玩具：要选择色彩鲜明、形象逼真、能发出声响的玩具，如木制或塑料制的小动物、套碗、不倒翁、橡塑制的球、娃娃以及发响的八音琴、小乐器等。

（3）发展语言及认识能力的玩具：选择能模仿发音和增加认识周围事物的玩具，如布制或塑料制的大小娃娃、各种形象的动物、小餐具，常见的交通工具以及图画、照片和布制彩色图书等。还可以自制录有父母或家人以及婴儿自己咿呀学语的录音带、录像带和微型录音机等。

（4）音乐娱乐玩具：选择悦耳的小乐器及逗趣玩具，如小铃、小鼓、八音琴、小钢琴、手风琴及电动机械玩具如滑稽人、跳蛙、小熊打鼓、不倒翁等。

游戏：

7～12个月婴儿的游戏以发展动作为主。在活动中结合发展感知觉、语言和认识能力，并培养良好的情绪，愿意与人交往，进行游戏。

和婴儿进行游戏的主要玩伴是父母。因为这时期还不会与同龄的婴儿一起玩。婴儿在满周岁时才开始对同伴感兴趣，但仍是在父母或家人的指导下进行游戏。在游戏中婴儿是主要角色，父母要成为他的好玩伴，全身心地投入到亲子游戏中，和婴儿共享游戏的乐趣。同时要观察婴儿的发展情况、兴趣爱好和行为表现。亲子游戏是教育和训练婴儿的最好方式，通过游戏，婴儿不仅发展动作，锻炼了身体，认识事物，学习了知识，而且心情愉快，与父母建立了亲密的情感，使婴儿心理上得到满足。

教婴儿进行游戏的方法主要是让婴儿模仿，因为模仿行为在婴儿半岁后有了明显的发展，是他学习的主要方法。婴儿模仿得好要表扬、抚摸他、亲亲他；如果模仿得不对要摇头、摆手，表示否定，并要求他重复练习直到学会。

7个月婴儿的游戏

❀ **摆弄敲打**

目的：发展手的动作，促使手眼协调。

玩法：准备各种玩具，教给婴儿各种玩法。

摆弄：成人先递给婴儿右手一块积木,然后再递给他右手另一块积木,教他将原先右手拿的一块积木递给左手,再用右手拿你给的另一块积木。两手都拿到积木时,成人也双手各拿一块积木,做放下拿起的动作,让婴儿模仿。然后再教他将两块积木靠近,分开,摞起等,任意摆弄着玩。

敲打：成人先示范将两块积木对敲发出声响,让婴儿听后也模仿对敲的动作,再拿木棒敲打小鼓给他看,随后把住婴儿两手,教他学敲打。学会后,让婴儿自己敲打小鼓。

摇晃：成人先拿着有声响的玩具摇晃给婴儿看,让他听声音,然后让他模仿着学摇晃。

提示：婴儿学会了敲打、摇晃的动作后,成人可以把着婴儿的手,边做敲打或摇晃的动作,边伴唱儿歌或简短的儿童歌曲助兴。

爬去取球

目的：发展眼、手、脚协调动作的能力,促进全身肌肉活动及锻炼意志。

玩法：让婴儿俯卧在床上或桌上,在他前面放一个球(或其他玩具)诱引婴儿向前爬行。在他跃跃欲试移动身体时,鼓励他说:"小球在前面,爬过去拿小球。"同时用两手掌顶住婴儿的左右脚掌,用力向前交替推动,使婴儿的脚借着推力蹬着向前移动身体,爬去取球。经过反复练习,婴儿就能逐渐独立爬行。

提示：爬行是比较难学的动作,成人必须耐心地训练婴儿方能突破这艰难的一关。婴儿刚学时,只会后退或以腹部为中心转圈爬。经训练后,才会向前爬行。可以在地上铺席子或地毯,将婴儿放在中间,四周放玩具诱引他爬去取各种玩具。

提脚移步

目的：训练将脚提起向前后、左右移步,为学走做准备。

玩法：成人站在床前,两手扶婴儿腋下,让他站稳,教他将一脚提起向前移步,另一脚随后跟上。学会向前移步后再学向左边或右边移步(图1)。

图1   图2

婴儿学会了一步并一步地移步后,让他站在地上,成人弯腰从孩子背后用手扶其腋下,使他站稳,再慢慢引导他向前移步(图2)。

婴儿学会向前移步后,成人可面对婴儿站立,两手握住婴儿前臂或手腕,帮助婴儿左右脚轮流向前迈步。

提示:婴儿在妈妈帮助下学习移步时,爸爸可在婴儿前面摇铃吸引他向前进。

🌸 拉绳取物

目的:发展手、眼协调及用手抓、拉的动作,培养理解语言及思维的能力。

玩法:成人抱婴儿坐在桌边,桌上放一根系有玩具的绳子,绳子另一端放在婴儿手能触摸到的地方,然后示意婴儿伸手去拉绳,教他学习朝自己的方向拉绳,直到拿到玩具为止,反复练习(见图)。当婴儿能熟练拉绳后,可在桌上再放一根没有玩具的绳,让婴儿去辨别拉哪一根绳才能得到玩具。

将塑料杯内放一个塑料娃娃,再将一根绳子穿过杯柄并将绳子两端放在婴儿面前。游戏开始时,观察婴儿是否会用两手拉绳子。若用以往游戏的经验拉一根绳的一端,就不能得到玩具。经过失败后,成人握着婴儿两手,同时拉绳的两端,才能把杯子拉到自己跟前,拿到玩具。然后让婴儿反复练习,拿到杯子时将里面的娃娃拿出给他玩,以资鼓励。

提示:绳子上系的玩具是可以时常更换的,每次当他拿玩具时要顺便教他玩具的名称。

8个月婴儿的游戏

🌸 扔进去　倒出来

目的:发展手指抓握动作,训练眼手协调一致投物入篮。

玩法:将色彩鲜艳的玩具放在一只篮子或大塑料桶、大纸盒里,当着婴儿的面将玩具倒出来,然后将玩具一只一只拾起来,放入篮或桶内。再教婴儿模仿将玩具倒出来,再投进去,反复玩。

提示:这一时期的婴儿喜欢扔东西,这是他从扔东西中认识物体的一种方式。因此,这一游戏不仅能满足婴儿扔物的需要,而且还能训练他的注意力、模仿及感知空间方向的能力,又可及早培养婴儿玩完玩具要拾起来放在固定的容器中,要玩时再倒出来的好习惯。

快去找的爸爸

目的:巩固爬行动作,培养理解语言、注意力和记忆力。

玩法:将正方形纸盒的一面贴上爸爸的大照片或画像给婴儿观看,并教他认识。对他说:"这是爸爸。"指着画像再说:"爸爸在看你,对你笑,快叫爸爸。"婴儿这时还不会叫,可由成人代他叫爸爸,促使他模仿发音。然后将纸盒移开到另一处并将画像一面翻过去,使婴儿看不见,对他说:"爸爸到哪里去了? 快去找爸爸。"促使婴儿爬过去寻找。若是婴儿找不到,要及时给予帮助,尽快让他找到,使他获得成功的喜悦,以激起他的兴趣,愿意再继续玩此游戏。

提示:成人可利用画像与婴儿交谈,促使他对着画像发音,咿呀作语。

画像宜大,可采用父母及家人的照片,也可以利用废旧杂志上的彩色大幅图画剪贴,内容应是婴儿接触的食物、玩具、动物、用具等。

画像应每周调换1～2幅,以后可增加到调换3～4幅。调换下的已识过的画像可挂在墙上,使婴儿能经常看到,能有巩固再认识的机会。

说唱啦啦

目的:练习发音,为模仿语言做准备,增进亲子情感。

玩法:(1)妈妈面对婴儿搂抱,让婴儿能看着妈妈的脸部表情及嘴的动作,然后和婴儿说话,并让他注意观察妈妈说话时嘴张开、合拢的慢动作,听听啦—啦、妈—妈、爸—爸、嗒—嗒等音节的发音,激起婴儿模仿的兴趣。若是婴儿偶尔发出了某些相似的音节,妈妈立刻作出反应,对他说:"宝宝说得真好!"并鼓励他继续发音。

(2)当激起婴儿发音的兴趣后,妈妈可将一些音节编入歌曲的音调中,唱给婴儿听,以巩固发音并教听说话。见以下"啦啦歌"。

```
4/4 C调              啦 啦 歌
        1 1 1 — | 2 2 2 — | 1 1 3 3 | 2 2 1 — |
1) 啦 啦 啦      啦 啦 啦     宝宝会唱 啦 啦 啦
2) 妈 妈 妈      妈 妈 妈     宝宝会叫 妈 妈 妈
3) 爸 爸 爸      爸 爸 爸     宝宝会叫 爸 爸 爸
```

边唱此歌时边指宝宝、妈妈、爸爸,使他将发音与妈妈、爸爸的形象联系起来认识,便于经过反复唱此歌而学会叫妈妈与爸爸。

提示:玩此游戏,成人应以笑脸相迎,以激起婴儿积极主动地模仿,并愉快地进行游戏,这样才能达到游戏的目的。若婴儿情绪不愉快时,不必勉强,可停止游戏,待其情绪好转时再进行。

❀ **玩具哪去啦?**

目的: 发展婴儿眼手协调的取物动作,巩固四肢协调地爬行,并培养其对语言的理解力和观察力。

玩法: 成人穿上有大口袋的衣服或围裙,内藏有娃娃或其他玩具,让婴儿观看口袋并用手去触摸,找寻口袋里有什么。若是婴儿不懂用手去掏口袋,成人可以将娃娃头露出一部分给他看了再藏起来,并鼓励他去寻找。反复玩后,可以调换其他玩具,使婴儿感到新奇、有趣、愿意继续玩。

将婴儿经常玩的玩具分放在地上,玩具上盖一块纱巾或大方布,诱导婴儿爬去拉开纱巾或方布取玩具。当婴儿取出玩具后,让他玩一会儿,再继续寻找其他玩具,直到都找到为止。

提示: 在婴儿找到玩具后,应教他认识玩具,知道玩具的名称,如认识动物玩具狗、猫、鸡、鸭等,还可教他学动物叫的声音。

9 个月婴儿的游戏

❀ **变矮长高**

目的: 训练婴儿腿膝部弯曲及伸直的动作,学会扶手或扶物蹲下去,站起来,锻炼臂力和腿力。

玩法: 成人握着婴儿的双手,教他屈膝下蹲,同时对他说:"宝宝变矮了。"然后再握着他的手向上用力提起,使其双腿伸直站立,再对他说:"宝宝长高了。"反复进行屈膝下蹲,伸腿起立的动作(如图)。当婴儿能扶手蹲下站起后,可以进一步训练他扶棒或扶家具蹲下站起。

提示: 因为婴儿身体不易保持平衡,进行蹲下站立的动作时,应慢慢蹲下去,然后停一会儿再慢慢站起。

爬行钻洞

目的:训练婴儿手与腿的协调行动,锻炼其手掌及手臂的支撑力。

玩法:爸爸分开两腿站立,形成三角形的"洞",妈妈先示范爬过去"钻洞",然后鼓励婴儿模仿妈妈"钻洞"的动作,反复进行(图1)。

爸爸弯腰跪在地上,将双手撑在地上,让身体形成"方形洞",妈妈在洞前摇铃逗引婴儿从"洞"中爬进去,再教婴儿爬缩小的方形洞,反复练习(图2)。

图1　　　　　　图2

提示:要求婴儿双腿屈膝,用膝盖跪着与双臂协作撑起身体向前爬行。

绕椅取物

目的:训练婴儿独自扶走及平衡的能力,学习取物及递物。

玩法:将靠背木椅3～4把排成直线,椅间距离10厘米,让婴儿扶站在一端的第一把椅子处,在椅子上放一个玩具,让婴儿自己取来玩弄片刻,待婴儿不玩了,就在第二把椅子上放另一只玩具。若是婴儿看见第二把椅子上的玩具,会自动扶椅走过来,此时成人要让婴儿将第一把椅子上的玩具递给成人并告诉他玩具的名称。以同样的玩法诱引婴儿扶走向第3及第4把椅子,成人在最后一把椅子处等待婴儿,这时赞扬婴儿走得好,并鼓励他继续进行游戏。

将5把靠背椅围成圆形,让婴儿站在中间,每把椅子上放一个玩具,让婴儿从一把椅子扶走到另一把椅子,绕着椅子边取玩具玩,边扶走。

提示:每把椅子上要放不同种类的玩具,婴儿要在学会玩第一种游戏的基础上再让他独自玩第二种游戏。

拉布取物

目的:发展婴儿手的抓握动作,理解语言,启发思维。

玩法:桌上放一块布,布的一端靠近桌边,另一端在桌子中间,上面放一只玩具。抱婴儿坐在桌边,指示婴儿去拿布上的玩具,但玩具离婴儿太远,只能看到,伸手拿不到。教婴儿用手抓住布,慢慢拉过来,直到玩具随布移过来,使婴儿伸手拿到玩具。反复进行数次后,再观察婴儿能否自己主动拉布拿玩具。

提示:布上的玩具可以时常更换,使婴儿感到新鲜,愿意主动去拉布取玩具。

10 个月婴儿的游戏

开包取物

目的:训练手指的活动能力、感知能力和模仿能力,以及对语言的理解能力。

玩法:让婴儿观看妈妈用纸将香蕉包好,然后将纸包交给婴儿,观察婴儿对纸包的反应。妈妈问婴儿:"香蕉哪儿去了? 快找出来!"开始婴儿不懂得如何去打开纸包,只会翻弄纸包,把纸包撕破才能取出香蕉。然后妈妈用另一张纸将香蕉包好,让婴儿观看妈妈打开纸包的动作。打开后,将香蕉取出给婴儿看,然后再包好,再打开,反复多次,最后婴儿学会不撕破纸能取出香蕉。当婴儿获得成功时,可以请他吃香蕉。

提示:纸包要采用清洁的纸,包物时不可包得过紧,要易于打开。先教婴儿打开包得较大的东西或玩具的纸包,以后可以逐渐打开较小的纸包,如包饼干、软糖或小积木、小娃娃等的小纸包。

拾物投瓶

目的:训练拇指和食指相对捏物的动作,眼手协调投物的准确性。

玩法:将装有小豆的塑料透明小瓶给婴儿观看,然后将豆子从瓶中倒出来,妈妈先做拾豆的示范动作,用拇指和食指捏住一粒又一粒的豆子投入瓶中,然后再倒出来,教婴儿模仿用拇指和食指对捏的拾豆动作及投入瓶中的动作。

提示:玩此游戏前,应让婴儿先学会拾较大的物体投入较大的容器中,如拾小积木放入小盒中,拾小木珠放入碗里,以后再拾较小的物体投入小容器中,如拾蚕豆投入大口瓶中,逐步增加难度,以及捏物投瓶的准确程度。游戏时妈妈不能离开婴儿,以免婴儿将小豆放入口、鼻中发生意外。

寻找玩具

目的:培养注意力、记忆力以及理解语言的能力。

玩法:将婴儿经常玩的玩具放在桌上,让婴儿观看桌上有哪些玩具,如积木、球、娃娃、小汽车等。妈妈示意婴儿可以自己去取玩具玩。当婴儿正要伸手去拿某个玩具时,妈妈立即用手遮挡他的眼部,并将玩具换到另一个位置上,然后放下遮挡的

手,让婴儿去拿这个玩具,看他是否会拿对。如果拿错了,你要告诉他说:"宝宝要的玩具在这里。"指示他去拿。重复玩几次后,婴儿就逐步学会了玩。

提示:玩此游戏时要求婴儿集中注意力,先去观看,然后要记住玩具的形象和名称,在理解语言及认识物体的同时发展空间知觉,感知物体位置的变动。因此,成人要有耐心地去教婴儿玩。

与人交往

目的:通过理解语言,感知礼貌用语,从模仿动作中学习与人交往的经验。

玩法:结合日常生活来进行游戏。先在自己家人中进行,以后可以邀请父母的朋友带孩子来做客时进行。可以教婴儿学会以下几种模仿动作来与人交往。

握手问好:父母带婴儿外出时,见到人要主动去与人握手,并说:"你好!"也同时让婴儿模仿与人握手的动作,并让他理解问"好"的意义。

拍手欢迎:家中来了客人时,父母先拍手示范教婴儿两手对拍的动作,并边拍边说:"拍手,拍手!""欢迎,欢迎!"

点头谢谢:接受客人送的礼物或别人的帮助时,教婴儿点头致谢并代婴儿说:"谢谢!"反复让婴儿模仿点头动作。

挥手再见:客人离开时,父母抱婴儿送客,举起婴儿的手挥动并同时说:"再见!"反复在生活中练习,每日送父母上班时也可练习做挥手的模仿动作,还可以做飞吻告别的动作(把手掌放在嘴上亲吻然后向父母挥手告别)。

当婴儿学会握手、拍手、点头、挥手的动作后,爸爸抱着大娃娃做客人,妈妈和婴儿做主人来玩"做客人游戏"。模仿以上动作来表示礼貌用语:"你好""欢迎""谢谢""再见"。

提示:这时期婴儿还不会说礼貌用语,但能理解语言并会做模仿动作来表达自己的意愿。父母可以带婴儿外出,遇到陌生人时采用这些模仿动作与礼貌用语与人交往,以培养婴儿的社交能力。

11个月婴儿的游戏

学不倒翁

目的:训练婴儿独自站稳,在身体摇动时学会保持平衡。

玩法:教婴儿推动桌上放着的不倒翁,边推边念儿歌:"不倒翁,翁不倒,推一推,摇一摇,推呀推呀推不倒。"然后对婴儿说:"宝宝来学不倒翁,妈妈来推你。"同时,妈妈握住婴儿两手.轻轻向前后推动。反复数次,使婴儿理解推动的意义,并配合儿歌的节奏进行向前后推动的动作(图1、图2)。

图 1　　　　　　　　　　　　　　　　　图 2

将婴儿背靠墙壁或橱柜站稳,妈妈说:"小宝宝,站站好,推呀推,推不到。"边念儿歌边用一只手从左侧向右侧推一下,使他失去平衡,同时用另一只手挡住,使他不跌倒,并逐渐复位站住。再用手从右侧向左侧推动,反复进行,边做边念儿歌,并不断夸奖婴儿:"真像不倒翁,站得稳又推不倒。"婴儿受到赞扬和鼓励,愿意重复玩。

提示:和婴儿玩向左右推动的游戏时,开始要轻推,使他的身体容易保持平衡,熟练后逐渐加重推力。但成人始终要在旁边用手臂保护,以免跌跤。

❀ 母子同行

目的:训练两脚交替向前迈步。

玩法:让婴儿踏着妈妈脚背学走。妈妈面对婴儿,用双手拉着婴儿的两手,让婴儿的两脚踏在自己的脚背上。待婴儿站稳后,妈妈向后倒退走,婴儿踏着妈妈脚背向前走,边走边说:"宝宝学走路,一步一步走。跟着妈妈走,走呀走呀走。"(见图)

图 3

婴儿学会了两脚交替向前迈步的动作后,妈妈可以将他的脚放在地上,让他学着迈步自己向前走。

提示:婴儿学会双手扶走后可以继续训练单手扶走。

独走取物

目的:训练独立行走去取物,发展眼手脚协调动作。

玩法:父母相对蹲下,相隔一段距离,将手臂拦护,让婴儿在中间独立行走。反复练习独走多次以后,将婴儿背朝爸爸,面对妈妈。看见妈妈手中拿着玩具逗引他去拿。当婴儿独自向妈妈走来时,妈妈慢慢向后退,直到婴儿走不稳时将他抱起,将玩具给他玩并称赞他。

提示:婴儿的头大身体小,走路时不易保持平衡,容易跌跤。因此,在练习独自走路时要保护好,尽量不使他跌跤,以免丧失独自行走的信心,不肯独走。偶尔跌跤了也要安慰他,鼓励他爬起来再学走。

爬上山坡

目的:训练爬行,从平地向上爬高,保持身体平衡。

玩法:妈妈俯卧在床上,当成小山坡,让婴儿在腿部或背部爬上爬下(图1)。经过多次练习后,能自由熟练地爬时,妈妈将手臂支撑起,膝部跪下,使体位抬高成山坡式,引导幼儿从脚部、小腿开始向大腿及臀部方向爬,最后爬到背部(图2)。婴儿爬到背部时,妈妈用一只手臂撑在床上,另一只手臂将婴儿的手臂放在自己的颈部让婴儿抱紧,背着婴儿在床上来回爬行,然后将婴儿从背上滑到床上。

图1

提示:此游戏要在婴儿学会在平地爬行后进行。若是床上空间太小,可以在地上铺上被子或在地毯上进行。

图2

12个月婴儿的游戏

开火车

开火车歌

1=C 2/4

> 5 3　3 3 | 5 3　3 3 | 5 5　6 5 | 4 - |
区 区　区 区　区 区　区 区　宝宝 开火　车

> 4 2　2 2 | 4 2 2 2 | 4 4 3 2 | 3 - : || 1 - ||
区 区　区 区　区 区 区 区　(1)火车 开得 快(慢)。
　　　　　　　　　　　　　　(2)火车 开到　了。

目的:发展小儿的想像力,学习快走,慢走,蹲下,起立等动作,训练身体保持平衡。

玩法:游戏前,成人为小儿准备一个大纸箱,将上下两边的纸板去掉,在纸箱两边画上窗和门。制作时先出示火车图样,并让小儿在旁边观看,制作完毕对孩子说:"这辆火车请你开。"然后将纸箱套在小儿身上,让他的左右手各握住纸箱两侧的门洞处,并指示他说:"火车要开了,区区区,区区区。"同时,成人唱着开火车的歌,小儿提着纸箱随意地四处走。等到歌声停止时,对小儿说:"火车开到了,哧哧哧。"指示小儿蹲下身。游戏可连续进行数次。

提示:训练小儿听歌词配合动作,快走,慢走,蹲下,起立。第一遍歌词唱:"火车开得慢",第二遍歌词唱:"火车开得快",第三遍歌词再唱:"火车开得慢",第四遍歌词唱:"火车开到了。"停下时.小儿将纸箱放在地上,自己蹲在纸箱内。

爬得比妈妈高

目的:培养小儿攀登的动作,学会两脚轮换向上蹬,锻炼下肢的蹬力。

图1

图2

玩法:小儿脱鞋,双脚穿袜子或赤脚站在地板上。妈妈面对小儿拉着他的双手,教小儿从自己的腿上往身上爬,握紧小儿双手往上拉,让他从小腿爬到大腿(图1),再从大腿爬到腹部(图2),经过胸部,爬到双肩上(图7、图4)。妈妈对小儿说:"宝宝爬得真高,宝宝比妈妈高。"同时拉着小儿的双手转几圈,然后把他放在地板上,再从头进行。

图3 图4

提示:开始进行时,妈妈可以坐在椅子上,让小儿从大腿上爬到腹部、胸部到肩部,待小儿蹬的动作熟练后,再教孩子站在地板上,从小腿部爬到肩部。进行时妈妈的手要握紧小儿的手腕部。

❀ 开飞机

目的:发展想像力.训练小儿四肢活动及抬头、低头、平衡等动作,使全身肌肉获得锻炼。

图1 图2

图3　　　　　　　　　　　　　　　　　图4

玩法：妈妈屈膝仰卧在床上。游戏开始时,妈妈说:"我们来做开飞机。妈妈当飞机,你当飞行员,现在你来上飞机。"妈妈拉着小儿的双手,让小儿的脚踏在自己的脚背上。待小儿站稳后,妈妈将小腿抬起伸平,让小儿骑在小腿上(图1)。妈妈说:"开飞机了!"同时拉着小儿两手向左右转动(图2、图3),表示方向盘转动状。妈妈又说:"飞机上天了!"同时拉着小儿两手平举(图4)。最后妈妈说:"飞到了,下飞机了!"接着让小儿从妈妈放下的腿上慢慢地滑下去。

提示：由于小儿平时看到飞机在天空中飞,这种游戏可满足小儿坐飞机的愿望,深受小儿喜爱。小儿经过多次进行,玩熟练后,可以扶住他的两腋下,让他放开双手自己做各种飞行动作。

❀ 听叫声找朋友

目的：认识动物,发展听音能力,模仿动物叫声,发展语言,促进智力。

玩法：游戏前,先准备好猫、狗、鸡、鸭4种动物的图片及玩具。游戏开始时,先拿出猫的图片让小儿认识并教他说"猫",然后教他学猫叫声"喵喵喵",并出示玩具猫放在有猫的图片前,对小儿说:"它们都是猫,又是好朋友。"然后再依次出示狗、鸡、鸭的图片,让他认识并教他说:"狗"、"鸡"、"鸭",再教他分别学"汪汪汪","喔喔喔","呷呷呷"的叫声。同时将玩具狗、鸡、鸭,分别放在图片前。成人指着各种动物图片及玩具,问小儿:"这是什么?""它叫什么?"小儿若能说出并会叫,成人应及时表扬。当小儿回答不出又不会学叫声时,成人再说出动物名字及叫声,让小儿重复模仿,直到他学会。等到小儿学会后,再进一步要求小儿将玩具与图片配对做"找朋友"的游戏。可将图片与玩具分别放在两处,让小儿自己去选择玩具与同样的图片放在一起,若是放对了,就请他说出动物的名字,学叫声,并加以称赞。若是放错了,再教他一次,鼓励再做。

提示：此游戏要通过小儿注意观察及记忆思维才能准确地完成游戏的要求。在此游戏的基础上,成人还可以调换其他动物或交通工具,教孩子认识并发出声音。如汽车发出"嘀嘀嘀",自行车发出"铃铃铃"声等。

第四篇

幼儿期（一）

2岁儿（1～2岁）

0~3岁婴幼儿养育

一、2岁儿的生长发育

　　1～2岁是婴儿向幼儿的过渡时期。这时期孩子的体格继续较快地发育,但其速度较婴儿期减慢。由于孩子学会了独立行走,生活发生了极大的变化,从被动、消极的生活变为主动、积极、有意识地去活动。活动范围扩大,认识事物增多。在身体的各个系统中,大脑在出生后2年内领先发育,活动增强,神经系统的机能迅速发展。在体格发育的基础上,也进一步促进了孩子的心理发育。

(一) 身体发育特点

　　1～2岁孩子的体重、身长、头围、胸围、乳牙等的增长都可以用各项指标来衡量。从测量的数据来判断孩子的生长发育是否正常,如有个体差异,可进一步研究其差异的因素,以便采取措施,逐步提高孩子的健康水平。

体重

　　体重增长的速度比第一年减慢。出生第一年全年体重增长到出生时的3倍,第二年全年体重增长2.5～3.5千克,满2岁时体重约为11～12千克,为出生时的4倍。周岁以后的孩子可根据实足年龄按以下简便公式来估计。

　　体重(千克)=(实足年龄×2)+7或8

　　比如:2岁孩子的体重=(2×2)+7(或8)=11或12千克

　　按此公式计算的体重是平均数,实际上,同年龄的孩子体重有很大的差异,男女孩的体重也有差异,一般是男孩重于女孩,此公式仅供参考:

身高

　　身高增长也比第一年减漫。出生第一年全年身高增长25厘米左右,第二年全年身高增长10厘米左右,满2岁时身高约为85～90厘米。周岁以后的孩子可根据实足年龄按以下简便公式估计。

　　身高(厘米)=(实足年龄×5)+75或80

　　比如:2岁孩子的身高=(2×5)+75或80=85或90厘米

　　影响孩子身高的因素有先天因素如遗传,一般父母高大的孩子也高,也有后天因素如生活条件、营养状况、体格锻炼、疾病多少等。如患佝偻病会直接影响骨骼发育,明显影响身高的增长。

　　身高与体重有密切的关系。同年龄的孩子如果体重相同,身高不同,则发育标准的评定也不一样。长得高的可能长得瘦,长得矮的可能长得胖。

头围

　　满1岁时头围约为45～46厘米,满2岁时头围约为47～48厘米,比1岁时增

加 2～3 厘米。

胸围

孩子出生时的胸围约为 34 厘米,小于头围 1～2 厘米;12～18 个月时胸围与头围大致相等;满 2 岁时胸围约为 49～50 厘米,胸围大于头围。

胸围反映胸廓、胸背肌肉、皮下脂肪及肺部发育程度,营养差者胸围较小。

囟门

新生儿出生时在枕部中央头颅枕骨与顶骨边缘相遇处的小三角形空隙称"后囟门",于 3 个月左右闭合。在头前部额骨与左右顶骨边缘之间的空隙呈菱形处称"前囟门"。囟门虽小,但它的发育却能反映孩子的健康状况。发育好的孩子一般在 12～18 个月闭合,形成完整的颅骨。关闭较早者多见于头围过小,头小畸形,多数伴有智力低下或其他神经病理症状。关闭过迟者常见于脑积水和佝偻病患儿。若 1 岁半以上的孩子前囟门尚未闭合,应去医院作进一步检查。除了听从医师指导积极用药外,应让孩子多晒太阳,增加营养,囟门就能很快闭合。

乳牙

12 个月时孩子的乳牙只萌出 6～8 颗,15 个月时有 10 颗左右乳牙,18～24 个月时有 12～18 颗乳牙。发育好的孩子在 2 岁时 20 颗乳牙出齐,一般到 2 岁半时全部乳牙也都能出齐。孩子的出牙数可用月龄数减去 6 来估计。如 18 个月的孩子出牙数＝18－6＝12 颗。

乳牙出得早或晚与骨骼发育有一定的关系,不一定都是缺钙造成的,也可能由于某种疾病所致,如甲状腺机能低下,先天性骨骼发育不全,牙龈增生肥厚使乳牙萌发不出,营养不良的孩子不仅牙出得少,而且出牙程序反常,牙黄而无光泽。

2 岁孩子的体格发育具有一定的规律性。由于受内外因素的影响而产生个体之间的差异。父母应做到每 3 个月为孩子测量一次体重和身高、头围、胸围。每半年带孩子去儿童保健机构进行一次全面的体格检查,以便及时发现问题,及早采取措施,促使孩子正常发育。

(二) 心理发育特点

孩子的心理发育在婴儿期已为进入到第二年打下了初步的基础。在第一年中,感觉发展的速度很快,知觉发展较慢,开始有了明显的注意和初步的记忆,但思维仅处于萌芽状态,是一种近似于知觉表象的活动,这时还没有想像。

1～2 岁的孩子将第一年心理发展过程中学会的本领进一步去探索生活,企图发挥自己的能力去获得生活经验,这时是孩子在获得和发挥人的能力方面迈出第一步的时期。虽然体格发育的速度比第一年减慢了,但由于大脑皮层活动的增强,中枢神经系统的发育加强,脑神经纤维的延伸方向从水平位扩展到斜位、垂直位,使神经系统的机能获得进一步发展,从而有助于较复杂的神经联系,因此,这时期孩子的心理发展起着很大的变化。

孩子心理发展的情况大量地反映在他们日常的生活、活动、情感和行为之中。一般可以通过其动作、语言、认知、情感和社会行为等方面来了解,判断其心理发展的程度。

动作

刚满1岁的孩子在正常情况下仅能直立,开始学迈步,能独走几步。1岁～1岁半期间是直立独立行走的阶段,能自由地到处行走。但由于孩子头大脚小的身体特点,骨骼肌肉还不够有力,腰椎弯曲刚开始形成等原因,使孩子难以掌握身体的平衡而走路不稳,常易跌跤,一般都是向前摔跤。孩子体轻,行走较慢,不会摔得很重,但要注意不要让孩子向后仰跌,因为头后部有延脑,延脑中有活命中枢,以免发生脑震荡。

1岁半以后的孩子不仅行走自如,并能带着玩具或其他物体行走,拖拉着玩具走,跨过小障碍物走,还能双手扶着栏杆一步并一步地走上滑梯。这时,孩子有一种探索欲望,走到每一处都要去触摸他能看到、能拿到的物体。他生机勃勃的探索精神显示出人的能动性,他的"勇敢"是惊人的,同样,他的"无知"也是惊人的。正是这种惊人的"勇敢"与"无知",常会带来种种危险。

接近2岁时,孩子已不满足于行走的动作而开始身体前倾地以不灵活的步伐小跑。他时而走走跑跑,时而跑跑停停,步态不稳,有时也想尝试跳起,但跳不起来,只能扶着成人的双手试着跳。很喜欢向上攀登,常常爬到沙发或椅子上然后转身坐下。

这时期孩子手的动作逐渐精细,学会扔、拿、抓、拉、推、摆弄各种物体,并将抓到的物体挥动手臂去投掷,还能运用拇指和食指相对准确地捏物、捡豆、搭积木、翻书、拿匙吃饭、握杯柄喝水,开始会用手指握笔乱涂。

语言

刚满1岁时,孩子多以动作代替语言,如伸出双手表示要人抱,点头表示谢谢,摇头表示不要等。

1～1岁半的孩子仅能用一个词代表一句话,语言处在单词句时期。语言的特点是:

(1)以词代句,一词多义:以一个词代表一个句子或代表不同的意思,如"妈妈"这个词,可代表"妈妈抱抱我"这句话,也可能是要"妈妈带我去玩"或"妈妈给我吃糖"等多种不同的意义。

(2)重叠发音,以音代词:以单词重复发音,如"球"这个词说成"球球"。"猫"这个词说成"喵喵","汽车"这两个词说成"嘀嘀"。是以猫和汽车发出的声音来代替词意。

(3)伴以动作,补语不足:当语言不能表达自己的意愿时,常用动作来表达。如孩子说"帽帽"时并用手拍自己的头,手指着脑门示意要成人给他戴帽子,并带他出门去玩。

(4) 多数名词,少数动词:孩子掌握词的数量约为 100 个左右,其中多数为名词,有少量动词。词的内容限于日常生活中经常接触的有关事物。

这时期孩子虽然使用的词不多,但对成人的语言却具有初步的理解能力,能听懂不少话,对成人的说话、唱歌、念儿歌、看图讲简单的小故事都有兴趣去听,有时还可以根据成人言语的指示去做事,如"宝宝把报纸拿给爸爸",他能理解并乐意去执行。

1 岁半到 2 岁的孩子语言进入到简单句时期。掌握最初的简单句与人交往,在交往中模仿成人的语言习惯及语法结构,这时期语言的特点是:

(1) 句型简单:一般在 3～5 个词,句短而不完整,常常前后颠倒,如"宝宝球球玩"(宝宝要玩球),"洗手手妈妈"(妈妈给我洗手),"饭饭没有了"(我吃完饭了)。

(2) 词类增加:主要运用的词类仍以名词和动词为主,逐渐增加了形容词(大、小、红、白),副词(不、没有)和代词(我、你)。

(3) 词量增多:掌握的词数约 250～270 个。

(4) 语法结构出现:语句中有简单的主谓语结构,如"妈妈抱抱",也有简单的"谓宾句",如"不要玩娃娃"。

这时期语言发展好的孩子会说自己的名字,如"宝宝要球球",也会模仿成人念简单的儿歌或唱歌,但只会重复结尾的 1～3 个词,如唱"小鱼歌"时,成人唱"河里小鱼游游游,摇摇尾巴点点头……"孩子只会跟着结尾唱"游游游","点点头"。孩子从模仿发音,理解语言到运用语言来表达自己的意愿,这是孩子学语的必然过程,也是一个极复杂的过程,不像学习动作那样可以由成人手把手地去教。学语只能通过视觉(看说话的口型)、听觉(注意发音)和言语动觉(利用自己的声带、嘴唇、舌头等发音器官)的协调活动来进行。语言的发展程序都是从听到说,从说得少到说得多,从说得含糊到说得清楚。心理学家研究证明:孩子的语言发展在某一特定的年龄时期学习某种知识和行为比较容易,这时期称为"最佳期"。从 1 岁半到 4 岁是学习口语的最佳时期,这时期孩子学语积极性很高,语言发展极快,父母应给予重视并应为孩子学语言创造各种条件。

认知

孩子的认知能力就是认识事物的能力、感知的能力和思维的能力等。在 2 岁前主要表现为感知和动作协调活动的能力,例如孩子听到"喔喔喔"的鸡叫声,就会走过去寻找声源、观察鸡张着嘴叫的形象。这是孩子通过听觉、视觉与走的动作协调起来去认识鸡。孩子在多次的协调活动中去注意、记忆,逐渐增长了自己的认知能力。

孩子认知能力的发展有强烈的内部动机,促使孩子从小对周围事物充满了好奇心,并主动积极地运用感官和动作进行自发的探索活动。1 岁半到 2 岁的孩子能走会说。由于动作和语言的发展,接触外界事物增多,特别热衷于认识新事物,并要亲自去感知各种事物的特点。例如孩子与妈妈外出回家时,孩子能先于妈妈走进家门,这是因为他多次感知家门的位置、方向、形状、颜色等特征,并经过多次的行动经验,获得了认识,才能寻找到家门在何处。

在生活中,孩子还能逐渐感知各种事物的性质及相互之间的关系以增进认知能力。例如孩子手脏了,在用肥皂洗手的过程中,感知到手上抹了肥皂沾了水搓洗时会出现泡沫,再用水冲洗后,泡沫就没有了,手也洗干净了。

孩子在感知对象和感知动作的过程中开始了初步的思维。思维也是一种认识过程,是人类智慧发展的主要因素。这种智慧从1～2岁时逐步开始获得,这时期可称为感知动作思维的时期。例如1～1岁半的孩子看到桌上放着蛋糕,想伸手去拿但又够不着,只好束手无策地等待成人帮忙。而1岁半～2岁的孩子就会通过思维想出办法,将椅子推到桌子边,再爬上椅子去取桌上的蛋糕。这就是孩子在感知事物的同时通过动作思维,采取的新行动,应付新情况,解决新的问题。

在此时期孩子有了初步的思维,在思维的基础上想像开始萌芽。由于孩子的生活经验少,想像的内容非常贫乏,仅局限于模仿成人的简单活动,将日常生活中某些简单的动作,反映在自己的游戏中。如"喂娃娃吃饭"是反映妈妈喂他吃饭的动作,这是孩子把记忆中现实生活里成人的动作结合当时游戏的新情景萌发出的想像。

情感

1岁前孩子的情感比较简单,主要是与满足生理需要相联系的情感,而与社会性需要相联系的情感刚开始,并随着月龄的增长逐渐增加。这时消极情绪多于积极情绪,只要给孩子吃饱,睡好,醒后逗乐,就会停止哭闹和发怒,比较容易满足其生理需要和社会性需要。

1～2岁时孩子认识的事物增多了,与人的交往也增多了,此时哭闹不安等消极情绪减少,愉快安宁等积极情绪增多,孩子的情感不再局限在仅仅满足生理上的需要,而对社会性的需要日渐增多。这时孩子已具有快乐、喜爱、害怕、厌恶、愤怒、悲伤、妒忌等情感的表现。

这时期情绪和情感的特点是:易变化,易感染,易冲动。

易变化:孩子的情绪极不稳定,容易受到外界的感染,随着情绪而变化。经常能见到喜悦和愤怒、快乐和悲伤两种对立的情绪互相转换。例如孩子跌跤后不哭,立刻扶他起来,给他喜爱的玩具后,常常出现"破涕为笑"的现象。

易感染:孩子的情绪常易受到周围人的感染,例如父母在谈笑时,孩子虽不知笑的原因,也会莫名其妙地跟着笑。孩子在托儿所里听到别的孩子哭,也会跟着哭。

易冲动:孩子的情绪和情感是外露的,易激动,毫不掩饰,又不知控制。常常从面部、体态及声音表现出来。如高兴时喜笑颜开、手舞足蹈;愤怒时双脚跺地,在地上打滚。往往在冲动后不易立即安静下来,这与大脑皮层的兴奋过程容易扩散泛化

而不易抑制有关。

孩子对父母怀有依恋的情感、稳定的安全感和信任感,孩子需要父母的爱抚、理解和关心。因此,父母要正确对待孩子的情感,不应使他受到心理上的伤害。

社会行为

1~2岁孩子的社会行为主要表现在与成人和同伴的相互作用中的态度、情感及其行为状况。这是孩子今后社会情感、社会适应能力发展的基础。

满1岁时孩子开始对同伴感兴趣.交往时只会互相注视和用手试探。这时依恋亲人,仍不愿接近陌生人。

1~1岁半:孩子依恋亲人的行为仍发展迅速,若与亲人分离会表现出痛苦和焦虑;喜欢与同伴接近,孩子之间容易互相吸引,常常由于探索而引起摩擦。例如看到同伴的玩具很有趣,也会伸手去摸摸,拿来玩玩。若同伴不肯,就用推、打、咬等方法去夺得,因而常引起摩擦、冲突。这时孩子还不懂得与人交往的方式。

1岁半到2岁:由于孩子的语言发展,行走自由,能接触更多的新事物,进而激起对新事物的好奇和兴趣。有新玩具吸引他时,常会从依恋"人"转向依恋"物"。注意力集中专心玩玩具,此时亲人暂时离开他也不哭闹。孩子和"物"的关系是以和"人"的关系为基础的。常通过"物"与"人"交往,通过"人"与"物"接触联系,在与"人"和"物"的接受关系中发展社会交往。孩子之间交往时虽同在一起玩,但互不干扰各玩各的,熟悉以后,会相互观察,互相模仿。例如一个孩子将积木扔在地上,另一个孩子也模仿着扔积木。

2岁时孩子突然出现和成人对着干,表现出对成人指令的反抗和对自己能力的尝试。试图将被人支配的地位改变为支配人的地位。此时开始要求独立,什么都想自己尝试,常会出现一些执拗和任性的行为。

此时期孩子的行为常受到情绪支配,缺乏道德认识,自控能力差,独立性开始萌芽,因此特别需要父母的正确指导和教育,才能使孩子的社会行为获得正常的发展。

1~2岁孩子的体格发育和心理发展是交替进行的,不像出生第一年那样直线上升地发展,而是有起伏的。如满周岁时还不会走路的孩子,过了一个月突然会走了;从不开口说话的孩子,突然会开口叫"爸爸"、"妈妈"。因此,父母们不必过分担忧。这时期孩子的发展常会时快时慢,这是因为影响孩子身心发展的因素很多,内在因素除了先天遗传和胎内发育以外,还有性别、气质、神经及内分泌功能等。外在因素也很多,如营养、喂养、护理、生活条件、生活习惯、体格锻炼、教育训练以及疾病等,都在生长发育过程中产生不同的影响,形成孩子之间发展的差异。因此,父母应按期为孩子进行健康检查,并经常关心孩子的动作、语言、认知、情感和社会行为几方面的发展情况,及时发现孩子身体和心理方面的问题,在儿童保健机构医师指导下,及早采取措施,进行矫正,促使孩子逐步达到正常的发育标准。

二、2岁儿的饮食与营养

(一) 断奶后的饮食

1～2岁小儿比1岁前生长发育减慢,但仍属生长发育较快的时期。一般小儿都已断奶,学会吃少数种类的辅助食品。因此,应在此基础上科学配制小儿的膳食,不仅要供给足量的营养素,增加不同种类的食物,还应有适合小儿消化、吸收的烹调方法,才能保证小儿的生长发育和身心健康成长。

1～2岁的小儿乳牙逐渐长出,咀嚼能力及消化能力也较前增强,可以从乳类为主的婴儿食品过渡到以粮、乳、蛋、鱼、肉、豆类及豆制品、蔬菜、水果相结合的混合食品。这时期饮食的关键是:营养素均衡,烹调法适宜,易消化吸收。

(二) 营养素的供给量

小儿的年龄不同,生长发育所需的营养素数量也不一样。

1～2岁小儿每日膳食中营养素的供应量见附录《儿童每日膳食中营养素供给量表》。

微量元素锌和硒来源于黄豆及其他豆类、花生中,其他营养素来源请参看食物成分表。

(三) 饮食的种类及需要量

为了小儿能正常生长发育,每日需要吃哪些品种的食品?应该吃多少?父母应做到心中有数。1～2岁小儿每日食品的种类及摄入量见附录《幼儿每日食品摄入量参考表》。

(四) 膳食的配制

(1) 选购食品要新鲜、卫生、经济有营养。对动物类食品、豆制品、蔬菜、水果更应注意挑选,避免给小儿吃不新鲜、腐烂变质的食品。可参看食物成分表选购经济、营养价值高的食品,如肝、血的营养价值比一般肉类高而经济,鱼肉蛋白质易吸收消化,绿叶及有色蔬菜比淡色及根茎菜更有营养,鲜豆及大豆制品比面筋、烤麸营养好,更适合小儿食用。

(2) 膳食中营养素应有适当比率,以保证热能的供给。热能来源于蛋白质、脂肪和碳水化合物。这三大营养素之间的比率应接近于1:1.4:5。此比率产生的热能为:蛋白质10%～15%,脂肪25%～35%,碳水化合物50%～60%,即可达到平衡膳食的要求。

（3）配制膳食时注意一天中食物热能的分配：一日三餐一次点心（1～1岁半时为2次点心），分别为早餐占20％～25％，午餐占30％～35％，晚餐占25％～30％，点心占10％～15％。

（4）食物品种搭配多样化：可以将动物性食品和植物性食品搭配，粗粮细粮搭配，咸甜食品搭配，干稀食品搭配。既能增进食欲又能达到营养素互补的作用。

（5）选择适合小儿消化功能的食品，避免食用过粗、过硬、过甜、过咸、油炸油腻及有刺激性的食品。如：

①过硬的整粒食品：杏仁、花生、瓜子、蚕豆、硬糖等，因小儿咀嚼困难，整粒吞咽易发生意外。此类食品必须加工成花生酱、果酱后食用。

②过甜的多糖食品：小儿最爱吃糖果、巧克力、甜食等，但多吃会使牙齿脱钙、诱发龋齿、伤害胃肠、影响食欲、导致肥胖，甚至成为心血管疾病潜在的诱因。

③过咸的食品：盐的主要成分是钠和氯两种元素。若吃过咸的食品，体内钠离子增多，小儿肾功能尚未发育完善，无能力排出过多的钠，使钠潴留体内，血量增加，加重心脑负担，引起水肿或心力衰竭。故以低盐食品为宜。

④油炸油腻食品：油炸糕、油条、炸土豆片及其他油炸食品小儿喜欢接受，但不易消化，影响食欲。在油炸的过程中，营养素被破坏。过量的油腻食品使小儿易饱、不思饮食、甚至腹泻。

⑤刺激性食物：辣椒、胡椒、浓茶、咖啡等均属刺激性食物，易伤胃，引起神经兴奋，难以入睡。小儿只能喝淡茶。淡茶中含有维生素C，能增强抗病力，叶酸能防止贫血，氟能保护牙齿，对身体有好处，但不宜喝太多。

（6）适应季节和气候的食品：夏季多用清凉食品，冬季多用保温食品。

（7）食物的加工应做到切细、碎，煮烂、软，易咀嚼消化。各类食物的切烧法如下：

切 法		烧 法	
蔬菜	泥或碎末	饭	软烂、荤素煨饭
鲜（干）豆	泥	面食	蒸、煮、烧、煨
豆腐干	碎、细短丝	粗粮	粉糊
鸡、鸭	去骨、碎末	荤菜	烧、煮、煨
鱼	去刺、切碎	蔬菜	烧、煮、煨、炒
虾	去壳、碎末	点心	烤、蒸、煨、煮
肉	碎细末		
脏腑	碎末		
血	碎末		

水果类需去皮、去核、刮泥或切薄片生食，有些水果如苹果、梨、桃、杨梅可煮熟吃。橘、橙、甘蔗可榨汁吃。

(8) 合理烹调：要做到保留食物中的营养素，注意食物搭配，使色、香、味俱全，增进食欲。

在烹调过程中，尽可能使食物中的营养素不因切、洗、烧、煮受到过多的损失。例如洗米不要用力揉搓，煮饭不要倒掉米汤，蔬菜不要泡在水里时间太长，应先洗后切，现吃现烧。烧熟后再加盐，以免破坏菜中的营养素。用菜做饺子时，挤出的菜水含有营养素，可做成菜汤或用菜水和面。

食物的制作既要小巧、精致，又要花样翻新、色美、味香、能引起小儿食欲。小儿爱吃，才能保证足够的营养摄入量，促进生长发育。

🌸 怎样搭配食物？

① 采取几种不同颜色的食物搭配在一起烹调。如什锦煨饭：可用鲜豌豆(绿色)、胡萝卜(红色)、鸡蛋(黄色)、虾仁(白色)加调味品制成。

② 同一类食物也要采取不同的烹调方法调味及少量食品搭配，避免食物单一化，使小儿厌食。例如鸡蛋可以蒸蛋羹，上加少许肉末；煮水泡蛋中加碎番茄；蛋花粥中加蚕豆泥；蒸蛋糕上加葡萄干等.均可引起小儿的食欲。

③ 搭配食物要注意营养素含量。要尽量选择营养素含量高的食物，如虾皮紫菜蛋花汤中除包括蛋白质、脂肪、碳水化合物外，钙、磷、铁、碘的含量多，还有少量维生素。尤以虾皮与紫菜中钙、磷含量多，能促进骨骼、牙齿的生长发育；蛋黄中铁含量多，能预防缺铁性贫血。这种搭配的食物既经济又实惠，小儿容易消化吸收。

④ 搭配食物要注意蛋白质的互补作用：动物蛋白质与植物蛋白质搭配在一起的生理价值高。如排骨黄豆汤的两种蛋白质互补后提高了营养价值，而且这两种食物含钙量都高，对小儿骨骼生长有利。互补作用在使用植物性蛋白质时也有显著的效果，例如单独食用时的生理价值是：玉米 60，小米 57，黄豆 64。若将三种食物混合食用，则生理价值可提高到 77。因此，小儿的膳食中以多种食物混合食用为好。

1～1岁半小儿不同季节的一日食谱举例

季节	春	夏	秋	冬
早餐	鲜蚕豆泥蛋花粥	红枣泥绿豆泥粥	鱼茸豆腐粥	鸡茸玉米粥
早点	牛奶 小饼干1块	牛奶 小饼干1块	牛奶 小饼干1块	牛奶 小饼干1块
午餐	红烧牛肉末番茄洋葱面	碎青菜肉末虾皮小馄饨	虾皮紫菜汤 卤肝片 馒头	肉丝碎香豆腐干青菜煨面
午点	苹果羹 蛋糕	碎西瓜羹 松糕	水果沙拉 蛋卷	桂花赤豆汤 蛋黄包
晚餐	碎虾仁 豆腐烧豆苗烂饭	鱼丸 碎花菜烧粉皮烂饭	鸡蛋皮丝青菜煨饭	鱼片 胡萝卜烧黄芽菜烂饭

三、2 岁儿的保健与护理

1～2 岁是从婴儿过渡到幼儿的时期。小儿已学会走路,能自由行动,接触外界环境扩大,感染疾病的机会增多,加上由母亲获得的被动免疫已基本消失,易患各种疾病。因此,更应注意保健与护理。

(一)调整生活时间表

小儿在婴儿期已初步养成了按生活时间表有秩序、有规律的生活习惯。这时期需继续巩固已形成的生活规律,还应根据小儿年龄的增长,生理的需要来调整生活时间表。安排 1～1 岁半和 1 岁半～2 岁小儿的不同生活日程。

1～1 岁半小儿一昼夜睡眠时间为 13～14 小时(夜间 10 小时,白天睡 2 次,每次 1.5～2 小时),每日饮食 5 次,每次之间相隔约 4 小时,一日活动时间为 3～4 小时(其中户外活动 2 小时)。

1～1 岁半小儿一日生活时间表(供参考)

时　间	生　活　内　容
6:00～ 7:00	起床,大小便,盥洗,早餐
7:00～ 9:00	室内和户外活动,喝水
9:00～11:00	小便,洗手.喝牛奶,吃点心,第一次睡眠
11:00～11:30	起床,小便,洗手,午餐
11:30～13:00	室内和户外活动,喝水
13:00～15:00	小便,第二次睡眠
15:00～15:30	起床,小便,洗手,午点
15:30～18:00	室内和户外活动,喝水
18:00～18:30	洗手,晚餐
18:30～19:30	晚间安静活动
19:30～20:00	盥洗,小便,准备上床
20:00～次晨 6:00	夜间睡眠

1 岁半～2 岁小儿一昼夜睡眠时间为 12～13 小时(夜间 10～10.5 小时,白天睡 1 次,为 2～2.5 小时),每日饮食 4 次.每次之间相隔约 4 小时,一日活动时间为 4～5 小时(其中户外活动为 3 小时以上)。

1岁半～2岁小儿一日生活时间表(供参考)

时　　间	生　活　内　容
6:30～ 7:30	起床,大小便,盥洗
7:30～ 8:00	早餐
8:00～ 9:30	室内和户外活动
9:30～11:00	小便,洗手,喝水,游戏
11:00～11:30	饭前洗手,午餐
11:30～12:00	小便,准备午睡
12:00～14:30	午睡
14:30～15:00	起床,小便,洗手,午点
15:00～17:30	户外活动,小便,洗手,喝水
17:30～18:00	室内安静活动
18:00～18:30	饭前洗手,晚餐
18:30～19:30	晚间娱乐活动,安静活动
19:30～20:00	盥洗,小便,准备上床
20:00～次晨 6:30	夜间睡眠

(二) 日常生活护理

1. 睡眠

空气新鲜　睡眠时要保持室内空气新鲜,夏季应开门窗通风,避免小儿睡眠时对着风吹。冬季应根据室内外温度,在小儿入睡后定时开窗换气。因为新鲜空气能促使小儿入睡快,睡得深沉。同时还应禁止室内吸烟,以免污染空气,造成小儿被动吸烟。

室温适宜　睡房室温以保持在 18～25℃ 为宜,过冷或过热都会影响小儿的睡眠。

气氛和谐　室内保持安静,无噪音干扰,光线宜暗,成人应轻声细语地抚爱小儿安然入睡。避免高声谈笑,不在睡房看电视或听收音机,即使要看也要等小儿入睡后再看或听,但必须降低音量。

睡前准备　睡前不给小儿吃零食,不进行剧烈活动,不过分兴奋或过分紧张,不采用粗暴强制、吓唬威胁的办法让小儿上床入睡,而应使小儿情绪愉快、乐意上床入睡。睡前还要求小儿排空小便,清洁手、脸、脚及屁股后再上床。

鼓励独睡　从小让小儿在有栏杆的小床上独睡,可减少与父母同睡时的呼吸道疾病感染。由于父母呼出的二氧化碳使小儿周围的空气中含氧量减少,影响小儿的抗病能力。况且父母在熟睡时翻身,不仅惊动小儿,还易压伤小儿,或使被褥盖住小

儿的脸及头部,使小儿窒息而引起生命危险。鼓励小儿独睡,不仅可使小儿不受干扰或惊动,还能让小儿睡眠安稳,舒适。

2. 饮食

愉快进餐 小儿进餐的环境要安静、整洁,进餐前避免玩得过分疲劳或过于激动兴奋。可在准备吃饭前几分钟提醒他,以免玩得高兴时不愿吃饭而哭闹。事先准备好饭菜等待小儿,不要让小儿因久等而影响进餐情绪。由于小儿的手指动作控制餐具不熟练,在进餐时常会碰倒或打碎餐具,这时父母应谅解小儿,安慰他,不要责怪或打骂,以免造成进餐时的恐惧心理。同时要及时清理及更换餐具,以便他继续进餐。小儿有了愉快的情绪,饱满的精神,才能专心进食,增进食欲。

坐好吃饭 小儿每次进食都应在固定的地点和固定的时间。父母应坐在桌旁喂食,照顾他学会用餐具进食。由于这时期小儿学会独自行走,坐不住,常常是吃了几口饭就离开座位,到处行走。成人担心小儿吃不饱,于是跟着他边走边玩,边喂食,从而延长了进餐时间,饭菜变凉,有的甚至追到户外、马路边喂小儿,使饭菜受到污染,既不卫生,又影响胃肠道的消化功能。小儿养成了坏习惯,长大后会影响吃饭、做事,学习也不专心。

饮食卫生 俗话说"病从口入"。小儿应有独用的小勺、碗、碟、杯等。给小儿吃的食品都应是清洁卫生的,而且还应要求小儿洗净手再吃,这样才能把好饮食卫生这个关。这一时期的小儿拿到什么东西都喜欢放到嘴里尝尝,看见掉在地上的食品也会拾起来吃,所以应及早进行卫生教育。小儿喜欢吃香、酥、脆、甜的膨化食品,这类食品既不卫生又含有危害人体健康的铅。经测定,个体户出售的膨化食品(如爆玉米、爆米花等)每千克中含铅量高达 20 毫克,超过我国规定铅含量的 40 倍(我国食品卫生标准规定:糕点类食品含铅量每千克不超过 0.5 毫克)。实验证明,铅被人体吸收后,全身各组织器官都将受到影响,尤其是神经系统、消化系统、心血管系统和造血系统遭受危害更大。一旦发生铅中毒,小儿表现烦躁不安、厌食、呕吐、腹泻、贫血、神经衰弱、心绞痛,还会出现中毒性肝炎等。因此,为了小儿健康,应避免给小儿吃膨化食品。

避免"积食" 这时期小儿的自我控制能力很差,爱吃的食品,吃饱了还要吃,往往吃得过量而引起消化不良,食欲减退,形成"积食"。小儿积食后,会感到腹胀、恶心,想吐又吐不出来,精神不振,睡眠不安。因为小儿消化系统的功能较差,胃酸和消化酶的分泌较多,很难适应食物物质的变化和过多的量,极易发生胃肠道疾病。孩子一旦"积食",应先调节饮食,适当控制进食量,先吃软、稀、易于消化的食物,如细面、稀粥,12 小时后再少量增加易消化的蛋白质食物。当然也可去看中医,开一些消食、助消化的药,平时应让小儿每日定时、定量进餐,吃到 7~8 分饱为宜,使小儿的胃肠充分消化,避免"积食"再发生。

3. 排泄

定时定点排便　小儿最好在每日清晨起床后或早餐后定时大便,若是早上不大便,应该在午餐后或晚餐后再让他坐便盆大便。因为饱食后易刺激肠道蠕动,促使粪便排出。便盆应放在固定的位置,便于小儿要排便时自己找到便盆。由于这时期小儿学会独走,在便盆上坐不住,会自动起来到处行走,往往将粪便拉在裤子上、地上或是不小心将便盆打翻。因此,小儿大便时,成人应在旁照顾,不能离开。若是让小儿在便椅上大便时,成人有事要离开,可将便椅扶手处系上带子,以免小儿自己站起来走开。小儿每天排便1次,最多2次,均属正常。坐便盆时间不可太长,每次最好不超过5～10分钟。如果小儿坐盆5分钟后排不出大便,就不要勉强,应让他起来,过一会儿再大便。有的小儿大便时间比较长或排便困难,成人千万不要在排便过程中给小儿讲故事、看图书、玩玩具或喂饭,以免分散排便时的注意力,不能专心排便,还会造成错觉,让小儿误将便盆当成椅子,认为可以坐在上面做任何事情。

大便后,成人要注意观察大便性状,发现异常及时处理。

观察小儿神态　小儿要大小便前往往会出现特殊的表情,如大便前出现使劲屏气,脸涨得发红。小便前突然停止行动,扭动两腿,眼睛大发呆等。遇此神态,应立即带他去坐便盆。

掌握小便规律　年龄越小,排尿间隔的时间越短,如吃完牛奶或喝水后,1～1岁半的小儿大约10～15分钟会排尿;1.5～2岁时可推迟到15～20分钟排尿。成人可观察小儿一天24小时内排尿的时间,从中掌握排尿规律,以便按时提醒排尿。

注意各种因素　训练小便时要掌握小儿的健康状况,季节、气候、饮食状况,以及当天的情绪等。一般在小儿身体差、患病时,小便间隔时间短,次数多,控制力差;冬季比夏季小便多;雨天比晴天次数多;吃汤、水、稀食比吃干食小便多;情绪不安、紧张时比情绪稳定、愉快时小便多。成人注意各种因素后,就可以按不同情况区别对待。

习惯穿满裆裤　1～2岁的小儿膀胱肌肉层仍较薄,弹性组织发育还不完整,储尿机能差,神经系统对排尿的调节及控制能力也很差,因此常常尿裤子、尿床。为了减少麻烦,很多家长仍给小儿穿开裆裤夹尿布。由于小儿已学会走路,并常坐在地板上玩,穿了开裆裤将肛门、外生殖器、尿道口暴露在外,易引起会阴部及泌尿系统的细菌感染,若是经常夹尿布,会影响小儿走路的姿势。因此,1～1.5岁的小儿不妨将开裆裤上钉上揿钮(或尼龙搭扣),排便时将揿钮解开,排便后再揿好。1岁半～2岁的小儿应培养他习惯穿满裆裤,在夏天时还可训练小儿自己脱裤小便。孩子偶尔尿湿了裤子,家长不要过分紧张或责怪他,更不要打他屁股。处罚小儿不利于良好习惯的培养。只要家长在小儿尿湿裤子后,带他到放便盆的地方,告诉他,让他知道小便要排在便盆里就可以了。另外,家长要按时提醒孩子小便,遇到小儿走到

便盆处小便时,家长应加以赞扬,强化他的好习惯,这样,小儿尿湿裤子的现象会逐步减少。

4. 清洁

养成爱清洁的好习惯 从小让孩子知道饭前便后要洗手;起床后、餐后、睡前要洗手脸;晚上睡前洗脚、洗屁股。要定期洗头、洗澡、剪手指甲、剪脚指甲、理发。每次进行时,成人要态度温和,动作轻柔,使小儿愿意接受。特别要注意水温适宜,肥皂沫不要流入眼、鼻、耳内。这时期小儿已能站稳,可以进行淋浴,若是还不会走路或站不稳的小儿,仍应进行盆浴。如果家中条件许可,最好在每晚临睡前洗澡,以促进全身血液循环,使孩子容易入睡。天天洗澡不必每次都用肥皂,更不能用碱性强的肥皂。

纠正吮手指 小儿出生后就会吮吸,当母乳不足时,常以吮手指来满足吮吸的需要。断奶后不给吮母乳,更会以手指代替乳头。遇到父母出外工作或情绪不稳时,也会以吮手指来获得安慰。这种吮手指在6个月以前是满足生理上的需要,不是坏习惯。在6个月以后,小儿的手指学会抓握、玩玩具,逐渐减退并消除了吮手指的习惯。如果小儿在1岁以后,甚至2～3岁时仍吮手指,若不及时纠正,就会形成不良习惯。小儿的手到处触摸,常将手指上的细菌和脏污物吮吸到嘴里,容易感染疾病。因此,要对小儿在生活中进行卫生教育。白天加强活动量,使他到了睡眠时间感到疲劳,上床后立即入睡,就会忘记吮手指,逐渐改掉吮手指的习惯。

玩弄生殖器 小儿玩弄生殖器是一件很正常的事,因为生殖器是他身体上的一部分,又是手容易触摸到的部位,就像用嘴吮吸手指,用手玩弄小脚一样的正常。因此,成人不要以粗暴的态度去羞辱、指责小儿,以免产生逆反心理。越禁止,越使他感到神秘,越感兴趣。应该让小儿知道用脏手经常去玩弄生殖器,会使细菌侵入到生殖器及尿道口内感染疾病。也可以提早给小儿穿满裆裤,使他的小手不能直接触生殖器。

正确擤鼻涕 小儿受寒时常会流鼻涕,但不会自己用手绢擦去,往往会将鼻涕擦在手上,衣袖上,很不卫生。因此,应放一块清洁的手绢在小儿衣袋里。遇有鼻涕流出时,成人用手绢或卫生纸巾盖住小儿鼻子,先按住一个鼻孔,让小儿用另一鼻孔轻轻出气,将鼻涕排出。然后用同样办法擤另一鼻孔。从小用正确的擤鼻涕方法,长大后也会自己擤鼻涕。

5. 衣着

小儿的衣着除了合乎卫生保健要求外,还要适合这时期的年龄特点,如小儿会独走,到处爬,易跌跤,常会尿裤等,因此选购衣服时要注意:

衣 上衣大小适宜,不宜过大,使小儿活动不便;太小又影响动作伸展;太短会露出腹部易着凉。衣领不宜太高太紧,以免影响小儿呼吸,限制头部活动。内衣以圆领衫为宜,外罩衣在1岁半前可将扣子放在后面,由成人为他解开扣,自己用小手分别拉下袖口将衣服脱下(这样学脱衣,比纽扣在前面易脱下)。夏日可穿汗衫衣、裤,便于小儿2岁时自己穿脱。冬日因小儿常去户外活动,应备有柔软的棉大衣或呢大衣御寒。

裤　训练小儿穿满裆裤应从夏日开始。先穿满裆短裤,逐渐适应后再穿长裤。冬季可在里面穿开裆棉、毛裤,外面穿满裆罩裤。也可将罩裤做成既可开又可关的尼龙搭扣裤或揿钮裤,这样既方便小儿大小便,又能达到穿满裆裤的目的。经过培养后,到2岁已可穿满裆裤,这时期以穿背带裤最适宜。因为小儿活动时不易落下。

鞋、袜　小儿已学会走路,要穿大小合适(比脚大0.5厘米)的鞋,样式要简单舒适,行走自如。不需要过分昂贵的鞋,因为这时期小儿的脚生长速度很快,一般3~4个月就要换新鞋。因此,家长每次为小儿穿脱鞋时,要关心小儿脚的生长情况,鞋子小了就要及时更换。袜子淡色棉织品为宜,可以选用无跟袜,因不易损坏,比较耐穿,况且这时期小儿还不会对着脚跟学穿袜,一般能自己套在脚上能拉上去就不错了。

帽　小儿外出时夏日可戴草帽、帆布帽,冬日可戴绒线帽或穿连帽的大衣。

(三) 体格锻炼

1~2岁的小儿虽已具有了自由活动的能力,能主动参加各种活动,为体格锻炼提供了有利条件。但走路还不够平稳,身体不容易保持平衡,极易跌跤。对气温、水温及日光照射方面的锻炼还需要掌握渐进的原则,使体内调节功能增强,逐步产生适应能力。

此时期的锻炼在巩固上一年龄阶段的锻炼项目上,继续进行以下几项锻炼。

空气锻炼

继续进行开窗睡眠,在室内活动时打开门窗,让新鲜空气进入室内,即使在寒冷的冬天也要经常开窗换气。每日户外活动至少要2~3小时,分上、下午进行散步、游戏以及自由活动。小儿在新鲜空气中活动,能得到大量氧气,可以促进身体的新陈代谢。

日光锻炼

小儿冬季在阳光充足时进行户外活动,夏季阳光强烈,可在树荫下凉爽处活动,都能得到紫外线的照射。活动时将小儿的四肢暴露在日光下照射,每次15~20分钟,避免阳光直射眼睛。夏季可在7~9时和16~17时进行。春、秋、冬季以9~11时和15~16时为宜。气温以20~24℃为宜。

冷水锻炼

(1) 喝冷开水:先从喝微温开水开始,逐步降低温度到喝冷开水。经常喝冷开水,可增加口腔及咽部黏膜的抵抗力。

（2）冷水洗手脸：从夏日开始用冷水洗手脸，随着气温下降，水温到20℃，掌握循序渐进的原则，直到冬季可用低温水洗手脸。一年四季进行锻炼，可以增强皮肤对冷水刺激的适应能力。

（3）冷水摩擦身体：开始时先让小儿的四肢暴露在空气里，用干毛巾擦四肢，以后再擦胸、背部。让小儿先适应身体暴露在空气中，不怕冷。一星期后让小儿在室温23～24℃的浴室里，用手套式毛巾将手伸进后，放到水温28℃的水中浸湿，然后取出拧干，以冷湿的毛巾去摩擦小儿的四肢和身体，先摩擦手臂，从手腕到肩部；再摩擦腿部，从小腿到大腿；再摩擦胸部，最后摩擦背部。每调换一部位，都要将毛巾浸到水中，再取出拧干后摩擦。然后再用干毛巾擦到皮肤发红为止。水温从28℃开始，每隔3天降低1℃，一直降到20℃为止。冷水摩擦结束后要立即穿衣保暖，并在室内活动，不外出。

体操锻炼

1岁～1岁半的小儿刚开始学会走路，走路和站立都不稳，不能独自做体操。可以借用竹竿的支持，由父母协助训练做体操。

体操名称:竹竿操

目的:借助竹竿支持.跟随挥动竹竿,锻炼身体。

准备工作:选择平坦能充分活动的场地,准备两根竹竿(长100～150厘米、直径为1.5厘米)两把小椅放在竹竿的两端,父母相对而坐,两手分别各持两竹竿的一端,小儿站在两根竹竿中间,两手掌向下分别握住竹竿。在父母同时动作的带动下做体操。全操共8节,每节为两个8拍,可随音乐或口令进行。开始时可选做4节,熟练后再逐渐增加到8节。

音乐伴奏:

竹 竿 操

1=F 2/4

5 5 1 3 5 | 4 3 3 | 2 2 1 7 1 | 2 1 5 |
一 二 三 四 五 六 七 八

5 5 1 3 5 | 4 3 6 | 5 4 3 3 1 | 2 7 1 |
二 二 三 四 五 六 七 八

3 5 | 3 1 3 1 7 | 2 | 7 5 7 5 |
三 二 三 四 五 六 七 八

5 5 1 3 5 | 4 3 6 | 5 6 5 4 3 1 | 2 7 | 1 ||
四 二 三 四 五 六 七 停

预备姿势:小儿站在两竿中间,两手握竹竿中端,两脚分开与肩同宽。预备姿势1～6节相同。

第一节 双臂摆动

动作:第①拍左臂向前右臂向后;第②拍动作相反,双脚原地不动;第③⑤⑦拍动作同①;第④⑥⑧拍动作同②。左右双臂随竹竿前后摆动。共做 4 个 8 拍。

第二节 上肢运动

动作:第①拍两臂侧平举;第②拍两臂上举;第③拍两臂侧平举;第④拍两臂下垂,还原。第⑤⑥⑦⑧拍动作同①②③④拍。共做 4 个 8 拍。

第三节 单臂上举

动作:第①拍左手下垂扶竿,右臂握竿上举;第②拍还原;第③拍右手下垂扶竿,左臂握竿上举;第④拍还原;第⑤⑥⑦⑧拍同第①②③④拍。共做 4 个 8 拍。

第四节 体侧弯腰

动作:第①拍两臂侧平举;第②拍右臂经体侧上举,身体向左侧弯腰;第③拍两臂侧平举;第④拍还原;第⑤拍同第 1 拍;第⑥拍左臂经体侧上举,身体向右侧弯腰;第⑦⑧拍同③④拍。共做 4 个 8 拍。

第五节 下蹲站起

动作:第①拍两手握竿侧平举;第②拍轻轻下降竹竿,使小儿扶竿两脚同时蹲下;第③拍两手扶竿站起;第④拍还原;第⑤⑥⑦⑧拍同①②③④拍。共做 4 个 8 拍。

第六节 前走后退

动作:第①～③拍向前走 3 步;第④拍两脚并拢;第⑤～⑦拍后退 3 步;第⑧拍两脚并拢。共做 4 个 8 拍。

注:后退时要慢一些,以免跌跤。

第七节 跳跃运动

预备姿势:成人将竹竿置于小儿两腋下,让小儿用手臂夹住竹竿。

动作:第①②拍小儿两手握竿,两脚离地跳跃两次;第③拍成人顺势将竹竿抬起后放下;第④拍还原,小儿在原地休息不跳;第⑤⑥⑦⑧拍动作与第①②③④拍动作相同。共做 4 个 8 拍。

第八节 划船运动

预备姿势:将两竹竿并拢,小儿站在一侧,身体面对竹竿,双手握竹竿。

动作:第①～②拍向前走,两手将竹竿向前推;第③～④拍向后摇做划船动作;第⑤～⑥拍与第①～②拍相同;第⑦～⑧拍与第③～④拍相同。共做 4 个 8 拍。

1 岁半至 2 岁的小儿,已能站稳,行走自由,由于什么都不会,都想学,喜欢模仿生活中的所见所闻,因此这时期可以教他模仿日常生活的动作体操。

模仿动作操(第一套——生活动作操)

目的:通过生活动作操的模仿动作,发展基本动作,增强体质,发展智力。

预备姿势:两手自然垂直,两脚分开与肩同宽。(第一节到第八节预备姿势相同。)

动作说明:

第一节:睡醒起床(腿关节伸屈运动)

站起和下蹲动作轮流进行,站立时两手上举,下蹲时两手掌合拢放在右脸侧作睡状。

口令:起床了,站起来,睡觉了,蹲下去。(重复2次)

第二节:洗洗小手(上肢运动)

两手臂弯曲,两手掌相对前后摩擦。

口令:洗呀洗呀,洗洗手。(重复2次)

第三节:洗洗小脸(肩关节运动)

左手放在脸前转动几圈,然后换右手放在脸前转动几圈。

口令:洗呀洗呀,洗洗脸。(重复2次)

第四节:点头摇头(颈关节运动)

向前点头4拍,向左右摇头各2拍。(交叉进行)(重复4次,先做2次,熟练后再增加2次。)

口令:　好好好好，不好不好。

动作:(点头点头　摇头摇头)

口令:　对对对对，不对不对。

动作:(点头点头　摇头摇头)

口令:　是是是是，不是不是。

动作:(点头点头　摇头摇头)

口令:　要要要要，不要不要。

动作:(点头点头　摇头摇头)

在训练动作的同时,让小儿理解点头与摇头和口令中语言的关系,学会以动作来表达。

第五节:拍手踏脚(上下肢运动)

拍手和踏脚轮换进行。

口令:拍手拍手,拍拍小手。踏脚踏脚,踏踏小脚。(重复2次)

第六节:拍拍小球(弯腰运动)

左手叉腰,右手从上到下做拍球状,带动腰部向上再下弯腰,同样再右手叉腰,左手从上到下拍球状,带动腰部弯腰。

口令:拍拍小球.弯弯腰呀。(重复2次)

第七节:踏踏小车(下肢运动)

两脚轮换踏地,两手作握车柄状。

口令:踏踏小车,踏踏小车,丁零丁零,丁零丁零。(重复2次)

第八节:拉手风琴(扩胸运动)

两手相对握拳向前平举,左右手同时向两侧作拉手风琴状。

口令:宝宝拉琴,拉呀拉呀。(重复2次)

模仿动作操(第二套——交通工具操)

目的:通过日常所见交通工具的行驶动作,进行模仿各种动作,锻炼身体,培养对交通工具的认识。

预备姿势:两手自然垂下,两脚分开与肩同宽。

动作说明:

第一节:开火车(上下肢运动)

两臂分别置于左右体侧,屈肘同时左右交替前伸后撤,做开火车状,两脚慢步踏步前进。

口令:区区区区,火车开来了。区区区区,火车开走了。(重复2次)

第二节:开飞机(下肢跑步运动)

两臂向两侧伸直平举做机翼状,两脚在原地小跑步。飞机起飞时站立,飞机降落时下蹲。

口令:小小飞机,飞呀飞呀,飞呀飞呀,飞上天了。小小飞机,飞呀飞呀,飞呀飞呀,飞下地了。

第三节:开汽车(肩关节及下肢运动)

两手曲肘于胸前,做左右环绕动作,上下转动做握方向盘,向左右钟表摆动状。两脚做小跑步状。

口令:嘀嘀嘀嘀,汽车开得快。嘀嘀嘀嘀,汽车开来了。

第四节:摇小船(全身运动)

右脚在前,左脚在后,两臂屈肘于体侧,两手握拳做摇橹动作,身体由前向后摆动作划船姿势。

口令:小船小船,摇呀摇呀,小船小船,摇得快呀;小船小船,摇呀摇呀,小船小船,摇到家了。

1岁半到2岁的小儿先做第一套生活动作操。在逐步掌握了模仿动作后,增加第二套交通工具操。每节操都配有口令,指导小儿结合语言的节奏,配合动作去模仿,使小儿易懂易学。

四、2岁儿的教育与训练

1岁前,婴儿需要母亲保护,什么事都依赖母亲,被动地接受母亲施予的教育和训练。1~2岁的小儿在生理和心理发展上起着巨大的变化。对外界的环境已能适应,并建立起较复杂的条件反射活动。想要干什么事,有了自己初步的思考能力,还会用自己的双手与行动去进行探索,从实践中获得经验。对他的教育和训练非常感兴趣,通过模仿来接受。随着语言的发展,极大地促进了心理活动,使感知、注意、记忆、情感进一步发展,思维及想像开始萌芽。小儿的这些变化都有利于对他进行教育和训练。

这时期的教育与训练应巩固良好的生活习惯,继续进行动作和语言的训练,并结合生活中常见的人和事物培养认识能力,逐步适应集体的社会生活,使情绪与情感逐步趋向稳定。在社会生活中,小儿通过物和人交往,通过人和物接触联系,在与人和物的"接受关系"中发展了社会性交往,更有利于接受教育和训练。

(一)卫生习惯和生活能力的培养

小儿的习惯是经过长期的培养,在每日的生活、活动中逐渐形成的。它是在无条件反射或已巩固了的条件反射的基础上建立起来的,是在一定条件下经过训练的结果。1~2岁的小儿很喜欢模仿成人的言行。在日常生活中成人的一举一动都会使小儿感知到,从而模仿着去学做、学说。因此,这时期很容易建立条件反射,养成习惯。成人若以好的榜样去正确地训练小儿,就会形成良好的习惯,若是不注意教育和训练,也容易养成不良的习惯。

这时期小儿喜欢动手,凡是能接触到的东西都要去感知、玩弄。因此,可以训练他做一些力所能及的小事,这样不仅可以训练骨骼和肌肉群的协调性,促进眼手协调动作的发展,还可以训练他学会自我服务,如自己学吃饭,主动坐便盆,用手帕擦鼻涕等。小儿经过无数次的训练,学会了,就获得了成功的欢乐和自信心,同时也增强了生活能力。

1. 睡眠习惯及能力的培养

经成人提醒,小儿到了睡眠的时间会走到床前,自己学习脱鞋袜,主动配合成人帮助自己脱衣裤。起床后,主动配合穿衣裤、袜、鞋。

上床后安静入睡。知道"躺下、闭眼","不讲话"的词义。学会睡在床上躺下,不爬起来,闭上眼睛,不发出声音,自动入睡。

2. 饮食习惯与能力的培养

专心进食 知道进食时坐在固定的椅子上,双手放在桌上,安静等待成人备餐。

爱吃各种食物　小儿开始接受每一种新食物时,不存在食物好吃或不好吃的感觉。只要烹调可口,菜碎,饭烂,都愿接受。新食物量宜少,适应后逐渐加多。要求小儿吃完规定的食物,培养爱吃各种食物。

学会自己进食　满1岁的小儿都有使用小勺自己进食的愿望。这时开始训练让小儿拿着小勺学习在碗里舀食物送进嘴里。小儿动作不准确,难免将衣服弄脏,饭菜撒在桌上地上,是必然的现象,对这个年龄的小儿不必苛求。小儿开始学自己进食时,教会用右手握勺,左手扶碗。用勺在碗里从外向里的方向舀食。每次进食时准备两把小勺,小儿握一把自己学吃,成人握一把喂食。这样可以边喂边示范舀食的动作让小儿模仿。

学会细嚼慢咽　1岁半左右的小儿已能接受小块食物,可以适当吃些硬食,硬食需要充分咀嚼。如面包干、馒头干可以磨牙床,增加咀嚼力。教小儿咬下一小块,慢慢用牙咀嚼碎后再吞下。

学会握杯喝水　先学会用双柄杯两手各握一柄喝水,成人用手托住杯底帮助小儿饮水。接近2岁时,小儿可用单柄杯,右手握柄,左手托住杯底,自己饮水。每日安排固定时间,保证小儿饮人充分的水。

3. 排泄习惯及能力的培养

定时定点排便　训练小儿每天在固定的地点,定时排大便,时间不超过5分钟。若排不出便,可让小儿起来,等一会儿再坐便盆。

用语言或动作表示排便　1岁半以前的小儿不会主动表示大小便,需要成人密切注意排便排尿的表情和动作来提醒大便或小便。在照顾坐盆时,发生"大便"或"小便"的词音,以语言作为条件反射来培养小儿排便。1岁半以后,小儿学会讲简单句,再训练小儿学会用"大便"和"小便"两个词表示排便。

主动去厕所坐盆排便　满2岁时小儿已能初步控制大小便。需要大小便时,能主动去厕所坐便盆。夏日会自己脱下三角裤或短裤。

4. 清洁习惯及能力的培养

洗手脸　1岁到1岁半的小儿,因走路不稳,可以坐着为他洗手脸,边洗边和他讲话。如说:"宝宝洗洗手,小手真干净。""宝宝洗洗脸,小脸真好看。"使小儿寸洗手脸感兴趣,感到愉快,愿意主动配合。1岁半以后,小儿可以站在洗手池边,成人在旁帮助先冲湿小手后擦上肥皂,教小儿手掌相对搓搓,然后搓擦手背、手指,再用清水冲洗干净后,用干毛巾擦干双手。若家中水池过高,可用矮凳放在水池边,让小儿站在上面,双手在水龙头下用流动水冲洗。小儿学会洗手后,养成饭前便后洗手的好习惯,知道爱清洁,手弄脏了随时去洗。洗脸由成人帮助,教小儿知道洗脸的顺序:先洗眼部,再洗两颊及额部,然后洗耳部、颈部、嘴及下巴.最后洗鼻部。每日起床、饭后及晚睡前都要洗脸。

学会漱口 为了保护牙齿,早期预防龋齿,经常保持口腔清洁,小儿吃完三餐饭及点心后,都要喝少量白开水来漱口,清洗口腔。先由成人示范,喝一口水,将嘴闭紧后鼓起动一动,发出"咕噜,咕噜"漱口声,再将水吐出,然后照样教小儿模仿,多做几次直到学会。

学用手帕 培养小儿知道手帕的用途,学会使用手帕,知道用手帕擦眼泪及眼里灰尘,天热了用手帕擦汗,吃东西后用手帕擦嘴,鼻涕流出用手帕擦干净。成人先示范,小儿跟着学。

接受卫生教育 乐意接受成人为他定期洗头、洗澡、剪指甲、理发等卫生习惯的培养,以及不睡地上,不挖鼻孔,不捡拾脏物吃。

(二) 动作能力的训练

1～2岁的小儿充满着活动的能量,渴望独立行动。这时期由于小儿已断奶,初步理解语言,又能独自行走,这三大变化消除了依赖母亲的心理,更乐意接受成人对他的动作训练。因此,应在巩固前一阶段学会翻身、坐、爬、站、走的基本动作之上,进一步要求小儿独走得平衡熟练,少跌跤,即使跌跤了会自己爬起,获得经验及成功,从中体察到自己的能力,产生自信心,有助于今后动作能力的训练。这时期要训练小儿跑和跳,下蹲和站起,钻爬和投掷,向上攀登等大动作。对手指精细动作能力的训练是发展眼手的协调能力及手指的活动能力。因为这些动作都是初学,既不协调又不灵活,所以在开始时就要正确训练,耐心示教,帮助学会。

动作能力训练的项目和内容如下:

1. 大动作能力的训练

走 1～1岁半,训练小儿平稳地独走,朝着指定方向行走,多方向自由行走,抱着娃娃走,推车走,拖拉玩具走等。

1岁半～2岁,训练小儿跨过障碍物行走,如跨过彩带、木棍、门槛等。学会提脚跨步的动作后,进一步练习在地上放上几根平行的长绳或木条,中间相隔15厘米,教小儿连续跨过障碍物。

平衡 在地上画两条平行线或放两根竹竿(长约200厘米)。间隔30～35厘米,教小儿在两条线中间行走,保持身体平衡,不踩线,不跌跤。熟练后,教小儿在台阶上来回行走,扶着小儿在宽30厘米,高10厘米,长200厘米的平衡木上行走。

下蹲和站起 训练小儿下蹲拾物,再站起放好物品。秋季下蹲拾落叶放小篮内,站起来将落叶放入垃圾桶内。下蹲时间不宜过长,以免疲劳。以后小儿看见室内外的纸屑、果皮也学会下蹲去拾起,放入垃圾桶里。

跑 1岁半以后开始教小儿跑步。可以追球、追人、追机动玩具学跑。熟练后可教小儿追随镜中反射的亮光跑或跑去捕捉肥皂泡等。每次可跑200～300厘米左右。

跳　1岁半以后训练小儿握着成人双手学跳,然后再握成人单手学跳。小儿学会跳的动作后可以自己随意跳,模仿兔跳、青蛙跳,开始学跳时双脚并不齐,脚不离地,只要小儿能跳起即可,以后再教跳的动作及姿势。

钻爬　训练小儿两手、两膝着地向前爬行。学钻爬桶或藤圈,也可教小儿在成人张开的两腿间爬来爬去钻洞。学爬4级不高的滑梯或台阶,向上爬后再向下退爬。训练手脚和全身动作协调。

攀登　先训练从小椅上爬到沙发上,或成人坐的大椅上或床上,然后再训练从小椅爬到大椅上,再用手扶大椅,双膝退到小椅子下来。攀登3～4级小滑梯,再从滑板滑下来。

投掷　训练小儿举手过肩将球抛出,再拾起球投掷到桶内或篮内。还可学随意掷皮球、掷沙袋。

模仿活动　训练小儿学做拍手、踏脚、转圈、两手平举向前走,模仿开飞机;两腿下蹲,两手在两侧前后摇摆模仿小鸭游水;两手食指相对放在嘴前,弯腰点头状模仿小鸡吃米的动作等。成人先示范,再教小儿跟着做。

2. 手指动作能力训练

在训练手指操作能力的同时,要促进手——眼——脑之间协调的能力。

搭积木　1～1岁半开始搭2～3块积木,以后增加到5～6块。要求1块接1块拼成长形火车状,再1块叠1块形成高楼状。1岁半～2岁搭6～8块积木,随意搭成各种简单的形状,如两块积木上加一块搭成桥形等。

拾物、取物　用手指在地上拾树叶、石子、废纸等。用手按成人指示去取物,如取报纸给爸爸,取拖鞋给妈妈,取帽子自己戴等。

穿大木珠　训练小儿用粗塑料绳穿大木珠,学会将绳穿入小孔,将绳拉出。熟悉穿法后可穿有洞的瓶盖、算盘珠子、大扣子等。

其他　用手指拼拼板、插木片、盖瓶盖、套碗、翻图书、握笔涂鸦(按小儿意愿乱涂)等。

(三) 语言能力的训练

及时训练小儿开口学说话及理解成人的语言是这时期的重要任务。成人要用正确的语言结合小儿认识的事物进行教育和训练,并使小儿逐步听懂和理解,能有更多的机会去模仿发音,学说单词和简单句。只要成人不厌其烦地多讲,小儿听得多,听得明白就会将脑中储存的词累积起来,到了1岁半以后,就会突然开口说许多话。虽然小儿有些话讲不清或用词不当,可以让小儿听成人用正确的发音来重复他的语言,鼓励他模仿学说,使小儿矫正自己的语言,并记住正确的说法。

在学口语的同时,成人还应对小儿提出各种问题,让小儿回答。教给小儿简单

的儿歌和歌曲、鼓励小儿跟着背诵或唱歌。虽然小儿只能随着成人讲最后一两个字,好像接尾巴似的,还不能完整背诵或唱出整个儿歌或歌曲,但小儿经过多次训练,会逐步跟着说或唱。

随着听觉语言——口语的发展,小儿已能听,能发音,理解语言,学会说简单句.同时也促进视觉语言——书面语言(识字)的发展。此时期是缓慢识字阶段,小儿到2岁时可以认识600个字左右,有了识字的基础,成人可以训练小儿接受阅读的教育。开始时不是让小儿读.而是让小儿接触书,翻翻书,看看字,再听成人读给他听。成人读书给小儿听,是让小儿以后学会阅读的重要一步。因为让小儿多接触书,经常听念书,对今后小儿阅读能力的培养起着举足轻重的作用。

这阶段的小儿对数的概念有初步理解,虽不能说出,但能辨别,可开始训练区分大小、多少等。

训练语言能力的要求和内容如下:

(1) 理解成人的语言,学习听懂普通话.模仿正确发音,逐步讲出日常生活中经常接触到的词。

名词

身体部位 眼睛、耳朵、鼻子、嘴、手、脚、头、头发、脸等。

日常用品 衣服、裤子、鞋子、袜子、帽子、手帕、毛巾、桌子、椅子、碗、勺、杯子、便盆、灯等。

人称 妈妈、爸爸、奶奶、爷爷、外公、外婆、叔叔、阿姨、老师、哥哥、姐姐、弟弟、妹妹、小朋友等。

玩具 积木、皮球、娃娃、拼图、响铃、小鼓、木珠、套碗等。

交通工具 汽车、飞机、自行车、轮船等。

动物 鸡、鸭、猫、狗、鸟、兔等。

水果 苹果、梨、西瓜、橘子、香蕉等。

蔬菜 青菜、萝卜、豆等。

饭菜 粥、面、饭、豆腐、肉、鱼、蛋、馒头、馄饨、饼干、蛋糕、牛奶、豆浆等。

动词

吃、咬、听、唱、说、打、拍、拣、接、搭、要、坐、玩、开、关、走、跑、跳、爬、看、哭、笑、给、喂、拿、抢、洗、擦等。

形容词

好、坏、亮、冷、热、红、高、大、小、胖、瘦、干净、脏、甜、咸、苦、多、少等。

副词

真好,真乖等。

(2) 学说2~3个词的短句,用短句来表达自己的要求,与人交往。如"妈妈抱","戴帽帽"。

(3) 学会回答成人简单的提问,如成人间:"你想出外玩吗?"小儿回答:"宝宝去。"

(4) 学会背诵简单的儿歌3～4首,每首2～4句,每句3～5个字。如:儿歌"洗澡":"小宝宝,洗个澡。洗干净,身体好。"

(5) 学会识字若干,多为常生活中接触到的单词,并会说出。喜欢看图书,听成人朗读儿歌,看图说话,用手指出认识的字。

(四) 认识能力的训练

小儿已能独立行走,自由活动,主动去接触环境中的各种事物。凡是接触到的事物,都要去注意,进行探索:成人尽量少干涉小儿自发的探索活动,让他集中注意观察他感兴趣的目标,去积累探索经验,并训练他去记忆看到、听到、接触到事物的主要特征,然后再通过思考去进行概括和归类。如知道香蕉、苹果、西瓜是水果类;娃娃、皮球、积木是玩具类。通过多次对各种事物的探索,进行注意、记忆、思维来训练小儿的认识能力。

训练小儿的认识能力应采用直观教育的方法,采用实物、图片、玩具、木偶表演等方式进行教育。还可以结合语言的训练同时进行。

训练认识能力的要求和内容如下:

(1) 认识自己身体的主要部位,并指出它们的部位。

(2) 认识常吃的食物,并说出它们的名称。

(3) 依季节而定,认识常见的蔬菜。

(4) 依季节而定,认识常吃的水果。

(5) 认识日常生活用品,知道名称及用途。

(6) 认识自己的服装,按指示去取衣服。

(7) 认识小动物,包括特征、叫声、名称。

(8) 认识自然,能指出花、树、草。

(9) 认识常见的交通工具,知道名称和响声。

(10) 认识家庭成员及他们的称呼,知道自己的名字,呼叫时学会应答。

(11) 认识太阳、月亮、经观察后会指出。

(12) 认识红、绿色,会指出,并能区分。

(13) 认识其他,区分大和小、有和无,感知甜和咸、冷和热、多和少(1个和许多个)的不同。

(14) 认识节日和假日,"六一"儿童节是小朋友自己的节日;星期六、星期日是假日,爸妈不去工作,宝宝不上托儿所。

（15）认识图片中的主要人物，集中注意力一次观察5分钟上，逐渐增加到10分钟。

以上认识的具体内容可参看语言能力训练中的内容。在训练语言能力的同时，引导小儿去注意观察事物、图片等。然后通过游戏或提问促使小儿记忆、思考，再用语言来回答，方能逐步巩固和提高认识能力。

（五）社会适应能力的训练

根据1~2岁小儿的年龄特点，对亲人的依恋行为仍处在高峰期，情绪容易波动。小儿的社会行为主要表现在他与周围人们相互交往中所表现出的态度、情绪及行为的状况，这是小儿社会情感，适应社会能力发展的基础。

这时期小儿从家庭进入到托儿所的大集体中，初次与亲人分离，表现出紧张、害怕陌生人，甚至哭闹不止，对环境不适应，引起"分离焦虑"。陌生人和新环境是小儿从未接触过的，使他缺乏安全感，思念亲人。

因此，要训练小儿在托儿所生活的适应能力。成人（父母及保教人员）给予适当的安慰，根据小儿的个性和兴趣爱好，与他建立良好的关系，耐心帮助他渡过情绪不稳定的时期，逐渐转移不稳定的情绪尝试着适应新环境，感受集体生活的快乐，促使心理平衡，从而表现出正常的社会行为。

训练社会适应能力的要求和内容如下：

（1）学会适应集体生活：训练小儿经过短期的集体生活学会适应新环境。做到不怕生，不哭闹，逐渐习惯集体生活，遵守集体生活规则，能愉快地、自愿地上托儿所。

（2）学习与同伴友好相处：逐步建立感情及友好的关系，接触陌生同伴不能心急，先接近1~2个，熟悉后有了感情，再逐步扩大接触面，使小儿有一个适应过程。

（3）学会玩玩具和共同游戏：教会小儿玩不同种类的玩具，知道玩法，学会等待轮流玩，或与同伴交换玩，知道抢同伴玩具不好，玩完玩具后要放好。

（4）学会辨别是非：小儿不懂是非，但能从成人的表情中学会。成人表现高兴的、赞扬的事，小儿感觉到是鼓励他的好事，是对的，可以去做。成人表现不高兴的、严肃不满的事，小儿感觉到是制止他的坏事，是不对的，不可以去做。让小儿逐步学会辨别是非。

（5）学习礼貌待人：在成人教育下学会见到人招呼，学说"早"、"好"，分别时学说"再见"，接受别人礼物或帮助时，学说"谢谢"，需要人帮助时学说"请"等礼貌用语。小儿初学礼貌用语，需要经常提醒，养成习惯。若能主动做到，就要及时表扬，称赞他，使好的社会行为及时得到强化，促使以后经常出现。

（六）艺术教育——音乐

音乐是小儿生活中不可缺少的艺术教育。它使小儿动情，带给小儿欢乐。经常生活在充满了音乐气氛中的小儿,会表现出对音乐的敏感及极大的兴趣,从而产生爱好音乐的情感。这不仅能形成活泼开朗的性格,而且在音乐活动中能增长小儿的才智,促进语言和动作的发展,为将来的艺术教育打下基础。

1～2岁小儿的音乐教育可以通过多种音乐活动来进行。包括听音乐、唱歌、律动(听音乐节奏做各种模仿动作)、做音乐游戏等。培养小儿对音乐的兴趣,训练早期的音乐感受能力,使小儿听觉获得悦耳的刺激和节奏感,从而激起愉快的情绪,促使四肢自发地活动,主动地表达自己的情感。

这时期对小儿进行音乐教育的要求和内容:

(1) 听音乐:每天听格调优美的乐曲,如"小夜曲"、"蓝色多瑙河"等世界名曲以及优美的民族音乐,不要间断。切忌听摇滚乐、迪斯科等噪音较大的音乐。播放时音量与高低音应恰当。还可听成人唱幼儿歌曲、弹钢琴曲、拉小提琴等。

(2) 唱歌:先听成人为他唱歌,了解歌词的简单内容,然后跟着成人一起边学边唱。反复学过数次后,让小儿自己学着唱,能唱出几个字即可,不要求唱完整首歌。小儿在唱歌时常按歌词意伴以动作。举例如下:

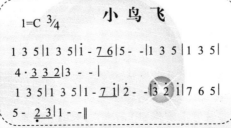

注:唱歌时请小儿蹲在地上,当唱到"咯嗒咯嗒"时,请小儿表现出母鸡欢叫的愉快情趣。讲"咯咯咯"时从蹲的地方站起来,表示蛋已生了出来。

(3) 律动:模仿成人的动作,听音乐的节拍,学做简单的动作。如"拍手",掌心相对按节拍拍手。"小鸟飞".两手平举,手腕随着肘部上下摆动,模仿小鸟飞状。音乐节奏如下:

```
1=C 4/4        拍 手
3 2 2 1  1 | 2 2 4  3 2 1 | 5 5 4 3 3 | 2 1 2 3 1 ‖
(拍)(拍)(拍)  (拍)   (拍)  (拍)  (拍)  (拍)
```

注:请小儿听琴声或哼乐曲声拍手,二拍一次。

```
1=C 3/4        小 鸟 飞

1 3 5 | 1 3 5 | 1̇ - 7 6̇ | 5 - - | 1 3 5 | 1 3 5 |
4 · 3 3 2 | 3 - - |
1 3 5 | 1 3 5 | 1 - 7̇ | 2̇ - | 3 2̇ | 1 7 6 5 |
5 - 2 3 | 1 - - ‖
```

注:随琴声做鸟飞动作,两臂左右平举,每三拍向上下飞一次。

（4）音乐游戏：听音乐玩游戏，与成人一起随着音乐做动作，遵守游戏规则。举例：

> 1=D 2/4　　**捉 小 鱼**
>
> 5 6 5 4 ｜3 4 5 ｜2 3 4 ｜3 4 5 ｜
>
> 小鱼小鱼，游来了，游来了，游来了，
>
> 5 6 5 4 ｜3 4 5 ｜2　5 ｜3　1 ‖
>
> 小鱼小鱼，游来了，快 快 捉 住。

进行"小鱼"游戏时，父母两手互握高举作鱼网状，小儿两手在左右侧自然前后摆动，作鱼游动作，边唱边走，到接近鱼网时低下头游过去，唱到"快快捉住"时，鱼网把小鱼套住。此游戏要求小儿会灵敏地逃走，不被鱼网套进，若未套进再重复唱和做动作，直到套进为止。

（5）音乐舞蹈：选择节奏舒缓而轻柔的音乐，如三拍的华尔兹舞曲或节奏欢快的"铃儿响丁当。"乐曲，也可是民谣歌曲。播放录音或成人唱时，将小儿抱起握好手，一边摇摆、向前、向后迈着舞步，合着音乐节拍转身或旋转。也可牵着小儿双手站在地上跳舞。举例：

> 1=C 2/4　　**大头娃娃舞**
>
> 6 i 5｜6 i 5｜6 i 3｜5 6 5｜3 5 2｜
>
> 3 5 2｜2 5 6 5 3 2｜1　－ ‖

注：第一遍音乐，成人把大头娃娃头饰藏在身后跳出来。第二遍音乐，成人出示大头娃娃头饰，戴在头上独自跳舞。第三遍音乐，成人头戴娃娃头饰，双手握住小儿两手，一起跳大头娃娃舞。

（七）玩具与游戏

1. 玩具

此时期小儿以玩巩固步行、学习跑步及训练手指细小动作的玩具为主。还应有促进语言及认识能力发展，逗引小儿欢喜，使他愉快的玩具。包括以下几种：

发展感知觉的玩具：训练看、听、触摸的玩具，如不同颜色和不同形状的积木、拼板等；不同大小的玩具，如球、盒、碗、娃娃等。

发展动作的玩具：大动作玩具可训练走、爬、跑、攀登的爬桶、平衡板、小攀登架、拖拉玩具、机动玩具、投掷玩具、遥控玩具。

手的动作玩具：可训练手指操作，如套叠盒、套绳、套环、插棍等；敲打玩具如锤床、小鼓、穿珠及结构玩具（积木、拼图、插片等）。

发展语言及认识能力的玩具:可训练小儿多观察、多听、多说、多记、多想的玩具。如:

各种动物形象玩具:熊猫、马、羊、象等;

交通玩具:汽车、火车、飞机等;

家具和日常用品玩具:桌、椅、床、小餐具、炊具、清洁用具等;

各种木偶、自制玩具、图书、画片等;

音乐及娱乐玩具:小乐器、鼓、钹、铃等;

声控及机动玩具:会叫的娃娃、会动的爬猴、跳蛙、母鸡下蛋等;

玩沙和玩水的玩具:小铲、小桶、塑料船、动物、瓶子、铁罐等。

2. 游戏

1～2岁可进行活动性游戏,以发展大肌肉为主;智力游戏,以发展语言及认识能力为主;桌面游戏,以发展手的精细动作为主;娱乐游戏,以逗引小儿,使之愉快欢乐为主。

13～14个月小儿的游戏

❀ 小树长高了

目的:训练小儿俯卧、跪立、下蹲、站立的动作,并在改变姿势的过程中,锻炼上肢、下肢、腹背的肌肉,使小儿会改变自己的姿势进行活动。

玩法:游戏前,成人带小儿到公园里去,指给小儿看大小不同的树并告诉孩子,小树苗长起来就变成高大的树。让孩子对小树长高了有感性的认识。

游戏开始时,让小儿俯卧在地毯或铺了席子的地上,两手向前举起伸直,(图1)成人拉着小儿的两手说:"小树苗,快长高!"同时拉着小儿的双手向上提,小儿就势从俯卧位改变为跪位。(图2)成人接着再说:"小树,小树,快快长高!"并拉着小儿的手再往上提,使其从跪位改变成蹲位。(图3)成人重复再说:"小树,小树,快长高,快长高!"并同时拉着小儿的双手再向上提,让小儿站立起来。(图4)

图1   图2

图3

图4

提示:刚开始时,成人应握住小儿的手腕部;最后到站起来时,可握着小儿的手部,动作不宜太重。

捉蝴蝶

目的:训练小儿平稳地学跑,活动四肢,眼手协调地追捉蝴蝶。

玩法:游戏前,成人先带小儿去公园观看。成人跑步追捉蝴蝶,让小儿认识蝴蝶。

成人用纸做个蝴蝶挂在小棍上,并摇摆着吸引小儿去追捉。开始时,可摇动得慢一些,让小儿有机会捉到。以后逐渐摇动快一些,最后成人慢步四处跑,逗引小儿追随蝴蝶去捕捉。每次故意让他捉到,并及时赞扬他,以提高他的兴趣。

成人用纱巾做蝴蝶的翅膀,披在双肩上,用双手拉着纱巾的两端上下摆动,做蝴蝶飞的动作。边跑边对小儿说:"蝴蝶飞来了,宝宝快来捉。"小儿跑着追蝴蝶。跑了数圈后,成人渐渐放慢脚步,故意让小儿追到。

游戏进行数次后,让小儿扮演蝴蝶,练习跑步,成人在后面追,直至捉到蝴蝶为止。

提示:注意小儿跑的速度不要太快。经过多次训练后,在跑稳的基础上适当增加速度。

动物手影

目的:培养小儿的注意力、观察力,促进其对动物的认识并使情绪愉快。

玩法:游戏前,先让小儿认识猫、狗、鸟、鸭的实物或图片,并让小儿学这些动物的叫声。

游戏时,成人在阳光或灯光下,借助光的照射,将猫、狗、鸟、鸭的手影反映在墙上,让小儿注意观看影像及动作,并对他说:"宝宝看看墙上什么东西在动?"让小儿猜。若猜不出,就模仿动物的叫声启发小儿。若是小儿仍认不出来,就将动物的图片贴在墙上,让他观看,并教他模仿这个动物的叫声。小儿若能跟着模仿叫声,要及时称赞鼓励,以提高他继续进行游戏的积极性。

提示:成人事先应自己学会各种手影表演的动作。

指出部位在哪里

目的:正确地认识眼、耳、鼻、嘴、手、脚的各个部位并能指出,跟着学讲名称。

玩法:事先准备一个娃娃(或一张孩子的全身图片)。

进行游戏时,成人指着娃娃的脸告诉小儿:"这是娃娃的眼睛。"并握着小儿的手指去指着娃娃眼睛的部位让小儿认识,同时教他讲"眼睛",让他模仿发音。然后再分别指耳朵、鼻子、嘴、手、脚等部位并认识,再教发音,让孩子学讲。

经过数次教认及发音后。再问小儿:"娃娃的眼睛在哪儿呢?"启发小儿去指出,并发出这个词的音。同样依次问耳朵、鼻子、嘴、手、脚等部位,让他指出并学发音。小儿指对了及时赞赏表扬.没有指对,再重新教。

提示:此游戏还可变换,请小儿指成人的这些部位,然后让他指自己的这些部位,并说出名称。指他自己的五官时,可以让他照着镜子边看边指。

15~16个月小儿的游戏

划划小船

划船歌

1=D 2/4
中速

```
1        1 | 1. 2  3   |  3. 2  3 4 | 5—|
划,      划,划小船,     小船划得 快,
1. 1   5. 5 | 3. 3   1. 1 |  5. 4 3 2 | 1—‖
划呀,   划呀,划呀,    划呀,宝宝多快乐。
```

目的:训练小儿的臂力,锻炼腹肌并有节奏地弯腰配合手臂的前后摇动。

玩法:准备一根60厘米左右的木棍或竹竿。游戏时,让小儿背对着坐在妈妈的怀里,和妈妈一起握住木棍,小儿握中间,妈妈握两端。妈妈说:"宝宝来划小船,划呀划。"开始时,母子一起划,等小儿掌握了划船的动作后,就让小儿自己拿着小木棍一前一后地摇动,模仿着一推一拉地做划船的动作,妈妈在旁边唱划船歌助兴。

提示:游戏前,先带小儿到公园去观看游人划船,并用双手模仿划船的动作给他看。然后握住小儿的手,教他做划船动作。

转转娃娃

目的:训练小儿原地转动身体,锻炼身体的平衡能力。

玩法:事先用一根布带或塑料绳系在布娃娃身上,也可用一块布,中间塞一团棉花,自制娃娃头,然后系在塑料小瓶的瓶颈上。制成的小娃娃在颈部系一根绳。游戏时,将绳的另一端让小儿握紧,小手臂平伸,使娃娃悬在空中。教小儿原地转圈,

使娃娃随着转动的力量飘起来,跟着小儿转圈,好似坐转椅一样地转圆圈。

提示:游戏前,可让小儿去公园坐转椅,使他对"转"有感性认识。开始时,成人先示范玩法,然后再握住孩子的手臂和他一起慢慢转(图1),待小儿学会转的动作后,再让他自己拿着绳子转娃娃(图2)。

图1   图2

❀ 送玩具回家

目的:养成小儿从小学会收拾玩具的好习惯。训练蹲下拾玩具,起立放好玩具的动作。

玩法:成人给小儿玩玩具时,应先教给小儿各种玩具的玩法以及在不同的活动场地玩,如积木、木珠、拼板应坐在小桌前玩;豆袋、套环、球,应在较大的空地上玩。收拾玩具要在玩好玩具后立即进行。在进行时,先要准备好盛器,如纸盒、塑料桶、大篮子。并预先告诉小儿,对他说:"你的玩具'朋友'和你一样,都玩累了,现在你该送它回家了。玩具的家在这里,请你送它回家好吗?"接着出示盛器,帮助小儿将一件件玩具放入。开始时,由成人帮助一起收拾,以后,仅以语言提示,让小儿自己拾起玩具放好。

提示:玩具是小儿最喜爱的伴侣。但小儿还未学会玩时,常会四处扔,如果父母过于积极地帮助收拾玩具,又不给孩子提供盛器,不教孩子如何收拾玩具,孩子就会养成乱扔的坏习惯。因此,及早开始教小儿收拾玩具并养成习惯极为重要。通过游戏,小儿将玩具拟人似的送回家,对玩具产生情感并易于接受。开始可以将全部玩具放在一只纸箱中,随着小儿年龄的增长,逐渐将盛器分成数个,分别存放。如娃娃家、动物家、积木家、皮球家,等等。以后,可以选用玩具架,分别贴上玩具的标签,分类存放,便于小儿识别。

17～18个月小儿的游戏

登山运动

目的:训练小儿走、爬、跳的动作。培养身体的平衡能力及锻炼胆量。

玩法:妈妈俯卧在床上,让小儿从妈妈的脚后跟处经过小腿,走到大腿及臀部,到达背部。对小儿说:"宝宝上了小山坡。"要求小儿从妈妈背上跳到床上。待小儿进行游戏多次之后,胆量逐渐增大,妈妈屈臂撑起上身,臀部抬高,呈跪卧状,让小儿从脚部爬到妈妈背上,再从背上跳下来,反复进行。

提示:游戏前,带小儿去公园玩时,教孩子认识小山,使小儿有感性认识。游戏可在床上或地毯上进行,爸爸最好在旁边保护。

学做小袋鼠

目的:锻炼小儿的臂力和腿力,适应变化姿势进行活动。

玩法:小儿扮演小袋鼠,妈妈扮演大袋鼠。妈妈把小儿抱起来,小儿的两臂搂住妈妈的颈部。妈妈说:"小袋鼠,摇摇摇。"边说边将小儿向左右两侧摇动(图1);妈妈再说:"小袋鼠,转一转。"说着将小儿原地转一圈。然后,妈妈用一条大三角巾将小儿捆在自己的腹部,让小儿手臂吊在妈妈颈上,两腿钩住妈妈腰部,妈妈一手托住小儿后背,一手在地上边爬行边说:"小袋鼠玩累了,闭上眼睛睡一觉。"让小儿闭眼作睡觉状(图2)。

图1　　　　　　　　　　图2

提示:游戏前,让小儿看图书上的小袋鼠在大袋鼠的腹袋中的图,教小儿说:"袋鼠"。

❀ **晴天雨天**

目的: 认识晴天和雨天,学会结合天气变化去行动,并巩固走和跑的动作。

玩法: 用两把靠背椅,上面遮一张大报纸,搭成一座"房子"。再画一张有太阳的晴天图片和一张下雨的雨天图片。游戏时,先出示晴天的图片,成人说:"天晴了,太阳出来了,宝宝快快出来玩。"指示小儿从"房子"里跑出来,四面奔走地玩耍。然后,出示雨天的图片并说:"下雨了,下雨了,宝宝快快跑回家。"要求小儿赶快跑到"房子"里躲雨。游戏可以反复进行数次。待小儿熟悉游戏的玩法之后,可以不出示图片,只要求小儿听见说:"天晴了",就走出来玩(图1),"下雨了",就跑回"家"躲雨(图2)

图1   图2

提示: 要求在游戏听指示迅速行动。

平时结合天气转变,教小儿观察天气变化。天晴时认识太阳,人们在太阳下戴草帽遮阳光;下雨时认识雨,并撑伞遮雨(图1)。

图1   图2

小儿有了对晴天、雨天的感性认识后,可以将游戏变化为听到说"天晴了",就要求他戴上帽子外出;"下雨了",就撑着小伞遮雨。在进行游戏前,先准备好一顶遮阳帽和一把小雨伞,让小儿听指令去选择。通过游戏,使小儿获得生活知识。

❀ 挑选水果

目的: 认识水果。训练小儿注意、观察并学习辨别、比较,学用简单的语言表达。

玩法: 事先准备好苹果、香蕉以及其他几种水果,放在桌上。游戏开始时,成人对小儿说:"桌上有许多水果,请你把苹果拿来放在小篮子里。"引导他将桌上的3～4个苹果挑选出来放好。如果小儿挑错了,要求他重新再挑,直到挑对为止。然后请小儿提着篮子去送给爸爸、妈妈或其他人,每人一个。成人先对小儿说:"谢谢。"再问他:"这是什么?"如果小儿回答不出来,成人应教他说:"苹果"。让小儿模仿发出"苹果"的词音。说对了要及时称赞。为了提高小儿的兴趣,可以欣赏儿歌:"红苹果,圆又圆,吃一口,甜又甜。"以后再问他:"这是什么?"让小儿重复学说,并给小儿吃苹果,以促使他通过眼看、手摸、尝味、鼻闻等多种感受认识苹果。

以后再以同样的玩法让小儿挑选香蕉,并结合欣赏儿歌:"香蕉,香蕉,有礼貌。弯弯腰儿,问你好!"让小儿知道香蕉的特征,并教他握着香蕉的一端向前摇动,做点头问好的姿势,同时也培养小儿对人有礼貌。

提示: 此游戏除了挑选水果外,还可以教小儿挑选玩具、餐具、食品等其他一些在生活中熟悉的物品。

19～20个月小儿的游戏

❀ 开盒寻物

目的: 促进两手协调活动,培养注意、记忆及思维能力。

玩法: 当着婴儿的面,将一个小娃娃放在套盒中最小的盒子里,然后盖上小盒盖,放到一个中盒子里,再将中盒盖盖上,放至大盒子里,并将盒盖盖上。这时对婴儿说:"小娃娃到哪里去了? 我们来找找。"然后依次打开大盒盒拿出中盒子,再打开中盒盖拿出小盒子,将小盒子递给婴儿,让他打开盒盖,并对他说:"你看,娃娃在这里!"给婴儿玩一会儿以后,再将娃娃放入小盒,依次再放入中盒、大盒后,让婴儿自己依次打开大、中、小三个盒盖,取出娃娃来,游戏才结束。

提示: 此游戏较难,开始可以只教婴儿玩一个小盒子装玩具,等学会开盒盖取玩具后再增加中盒子,教婴儿学会将小盒子放入中盒里,然后再增加大盒子。婴儿在玩此游戏时要注意观察、记忆如何将三种大小不同的盒子套进,并通过套盒及盖盒的动作去探索,从而发展空间知觉。在游戏中,婴儿是从玩弄三种不同大小的盒子与盒盖配对,以及经过多次套进取出的动作获得空间知觉的。

移纸取物

目的:发展感知觉及思维能力,促进认识事物和理解语言。

玩法:妈妈抱婴儿坐在桌边。桌上放着一个色彩鲜艳的玩具,先让他玩一会儿,然后突然拿开,让他寻找。这时,妈妈将玩具放在桌子中间,在玩具前面放一张透明纸或一块大玻璃挡住玩具,使婴儿只能看见而不能拿到。婴儿通过透明纸看到他刚才失去的玩具会立刻伸手去拿,但被透明纸挡住。这时妈妈教他把手伸到透明纸后面或是将挡住玩具的透明纸拿开就能拿到玩具了。以后多次重复玩此游戏,可以观察婴儿是否学会了拿玩具,看看他采用哪一种方法能取到玩具。

提示:通过游戏可以了解婴儿理解语言及感知觉的发展情况。从小培养通过思考解决问题的能力。如婴儿在游戏中获得经验后,隔着玻璃窗看见妈妈,就学会爬过房门到门外去找妈妈。

父子涂画

目的:启发用手指握笔随意涂画的兴趣,感知各种线条和色彩。

玩法:游戏前经常让婴儿观看父母拿笔写字或用蜡笔在纸上画图、涂色,引起婴儿的注意,使其逐渐发生兴趣。等到婴儿也想玩笔时,爸爸可以拿一张较大的纸,握着婴儿的手画直线、横线及各种图形。如画圆形,可以对他说:"这是你玩的皮球。"或者说:"这是你吃的苹果。"画方形时说:"这是你玩的积木。"还可以画娃娃及小动物,但都是他曾经认识或接触过的物体。使他感知握笔在纸上画,能在纸上留下痕迹(记号)。然后,让婴儿自己握着笔在一张大纸上任意涂涂、点点、画画,留下他的一张张作品。不管婴儿涂在纸上的是什么样子,都要加以称赞:"宝宝真能干! 画得真好!"以鼓励他涂画的兴趣。这时爸爸还可以趁机教他认识笔、纸、画。以后再进行"父子涂画"的游戏。

准备一张大纸,婴儿和爸爸各拿一枝彩色蜡笔,游戏开始时,让婴儿先涂画,如果婴儿在纸上涂有许多小点儿,爸爸就画一个碗在点的周围,对婴儿说:"宝宝盛饭,爸爸画碗,装饭给宝宝吃。"如果婴儿在纸上涂一些不成形的横线,爸爸就在横线上画一只小船,对婴儿说:"宝宝画河水,爸爸画一只小船,带宝宝到公园划船。"若是画的类似圆形,爸爸可以加工成太阳;若画的是不成形的直线,爸爸可在直线下画一把伞说:"宝宝画下雨,爸爸画伞遮雨。"

提示:(1)父子涂画游戏要画婴儿生活中实际经历过的或是看到过的事物,让婴儿通过涂画巩固认识,重复感知;

(2)游戏时间可长可短,应以婴儿的注意力和情绪而定。若遇注意力不集中或情绪不好时,可立即停止,以免婴儿将笔当玩具放入口中或将画纸撕着玩;

(3)婴儿还不会像成人写字一样正确握笔,大多数婴儿都是像握匙一样用手掌一把抓,以后逐步学会用食指、拇指、中指握笔。这时期只要婴儿能握笔在纸上留下笔迹即可。

21~22个月小儿的游戏

🌸 拉小车

目的:训练小儿配合说话内容做拉走、跑步、蹲下的动作。学会与他人动作协调一致。

图1

玩法:妈妈将双手放在背后,让小儿拉着双手跟在后面走,同时说:"小车丁丁当,拉呀,拉呀,快快走。"一边说,一边拉着孩子向前走(图1)。走了几圈之后,孩子与妈妈互换位置,孩子在前面,妈妈在后面拉着孩子的双手,边说边跑:"小车丁丁当,跑呀,跑呀,快快跑。"(图2)孩子加快速度,拉着妈妈向前跑。跑了两圈后,妈妈又说:"小车到家了,停呀,停呀,快停下。"孩子和妈妈同时停下,并蹲下(图3)。

图2　　　　　　　　　图3

提示:游戏时要注意掌握拉走、跑步的速度,在将要停下时速度应减慢。

认大小

目的:理解"大"和"小"的概念,通过实物比较,"小"的可以放在"大"的上面或里面,而"大"的不能放进"小"的里面。

玩法:结合家中常接触的各种实物或图片教孩子认识实物的同时,问他:"哪个大?"让他找出"大"的给你,然后再问他:"哪个小?"再让他找出"小"的给你。孩子找对了要及时表扬,以激起他对游戏的兴趣。当孩子认识了"大"与"小"之后,再进一步让他通过实物比较感知"大"与"小"之间的关系。给他玩一个大盒(或大碗)和小盒(或小碗),去探索小盒能放入大盒中,而大盒放不进小盒里。

提示:可选用日常生活中常用的实物,如进餐时可以教认大碗、大盘与小碗、小盘。游戏时,可教认大皮球及小皮球,睡觉前或起床后可教认大鞋子及小鞋子等。带孩子外出时,也可结合马路上的大公共汽车及小轿车,大树、小树等进行比较。

戴帽子(选盖子)

目的:通过观察与思考,初步尝试物与物之间的配合关系,学会手眼协调地去选物、捏物、盖物、旋物等动作。

玩法:游戏前,收集家中的空瓶、罐、盒,并在上面画上不同的脸。游戏时,先将盖子卸掉,然后对孩子说:"这些娃娃的头上都没有戴帽子,我们来帮忙把帽子给他们戴上好吗?"接着,成人先示范将一个塑料瓶放上一个瓶盖,旋紧,并对孩子说:"瓶娃娃戴上帽子真好看!"然后给孩子一个瓶子及瓶盖,教他做。直到孩子学会后再换另一种罐子或盒子去试着做。等到孩子给每一种瓶、罐、盒都盖上盖子后,再将不同的瓶、罐、盒都卸掉盖子,让孩子自己去选择盖子来配合瓶、罐、盒放上盖子,旋紧盖子。

提示:游戏开始时,只能每次拿出一种瓶罐来教孩子,不能同时拿许多种,否则容易分散孩子的注意力,不能专心玩,最好是学会一种后再换一种。等到全部学会玩后,才能同时拿出多种瓶罐,让孩子自己去选择不同的盖子来配对。

吹气球

目的:促使孩子在愉快的游戏中感知大小,练习向前走及向后退的走法。

玩法:爸爸妈妈和孩子面对面,手拉手,围成圆圈。游戏开始时,爸爸说:"吹气球,吹气球,吹呀吹个大气球。"三人同时向后退走,双手伸直,圆圈逐渐扩大,呈大圆形,象征吹了个大气球;妈妈说:"气漏了,气漏了,变呀变成小气球。"三人同时向前走,圆圈逐渐缩小.呈小圆形,象征缩成小气球。游戏可以反复进行

提示:在进行游戏前.可以先出示气球给孩子认识,并将气球吹成大气球给孩子观看、触摸,然后再慢慢地将气漏出而缩成小气球,再让孩子用手去触摸,感觉气球缩小。

23～24个月小儿的游戏

❀ 学 跳

目的:训练小儿跳跃的基本动作及保持身体平衡的能力。

玩法:

扶腋下跳

早在1岁以前就可以扶着小儿腋下让他学跳。此时期可复习巩固孩子跳跃的动作。妈妈面对小儿,双手扶着小儿腋下说:"宝宝跳呀跳,跳呀跳!"边说边向上提起他的身体做跳起的动作(图1)。

图1

拉手跳

妈妈和小儿对面站立,两手拉着小儿的双手说:"拉小手,跳一跳。拉得高,跳得高。"边说边向上提起做跳起的动作(图2)

图2

扶椅跳

教小儿双手扶着椅子,自己蹬脚跳。妈妈在旁边指导,并念儿歌:"宝宝扶着椅,向上跳一跳。跳呀跳得好,跳呀跳得高!"以提高小儿学着自己跳的兴趣(图3)。

独自跳

小儿学会扶跳后,可让他在床上自己独自跳,自跳自乐,并教他从被褥上跳下。因床上有被褥,比较安全,即使跌跤也不致受到伤害。但妈妈仍应在床边保护(图4)。

图3

图4

图5

模仿跳

模仿妈妈做跳的动作。在游戏前,先让小儿观察小鸟跳、小兔跳、青蛙跳,然后妈妈示范,边说边教小儿做各种动物跳的动作,让小儿跟在后面模仿跳的动作(图5)。

提示:训练小儿跳跃的动作时,先在原地扶跳,逐步按顺序训练独自跳,以后再学向前双脚跳。

找照片

目的:感知自己和家庭成员的特征,以及自己和他们之间的关系。通过理解语言,知道自己的名字和家庭成员的称呼,并学会说。

玩法:事先在大纸盒内放入小儿及家庭各成员的照片数张。游戏时,对小儿说:"这个纸盒中有许多照片,请你找出一张自己的照片来。"小儿找对了,要及时鼓掌表示赞扬,以鼓励他对此游戏的积极性,若是找错了,可先取出包括小儿在内的2~3张照片,让他在少量的照片中选择。以后再逐步增加数量,扩大选择范围。当小儿学会了选择照片后,再教他学说自己的名字:"我叫×××"并教他从照片中找出爸爸、妈妈、祖父母或外公外婆的照片。同时学会称呼他们。

提示:提供小儿选择的照片要从少到多,选择家庭成员的照片要从最亲近的人逐步扩大,如先找出爸爸妈妈的,再找出祖父母或外公外婆的,还可以进一步找出叔叔、伯伯、阿姨、姑妈等人的.并学着称呼他们。

红灯绿灯

目的:认识红色、绿色,遵守交通规则,按指令行动,培养小儿动作的控制能力。

玩法:游戏前.用硬纸板在上面剪两个圆洞,分别贴上红色和绿色的透明纸,代表红灯和绿灯。再准备一个手电筒。如果没有手电筒,也可用纸板剪成圆形,分别在正面贴上红纸表示红灯,反面贴上绿纸表示绿灯。下面是两种游戏的玩法。

爸爸扮演警察,指挥交通,用手电筒揿在绿纸后(或举起绿纸板)表示绿灯亮,妈妈和小儿扮演行人,迅速在地上的横线之间通过。然后,爸爸再用电筒揿在红纸后(或举起红纸板)表示红灯信号,妈妈和小儿停止行走。用玩具小汽车进行交通游戏。妈妈出示"红灯"的信号时,要求小儿立即停止小汽车行驶;妈妈再出示"绿灯"信号时,小儿可开起小汽车前进并发出"嘀嘀"声。

提示:带小儿上街时,实地观察红灯、绿灯及路上行人和车辆行驶与红灯、绿灯信号的关系,以获得感性经验。

❀ 做人脸

目的:培养小儿的观察力、记忆力和想像力以及启发最初的创造性思维,巩固对五官的认识。

玩法:事先准备圆形的绒布或硬纸板,再另用厚纸剪成眉毛、眼睛、鼻子、嘴和耳朵的形状。游戏时,先给小儿照镜子,同时问他:"宝宝的脸在哪里?"让小儿指出,然后妈妈再提问眉毛、眼睛、鼻子、嘴和耳朵在何处,边问边要求小儿指出。以巩固对五官的认识。再将绒布(或硬纸板)出示,对小儿说:"这像你的脸,请你将眼睛和眉毛放在脸上。有了眼睛宝宝才能看见;再放上鼻子就会闻到香味;放上嘴才能吃东西;放上耳朵就能听声音。"边说边让小儿自己动手去做。即使小儿放错了,也不要动手帮他去放,只能用语言来指导,也可以让他再照一次镜子,看看自己的脸,然后自己动手去改正。

提示:游戏中的指导应以语言为主,可以向小儿示意:两只眼睛在上面,鼻子在中间,嘴在下面,两只耳朵在两边。使小儿在游戏中逐渐发展方位知觉。游戏的玩法可逐步加深。例如:放上不同的眼睛、鼻子、嘴巴和耳朵,可以改变所做的人脸模样,有笑脸、哭脸等不同形象。随着年龄的增长,还可以加上不同的发型,来表示男、女、老、幼的不同脸型。

第五篇

幼儿期（二）

3岁儿（2~3岁）

0~3岁婴幼儿养育

一、3岁儿的生长发育

2～3岁幼儿的体格发育比前一时期显著减慢,但仍是人的一生中生长发育的快速时期。这时期幼儿的体质日渐增强,智能发育较快。因脑的重量、细胞数及结构逐渐接近成人,从而使大脑的功能加强了,心理发育也比以前加快了。3岁幼儿在身心发育方面已初步具有了人类的基础能力。这种基础能力需要在幼儿健康的体格发育和正常的神经心理发育的条件下,创设良好的环境(教育、训练及各种有利发育的机会和条件)才能逐步获得,并进一步加强。因此,不要以为这时期孩子大了,生病少了,就忽视孩子的身心发育,而仍应继续重视身心发育的质与量。

(一) 身体发育特点

2～3岁幼儿的体格发育仍以测量体重、身长、头围、胸围、乳牙等数据与各地儿童保健所提供的"儿童体格发育衡量值"作参考对幼儿进行衡量。其中体重和身高仍是最重要的指标:此外,还要了解幼儿是否有较强的抗病能力以及骨骼、肌肉、神经、心、肺等各部位的发育有否异常,应继续对幼儿进行每半年一次的定期健康检查,以便发现问题及时采取措施,进行治疗,以免影响幼儿的身体健康,延误发育。

体重

2～3岁这一年中,幼儿体重约增加2千克左右,满3岁时体重约为13～14千克左右,为出生时的4～4.5倍。可按以下2～6岁的简便公式估计:

体重(千克)＝(实足年龄×2)＋7 或 8(千克)

按此公式计算时,一般男孩重于女孩,因此计算时女孩加7,男孩加8。

身高

一年中幼儿的身高约增加7～8厘米,满3岁时身高约为95～96厘米,为出生时的2倍。也可按2～6岁时的简易公式来推算:

身高(厘米)＝(实足年龄×5)＋75 或 80(厘米)

身高和体重的关系密切,体重增减与身高有关,如身高者体重,身矮者体轻。但同年龄中也有身高不同,体重不同的。因此,除了根据公式推算来衡量外,还要与上次测量的身高和体重相比是否增加或减少。由于3岁幼儿活动量增加的大小,营养的摄入量多少,饮食习惯的好坏,患病是否频繁等都会影响身高与体重的增减。所以,在衡量时应加以全面分析,及时研究,采取措施,才不致影响幼儿的生长发育。

头围和胸围

3岁幼儿的头围为49厘米左右,胸围为51厘米左右,以后长速逐渐减慢,每隔

2~3年长1厘米。正常的3岁幼儿一般胸围都已超过头围,胸廓发育良好。若在2岁以后胸围还未超过头围,则表示胸部发育不好。主要是常居室内,缺少户外活动和体育锻炼及呼吸运动,从而影响胸腔内两肺的发育,或是经常患呼吸道疾病,如气管炎、肺炎以及因营养不良而引起的佝偻病等,皆可使胸围长速受阻。

乳牙

在2~3岁时,幼儿全口20颗乳牙已出齐。乳牙萌出的早迟、数目的多少,以及牙质外观等,都能反映乳牙的发育情况。营养不良的幼儿不仅乳牙数目少,而且萌出时间迟,出牙顺序反常,牙色黄而无光泽。可见营养对乳牙的生长发育起重要作用。若是缺少矿物质中的钙、磷及维生素D会影响乳牙的钙化,缺少氟时容易发生龋齿,缺少维生素A、C会影响牙的釉质发育。此外,疾病也会影响乳牙的萌出、生长及牙的质量。如甲状腺功能低下及患佝偻病的婴幼儿出牙延迟。乳牙虽只暂用6年左右就换恒牙,但与将来恒牙的生长好坏有关。例如,乳牙发生龋齿会造成恒牙不能正常替换,甚至破坏了恒牙的牙胚,使恒牙永远长不出。因此,要重视口腔保健,并定期进行检查。发现问题,及早采取措施。

这时期幼儿身体的各系统随着年龄的增长不断地生长发育,其中最大的特点是大脑及神经系统的发育非常迅速。大脑的重量为1.1千克左右,为出生时的2倍多(新生儿脑重约为390克左右),相当于成人脑重的2/3(成人脑重约为1.4千克左右)。脑神经细胞数目约为140亿个,已达到成人的70%~80%,其体积和神经纤维日益增长。小脑的发育已基本完善,能维持身体平衡及运动的协调,走路跑步时跌跤较前减少。

3岁幼儿的身体发育已逐步具有与成人相似的基本结构和功能。

(二) 心理发育特点

2~3岁的幼儿心理发育较前一时期明显增快,出现更多的智能活动。表现出对周围环境中的事物产生了浓厚的兴趣和好奇心:喜欢观察、提问、有强烈的求知欲。在游戏中会去动脑思考、想像,这时已具有最初的想像力,多为内容简单的无意想像。随着在活动中掌握了各种基本动作,尤其是手指的精细动作,学会运用手参加简单的劳动(如拾树叶、浇花等)及自我服务(如穿脱鞋袜、洗手脸等),感到自己很能干,开始表现出最初的自我意识,什么都想自己尝试去做,主动性强,常会要求独立行动,并在遭到成人阻止时会反抗,继续坚持己见。这时期幼儿的道德感、美感及责任感开始萌芽。如看见同伴的玩具被抢时大哭,会同情弱者,愤恨强者。穿上新衣去照镜子感到自己美,玩具玩好后学会收拾整理,有责任感等。

2~3岁是语言发展的关键期。幼儿说话的积极性很高,会用简单的词句与人沟通,表达自己的意愿。因此,成人在和幼儿交谈中,可了解他的心理,也可在日常生活中观察他对各种事物或人物产生的心理活动,及时给予启发、诱导和教育,促进幼儿心理的发展。

幼儿心理的发展特点表现在以下几个方面:

动作

在 2～3 岁时期,凡是健康的幼儿都表现出朝气勃勃、精神饱满、活泼好动。在活动中已能将 2 岁前获得的各种基本动作进一步巩固,并逐步熟练。如能平稳地走,熟练地跑,不仅双脚向前跳,还能单脚跳几步,从上向下跳。不仅会攀登小椅、楼梯,还能爬攀登架登高,用脚踢球,举手抛掷。不仅能四肢协调地做操、跳舞,还能玩简单的活动性游戏,听音乐节奏做某些模仿性动作,如兔跳、鸟飞、马跑等。

手指的小肌肉动作逐渐精细、熟练,会玩弄各种玩具,如用积木搭简单的造型、穿木珠成项链等;会执笔画线条(直线、横线)及圆圈,也可画不像样的十字、圆饼等;能模仿成人将面团捏成条、搓成团、压成饼;会将正方形的纸或手帕对折;从几页几页地翻书进步到学会一页一页地翻书。此外,还会模仿成人使用各种生活用品和用具,如使用肥皂洗手、毛巾洗脸、漱口刷牙,学会自己穿脱鞋袜、解衣扣等。小手在多次实践中动作越来越熟练、灵活。这时期幼儿动作的特点是活动具有目的性和模仿性。

语言

2～3 岁幼儿的语言发展进入到掌握最基本的口语阶段,是语言活动的飞速发展时期。这时期幼儿对"说"和"听"有高度积极性。非常爱说话,整天"叽叽喳喳"地说个不停。爱听成人念儿歌、讲故事,甚至能在成人提示下背诵一些简短的诗歌、复述有主要情节的童话小故事。在日常生活中,非常主动地运用语言与成人和同伴交往,表达自己的意愿和情感,虽然表达能力还很差,但表达的内容却很丰富。不仅能说当前发生的事情,还能叙述以前或以后的事。在反映一些事物之间的关系或人与物之间的关系时,也已初步学会评价,如"××乖,不采花","××不乖,喜欢打人"等。

这时期幼儿初步掌握了基本语法,大量运用合乎语法习惯的简单句,而且还学会使用复合句,句型是由两个简单句组成,每句为 3～5 个字,但没有连接词。如"宝宝饿了,要吃蛋糕。"造句能力随着学语机会的增多而逐渐增强,句子结构逐步复杂化。词类虽仍以名词和动词占多数,但形容词、副词、代词的比例逐渐增加。喜欢使用"我"的代词增多,常说"我自己"。词汇总量在 3 岁时已达到 1000 个以上。同样 3 岁年龄的幼儿语言发展的差异很大,这是因为语言是在实践过程中发展起来的,多听多讲会促进幼儿语言迅速发展。反之则语言发展缓慢,语不成句,词汇量少。

认知

2～3 岁幼儿能主动积极地运用自己的感官和动作进行自发的探索。在探索中通过对周围事物的注意、记忆、思维、想像的认识过程来发展认知能力。

幼儿在开始观察事物时多为无意注意和无意记忆,这是既无目的又不需要作出努力的注意和记忆。如天上雷响、家来客人等,会引起幼儿的无意注意和无意记忆。2岁后有意注意开始发展,能短时间集中注意去看图书、听成人讲解,这是一种有目的而需要意志努力的注意。由于幼儿神经系统的兴奋和抑制过程发展还不平衡,自制力差,因而有意注意较差,容易受外界新奇的趣事影响,常易分散注意。如3岁幼儿注意听妈妈讲故事时,突然发现爸爸买了大蛋糕回家,就引起分心,使注意转移到他爱吃的蛋糕上。凡是新异的、变化的,有趣的事物都会引起幼儿分散注意。因此,无意注意总是占优势。记忆也是如此。凡是感兴趣的事就记住了,不感兴趣的事,眼不看,耳不听,也就不去记忆。有意记忆在接近3岁时开始发生,记忆包括识记、保持、再认和再现四个过程。

识记是记忆的开始,保持是将识记的事物储存,再认和再现是将识记和保持的事物再出现时能再认识。幼儿在2岁时开始出现再现能力,如会去找自己放好的玩具。3岁时能再现几个星期前感知过的事物,如幼儿在几个星期前打过针并感到疼痛,以后看见穿白衣的人,就再现过去打针时的情境,回忆起当时的疼痛,就要逃走躲避。记忆对幼儿的知识经验的积累、技能技巧的掌握和习惯的形成有密切关系。在记忆的基础止,思维、想像、情感、意志以及兴趣、能力、性格等才能进行和发展。没有记忆,一切心理发展,一切智能活动都不可能进行。

在2岁前,幼儿思维是以感知动作为主,借助直接感知和动作去实现对具体事物的认识,进行思维。离开了直接的感知及动作,思维就中断了。如看见娃娃时想到自己是妈妈,去拿小餐具喂娃娃吃饭。但离开了娃娃及小餐具时,所有的"做娃娃的妈妈"思维就中断了。接近3岁时,幼儿的思维逐渐摆脱了物体和动作,开始依靠事物的具体形象或表象进行思维。如幼儿在游戏中扮演猫捉老鼠的不同角色;在绘画中不再是边画边想,而是先想好要画的事物形象再画。除了形象思维外,幼儿的抽象思维也开始萌芽。如对数的概念能区分1和许多,认识1、2、3…的数。这时期由于语言的发展,对周围事物之间的关系进一步理解,通过思维能作出简单的判断,出现了初步思考问题及概括的能力,如火炉、电炉、开水不可碰。会烫伤;牛奶、鸡蛋、蔬菜等是可吃的;皮球、积木、娃娃等是可玩的。这是幼儿将记忆中已获得的事物形象经过思维后加以概括的。幼儿有了概括能力后,还要进一步了解事物的因果关系,非常爱提问,不仅问"是什么",还要追根到底地提出"为什么"。提问可以发展思维能力,促进智力的发展。

2～3岁幼儿由于生活经验的积累,语言发展较快,记忆力逐渐增强,想像力进入到初级阶段。想像内容非常简单,创造性成分少,仅是片断的,没有预定的目的,常以想像过程为满足。如想像自己是汽车司机,就双手扶着椅背倒坐,嘴里叫着"嘀嘀",学开汽车状就满足了。想像的主题容易变化,一会儿玩这种游戏,一会儿又玩那种游戏。若画图时,一会儿画飞机,一会儿画船,不能较长时间稳定在一个主题上。想像有时跟现实分不清,常将想像当成现实。幼儿看见同伴家有小汽车来接他回家,自己也想乘,于是就画一辆汽车,说是我家有一辆汽车,还说爸爸天天开车送我到托儿所。虚构事实,但不是说谎,而是想像与现实混淆了。想像是幼儿进行一切创造性活动不可缺少的条件,如在绘图、音乐、表演、游戏、讲故事、猜谜语中都需要幼儿通过思维进行想像。

情感

　　这时期幼儿的情绪正处于迅速分化、情感处于初步萌芽的阶段。幼儿的情绪常因达不到目的或受到阻挠而大怒,并用发脾气来争取意欲。得到成人称赞会喜悦地笑,被责骂时会表示不高兴;见了陌生人会害羞,对人会产生同情心和爱心。2岁后随着年龄的增长,幼儿的情感表现日益丰富、复杂,除了喜、怒、哀、乐外,还产生了气愤、忧愁、烦恼、急躁、担心、妒忌等情感。由于幼儿语言和思维的发展,在成人教育下,三种高级情感:道德感、理智感及美感开始萌芽了。

　　情感对幼儿的活动有积极和消极的两种作用。凡是能满足幼儿需要的事物就能引起愉快、满意的情感而起积极的作用,能提高幼儿的活动能力。凡不能满足幼儿渴望的事物就会引起哀怨、不满的情感而起消极作用.会削弱幼儿活动的能力。因此,注意培养幼儿良好、健康而丰富的情感极为重要。

意志

　　2～3岁的幼儿意志开始萌芽。表现为能初步通过自己的言语,按自己的目的去进行或抑制某些行动。例如幼儿见到买来的糖果就伸手去抓着吃,后来学会控制自己,听妈妈的话,吃过饭后再吃。幼儿的意志是在认识的基础上,通过行动表现出来的。如幼儿认识到玩具扔得到处都是,不去收拾是不好的,于是自己去收拾整理,也不要妈妈帮忙。认识到小手要学会做事,对妈妈说:"我自己做。"有时也为克服困难作一些努力。如明知打针疼痛,偶尔也会鼓起勇气说:"我不动,我不哭。"这些都是意志最初的表现。接近3岁时,幼儿表现出强烈的独立愿望,不接受成人的帮助,不会干的事也要抢着自己干。如不要成人帮助穿衣,妈妈为他穿好衣服,他自己又脱下来再试着自己穿。这种要求通过自己的努力去解决问题的行动,是一种积极的心理品质,也是意志行动开始在发展,应给予鼓励及耐心指导。

社会行为

　　2～3岁的幼儿生活在家庭的小社会里,也有的进入到托儿所的小集体中,其社会行为发展的特点表现如下:

　　喜欢有玩伴:幼儿开始喜欢有同伴一起玩,并且感到快乐。因为他们在一起相互观察、模仿彼此的语言和行为,可以无拘束地交往,在交往中学习分清是非,知道"对"与"不对","好"与"不好",逐步建立与同伴之间的友好关系,相互关心,并产生

同情心。如遇同伴跌跤大哭时,会去扶起,并为他擦眼泪表示同情。

喜欢模仿成人的言行:由于语言及独立能力增强,接触外界的机会增多了,对人们的活动感到极大的兴趣,因此非常喜欢模仿人们的言行,照成人的模样学习做些小事。如将纸屑或瓜果皮投入废物箱里,手帕叠好放入口袋里,鞋袜脱下放在固定地方等。模仿成人的礼貌用语,见人说"你好",告别说"再见",接受礼物说"谢谢"等。

以自我为中心:幼儿只凭自己极其有限的经验去判断和预测别人的行为。目前家庭中多为独生子女,全家都关心和照顾他,凭他在家中的经验,什么都可得到满足,没人与他争执,以为在托儿所也和家中一样,什么都会让他。哪知同伴不肯,就会发生争执,产生摩擦,甚至以打闹、抢夺来满足自己的愿望。这种以自我为中心,不考虑别人的行为,要通过教育才能使幼儿知道不能只顾自己,要学会与同伴友好相处,遵守集体中的规则。

行为易受情绪支配:幼儿的行为还不能自觉地服从某些道德标准,缺乏道德认识的自控能力,因此他的行动往往取决于他的情绪状态,常常由于自己的行动受到限制会反抗或不服,从而影响到情绪,甚至大发脾气,大哭大闹,不能控制自己的行为而打人、咬人、踢人等。这就需要让幼儿冷静下来后,才能逐渐调节情绪和情感,在恢复正常后施以教育。

根据以上这些特点,成人应以自身良好的言行为榜样,让幼儿模仿,并向幼儿传授和同伴友好相处的方式方法,在实践中进行正确的指导,使幼儿的社会行为获得正常的发展。

人们常说:"3岁看大,7岁看老。"说明3岁是一个重要时期。幼儿的身心发育已具备了人的基本结构与功能,已开始进入到懂事的阶段。这时期幼儿的表现非常积极、主动,独立性强,爱模仿、爱说话,求知欲、好奇心和接受能力很强。幼儿在此时形成的身心发育状态和才能,对以后一生有着决定作用,必须加以重视。

二、3岁儿的饮食与营养

(一) 平衡膳食

2~3岁的小儿乳牙已全部出齐,咀嚼功能提高,消化能力增强,能吃花样品种不同的各类食物。膳食中流质及半流质的粥、面、汤减少,干、硬的固体食物增多。这时期仍需要为小儿配制平衡膳食,以保证生长发育所需的营养素。每日膳食中应有谷物作为主食提供热量,动物性食物及豆类提供蛋白质以获得丰富的氨基酸。油脂除供给热量外,还作为溶剂帮助溶解脂溶性的维生素 A、维生素 D、维生素 E、维生素 K,以促进吸收利用。蔬菜和水果提供维生素及矿物质,其种类较多,但具有各自的特殊功能并能调整生理机能,缺少任何一种都会产生疾病。此外,还要供应充足的水,帮助以上所有的食物消化吸收及体内进行新陈代谢。

(二) 营养素的供给量

　　2～3 岁小儿的体质日益增强,活动量增加,到 3 岁时体重为出生时的 4 倍,身高为出生时的 2 倍,脑重为成人的 2/3。因此,无论在体格发育方面还是智能发育方面,都需要有足够营养素的平衡膳食。

　　2～3 岁小儿每日膳食中营养素的供给量见附录《儿童每日膳食中营养素供给量表》。

(三) 食品的种类及需要量

　　见附录《幼儿每日食品摄入量参考表》。

(四) 膳食的配制

　　选购食品、营养素之间比率及食物品种搭配,原则上与 1～2 岁小儿相同。

　　每日进行三餐一点心:热能分配比率约为早餐占 20％～25％,午餐占 30％～35％,晚餐占 25％～30％,点心占 10％～15％。

　　食物加工:

　　2～3 岁的食物切烧法及各类水果的食用法与 1～2 岁有所不同。

切　　法	烧　　法
蔬菜:细丝,小片,小粒	饭:烂饭、煨饭
鲜、干豆:煮烂,整食	面食:面条、饺子、馒头、蒸饼
豆腐干:细丝,小片,小粒	粗粮:烂粥
鸡鸭:去骨,切粒	荤菜:炒、烧、、煮、煨
鱼:去刺,切片	蔬菜:炒、烧、煮
虾:去壳,虾仁	点心:烤、蒸、煨、煮
肉:细丝,小片,肉末	
脏腑:碎小块	
血:碎小块	

水果食用法:

　　苹果、生梨:去皮、切片生食。

　　香蕉:去皮、整食(咬食一口吞咽后再咬)。

　　橘、柚:去皮、剥成瓣(有核橘要去核吃)。

　　杏、桃、李、葡萄、樱桃:去皮去核生吃。

　　杨梅:煮熟吃。

草莓:洗净在盐水中泡后生食。

荔枝、枇杷:去皮、去核、生食。

甘蔗:去皮、切小块生食汁,咀嚼后吐渣。

2～3岁小儿一周食谱举例(供参考)

周次 餐次	一	二	三	四	五	六	日
早餐	芝麻酥饼夹花生酱 牛奶	面包夹红肠片 牛奶	鸡蛋薄饼夹黄瓜片 牛奶	鲜菜肉饺 牛奶	馒头夹炒蛋 牛奶	小笼汤包 牛奶	葱油花卷卤豆腐干 牛奶
午餐	炒素什锦(莴笋粒、豆腐干粒、土豆粒),小排骨黄豆汤,烂饭	粉皮、笋片烧鱼块,萝卜虾皮汤,烂饭	糖醋猪肉块,青椒百叶丝冬瓜火腿片汤,烂饭	炒虾仁肉末豆腐碎木耳,鸡毛菜土豆汤,烂饭	碎香肠炒蛋,鲜豌豆胡萝卜大米煨饭,紫菜虾皮汤	炒酱鸡丁、豆腐干丁、蘑菇丁、莴笋粒、番茄蛋汤,烂饭	胡萝卜、大豆红烧牛肉,玉米鸡茸汤,烂饭
点心	葱油菜包,西瓜	麦片赤豆粥,香蕉	菜肉大包,水果羹	红枣芝麻糊,苹果	奶油蛋糕,生梨	酒酿小丸子,无核葡萄	豆沙包,橙汁
晚餐	番茄猪肝碎卷心菜煨面	荠菜肉末虾皮馄饨	鸡丝笋丝黄瓜丝绿豆芽拌面,碎青菜蛋花汤	胡萝卜土豆,牛肉番茄汁浓汤,薄饼夹豆腐干	鱼丸肉丸黄芽菜汤,薄饼夹豆腐干片	海带丝小排骨汤,开花馒头	肉末蒸鸡蛋菠菜豆腐汤,面包

(五) 饮食中应注意的事

1. 鼓励小儿多吃蔬菜

蔬菜含有极丰富的维生素,一定数量的矿物质和较多的纤维素。除了本身的营养价值外,还能在体内促进蛋白质、脂肪及碳水化合物的吸收。研究证明:单吃动物蛋白质在肠内吸收率仅为70%,若添加蔬菜混合吃,则可增加到90%左右。由于蔬菜含水量多,在咀嚼菜时,可以稀释口腔的糖质,使寄生在牙齿里的细菌不易生长繁殖。经常给小儿轮流吃不同种类的蔬菜,就能获得各种营养素,利于生长发育。

不少家长以为只有高蛋白及高热量的食物营养好,忽视给小儿吃蔬菜。有的家长虽知道多吃蔬菜的好处,但因蔬菜纤维多,难以咀嚼,就不给吃或少吃。还有的家长用水果代替蔬菜。虽然水果中含有各种维生素及矿物质,但含量不及蔬菜多,况且水果中糖分及酸类较多,吃得过多不仅对牙齿有腐蚀性,易造成龋齿,还会加重消化系统的负担,导致消化吸收的障碍。因此,要耐心培养小儿爱吃蔬菜的好习惯。为了使小儿愿意吃蔬菜,烹调时应将菜先洗后切,切碎剁细,现吃现烧,急火快炒,以减少维生素的损失;还可以将一些蔬菜如黄瓜、番茄、生菜等洗净后切片生食,保持维生素不丢失;蔬菜与荤菜搭配做成菜肉饺、菜肉粥及菜肉煨饭等,能引起小儿吃蔬菜的兴趣,也易于咀嚼、消化和吸收。

2. 适当添加粗纤维食品

粗纤维食品主要含在粗粮和蔬菜中。粗粮类有黄豆、绿豆、赤豆、蚕豆、玉米、小米等。蔬菜类有荠菜、芹菜、胡萝卜、卷心菜、青菜等。此外,海带、黑木耳、蘑菇及水果也含有较多的纤维素。

在小儿膳食中从少到多,适量地添加粗纤维食品,可以促进牙齿、下颌及咀嚼肌的发育,预防龋齿的发生;促进胃肠蠕动,增进胃肠的消化功能,防止便秘。因为粗纤维能增加粪便量,改变肠道菌丝,稀释粪便中的致癌物质,并减少致癌物质与肠黏膜的接触,可以预防大肠癌的发生。因此,锻炼小儿逐步学会吃一些含粗纤维的食品,对健康有利。但制作时要做到细、软、烂,以便小儿咀嚼、消化、吸收。

3. 少吃零食

零食是每日三餐一点心以外的小食品。小儿每日摄入平衡膳食中的各种营养素,已能保证生长发育的需要,不吃零食也会长得很健康。目前有些小儿挑食、拒食、喂养困难,家长担心小儿未吃饱,常以零食来补充。小儿养成了吃零食的习惯,胃肠道不停地工作,加重了胃肠道的负担,影响消化活动的正常规律。食物进入胃中都需要一定的消化时间,蛋白质需在胃中停留消化 3 小时,脂肪需 4 小时,碳水化合物需 2 小时。因此,小儿进食在两餐之间应为 3～4 小时,才能使食物得到充分消化,胃肠也获得休息。多吃零食会影响小儿的正常进餐。

小儿在病后因某种原因未吃饱,可以适当地补充一些零食,但要掌握零食的种类和时间,以及合适的数量,以免影响正餐的进食。

零食的种类可选择水果、饼干、蛋卷及含有钙、铁、锌等类的强化食品。避免高糖、高脂肪、冷饮食品。零食的数量要少。

零食的进食时问可安排在午餐及晚餐之间、午睡后。切勿在饭前吃零食,以免影响正餐。

4. 冷饮食品要适当、适量

夏天,小儿都喜欢吃冷饮。冷饮中雪糕、冰淇淋的主要原料是奶类、鸡蛋、糖、淀粉等含有丰富的蛋白质,可补充热量和营养素。适量吃一些无妨,最好是与少量的蛋糕、饼干等食物同时吃,可减少冰冷感。

但不可以给小儿吃过多冷饮。因为冷饮对消化道有很强的冷刺激,会影响消化液的分泌和消化吸收功能,导致胃肠功能失调,发生腹泻、胃痛、停食、呕吐、食欲下降,久之,发生营养不良和贫血;吃冷饮过多还会冲淡胃液,减弱胃液的杀菌能力,发生胃肠道的细菌感染。此外,有些冷饮中添加色素,多食不仅对小儿健康不利,甚至还会导致中毒。因此,应控制小儿的冷饮量,还要注意在饭前饭后 1 小时内不给吃冷饮。小儿若发生腹泻或其他消化道疾病时,应禁止吃冷饮。

5. 避免吃过敏食物

致过敏的食物是指小儿吃了这种食物后会引起过敏。一般来说,最常引起过敏的食物是异性蛋白食物.如螃蟹、大虾、鱼类、蛋类(尤其是蛋清)以及动物内脏等;蔬菜中如扁豆、毛豆、黄豆等豆类;菌藻类中如蘑菇、木耳等;有香味的菜如香菜、韭菜、芹菜等。还有笋类如毛笋、竹笋、冬笋等也会引起过敏。

2~3岁的小儿患湿疹、荨麻疹、血管神经性水肿及哮喘的,多属过敏性体质。吃了致敏食物会使病情复发或加重。因此,在调整食谱时要注意避免摄入致敏食物。

每个小儿对食物致敏的种类不一定相同,家长应仔细观察。如果小儿吃了某种食物后出现了过敏症状,而停止食用后症状就消失了,再次食用后又出现同样的症状,就可以肯定小儿对这种食物过敏。如果家长不能肯定,可以请医生协助诊断。查明小儿对这种食物过敏后,最好在相当长的时间内避免再吃。经过1~2年后,小儿长大一些,消化能力增强,免疫功能逐渐完善,可能不再过敏。但要让小儿先少量地吃点试试,如果没有过敏反应,可以逐渐增加这种食物的饮食量。同时要加强观察,以免引起疾病复发。

6. 控制饮食、预防肥胖

肥胖症除了先天遗传外.主要是营养不均衡所致。有些家长认为孩子小,长胖些身体好,长大了自然会瘦.因而饮食超量,摄入的热量超过消耗量.剩余的热量就转化成脂肪储存在体内。久之,身体过重,懒于运动,就成了小胖墩。由于肥胖,增加了心肺负担,影响心肺功能。若不控制饮食,及时防治,还会潜在高血压、高血脂和动脉硬化的隐患。到成年后易患肥胖症、心血管疾病、糖尿病等,严重危害身体健康,因此必须在早期进行预防。使小儿按正常指标发育,不致过于肥胖。

三、3岁儿的保健与护理

2岁以后,小儿的体质较前增强,动作发育迅速,活动量增加,与外界接触的机会增多,但免疫力仍低下,很容易交叉感染而患传染病。这时期小儿对外界事物特别感兴趣,喜欢去探索。由于还不会控制自己的行动,又缺乏生活经验,不会保护自己,容易发生意外,因此应注意预防,平时要做好保健与护理。

(一)严格遵守生活时间表

小儿的大脑神经活动有一定的规律,如果规律被打乱,它的功能就会紊乱。因此,为小儿安排一个合理的生活时间表,不仅能保证神经系统有规律、有节奏地活动,还会在大脑皮质上形成暂时神经联系(即建立动力定型),保证小儿每天在规定的时间按时睡、吃、玩、排便、活动、清洁等,执行合理的生活制度。让小儿养成遵守时间,懂得什么时间该做什么事,习惯于有秩序、有规律的生活习惯,使小儿的身心更健康。

　　安排 2～3 岁小儿的生活时间表要根据小儿的年龄特点、季节变化、体质强弱等因素。要保证小儿有足够的睡眠,睡眠时间为一昼夜 12～12.5 小时(夜间 10 小时,白天一次为 2～2.5 小时);有固定的进餐时间,饮食每日 4 次,每次相隔约 4 小时;有充足的室内和户外活动时间,每日活动时间 4～5.5 小时(其中户外活动时间为3～4小时)。

　　如何安排生活时间表,现举例如下:

2～3 岁小儿一日生活时间表(供参考)

时　　间	生 活 内 容
6:30～ 7:30	起床,大小便、盥洗
7:30～ 8:00	早餐
8:00～10:00	室内活动,小便、户外活动
10:00～11:30	洗手、喝水、游戏
11:30～12:00	小便,饭前洗手、午餐
12:00～12:30	洗手脸、准备午睡
12:30～15:00	午睡
15:00～15:30	起床,小便、洗手、午点
15:30～18:00	户外活动,小便、洗手、喝水
18:00～18:30	室内安静活动
18:30～19:00	饭前洗手、晚餐
19:00～20:00	晚间娱乐活办,亲子游戏
20:00～20:30	盥洗、小便、准备上床
20:30～次晨 6:30	夜间睡眠

(二) 日常生活护理

1. 睡眠

　　保证睡眠质量　小儿每日应有充足的睡眠时间。上床后入睡快,睡得深沉、安稳;起床后精神饱满,情绪愉快,食欲旺盛,喜爱活动,这是小儿睡眠质量好的表现。平时还应注意:

①晚餐不要给小儿吃得过饱或过少,以免因胃肠不适或饥饿而睡不好;

②白天多活动,小儿疲劳后易入睡且睡眠时间也长;

③减少晚餐后的喝水量,以防夜间多尿干扰睡眠;

④发现蛲虫干扰小儿睡眠时应及早驱虫。

变换睡眠姿势 2岁左右的小儿已形成了自己的睡眠姿势,只要小儿睡得舒适,无论仰卧、俯卧或侧卧都可以。但在睡眠中若某种睡姿时间过长,易形成偏头,尤其是夏日容易生痱子、疖子。因此,要帮助小儿变换姿势,如俯卧过久要为小儿翻身,以免胸腹部受压影响呼吸及血液循环;仰卧时小儿常将双手放在胸前,会压迫肺部和心脏,也易引起呼吸不畅通,血液循环受阻,应将双手放下,变换姿势侧卧。

改进不良习惯 父母为了让小儿入睡快,常采用抱、拍、摇等方式催其入睡。也有些小儿养成了含乳头、吮手指、咬被角、玩手巾或玩玩具才能入睡的习惯。若不及时矫正,形成不良习惯后再纠正就更难。此时期小儿的语言及理解能力都已加强,父母应以语言及行动对小儿进行教育和矫正,逐步帮助小儿改进不良习惯。

注意个别差异 小儿的个性、特点和体质都不相同,如身体强和身体弱、爱动及不爱动、胆大与胆小、容易冲动和安静稳重、坚强与懦弱等。这些个别差异表现在睡眠中也各不相同。一般来讲,凡是体健、爱动、胆大、坚强的小儿易于入睡,睡得深沉且安稳。凡是体弱、不喜动、胆小、懦弱、易冲动的小儿难以入睡,往往夜间易惊醒,睡眠不安,夜间哭闹。父母应注意观察、了解,根据小儿的个性特点及体质耐心培养,以爱抚去关心,以语言去鼓励,逐步养成小儿的良好睡眠习惯。千万不能用强硬、体罚的办法迫使小儿顺从,以免引起小儿反感,使心理受到伤害。

2. 饮食

订出进餐规矩

① 安静进餐。吃饭时不能大声喊叫或哈哈大笑,也不能边哭边吃,以防食物卡在食管内或引起呕吐。平日可小声交谈有关进餐的内容。

② 饭前洗手,吃饭时保持桌面及地上清洁,不乱丢食物。

③ 专心进餐。吃饭时不看图书,不玩玩具,不看电视。因进餐时整个消化系统在进行活动,分泌消化液,以保证食物正常消化。如果这时看书、玩玩具或看电视,大脑神经系统包括视觉、听觉等器官都需要很多血液进入脑内活动,影响消化液的分泌,妨碍消化系统的正常工作,久之易引起消化不良,造成胃肠疾病。

④ 饭前不吃零食,不喝饮料,以免影响食欲。吃饭时不要边吃饭边喝水,以免冲淡胃液,影响消化。

⑤ 进食时间要适当,不可太快或太慢。进食过快,食物在口腔内还未嚼碎就进入胃里,加重了胃的负担,导致消化不良。进食太快还会使食物呛入呼吸道,引起咳嗽、呕吐;进食太慢,吃饭时间过长,会使大脑皮层的摄食中枢兴奋性减弱,消化液分泌减少,影响食物的消化和吸收。

教会细嚼慢咽 这时期小儿的乳牙已出齐,可以吃一些较硬的或各种粗纤维食物。要教小儿用前门牙(切齿)和小磨牙将食物咬断,捣碎食物,再用大磨牙将食物嚼碎磨细。在咀嚼的同时,唾液腺不断地分泌唾液(口水)与食物混合搅拌,咽下后进入胃里,经过胃液的消化使食物消化吸收。要教小儿将食物细嚼慢咽,这样能促进上下颌骨发育,加强了颞下颌关节运动,能防止牙齿排列不齐、错位。在细嚼时,通过摩擦和唾液的冲洗,增强了牙齿的自洁作用,防止牙齿疾病。

吃多吃少因人而异 1岁以后的小儿饮食有明显的变化,个体之间的差异也大。这是因为各个小儿的自身需要不同,食量的多少也因人而异。只要小儿的饮食在一周内是均衡膳食,保证其摄取丰富的营养素,尤其是保证蛋白质、维生素及矿物质的供应,孩子的生长发育就不会受影响。因为有的小儿食量小,有的小儿食量大,有的上一餐吃多了,下一餐就吃得少。因此,不要强迫小儿进食,以免引起不愉快的情绪或惊恐、恼怒,以致厌烦吃饭,影响食物的消化吸收。小儿吃多吃少.应由他的正常生理和心理状态来决定,绝不能以父母的主观愿望强迫进食。

矫正不良习惯

厌食、拒食是当前小儿中常见的事,使父母十分烦恼。主要的原因是:

饮食习惯不好。过多地吃零食,使胃肠不停地工作,打乱了消化活动的正常规律。到正餐时无饥饿感,无食欲,甚至拒食。

饮食配制不当。饮食中以荤食含动物性高蛋白及高脂肪多;蔬菜、水果及谷类食物少;冷饮、甜食多,粗纤维食物少;单一重复的烹调多,变换花样的烹调少,使小儿容易厌食。

对待方法不妥。小儿偶尔厌食、拒食时.父母过分紧张,怕小儿营养不足,因此采用强迫、催促、贿赂甚至打骂等方法勉强他进食,从而造成小儿精神性厌食、拒食。

疾病影响进食。小儿生病、服药增加对胃肠的影响而造成厌食、拒食。如反复患感冒、发热、腹泻及其他营养性疾病(佝偻病、缺铁性贫血、缺锌等)都易影响胃口。

挑食、偏食

小儿一天天长大,有自己的爱好,喜欢选择自己爱吃的食物,这是正常现象。若是经常挑食、偏食则会造成营养不平衡,甚至引起某种营养素缺乏症。因此,要找出挑食、偏食的原因才能预防。原因有以下几种:

①留恋过去。小儿习惯于过去吃的单一种类的几种食物,对新增加的食物不习惯吃而挑食。

②喜欢模仿。成人对某种食品在小儿面前表示厌恶,小儿也会模仿不吃。

③依顺迁就。溺爱小儿,常无原则地依顺小儿,爱吃的就多给他吃,不爱吃的就迁就他挑食。

④病后弥补。病后为迎合小儿的胃口,弥补患病时缺少的营养,让小儿随意挑食,以致病愈后养成挑食习惯。

因此,父母要以身作则,用自己喜欢吃各种食品、不挑食的好习惯来影响小儿。在添加新食品时,应从少量到适量,制作出小儿爱吃的味道,使小儿第一次就愿意

吃。如果实在不愿吃,父母可示范吃给小儿看,或在下次换一种烹调方法鼓励他吃,直到小儿由愿接受到喜爱吃。绝对不要过分勉强小儿去吃,或依顺小儿不吃。应利用讲故事、看图书等机会讲吃这些食物的好处,鼓励小儿爱吃各种食物。小儿生病时胃口不好,有时挑食是可以理解的,可以适当地让小儿选择合口味的食品。但在病后应逐渐恢复小儿已养成的好习惯,不再挑食、偏食。

3. 排泄

自动入厕　2~3岁的小儿已有大小便的控制能力。让小儿想排尿时自己主动入厕所大小便并自己脱裤、穿裤。一般白天不会尿裤,夜间不会尿床。男孩已能站着小便,女孩会自动坐便盆。由于小儿的膀胱容量小,排尿次数也多,每天排尿约10次左右。总排尿量约为500~600毫升:

排尿憋尿　小儿的排尿和憋尿都是受意识控制的一系列神经反射过程。家长要掌握小儿的排尿规律,定时提醒小儿排尿,这对泌尿系统可起到自然清洁的作用,免患泌尿系统感染。因为憋尿会影响健康,所以,平时小儿有了尿意,就应该及时排尿,不要经常憋尿,尤其是在看电视、游戏时如果小儿不愿离开,也要加以引导,不能强行憋尿。

尿裤尿床　一般2~3岁的小儿已能控制大小便,尿裤子、尿床的情况大大减少,甚至有的小儿白天不尿裤子,晚上临睡前小便一次后不尿床,一直到次晨起床才小便。但有的小儿在这时期出现倒退现象,追其原因有以下几方面:

① 心理压力。如小儿到了陌生环境、新入托儿所、妈妈离家出差、情绪不稳等。

② 玩得太劳累或太兴奋。外出郊游,去儿童游乐场或与小客人玩得太高兴等。

③ 专心观察某件事物,如专心看电视、专心看图书等。

④ 身体不适。如尿路感染后小便频急、腹泻时来不及入厕、蛲虫干扰引起睡眠不安而尿床。

家长应根据原因妥善处理,用和蔼的态度去理解小儿失去控制而尿床尿裤子,鼓励小儿下次排便时提早去厕所,并为小儿换下湿裤子或湿床单,千万不要责骂或羞辱,以免伤害小儿的自尊心和自信心。还要控制饮水量,晚餐时控制汤水、牛奶、饮料,以减少入睡后的尿量。睡前不宜太兴奋,必须小便后再上床。当小儿有一天不尿裤子或不尿床时,要及时赞扬、鼓励他提高自信心。

4. 清洁

2~3岁的小儿已具有一定的自助能力,小手指的动作已较灵活,能教会他做一些清洁工作。

自己洗手。带小儿走到洗手池边,先将衣袖卷起,然后打开水龙头把双手冲湿,再关上水龙头,抹上肥皂,双手搓手掌、手背、指缝和指尖,然后用水冲净,边冲边搓洗,洗净后用毛巾擦干。第一次洗手由成人边教边把着小儿的双手洗。第二次让小儿自己洗,成人只需在旁提醒,以后就让小儿自己洗手,并逐渐养成习惯。

自己洗脸,洗脸前先用软卫生纸将鼻涕擦去,将鼻内的鼻污物转出来。用毛巾在水龙头下洗净拧干,先洗眼部,从内眼角向外眼角方向擦洗,然后再用毛巾洗净耳廓、耳背、鼻部。再将毛巾冲洗干净,拧干后洗双颊和颈部,最后将毛巾洗净挂好。

自己漱口刷牙。每次进食后让小儿喝些温开水代替漱口,以保持口腔清洁。先让他看成人漱口,然后教他。以后养成每次进餐后就漱口的习惯。2岁后,当20个乳牙萌出后,小儿就要学习自己刷牙。先由成人帮助他早晚刷牙,边刷边将牙缝里的食物残渣取出给他看。并告诉他刷牙就可以清除食物残渣,消除细菌,防止龋齿(虫牙)。每天早晚都要刷牙,晚上睡前刷牙更重要,因为残留的食物在夜间经细菌起作用会腐蚀牙齿。牙齿坏了就会疼痛、咀嚼食物困难。2岁半以后小儿自己刷牙,要教他正确的刷牙方法:采用竖刷法,即顺着牙缝上牙从上向下刷,下牙从下向上刷,咬合面的窝沟也要刷干净,每次刷牙不少于3分钟。成人良好的示范便于小儿模仿。小儿的牙刷应选择两排毛束,每排4～6束的儿童保健牙刷,用后应清洗干净,并将牙刷头朝上放在杯子里,否则细菌易在潮湿的刷头上滋生。牙膏可选择含氟的儿童牙膏,氟能增强牙齿的抗龋功能。小儿学会自己刷牙后,还要做到未刷牙未洗脸就不能吃早餐,晚上不刷牙就不能上床睡觉,以及晚上刷牙后不能再吃东西的习惯。做好这些就能保护牙齿。

自己洗手绢、洗玩具。教小儿从小学会做些小事,如洗手绢、洗玩具、洗娃娃衣服等,都是小儿乐意做的事。因为小儿喜欢玩水,又喜欢玩肥皂,能搓出泡泡。成人教小儿将脏手绢放在水盆内浸湿后擦上肥皂,用双手对搓手绢各处,然后用水漂净,晒在小架上。晾干后让小儿将手绢收下来叠好,放在自己的抽屉里,用时自己去取。同样再教小儿洗玩具,如积木、皮球及娃娃衣服等。

5. 衣着

这时期的小儿非常爱动,什么事都要自己动手做,喜欢模仿,又十分爱美,因此在选择衣服上会提出自己的要求。只要是纯棉织物,家长不妨多尊重孩子的选择,这也有利于从小培养孩子的独立性和自理能力。

(三) 体格锻炼

2～3岁的小儿在前两年锻炼的基础上初步能适应日常生活中的体格锻炼。这一时期除了继续巩固以前的锻炼项目外,还可以进一步增加锻炼的时间、次数和新的项目,如空气浴、日光浴、嬉水活动及海边进行三浴锻炼。

1. 空气锻炼

(1) 户外活动:每天进行3～4小时户外活动,上下午各1次,时间安排依季节而定,夏季上午7～8时半,下午5～6时,傍晚7～8时。冬、春、秋季上午9～10时半。下午3时半～6时。户外活动最基本的锻炼是散步,每日可做走步练习150～250米,

接近 3 岁时可增加到 300 米。此外,还可以做体操,玩大型运动玩具,玩沙、玩水及各种游戏。但需掌握活动时间,要动静活动交叉进行,不使小儿过分劳累。

(2) 空气浴:结合体操或室内外各种活动来进行空气浴。夏季可在户外赤上身、穿短裤进行。春秋季可视气温而定,在室内开窗开门或室外穿汗衫和短裤进行。冬季在室内开窗进行,室温保持在 15℃,待小儿适应后,可逐渐下降到 12℃,穿棉毛衫裤,卷起衣袖和裤腿,露出手臂及腿部,暴露在空气中进行。

2. 日光锻炼

(1) 晒太阳:暴露小儿四肢于阳光下,结合户外活动时进行日光照射,每次 15～20 分钟。夏日在树荫下进行,以免强日光照射眼睛,也可戴上宽边草帽或白帆布遮阳帽。

(2) 日光浴:在进行锻炼前要先去儿童保健机构进行一次健康检查,在医生指导下开始日光浴锻炼。锻炼时要将小儿全身大部分暴露在日光下,开始进行时不超过 2 分钟,以后可逐渐增加到 10～15 分钟。日光锻炼时的气温 20～24℃ 为宜。夏季可以在日光浴后进行水浴。春、秋、冬季以上午 9～11 时,或下午 3～5 时进行为宜。进行时应戴上草帽或白布宽边帽,以免日光直射头部。

3. 冷水锻炼

(1) 在日常生活中冷水锻炼。继续喝冷开水,用冷水洗手脸、冷水擦身。

(2) 冷水冲淋。在适应了冷水摩擦身体的基础上进行冷水冲淋。可从夏季开始,先用温水进行,水温从 30℃ 开始,每隔 3 天下降 1℃,下降到 20℃ 为止。冷水冲淋可用喷水莲蓬头,距离小儿头部高 40 厘米,也可用喷水壶代替。冲淋时先冲淋四肢,后冲淋胸部,最后冲淋背部。冲淋完毕立即用干浴巾将身体擦干至皮肤微红为止。

(3) 嬉水活动。这年龄的小儿最喜欢在水池里嬉水游戏。一般可在夏季上午或下午进行。水池中水深 20～30 厘米比较安全,水温为 25℃ 时一次可玩 5 分钟;28℃ 以上一次可玩 10 分钟。开始时,玩一次就可以了。小儿习惯后.可连续玩 2～3 次,每玩一次,休息 5 分钟。在进行嬉水活动前,先让小儿小便,脱去上衣,穿短裤,在进水池之前和出水池之后,应冲淋,将身体洗干净,再用干毛巾擦干身体。小儿在水池中可以随意做各种动作,如用手打水、划水,用脚踩水、扶着成人手用脚打水,成人拉着小儿双手,让小儿浮在水面上拖着滑行等。还可以让小儿在水池中玩各种能浮漂在水面上的玩具。

4. 三浴锻炼

海边是进行空气浴、日光浴和水浴相结合的三浴锻炼最理想的场所,住在靠海边的家庭有条件经常进行,一般家庭可以在夏季带小儿到海边度假时进行。先让小儿脱去上衣,穿上短裤,赤上身在海边沙滩上小跑步,做体操,进行空气浴和日光浴 15 分钟左右,使小儿身体暴露在空气中及日光照射下感到温暖。然后休息片刻,家长可带小儿去海边,牵扶着踩水玩一会儿,逐步走到深处,让海水不超过大腿处(约离地 25～30 厘米),在保证安全的条件下让小儿玩 5～10 分钟,然后上岸冲淋身体,用干毛巾擦干,穿上衣裤后在树荫或凉棚下的躺椅上休息。小儿经过多次海中浅滩处嬉水后,可由家长用救生圈让小儿躺在上面,漂浮在海面上与父母嬉戏。此时父母不能离开小儿,要随时注意小儿的动作,以防掉下海里,发生意外。小儿在海里漂浮嬉戏时间不宜太长,最多不超过 10 分钟。

5. 体操锻炼

2～3 岁的小儿对语言的理解和表达能力逐渐增强,初步掌握了各项基本动作,可以结合动作的发展选择各种动作模仿操,并配合儿歌,边讲边做,以增加小儿做体操的兴趣。以下是 2～2 岁半和 2 岁半～3 岁两个年龄组的动作模仿操。

2～2 岁半小儿的动作模仿操(共二套)

第一套:运动模仿操

第一节　小猫叫(扩胸运动)
两手心相对,分别放在嘴两侧,向外拉开做摸胡须动作。

第二节　小鸟飞(平衡及上下肢运动)
两手向下侧平举作小鸟翅膀,左右两臂分别做向上下飞的动作,两脚慢步跑。

第三节　大象走(腹腰部运动)
身体向前弯曲,两臂向前下垂,两手相对握紧,向左右摇摆,慢步向前走。

第四节　小鱼游(上下肢运动)
两手心向下并向左右两侧平举,两手臂向前同时从左方游动到右方,再由右方游动到左方,往返数次,两脚配合手臂游动慢步向前走。

第五节　小马跑(上下肢运动)
双手做拉马缰绳状,双脚做小跑步动作,边跑时带动双手上下摇动。

第六节　小熊爬(全身运动)
双手撑地,双膝跪地,四肢协调向前爬行。

第七节　小兔跳(下肢跳跃运动)
两手食指和中指伸直,其他三指捏紧,放在头前上端的左右侧做兔的长耳,双脚并拢,同时离地向前跳。

第八节　小鸭走(左右弯腰运动)
两手手心向下右手心放在左手背上模仿鸭嘴。右手翘起向上,左手朝下时表示鸭嘴张开,右手朝下,左手翘起向上时表示鸭嘴闭拢。两手轮流向左右方向翘动,两脚也向左右摇摆走路。全身也自然随着向左右弯腰。

第二套:配儿歌动作操

儿歌:太阳天上照,宝宝起得早,一二,一二,做早操。点点头儿弯弯腰,先学小鸟飞,再学小兔跳,学学马儿跑一跑,锻炼锻炼身体好。

动作说明

太阳天上照——两臂向右上方高举,两手掌相对比做圆形。(上肢运动)

宝宝起来早——两手从腹前往胸前向上举,然后左右分开至两侧放下。(扩胸运动)

一二、一二做早操——左右脚交替在原地踏步。(下肢踏步运动)

点点头儿,弯弯腰——两手分别放在左右两侧腰部,向左右方各点头 2 次,然后分别向左右侧弯腰 2 次。(颈部及腰部运动)。

先学小鸟飞——两臂向左右侧伸直,手心向下,做小鸟上下摆的姿势,两脚原地踏步。(上下肢运动)

再学小兔跳——两臂上举弯曲,两手分别靠近头的左右两侧,做兔耳状,双脚并拢向前跳几下。(下肢跳跃运动)

学学马儿跑一跑——两臂屈肘,两手握拳于胸前,原地小跑步。同时两手向上下摇动,做拉马缰绳状。(上下肢及跑步运动)

锻炼锻炼身体好——两臂分别下垂于左右两侧,两脚原地踏步时,两手臂随左右交替,自然向前后摆动。(上下肢运动)

第二套模仿动作操配儿歌的节奏进行,应在第一套动物模仿操反复操练熟练的基础上,再教第二套。同时边做边教小儿学说儿歌,以巩固各种动作的做法,提高做体操的兴趣。

2 岁半~3 岁小儿的动作模仿操(共三套)

第一套:宝宝做早操(儿歌配动作体操)

儿歌:宝宝早早起,天天做早操。头儿点一点,腰儿弯一弯,小腿伸一伸,手臂转一转,小手拍拍拍,小脚踏踏踏。

动作说明

宝宝早早起——两手由体前向上分别向左右两侧伸展后放下。(扩胸运动)

天天做早操——两手自然下垂,两脚交替在原地踏步。(下肢运动)

头儿点一点——头部向前点几下。(颈部运动)

腰儿弯一弯——两手掌放在两侧腰部,向左右两侧弯腰。(弯腰运动)

小腿伸一伸——两手分别放到左右两侧腰部,左右两腿分别向前伸直。(下肢

伸屈运动)

手臂转一转——左手叉腰,右手臂向前往后方转一转,然后右手叉腰,左手臂向前往后方转一转。(肩关节运动)

小手拍拍拍——两手掌心相对拍手。(上肢运动)

小脚跳跳跳——两手叉腰,双脚并拢原地跳。(下肢跳跃运动)

第二套:动物模仿操(动物园)

儿歌:动物园里真热闹,各种动物真不少。长颈鹿呀个子高,大象鼻子摇啊摇,孔雀翅膀真美丽,小猴跳到大树里,熊猫爬来逗人喜,宝宝见了笑嘻嘻。

动作说明:

动物园里真热闹——原地踏步。(下肢运动)

各种动物真不少——双手掌相对拍手。(上肢运动)

长颈鹿呀个子高——两臂上举高过头部,两手合拢相握,象征长颈,双脚抬起脚跟,用脚尖走步。(下肢脚尖走步运动)

大象鼻子摇啊摇——身体前弯,两臂下垂双手相握,向左右摇摆。(全身运动)

孔雀翅膀真美丽——两臂经胸前向上分别从左右绕环到体侧数次。(扩胸运动)

小猴跳到大树里——两脚并拢原地跳,两手做爬树状。(上下肢运动及跳跃运动)

熊猫爬来逗人喜——两手向胸前做爬状,两脚原地走。(上下肢运动)

宝宝见了笑嘻嘻——两手拍手,两脚原地踏步。(上下肢运动)

做这套体操前,先带小儿去动物园参观,认识各种动物及其表现的动作特征。

第三套:小猫动作操(配儿歌模仿操)

儿歌:小猫,小猫,喵喵喵,抓抓耳朵,伸伸腰。小猫,小猫,爬呀爬,蹲在地上,吃小鱼。小猫,小猫,弯弯腰,找找尾巴,摇呀摇。小猫,小猫,跳呀跳,抓住老鼠,咬一咬。

动作说明:

小猫,小猫,喵喵喵——两手放在嘴的左右侧,向外做摸胡子动作。(上肢运动)

抓抓耳朵,伸伸腰——两手放在左右耳上做抓耳状,然后两手臂从腹前经胸上举后,向两侧分开放下,做伸腰动作。(扩胸运动)

小猫,小猫,爬呀爬——上肢着地,下肢跪爬。(爬行运动)

蹲在地上,吃小鱼——上肢离地,下肢蹲下,两手放在嘴边,上下交替做吃鱼状。(下蹲及上肢运动)

小猫,小猫,弯弯腰——两手叉腰,同时身体前倾,向前弯腰。(弯腰运动)

找找尾巴,摇呀摇——腰部左右转动,两臂下垂随身体向左右摇动。(体转运动)

小猫,小猫,跳呀跳——两手叉腰,双脚跳起。(跳跃运动)

抓住老鼠,咬一咬——右脚跨前一步,两手向前抓握动作,然后两手放在嘴边做咬状。(上下肢运动)

四、3岁儿的教育与训练

人的能力有相当大的一部分是在2～3岁之前打下基础的。也就是说,3岁的小儿已大体上具备了作为通常人的基础能力。因此,他已不满足依赖父母给予的帮助,而是逐步要求独立行动,自己思考。这时期小儿的自我意识开始萌芽,从过去对周围事物不分是非,一味模仿的时期,进入到按自己的想法进行创新的最初时期。小儿学习新事物的热情很高,常依照自己的想法,有目的地行动,凡事都想自己干。成人若是不了解小儿的心理,不珍惜小儿的热情、干劲,甚至加以压制、阻挡,小儿就会反抗、感到不愉快,从而影响学习的积极性。这一时期的生活环境和教育的好坏,对小儿今后一生有着重大的影响。因此,切合时机地进行教育与训练尤其重要。

对2～3岁小儿的教育与训练是以发展语言为主。因为这时期是语言发展的关键期,应教会小儿正确地说话和运用词句表达自己的意愿。在发展语言的同时结合认识的事物进行思维、想像,以增长知识,开发智能。这时期又是小儿运用手指操作的重要时期。训练小儿运用手指的动作去学习绘画、捏泥、折纸以及学做生活中的小事,增强自我服务能力,学会自己的事自己做。此外,还要要求小儿去为别人服务,与同伴友好相处,在共同生活与游戏中知道遵守规则,初步学会控制自己的行动,克服一些小困难。小儿的教育与训练可以通过以下几方面进行。

(一)卫生习惯和生活能力的培养

小儿经过两年的培养,已逐渐养成了一些良好的卫生习惯和初步为自己服务的能力。到了3岁时,小儿的动作熟练,语言的理解和表达能力增强,认识能力提高,都有利于卫生习惯的巩固和自助能力的增强。因此,需要继续对小儿通过生活中的各个环节加强早期教育与训练:

1. 睡眠习惯及能力的培养

习惯培养

按时睡觉,主动上床,习惯以正确的姿势入睡。醒后不吵闹,也不去吵醒别人。

能力训练

睡前学会自己解开衣服的纽扣,脱简单的衣裤(夏季衣服),自己脱鞋袜。起床时学穿衣,自己扣扣子(要从下往上扣),穿袜子和鞋。穿袜子时提醒小儿拉正后跟,穿鞋时要分清左右。成人应尽量让小儿自己去学做,耐心地用语言提示、鼓励,不能因小儿做得慢,做不好而包办代替,使他失去学做的机会。

2. 饮食习惯及能力的培养

习惯培养

小儿要以端正的姿势坐在桌前的椅子上,安静、专心、愉快地进餐。进餐时细嚼慢咽,每次少盛一些食物,吃完后再添,尽量养成不剩饭的好习惯。

养成文明进餐的好习惯。从小要学会文明进餐,如进餐时不吵闹,保持进餐环境愉快。学会闭嘴细嚼,不含着饭讲话,喝汤时不发出大声响,夹菜时不要东翻西挑,残渣皮骨不乱扔,可放在废纸上或自己的小盘内,以便饭后收拾。如果想要咳嗽或打喷嚏时,应学会将头转向一侧,不对着饭菜或家人。当成人帮助盛饭菜或帮他做事时,学会说"谢谢"。这些都是从小必须具备的文明礼貌,要长期培养。

能力训练

结合进餐,培养小儿爱劳动的好习惯。在餐前可学习摆筷子、放椅子,餐后擦桌子、扫地、收拾桌上的残渣皮骨并丢到垃圾桶内,再把椅子放回原处。从小培养小儿做一些力所能及的事,使他知道自己是家庭成员,也有义务参加家务劳动。孩子小,不可能做得像成人那样好,要耐心地加以教育和训练。边教边检查督促。小儿做得不对时要帮忙改进,和他一起补做,使小儿在训练中学会做得正确。

训练小儿正确地使用餐具,独立吃完自己的一份食物。先用小勺吃,2岁半后训练小儿学用筷子夹菜,吃饭。到3岁时就可以较熟练地使用筷子了。由于使用筷子需要手指和眼的协调活动,手指训练得灵巧,也可有效地刺激肌肉与神经系统,不仅有助于生活能力的增强,还能促进智力的发展。

3. 大小便习惯及能力的培养

习惯培养

培养每日定时定地点坐盆大便,学会用语言表示排便的要求。

2岁半后的小儿不论白天还是夜里都能控制自己的大小便,做到白天不尿裤子,夜里不尿床。

能力训练

2岁后,训练男孩学会站着小便。家长给男孩穿的满裆裤,前面要开小洞,便于男孩扒开裤洞站着排尿。训练时,要让男孩将两脚分开,站在便盆边,对准便盆,不要将尿撒到盆外地上。

2岁半后,女孩小便后要训练将尿液用卫生纸擦干,使阴部保持干燥(在2岁半前由成人在每次小便后帮忙擦干)。先让女孩自己学擦,后由成人检查,若擦不干再帮助她擦。

在大小便的前后;让小儿自己学会穿脱松紧带的裤子。若穿脱不好,成人再教他,直到学会为止。

4. 清洁习惯及能力的培养

习惯培养

养成小儿每日洗手、洗脸、洗脚、刷牙、漱口及定期洗头、洗澡、理发、剪手指甲和脚指甲的好习惯。

注意保持手、脸及衣服的清洁,学会保持环境的清洁整齐,不乱扔果皮、纸屑。

能力训练

训练小儿学会自己洗手、洗脸、擦肥皂,在流动水下冲洗,再自己用毛巾将手擦干。

训练使用手帕或纸巾擦鼻涕、擦眼部灰尘及嘴部食物残余等。夏日天热易出汗,要会擦汗。

学会早晚刷牙,饭后漱口,以保持口腔的清洁。

学会清洁手帕、娃娃衣及玩具等物。

学会扫地、擦灰。

(二)动作能力的训练

2～3岁小儿的动作发展又进入到一个新阶段,在已学会了各种基本动作的基础上,巩固、提高动作的技能与熟练程度,以便运用动作能力于生活及活动中。这时期小儿手指动作能力通过前两年的训练,已能眼、手、脑协调地操纵物体,进行各种活动。在此基础上,应进一步训练小儿手指的精细动作的协调性、准确性和熟练技能。手指的活动越多,越精细,就越能刺激大脑皮质上相应的运动区域的生理活动,从而使思维活跃,同时大脑在接受刺激后又能使手指的动作灵巧性得到提高。因此,这时期要在小儿学习过的抓、握、扔、放、搭的基础上,再训练小儿穿洞、嵌插、拼图、执笔、涂色、绘画、捏泥、折纸、粘贴等精细的手指动作。

1. 大动作能力的训练

走 训练小儿走路较快、平稳。学走踏步,踮着脚尖走碎步,跨过小沟、石砖等障碍物行走,踩着各种形状的线条行走,如在 S、○、△、□、◎等形状的线条上走。从用手扶栏杆一步并一步上下楼梯,到学会双脚交替上下楼。

平衡 训练小儿在宽 25 厘米、高 15 厘米、长 200 厘米的平衡木或斜坡上行走。开始扶走,熟练后独自行走,保持身体平衡。2 岁半后训练小儿在宽 20 厘米,高 20 厘米,长 200 厘米的平衡木或斜坡上行走,要求身体保持平衡,行走自如。

站 训练小儿单足站稳,身体保持平衡。开始时由成人双手拉住小儿双手,左脚站稳,右脚提起,然后还原;再调换右脚站稳,左脚提起。开始训练时每次站稳3～5秒钟,以后可增至5～10秒钟。也可扶椅背及桌子练习,直到身体能保持平衡后,试着完全不扶独站一会儿。

蹲走 训练小儿蹲在地上向前走。可以在室内四处放一些玩具,要求小儿蹲着走去取玩具。玩具放置地点要离小儿稍近,使小儿走几步就可拿到,以后逐渐放远一些。蹲走的时间不宜过长。

跑 训练小儿跑得平稳,要求小儿两臂屈肘于体侧,两手握拳,手的摆动与脚的跑步相协调。学会听指令跑步、停步;快跑、慢跑。可以与小朋友一起做跑的游戏,如"谁跑得快"、"猫捉老鼠"等。

跳 训练小儿双脚并齐向前跳、左右两脚轮换单脚跳及立定双脚跳远。每跳一次用粉笔在地上画一条线,让小儿知道自己的进步,以增强自信心。训练小儿从最后一层台阶向下跳,以后再从15～20厘米高处跳下,开始时由成人扶小儿双手向下跳,以后让小儿自己跳下。跳格子是在双脚跳及单脚跳的基础上进行的,先在地上画方块格子,按格子上的2格双脚跳,1格单脚跳进行。

踢 开始训练小儿踢地上的小石子、皮球、沙袋等。成人先示范用足尖踢,小儿学会后可以玩踢球入门的游戏,可用长凳、小方凳或大纸盒做成球门,在距离球门1米处示范教小儿对准球门,用劲踢入。此外,还可将绳子扎在键子上或有网袋的球上,让小儿拉着绳子的另一端踢键子或球,以训练各种踢的动作。

钻爬 训练小儿快捷爬行,钻过比自己身高矮一半的洞;学会在70厘米高的竹竿或藤圈内爬行。在家中可训练在书桌或餐桌下,或大型纸盒中钻洞并来回爬行。钻爬使小儿全身各部位的肌肉得到锻炼。

攀登 训练小儿学习四肢协调向上攀登。在家可利用人字形小扶梯一步并一步地向上攀登。每层梯级之间距离不超过15厘米为宜。攀登时要求小儿双手及臂部支持自己的身体.同时脚蹬梯级要站稳。成人要在旁边监护,以免小儿不慎跌跤。还可以去公园的攀登架从下往上学攀登。

骑 训练小儿学骑脚踏三轮车。先学习双手握车两边的手柄,再学骑上坐垫两脚轮流蹬车,学会手脚协调地向前骑车。成人在旁边教边监护,直到小儿学会骑车的动作后再教转动手柄,向左右拐弯,以及遇到障碍物会后退或停车等。此外,还可训练小儿玩骑木马向前后摇,骑在跷跷板上与小朋友一高一低地蹬地。

投掷 成人先示范拿小球将手抬高到肩上方,向远处投球,这样可以投得远而有力。也可用豆袋、沙袋练习有目标的投掷,练习投球入篮、入桶或纸箱中,投套圈入插棍上等。两人玩球时可以相互抛球、接球。

模仿动作 训练小儿做各种模仿动作,如鸟飞、马跑、兔跳、老鼠钻洞、猴子爬树、小猫洗脸、大象走路等。成人先示范,然后教小儿模仿。

2. 手指动作能力的训练

继续训练小儿手的精细动作,使手的感觉、触觉灵敏,进一步锻炼手、眼、脑的协

调能力,不仅使手的操作熟练,还能促进智力发展。

搭积木　训练小儿用积木搭成简单的物体,如火车、房子、桌、椅、床等,还让小儿根据自己的想像将积木搭成娃娃家、公园、儿童乐园等。

捡豆　将蚕豆若干放在桌上,训练小儿用拇、食指一粒一粒捡起来,放入小碗中。开始捡豆不计时间,熟练后,请他和爸妈比赛,要求1分钟捡20～30粒,看谁捡得快。以后再训练分类捡豆,将蚕豆、黄豆、赤豆各10粒混装在一个盘里,要求挑拣出来,分类放到3个小碗中。

穿木珠及塑料管　先训练穿内径0.7厘米的木珠,可穿成手镯或项链。再进一步训练穿内径0.4～0.5厘米,长1厘米的各色塑料管(事先剪成1厘米长的各色粒状管)。将混合的各色塑料管粒放在纸盒内,让小儿自己挑选颜色串成项链,打上结,套在颈上。

拼图形　训练将几块木板的图形拼成各种动物、水果等。在家中可自制拼板,将画好的一张图形,如小鸡或其他动物、水果等,剪成4～6块,让小儿自己拼成图形。

玩纸　〈定形撕纸〉事先用缝纫机把纸扎出各种形状,如正方形、长方形、圆形、椭圆形、三角形等,训练小儿按照针孔撕纸,然后将撕好的图形涂色。

〈折纸〉先由成人示范用正方形的纸对折成长方形、三角形。

〈抛纸球〉用旧报纸捏成纸球,抛球、掷球玩。

〈剪纸〉教小儿剪纸,学会用剪刀,随意剪成纸条(似面条)、纸块(似饼干)等。

玩水　在面盆中盛水,用一只塑料杯盛满水,将水倒入另一只塑料杯,倒来倒去。在澡盆中放入橡塑玩具,小儿坐在澡盆中,将有孔的玩具吸入水、喷出水,也可用海绵给娃娃或动物洗澡。

玩沙　玩沙是促进支肤触觉综合能力发展的一种方法。训练小儿用小铲将沙土装进小桶内,用小碗或小盘盛满沙土倒扣过来做成馒头或大饼;将小手穿进沙土堆,打成山洞。还可让小儿赤脚在沙土中来回走,观看自己的脚印等。

其他　训练小儿在生活中用手操作的能力,如用筷子夹菜,用抹布擦桌,用扫帚扫地,用水洗手帕,用手握笔画图,用手指一页一页地翻书,用手转门把手开门,开关电灯,学叠手帕、袜子等。通过训练,使手指动作熟练,提高今后的生活自理能力。

(三) 语言能力的训练

2～3岁是语言发展的关键时期,是小儿掌握基本语言的阶段。在正确的教育和训练下,已能使用各种基本类型的句子,说话的积极性很高,此时要求小儿要用完整的语句表述自己的意愿,且要发音正确。由于小儿的语言都是通过模仿成人的语言学会的,因此要求父母及家庭成员要注意自身的语言美,能正确发音,口齿清楚,语句完整,以便小儿模仿。在学母语(汉语)的同时还可以训练小儿同步进行外语

(英语)的学习。在2岁前,训练婴儿听音、发音、理解语言的同时,可以学说母语也可以同时学说外语。只要求小儿听音、理解词意,能跟着模仿发音,让小儿在生活中潜移默化,理解多少就学多少,自然掌握。2～3岁时可在学会汉语的基础上,以汉语作中介,进一步教小儿学外语,并同时使用外语。

婴幼儿时期是人类数学能力开始发展的重要时期,其中2岁左右是小儿掌握初级数学概念的关键期,2岁半左右是小儿计数能力发展的关键期。因此,应在关键期对小儿进行科学系统的教育和训练,越早越好,可在婴儿语言理解阶段(出生9～12个月),能理解一些字词句后,就同步进行理解最初级的数概念。若错过这一时机,最迟也要在2岁时加紧进行,以免今后影响小儿数学能力的发展。

训练语言能力的要求和内容如下:

(1)学说普通话。基本上能使用普通话与人交谈,发音正确,口齿清楚。

(2)教说完整的句子,句子中包括主语、谓语、宾语。如"我要玩娃娃"、"妈妈买来新衣"等。

(3)训练小儿除了说简单句外(如"我跑步"),多用复合句说话(如"我跑步,你快追")。复合句由两个简单句组成,小儿可学6～10个字的句子。

(4)结合日常生活中接触的新事物,增加名词、动词和形容词外,训练小儿学说代词、副词和连接词。

代词:学说"我"、"你"、"他"、"我们"、"你们"、"他们"、"大家"。逐渐以"我"代替"宝宝"的自我称呼。

副词:学说"不"、"快"、"还"等。

连接词:"和"、"跟"等。

(5)学会叙述观察到的事物,训练表达能力。如带小儿到公园去玩,看到大自然的景色、花草树木及动物园的鸟、猴、象、熊猫等,让他用自己的话讲述。

(6)鼓励小儿主动提问,如问"这是什么"、"他是谁"、"为什么"、"你上哪里去"等。也学会回答问题,如问"你几岁",回答"我3岁",同时出示3个手指。教小儿学会用"你"来提问,用"我"来回答问题,如问:"这是你的衣服吗?"回答:"是的,这是我的衣服。"

(7)说出家庭成员的称谓:爷爷和奶奶、外公和外婆、爸爸和妈妈、姨妈和姨父、舅舅和舅妈、伯伯和伯母。宝宝会说出自己的名字。

(8)学说礼貌用语:学会主动向人打招呼,与成人或小朋友交谈时,学说"您好"、"您早"、"请您"、"再见"、"晚安"、"谢谢"、"没关系"、"对不起"。开始训练时需要成人经常提醒,以后逐步学会主动说。

(9)学习背诵儿歌和古诗:训练小儿口齿清楚地背诵4～5首儿歌,每首4～6句,每句5～7个字。如儿歌《小小手》:"我有一双小小手,样样事情学着做。学穿衣,学穿鞋,自己的事情自己做。"模仿成人用抑扬顿挫的声调朗诵古诗2～3首。

如古诗《春晓》:"春眠不觉晓,处处闻啼鸟。夜来风雨声,花落知多少。"先向小儿解释古诗每句的含义,然后再教朗诵。

(10)教小儿看图说话、听故事:经成人讲解,能理解图书、故事中的主要内容,能主动讲出其中的要点。

(11)学会猜谜语及动脑去思考:成人用物品的特征编谜语。先让小儿熟悉物品的特征,然后再让他猜谜语。如谜语《鼓》:"脸皮厚,肚里空,用锤打,咚咚咚。"

(12)学说英语:教小儿学英语也和学汉语一样先学听音。可以经常给小儿听一些简单的英语歌曲,如"摇篮曲"、"早安歌"等,再结合生活中经常接触到的事物边教汉语边学英语。2岁后进一步教小儿使用单词句或简单句讲话。如说"起床了"、"早安"同时汉语和英语,每天反复教说,反复训练,逐步理解其意义。还要不断地引起小儿学语的兴趣,增加新的知识,扩大眼界,让小儿有机会去接触学英语的环境,运用已学的英语与人交谈。

(13)教小儿数数,有两种方法:

① 口头按顺序数数,先教1、2,如走路时教数1、2,1、2左右踏步走。然后增加数3。在玩游戏或赛跑时听口令:1、2、3,开始跑。然后再增加到4及5。学会数1～5后,再教数6～10。3岁时小儿可从1数到10。

② 口手一致地点数:将口头说出的数与食指点实物的数相结合,一个接一个依顺序从左向右地按物点数。2岁左右的小儿一般要求能完成1～5以内的按物点数,3岁小儿要求能完成1～10以内的按物点数。个别能力强的小儿可以达到15以内的按物点数。

学数数的方式很多,可采用以下方式:

念儿歌学数数:儿歌《小山数三》:"有个宝宝叫小山,小山会数一二三;一个一个又一个,数在一起是三个。"

念儿歌学点数:儿歌《十个手指头》:"一二三,爬上山。四五六,抬起头,七八九,看气球。两只手,数一数,有几个,手指头。"伸出十个手指,边念儿歌边点手指头。

拍手数数:成人和小儿一起拍一次手数1,再拍一次数2,依此类推,按顺序数到5为止,多次重复边拍边数,直到完全掌握1～5的数后,再教6～10的数,最后教从1～10边拍边数。

按图或实物数数:训练小儿掌握物与数的对应关系,可教小儿看图书上的3个苹果、4个梨、5个香蕉边数边指点,然后回答说出几个。以后可教小儿在日常生活中数数和点数,如吃饭时学数筷子,游戏时点数积木或木珠、皮球等。

(14)语言游戏:小儿提高语言能力后,可玩语言游戏。

猜声音:让小儿倾听发出的声音,如猫叫声、电话声、门铃声、汽车声等,会说出是什么东西发出的声音:促使小儿思考用语言表达。

猜动作和表情:成人做出各种模仿动作或表情,让小儿说出是什么词。如成人将双手分别放在头顶左右两侧.双脚向前跳。小儿猜说:"小兔跳。"成人将双手侧平举向前跑作飞状,小儿猜说:"飞机。"成人哈哈大笑或伤心流泪状,小儿猜说是"笑"或"哭"等。

说物品用途:将小儿平日熟悉的物品用布盖上,然后一件件拿出来,让小儿说出每一件物品的名称。如杯、碗、牙刷、梳子等。

说出反义词:成人先提问,然后让小儿回答与提问相反的词。成人说"大",小儿答"小";再接着说"冷".答"热";说"多",答"少"等。以后可以与成人调换,小儿问,成人答出反义词:若小儿能掌握反义词的游戏,可以逐步加深概念,说"早上",答"晚上",说"上面",答"下面",说"前面",答"后面"等。

(四) 认识能力的训练

小儿已在 2 岁前接受了不少感知经验,通过记忆储存在大脑里,此时期已能将储存的感知经验,即感知过的事物、思考过的问题以及学习过的动作等,都在目前或以后学习时加以运用。2 岁后小儿的语言迅速发展,理解能力增强,抽象思维开始发展,想像力开始萌芽,这些都有利于认识能力的训练。

这时期继续采用直观教育方法,通过各种活动提高小儿学习的积极性和兴趣,将看到、听到、做过或接触过的事物紧密地结合在一起,来训练小儿的认识能力。此外,还可采用谈话、提问的方式,结合观察到的事物、各种现象,提出问题来启发小儿的求知欲,进一步去认真思考,以增长对事物的认识能力。

(1)知道自己的五官及身体主要部位的名称、特征、用途及数量。如认识眼、耳、鼻、嘴、头、手、臂、脚、腿、胸、背等。可将画好的五官及身体各部位的图形,在背面写上该部位的名字,将大娃娃放在桌上站立,小儿将图片依次放在娃娃的正确位置上。如眼图形放在娃娃的眼部,其他依相应部位放好。;放对了给予称赞,放错了提醒更正。以后再训练小儿将图形翻到后面识字,并提问各部位的用途及数量。

(2)认识交通工具:知道名称、特征及在何处运行(如火车在铁轨上运行、轮船在水上行驶、飞机在天上飞行等),并将火车、轮船及飞机的字样贴在上面,以便识字。

(3)认识周围环境中的人:如医生、司机、售票员、售货员、警察、邮递员、解放军等。知道他们的职业或做什么具体的工作。

(4)认识常用的生活用具:室内家具、洗衣机、电视机、录音机、电脑、冰箱、电风扇、空调机等,知道它们的用途。

(5)认识人,能区分性别:可根据年龄来称呼,如区分男、女,叫男人为伯伯、叔叔,叫女人为阿姨;叫老人为爷爷、奶奶;比自己大的男孩叫哥哥,女孩叫姐姐等。

（6）认识常吃的食物：除 2 岁前认识的以外，再认识以下的食物：

蔬菜：卷心菜、黄瓜、胡萝卜等；

豆制品：豆腐干、千张（百页）、素鸡等；

荤菜：虾、鸡肉、鸭肉等；

水果：葡萄、桃子、菠萝等。

以上食物可根据地区情况，结合季节选择教认。

（7）认识动物：猴、象、熊猫、长颈鹿等。

（8）认识四季的主要特征：

春季：春天到，小鸟叫，花儿开，蜜蜂蝴蝶飞来了。

夏季：夏天热，知了叫，小朋友，天天要洗澡。

秋季：秋天到，风刮起，叶变黄，树叶落。

冬季：冬天冷，雪花飘，小朋友，穿棉衣，戴上帽。

（9）认识自然现象：早上天亮，晚上天黑；白天太阳照，晚上出月亮；下雨，天晴，刮风，下雪，闪电，雷鸣。

（10）认识和区别颜色：红、黄、蓝、绿、白、黑。

（11）认识和区别形状：圆与椭圆。正方形与长方形，三角形与五角形。

（12）理解空间、时间的概念：

空间概念：上和下、前和后、左和右。

时间概念：早上、晚上、中午。

（13）理解数的概念：

结合实物练习数数：小儿学会背 1～10 的数之后，再要求手口一致点数，要注意眼看、口数、手动必须一致。如从 1～3 按数点物，以后增至 4～5，再增加到 10。可以结合生活中看到的东西点数，如家中有几张床、几张桌、几盏灯、几个人等。

口读数训练取物：成人读 1，小儿取 1 个物品说 1；读 2，取 2 个物品说 2。逐渐增加到 5。

看图数数：看"儿童公园"图片，数图片上有几棵数、几位小朋友、几座滑梯、几只摇马等。

（14）识字：结合实际去认物认字。

生活中教：如将吃饭、睡觉、大便或小便的字块分别贴在饭桌、睡房、厕所里，让小儿经常接触教认。

按形象识数字：如笔像 1，鸭像 2，耳朵像 3，旗像 4，蛇像 5，梨像 6，拐杖像 7，葫芦像 8，气球像 9，胡萝卜和鸡蛋放在一起像 10。

画图识字：如 ⌣ 嘴像口字，⊙ 太阳像日字，⩍ 山峰像山字等。

猜谜语认字：《眼睛》："上有毛，下有毛，当中一个水葡萄。"《明》："左边是太阳，右边是月亮。"

变字游戏:成人写"一"字,教小儿说出"1",然后加1竖,教小儿说出"十",再在十字上加一横,教小儿说出"干",在干字下加一横,教小儿说"王"。复习几次,小儿就在好奇又感兴趣的情况下,学会"一"、"十"、"干"、"王"四个字。还可按此法,再教其他字。

(15)知道自己的生日:知道自己长大了,全家庆祝感到愉快。

(16)知道节日:"六一"儿童节是小朋友的节日,"三八"妇女节是妈妈的节日,新年、春节是大家的节日。

(17)知道解决问题:如口渴了,去喝水;肚饿了,去吃饭;疲倦了,去睡觉;天热了,脱衣服;生病了,上医院等。

(18)认识游戏:通过游戏加深对事物的认识。

取放物品:将物品取来,放在固定的地方,如玩具放在玩具箱里,衣服放在衣柜里,鞋子放在鞋架上,报纸放在书桌上等。

分类归物:开始训练按积木颜色分类,将同种颜色的放在一起。以后再训练将同形状的积木放在一起。待小儿懂得分类的概念后,可应用到生活中,如将不同的水果分类放,可训练小儿学会分与合的综合能力。

配对与"接龙":训练小儿认识相同外观的物品并配成一对或接在一起。如将各种颜色及形状的物品挑出相同颜色的放在一起,或用图片或字片,一张卡片上有两张图画或两个字,将相同的连接在一起.接长了像条龙,故叫接龙游戏。如图:4张图片或字片连接。

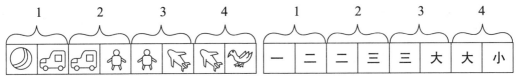

模仿游戏:教小儿当妈妈,玩娃娃家游戏。

认识妈妈为娃娃所做的事,如喂饭、穿衣、洗澡、做操等。教小儿扮医生,玩医院游戏,如打针、服药、量体温等,以及其他扮演人物的游戏如司机、售货员等,以增加对各种人物劳动的认识。

(五) 社会适应能力的训练

2~3岁的小儿已具有了一定的活动能力和语言能力,能行动自如地去接触更多的人。在接触过程中,喜欢模仿成人的言行,尤其喜欢与小朋友共同游戏。在游戏中可以无拘束地相互学习与模仿,保持密切的联系,从中获得人际交往的快乐及适应社会的能力。

这时期小儿正处在自我意识开始萌芽的阶段,遇事都要按照自己的意愿去做,积极要求独立自主,反对父母对他的干预和限制。虽然小儿的行为有许多不足之

处,但从发展的观点来看,是心理发展中积极和进步的表现,标志着小儿独立性、主动性的发展。成人不要误解为小儿固执、任性或是与人对抗,以免抑制小儿社会行为的正常发展。

目前,我国的独生子女政策,每家仅有一个孩子,绝大部分父母和家中老人对小儿宠爱有加,约束不足,往往造成小儿日后社会行为的偏差或形成骄纵的个性,不利于小儿适应社会环境,在集体中不受欢迎,难以与小朋友友好相处。因此,应在2~3岁规范小儿行为的最佳时期,对小儿及早进行适应社会能力的训练。

培养小儿的交往能力

要让小儿广交朋友,用和蔼可亲的态度对待小朋友。在一起单独玩时互不干扰,不影响别人;在共同游戏时学会共同使用玩具,可采取轮流玩玩具,交换玩玩具,合作起来玩玩具等方式。在交往时学习有礼貌的语言和动作,使对方乐意接受。如想要别人正在玩的玩具时,可以说:"请你玩好了给我玩,好吗?"要与人交换玩具时,可以说:"我们换着玩一会儿,好吗?"这样可使小儿懂得用语言请求或用动作主动交换,都能获得玩具。相反的,用"抢玩具"的方式常会遭到同伴拒绝、反抗甚至争夺,并引起不愉快的争吵。

对人亲切有礼

除了热爱父母及家庭中的成员外,还应爱托儿所老师和小朋友,关心周围的邻居,礼貌对待所接触的人,会打招呼,主动说:"你好","你早"以及其他礼貌用语。

学会关心人,同情人,愿意帮助人

如见到小弟弟哭了,会去为他擦眼泪、逗他笑;同伴跌跤了会去扶起;老人拐杖掉在地上,会去拾起为他送去等。

主动去学做力所能及的事

在家中帮助父母及老人做事,如拿东西,放东西,招待小客人,扫地,擦灰等;在托儿所帮助老师和小朋友做事,如整理玩具,给花浇水,拾落叶,帮不会穿鞋袜的小朋友穿鞋袜等。小儿自己喜欢劳动才能学会劳动的本领,做好自我服务的事,也才能帮助别人。

遵守规则

家有家规,托儿所有所规,社会上有许多规则,都需要每个人遵守,才能使家中、托儿所中以及社会上有秩序有条理地进行社会生活。如小儿在家中要遵守生活常规,按时睡,按时起;洗了手才能吃东西;不能动有危险的东西等。托儿所订有卫生常规、安全常规及其他规则。社会上有交通规则如红灯停、绿灯走;购物按秩序排队,学会等待;公共场所保持清洁,不丢果皮纸屑等,都要从小学会,才能使小儿融入社会,适应社会。

懂得共同分享

在日常生活中,父母要从细微的小事开始,培养小儿与别人分享的好行为。如吃东西时让小儿与爷爷、奶奶一起分着吃,将大的分给老人,小的留给自己;家中来了小客人,将自己喜爱的玩具给小客人玩等。千万注意防止小儿自私、独占行为。

判断是与非

在小儿与他人交往中,继续结合所发生的事情教他判断是与非,如发现他打人,未经允许拿别人的东西等,成人要用语言、眼神、手势去制止,让他立刻终止这种行为。态度要坚决,并和他分析为什么不对,让他知道做错了事,下次记住不做,千万不要打骂或庇护他,要给他改进的机会。

培养心理承受能力和自控能力

当今的独生子女处在养尊处优的地位,家中都尽量满足小儿的生理、心理需要,老人娇惯,父母宠爱,不知饥饿、劳累、困难。会使小儿长大后难以适应复杂的社会,经受挫折与困难时,缺乏心理承受能力。小儿往往受到挫折就哭闹,遇到困难而害怕、退缩,有了欲望又不能自控。因此,父母在满足小儿生理和心理需要的同时,还要适当给予一些必需的、有益的"劣性刺激"(即令他不愉快、不舒服、不满意的外界刺激),如对终日饱腹、挑食拒食的小儿,不妨给他一点"饥饿"刺激,小儿就会感到饥饿而饥不择食,又不挑食,使食欲旺盛。生长在一帆风顺的环境里,什么也不用愁的小儿,要有意识地设置一些障碍,给他一点"困难"刺激,让他通过努力去克服困难,从中培养他独自解决问题的能力。对于小儿,不能因为他喜欢听好话,不愿听讲他不好的话,就迁就姑息,造成小儿随心所欲。应该在他做了不对或不好的事时,给予"批评"的刺激,让他能够承受,听父母的话,懂得道理,今后学会约束自己的行为,增强自控能力,逐步锻炼小儿的心理承受能力。就像小树一样,经受了风霜雨雪后能长得更壮实。

(六) 艺术教育——音乐和美术

音乐和美术是美育中的一部分,它以生动、具体的美感形象,在潜移默化中感染小儿的心灵。

1. 音乐

2～3岁的小儿由于语言和动作的发展,认识能力增长,对音乐的感受能力和表现能力都比前一阶段增强,能感受到音乐旋律的优美、节奏的明快,还能按音乐节奏摇动、跳舞、做模仿动作,表现得十分自然、合拍。在唱歌时,也能随着歌词的意义用表情及动作来表达自己的感受。这时期音乐伴随着小儿的生活,对调节小儿的情感和行为起着重要作用。

对小儿进行音乐教育的要求和内容如下：

欣赏音乐与歌曲：培养小儿集中注意力去欣赏音乐曲调、节奏、歌曲的词义及歌舞表演。如欣赏歌曲《听，什么在叫》。

听，什么在叫

1=F 3/4

1 |1 - 1|3 3 1|2 - 7|5 -
我 听 见小猫在喵 喵叫，我

2 - 3|4 4 2|3 - 2|1 - 1|1 -
听 见 小猫在喵 喵叫，我听 见

3 3 1|2 - 7|5 - -|2 2 2|4 3
小猫在喵 喵 叫， 声音是多么好

1 - -|1 - -||（喵 喵喵。）（叫声）
听

提示：成人在小儿欣赏歌曲时，可用木偶或动物玩具边唱边表演，激起小儿兴趣后，再教小儿随着成人边唱边表演。

《听，什么在叫》的歌曲可引导小儿用多种动物的叫声来演唱，并教小儿辨别动物的叫声，如除了小猫喵喵叫外，可教小狗汪汪叫、公鸡喔喔叫、小鸭呷呷叫、小鸡喳喳叫、蜜蜂嗡嗡叫、小羊咩咩叫、青蛙呱呱叫等。

唱歌：教小儿用自然音唱歌，能讲出歌曲的名称，理解歌词内容.并能大胆地唱歌表演给成人及小朋友欣赏。举例：《漱口歌》

漱 口 歌

1=F 2/4

5 6 5 4|3 -|3 4 3 2|1 -|2 2 2|3 3 3|5 5 4 4 0 0|3 2|1 -||
手拿 花花 杯， 喝口 清清 水， 抬起 头，闭着嘴，咕噜 咕噜（漱口动作两次）吐 出 来。

提示：培养小儿卫生习惯，按歌词做表演。

表演动作：

"手拿花花杯" 左手叉腰,右手握拳拿杯状；

"喝口清清水" 右手握杯做喝水状；

"抬起头" 头从左向右稍抬起；

"闭着嘴" 做闭嘴状；

"咕噜咕噜" 只喝不做动作；

"O O" 做漱口动作2次；

"吐出来" 张圆嘴做吐水动作。

律动：听音乐节奏做模仿动作。如学兔跳、大象走、马儿跑等模仿动作。举例如下：

1=F 2/4　　　　**兔　跳**

3 5 5 3 1 | 3 1 3 6 5 | 3 5 5 3 1 | 3 1 5 1 2 |

3 5 5 3 1 | 3 1 1 7 6 | 5 6 6 5 3 | 5 6 6 5 3 |

1 3 3 3 2 | 1 3 2 5 1 | 1 ‖

提示:(动作说明)两手放在头两侧上边,象征兔的长耳朵、双脚并拢轻轻向上跳。

音乐游戏:与成人和小朋友一起按游戏规则配合音乐和歌曲的词意做游戏。举例如下:

1=C 2/4　　　　**大拇指**

3 4　5 | 3 4　5 | 5 5　1 | 5 － |
大拇　指, 大拇　指, 你在　哪　里?

1　5　5 5 | 1　5　5 5 | 3 2 3 | 1 － ‖
我 在　这 里, 我 在　这 里, 你好 不　好?

提示:游戏目的是认识手指(5个手指);游戏玩法可以边唱边做。1～4节将双手放在身后,第5节左手从身后移到身前,竖起大拇指;第6节右手从身后移到身前,竖起大拇指;7～8节两只大拇指随音乐做屈伸动作,表示点头问好。游戏规则应随音乐及歌词词义做动作,不可将大拇指过早或过迟拿出来,以后可以依次做食指、中指、无名指、小指的游戏。

音乐舞蹈:听着音乐的旋律与节奏跳舞。举例:《找朋友》舞蹈。

1=D 4/4　　　　**找　朋　友**

1 1 1 2 | 3 5 5 － | 5 6 5 3 | 2 3 2 － |
⑴找找找呀 ⑵找朋友, ⑶找到一个 ⑷好朋友,

3 1 1 2 | 5 3 2 － | 1 2 3 5 | 2 3 1 － |
⑸敬个礼, ⑹握握手, ⑺我是你的 ⑻好朋友。

提示:小儿和爸爸、妈妈一起来跳这个舞。开始前,爸爸和妈妈面对面站立,两人之间保持一定的距离。并随节奏拍手,小儿在中间边拍手边跑碎步转圈子。音乐或歌曲唱到第(4)时,小儿停在爸或妈一人面前,唱到第5～6节时,与对方互做敬礼、握手动作,唱到第7～8节时,与对方握手转半圈,交换位置。然后游戏重新开始。

2. 美术

小儿进行美术活动能促进手的精细动作发展,使手眼协调能力增强,养成小儿积极主动、专注的学习习惯,并能发展小儿的观察力、记忆力、想像力和表现力。通过画画、捏泥、折纸等活动,小儿看到自己操作的成果,从中获得愉快的情感。

早期美术教育的标准，不是以小儿画得像不像或做得好不好来衡量，而是看他是否能接受爱美的事物及美术作品；能否大胆地动手去画画，去捏泥、折纸、粘贴等；是否能发挥想像力来创作美的形象，表达他的意愿。

绘画：培养小儿对画图画和看画画发生兴趣，能主动、大胆地尝试在纸上执笔画画。不论小儿画成什么样，只要能将涂出的画说出想像的是什么，就要表扬，并进一步指导他的画法，鼓励继续再画。教小儿绘画的要求和内容如下：

（1）看成人画图：让小儿对纸和笔产生兴趣，学着执笔，随意在纸上涂画，锻炼手指动作，认识笔在纸上发生的作用——能出现许多线条。

（2）学画直线：让小儿观察筷子或铅笔，成人先示范画出笔或筷子的样子，然后教小儿照样模仿着画。

（3）学画横线：让小儿观察竹竿或尺，成人先示范画法，然后教小儿模仿着画。

（4）学画圆圈：让小儿观察圆形饼干或盘子，成人握笔从左向上再向右画到下连成圆圈，再让小儿模仿着画，若画不出，可握着小儿拿笔的右手教他画后，再让小儿自己练习画。

（5）学添画：在成人画好的图上添画直线、横线或圆圈。举例如下：

添画直线：成人先画一圆形，让小儿在圆形下添画一条竖直线，成为一只气球，如图 。在圆形上添画一根短直线，成为一个苹果，如图 。还可在圆形四周画多条直线成为太阳，如图 。

添画横线：成人先画两根直柱，教小儿在中间相隔 5 厘米的空间画一横线，成为一条晒衣的竹竿，如图 。还可让小儿在成人画的一条小鱼下面添画许多横线表示水，如图"小鱼游水" 。

添画圆：成人先引导小儿观察吹出的圆形肥皂泡，然后成人画一小朋友拿塑料管和一只装有肥皂水的杯正在吹肥皂泡，小儿在小朋友的上方添画许多圆圈表示肥皂泡。如图 。

（6）自由画：让小儿利用已学会画的直线、横线、圆形随意地画，并自由选择各种颜色画不同形象的画，不论画得像不像，都要让小儿说出画的是什么，表示赞扬后，再在他的画上帮他添画不足之处，使之成为一幅形象正确的画，如小儿用两条线画八形，成人添画成 梯子，小儿画 C 形，成人添画成 ○ 皮球等。使他知道下次再画时能完整地画一张画。

　　捏泥：让小儿自由玩泥，培养小儿用两手手指配合捏橡皮泥，进行捏、搓、压等动作。开始时观察成人用橡皮泥捏成各种成品，如捏成小人，如图（由一个圆形头，一个长方形身体和四条长形四肢组成），图　　苹果，（由一圆形和一小长条形组成）等。这些成品让小儿欣赏，以吸引其兴趣。

　　搓条：用两手掌将一团橡皮泥对搓成长条，象征是油条、胡萝卜、面条等。

　　搓圆：用两手掌将橡皮泥在掌心中从左向右搓团及圆形，象征皮球、汤圆等。

　　压扁：将圆形泥团用掌心压扁，象征大饼、饼干等。

　　粘贴：培养小儿学习用手指涂上糨糊将纸与纸贴在一起。成人先示范贴纸片给小儿看，将糨糊涂在小纸片上，再贴到大纸上。小儿学会粘贴方法后，可让他选择不同的材料学习粘贴，如贴信封封口，上面再贴邮票，贴糖纸、树叶、废报纸、广告图片等。此外，还可教小儿用胶水粘贴纸链等。

(七) 玩具与游戏

　　这一年龄段小儿玩具和游戏的种类可以逐渐增多。他们能玩一些大型运动玩具和各种形式的游戏。特别是发展走、跑、跳、攀登、钻爬及投掷等大动作的玩具、精细手指动作的玩具，以及发展语言、认识能力、社会性和娱乐性的玩具和游戏。

1. 玩具

　　此时期除了上一阶段小儿所玩的玩具以外，应随着小儿身心发展的需要增加以下玩具。

发展动作能力的玩具

　　① 大动作的玩具：可玩大型滑梯、平衡木、秋千、跷跷板、攀登架、空心积木、塑料手榴弹、沙袋、飞碟、降落伞或其他投掷玩具，以及小推车、三轮自行车、各种球类等。

　　② 手指精细动作的玩具：可玩各种套叠玩具（如套圈、套动物等）、穿绳玩具（如穿各色木珠、塑料管等）、结构玩具（如积木、拼图拼板、插木等）、纽扣板、拉链板、钓鱼玩具等。

发展语言及认识能力的玩具

　　① 交通玩具：卡车、救护车、轮船、地铁火车、汽车、摩托车、洒水车、飞机、直升机等。

　　② 动物形象玩具：常见的家禽、家畜、鱼、鸟、熊猫、长颈鹿、猴等。

　　③ 模仿游戏玩具：玩偶、各种娃娃、小餐具、小用具、小家具、医疗用品（小听筒、小注射器等）、军事玩具（枪、坦克、望远镜等）。

④ 计数玩具：彩色数字方木、数字拼板、数字小卡片、接龙卡片、找对画片等

⑤ 几何图形玩具：圆、方、三角形等几何图形的七巧板、积木等。

⑥ 自然物及玩具：沙和小铲、小桶、小筛子、玩沙模子等；水及瓶、喷水壶、水枪等玩水用具及塑料玩具等；雪及玩雪的用具；树叶及松果壳等自然物。

音乐及娱乐玩具

音乐玩具：除琴、钹、摇铃、鼓外，再增加敲打乐器，如木鱼、三角铁及铃鼓、手风琴。

娱乐玩具：小鸡吃米、跳舞娃娃、万花筒、不倒翁和各种逗乐的机动玩具、声控玩具，以及游戏表演的头饰、彩带、服装等。

自制玩具

利用各种废旧物品制成小儿喜爱的玩具，如塑料瓶剪去瓶口做杯子；圆形棒冰棍做筷子；两个扁平圆盒盖钻洞，穿上一根绳制成电话；用一个小圆盒侧面打两个小孔，将绳子穿入孔中打结后做成听筒，绳子两端穿上两只牙膏盖作为耳塞，制成听诊器；冰淇淋盒的下面挖一方洞制成炉子，用半个破皮球制成锅子；用饮料易拉罐或可乐塑料瓶制成火车或拖拉玩具。还可利用自然界取之不尽的贝壳、螺蛳壳、草木等做一些自制玩具。

2. 游戏

2～3岁小儿的游戏种类和内容较前增多，一种是活动性游戏，培养小儿在游戏中动作熟练、灵敏、协调、姿势正确。

另一种是智力游戏，发展小儿的语言及认识能力。

第三种是桌面游戏，发展眼手协调动作，锻炼手指的操作能力和用脑思考的能力。

第四种是磁性游戏，利用磁铁进行游戏。

第五种是模仿游戏，这时期小儿的游戏创造性成分少，多为模仿一些简单的动作。

第六种是娱乐游戏，逗引小儿高兴，轻松愉快的游戏。

此外，还可以让小儿观看电视中的卡通童话片5～10分钟，适合年龄的儿童录像带及杂技表演等，使小儿感到兴趣，得到欢乐。

25～26个月小儿的游戏

🌸 钓大鱼

目的：练习自由跑步，动作灵敏，学会避开渔网。

玩法：游戏前，用一根小竹竿，在一端挂上一个塑料网兜（兜底朝上，开口处朝下），模拟钓鱼人捕鱼用的钓鱼竿和渔网（图1）。

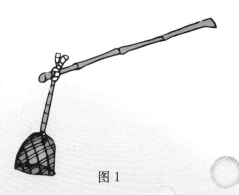

图1

　　游戏时,爸爸扮演钓鱼人,妈妈扮演大鱼,小儿扮演小鱼。爸爸说:"我要钓鱼啦。"同时,站在场地中间,挥动着钓鱼竿去触碰大鱼和小鱼的头部,妈妈和小儿四处奔跑躲避。若是谁的头部被渔网套住或者触碰到,谁就被钓到了。被钓到的就站到一边去。如果两个人都未被碰到,游戏再重新开始。反复多次进行游戏,看谁被触碰到的次数少(图2)。

图 2

　　提示:让小儿在欢乐的情绪中学习机智地躲避渔网,避免被套住。小儿会模仿妈妈机智的动作。

抛纸球

　　目的:训练小儿手臂的肌肉及肩关节的活动。手眼协调地抛、接、传球。

　　玩法:事先收集一些废报纸,将报纸捏成团,再用橡皮筋或胶纸带缠绕几圈,制成纸球数个。抛纸球的游戏可以有多种玩法。

　　抛远:小儿站在画好的圆圈内,将纸球向前抛。每抛一次,妈妈就在纸球落下处的地上画一条线,以示小儿每次抛多远。

　　抛高:小儿将纸球向上抛,可与小树、大树比高低。

　　自抛自接:小儿将纸球向自己头预上方抛去,待落下时,自己接住纸球。

　　传球:小儿和爸爸妈妈分开站成三角形,相距1～1.5米,相互传球、接球。

　　提示:游戏前,可先由成人示范几种玩法,但每次先玩一种,等熟练后再教玩另一种。

认识上下

　　目的:感知物品的空间方位,认识上下,学习用语言来表达。

玩法:妈妈事先准备好一张房间布置的图片,让孩子看看房间里有些什么?哪些在上面?哪些在下面?经过妈妈提问,小儿能指房间里的东西哪些在上面,哪些在下面有了初步的概念后,可以进行游戏。

游戏时,妈妈对小儿说:"我们去看看家里有哪些东西在上面,哪些东西在下面。你能指给我看看,说给我听听吗?"妈妈带小儿到客厅,问小儿:"花瓶放在哪里?"让小儿寻找并指出。如果指对了,妈妈教小儿学说:"花瓶在桌子上面。"再问:"椅子在哪里? 小儿走到椅子边,指着椅子。妈妈再启发小儿说:"椅子上面是什么东西"并指着桌子小儿回答说:"是桌子。"以后妈妈问:"椅子是在桌子上面还是下面?"当小儿回答说"椅子在桌子下面"时,妈妈应给予赞扬,并鼓励继续进行以下游戏。再去卧室,以同样的方式让小儿指出并学说:"枕头、被子在床上面。""拖鞋在床下面"等。可以根据家庭环境中布置的情况,反复教小儿指认,学会说"上面、下面"。还可以让小儿完成有关指令,如:"吃完饭将碗和勺放在桌子上面,再将椅子放在桌子下面。"玩完玩具后,"将玩具放在玩具架上"等。

提示:引导小儿在日常生活中认识"上面"和"下面",更容易使小儿理解上、下的意义,使小儿在感知到事物的同时辨认方位。

🌸 投物入水

目的:初步认识各种常见物品在水中的特性,知道有些物品浮上,有些沉下。

玩法:游戏前,准备一个大盆,以及一些能浮上或沉下的物品,如塑料玩具、瓶盖、布块、纸片、纸盒、海绵、积木、皮球、树叶、石头、贝壳、果核、硬币、铁块、瓷勺、小帆船等。

游戏时,妈妈先出示一块积木和一块石头,并问小儿:"这是什么?"让小儿回答:"积木、石头。"妈妈将积木和石头同时投入水中,让小儿一边观察一边回答,哪一个浮上来了,哪一个沉下去了。这时,小儿会看到积木浮上来,石头沉下去了。

小儿有了初步的浮上来、沉下去的感知以后,再将其他物品逐一投入水中。并进行观察。然后,先将浮在水上的物品捞起来,放在桌子的左边;再将沉在水下的物品捞上来,放在桌子的右边。并让小儿通过看、摸、掂、敲等动作,比较浮上来和沉下去的物品有什么不同。

提示:2～3岁的小儿对什么都感到新奇,喜欢探索。实践是游戏的一种方法。在玩水中,小儿会发现物品投入水中会产生不同的结果。

27～28个月小儿的游戏

🌸 玩 球

目的:训练小儿学跳、滚、转、抛等动作,并能听信号变换各种动作。

玩法:父母可带小儿到郊外草地上或在家中地毯上玩球。先让小儿看父母拍球、滚球、转球、抛球的各种动作,然后对小儿说:"宝宝像个球,快来学学球是怎么活动的。"

学球跳

妈妈拍着球,让小儿看拍球后球能跳几下,并说:"大皮球,大皮球,拍一拍,跳一跳。"教小儿学着球跳几跳。

学球滚

妈妈把球从左手滚向右手,再从右手滚向左手,将球滚过来再滚过去,并说:"大皮球,大皮球,滚过来,滚过去。"同时让小儿在草地上或地毯上做滚来滚去的动作。

学转球

妈妈在地上旋转球,并说:"大皮球,大皮球,拨一拨,转一转。"同时教小儿做自身转的动作。

学抛球

妈妈和小儿面对面坐在草地上,将皮球抛来抛去。让小儿知道抛球和接球的动作,然后妈妈对小儿说:"宝宝是个大皮球,爸爸抛球妈妈接,妈妈抛球爸爸接。"

提示:妈妈示范时,爸爸可协助小儿做抛球的动作。

❀ 插笔盒

目的:锻炼手眼协调的能力,感知物体的粗、细、大、小。

玩法:游戏前,准备4种不同粗细的笔(大号的绘图笔、中号的圆珠笔、小号的铅笔及细小的圆珠笔芯),一个纸盒。在盒盖上分别按笔的直径不同,挖4排大小不同的洞。游戏时,先用大号粗笔往最小的洞里插笔,由于笔粗洞小,插不进小洞,再让他试插较大的洞,直到将粗笔插进大洞。以后再给小儿插中号笔,同样依次试插到中号洞为止。再试插小号笔,最后插细小的圆珠笔芯。等到小儿学会玩后,要求插得快,做得准确。

提示:此游戏开始玩时.要从大笔到小笔,等学会以后,可以多给几支同样大小的笔,让小儿自由地玩。因小笔若插到大洞中就会掉入纸盒内,这样,可以让小儿感知物体的粗细不同,洞的大小不同。

❀ 猫捉老鼠

目的:训练有目标的爬行,动作灵敏。

玩法:游戏前,用纸袋自制猫头饰一个,再用方纱巾做一只老鼠。

游戏时,小儿戴上猫头饰,蹲在一边做睡觉状。妈妈用绳子牵着老鼠在小猫四周来回移动,并念儿歌:"小猫,小猫,睡着了。老鼠,老鼠,到处跑,快快去把食物找,找到食物快快逃。"小猫听到儿歌,醒来跪爬着去捉老鼠。老鼠快逃,小猫快追,最后老鼠被小猫捉住了。妈妈拍手表扬小猫爬得快,真能干。

提示:妈妈应逗引小儿向各个方向爬行。开始时,不让他捉到老鼠,让他多有爬行练习的机会,最后才让他捉到。

❀ **摸物配对**

　　目的：发展触觉,认识物品,学习发音,发展语言。

　　玩法：游戏前,先将两只口袋中各放几样不同的东西,再各放一个相同的东西。比如:一个小娃娃放在 A 袋中,另一个小娃娃放在 B 袋中。

　　游戏开始时,妈妈先示范。先在 A 袋中摸出一样东西,然后再到 B 袋中摸一样东西,让小儿观看从两袋中拿出的东西是否一样。若不一样,放进袋中妈妈再重新摸一样,直到摸到同样的东西时,将两种同样的东西配成对,放在一起。教小儿说出摸出的东西的名称,然后让小儿自己去摸。将相同的两件东西摸出来后放在一起,再开始找新的一对,直到两袋的东西摸完为止。

　　提示：在玩过摸一个口袋内的东西的基础上,熟悉摸物说名称的玩法,再玩此游戏。

　　根据不同目的,将不同的东西放入口袋(如各种玩具、餐具、用品等),引发小儿多方面的经验和知识。

　　在摸出东西后进行问答对话,教小儿说出物品的名称、颜色,动物的叫声等。

29～30 个月小儿的游戏

❀ **跳圈认色**

　　目的：发展双脚跳的动作,辨认颜色,训练眼看、耳听及跳的动作协调,同时发展语言。

　　玩法：游戏前,先用各色粉笔在地上画 6 个圆圈,连接成一行,再在另一处将 6 个圆圈排成 2 行,每行 3 个圆圈。

　　(1) 游戏开始时,妈妈先指点每一个圆圈,告诉小儿是什么颜色,并教小儿说出颜色的名称,然后站在第一个圆圈前,将双脚并拢,依次从第一个圆圈跳到最后一个圆圈,一面跳一面说出圆圈的颜色,如说:"跳红圆圈"、"跳白圆圈"……跳完最后一个圆圈后,再转过身来往回跳到第一个圆圈后结束。通过妈妈示范,再让小儿学跳学说(图1)。

图 1

(2) 将各色积木装在大纸盒内,要求小儿听妈妈口令,将某种颜色的积木取出,然后双脚跳到同样颜色的圆圈里放好,再跳回原处。口令可以说两次,让小儿仔细听完后再行动。如果做得不对,再重做一次。做对了,再要求拿其他颜色的积木跳到同色圆圈内放好(图2)。

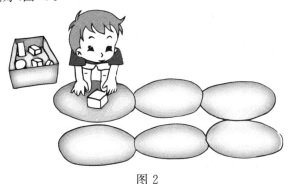

图 2

提示:红、黄、绿、蓝、白、黑,是6种最基本的颜色。开始时,先教小儿认识2~3种,如红、黄、绿,在3个圆圈内跳来跳去。然后再增加认识蓝、白、黑3种颜色并进行游戏。在玩游戏(2)的基础上去玩游戏(1)。游戏(2)中还可以只跳2种颜色的圆圈,如先跳红、蓝,再跳白、黄,最后跳绿、黑。可依小儿的认色程度及体力来掌握玩法。

✿ 抛降落伞

目的:激起探索兴趣,训练手臂肌肉及肩关节活动。

玩法:游戏前,妈妈收集一些不同类型的东西,如石块、木块、塑料瓶盖、皮球、铁罐等物,让小儿向上抛去,并要求小儿仔细观察这些东西抛到天空中会发生什么情况。通过观察和小儿   亲身感知,获得物体抛出后都很快落到地面的印象。然后妈妈说:"我给你做一个降落伞玩具,你看它会不会很快落下来。"

妈妈将一块大手帕,在四角上各系上一根细绳,再将一个夹衣服的夹子上端用棉花及圆形小布块做成头形,在上面用笔画上两只眼睛,一个鼻子和一个嘴,然后,将四根系手帕的绳子末端绕系在头形的脖子上。

游戏开始时,妈妈出示降落伞人,对小儿说:"我将降落伞人抛上天空,你看它会怎样?"让小儿仔细观看降落伞人在天空发生的情况。当妈妈用力向上空抛出后,只见卷紧的降落伞人遇到空气后,手帕撑开了,在空中飘,慢慢回到地面。然后教小儿用力向天空抛降落伞人,待降落伞人下落时用双手接住,再反复进行。

提示:反复向上抛其他物品和降落伞人,以此比较,可以激起小儿对事物探索的兴趣,并能使身体得到锻炼,还为今后增进科学知识打下基础。

什么东西不见了

目的:培养小儿的注意力、记忆力及用语言表达的能力。

玩法:将2~5件玩具排列在桌上,妈妈先询问小儿:"桌上放的是什么玩具?"并让小儿说出正确的玩具名称。再要求小儿仔细观察桌上有几件玩具,请他点一下玩具的数目。

游戏开始时,让小儿转过头去,背向妈妈。然后妈妈用一块布将桌上的玩具全部遮盖,并悄悄从布底下拿走一件玩具,再请小儿转过身来,将布揭开,请小儿仔细观察,将不见了的玩具讲出来。

提示:进行游戏时,要从易到难,比如先从2件玩具开始,以后逐渐增加到3件、5件。开始每次拿走1件玩具,当以后逐渐增加到5件时,可以拿走2件玩具,让小儿点数缺少了哪2件玩具。

除了用玩具进行游戏外,还可以用水果、衣服以及其他用品来进行游戏。

谁会飞,谁会叫

目的:培养观察力和辨别能力,模仿动物的动作及叫声,学说短句。

玩法:在玩游戏前,妈妈用硬纸画好鸟、蝴蝶、蜜蜂、蜻蜓4种会飞的动物及猫、狗、鸡、鸭4种会叫的动物图片,并剪成小块,在背后贴一块绒布(可从画片或杂志上剪下动物图片,也可用玩具代替),另将一大块绒布钉在墙上或小黑板上(高度要让小儿的手能碰到)。

游戏一:

妈妈对小儿说:"这个纸盒里有许多会飞、会叫的动物,请你取出会飞的放在绒布的上面,不会飞的放在绒布的下面。并讲出什么会飞,什么不会飞。"如说"小鸟会飞","小猫不会飞"。讲对了给予表扬,讲错了给予纠正。

游戏二:

妈妈对小儿说:"这里有许多动物,有的会飞,有的会叫,请你学学会飞的动物是怎样飞的? 会叫的动物是怎样叫的?"让小儿从纸盒中摸一张图片给妈妈看,同时学图片上动物飞的动作。并说:"蝴蝶这样飞。"若摸到会叫的狗时,要说:"小狗汪汪叫。"在小儿学飞或学叫时,如果发现飞的动作或叫的声音不正确,妈妈要及时纠正。

提示:游戏前,可以先带小儿去动物园观看这些动物。在认识的基础上再玩这些游戏,小儿会飞得更像样,学得更逼真。

🌸 放大镜

目的:培养小儿的观察能力,发现放大镜的作用,比较与一般东西的大小。

玩法:游戏前,准备一个放大镜和一个玻璃片,以及被观察的东西,如树叶、花、草、糖丸、花生、黄豆、头发、小照片、小图片等,每样两份,一份放在放大镜下,一份放在玻璃片下。

游戏时,妈妈请小儿用眼睛仔细看玻璃片下的东西,然后再观察放大镜下的东西,进行比较,看看有什么不一样? 哪个东西变大了? 哪个镜片能使东西放大? 哪个镜片与我们平常看见的一样? 让小儿仔细观察,反复比较,通过思考用自己的语言来表达感受。说对了给予鼓励,说错了让小儿再去反复看看,比较后再回答。

提示:被观察的东西可以就地取材,如手指、蚂蚁、纽扣、昆虫等小东西。

让小儿自己去观察、比较,去发现两种不同镜片的不同特征,自己去发现新事物,激起好奇心和游戏的兴趣。

31～32个月小儿的游戏

🌸 双脚夹球抛滚

目的:训练小儿支撑身体的臂力,以及夹球抛出的腿力,学会屈膝、伸腿、举腿及用脚抛球、滚球的动作。

玩法:游戏前,妈妈对小儿说:"宝宝的小手真能干,会抛球,会滚球,还会做许多事情。宝宝的小脚也很能干,会走路、跑步,也会像小手一样学会抛球、滚球。"

抛球　游戏时,妈妈让小儿坐在地板或地毯上,双臂向后用手撑在地上,上身后仰,将球放在小儿两脚中间,教小儿用脚夹住(图1),然后两膝弯曲,两腿抬高,将夹着的球举到空中(图2),用力向空中抛出(图3),球落下,滚出去,小儿将两腿放下。此游戏可以反复进行。

图1　　　　　图2　　　　　图3

滚球　与抛球同样的准备姿势,两脚将球夹在中间,然后用脚轻轻地将球向前推出,使球向前滚去。妈妈坐在小儿对面,用脚将滚过来的球接住,再向小儿方向推

球,使球滚向小儿,连续进行(图4)。

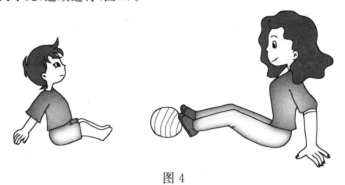

图 4

提示:在玩此游戏之前,先要学会用手抛球、滚球,再教小儿玩此游戏。由妈妈示范数次,让小儿模仿动作。

小儿熟练了玩法之后,在接近 3 岁时,可以进一步教小儿双臂后撑,双脚轮换移动,向球抛出或滚动的方向去夹住球,再继续玩。

模仿走钢丝

目的:训练小儿的平衡能力,两脚轮换踏在直线上行走。

玩法:在地上先划两条平行的直线当作杂技演员表演的钢丝,妈妈和小儿各用一只手举着一把小伞,另一只手侧平举。首先,让小儿观看妈妈学杂技演员走钢丝的模样,踏着地上的直线走过去,再走回来,然后再教小儿学着走。

第一次:妈妈牵着小儿的一只手教他慢慢走在直线上。

第二次:妈妈走在前面,让小儿在后面跟着学走。

第三次:妈妈和小儿各在一条直线上走,走到尽头再转过身走回来。

第四次:让小儿单独在直线上走过去再走回来。

提示:

(1) 走的时候,要防止小儿因动作不协调而跌跤,跌了跤鼓励他爬起来再走。

(2) 事先,让小儿看杂技表演,以获得感性认识,然后再学走钢丝则效果更好。

(3) 若是在直线上能熟练地走后,可以把绳子拴在两只椅脚下,绷直放在地上,这样,就更像走钢丝啦。

看认图形及数

目的:认识圆形、三角形及方形,并结合自己的嘴、鼻、眼,加深对"一个"和"两个"的数的认识。

玩法:游戏前,先准备 4 张 16 开的图画纸,在第一张纸的下方画一个圆形;在第二张纸的中间画一个三角形;在第三张纸的上方画两个四方形;在第四张纸上,将圆形、三角形及方形按 1、2、3 张纸的图形位置都画上,然后将四张纸上的图形都剪成洞。

游戏时,妈妈先示范.用第一张纸遮住脸,从圆形洞中露出嘴,让小儿看,同时问:"宝宝看见了什么? 它是什么形状的? 看见了几个嘴?"当小儿回答说出"看见了嘴,是圆形,唱歌的嘴,一个嘴"时,妈妈要及时表扬,并将纸上的圆形洞和自己张开的圆形嘴相比较,加深小儿对圆形的认识。以同样的方法观看第二张三角形,对照鼻子的形状;第三张两个方形,对照戴方形眼镜的形状,并说出数目。最后,将第四张纸两侧挖两个小洞,装上橡皮筋.套在小儿的两耳上,使纸紧贴在小儿脸部,在洞内露出嘴、鼻、眼,作为一个脸面具,教小儿说:"宝宝有一个嘴,一个鼻子和两只眼睛,戴上眼镜。"

提示:

(1)此游戏要在认识圆形、三角形、方形及1和2的数字概念的基础上进行。

(2)让小儿把自己脸部的嘴、鼻、眼的形象与图形相对应。因为形象化更易于认识和记忆。

33～34个月小儿的游戏

❀ "盲人"辨食

目的:通过品尝食物,发展味觉、触觉、温觉及判断能力。

玩法:事先准备几种味道、硬度和温度不同的食物和饮料。准备时不让小儿看见,然后对小儿说:"今天请宝宝扮演盲人,尝一些好吃的东西。但要在尝好后说出是什么东西,是什么味道。"接着,就用手帕蒙住他的眼睛。

游戏时品尝4种不同类型食品的味道。

吃水果 分辨甜、酸味,给小儿吃生梨、橘子、香蕉、柠檬、苹果、葡萄、西瓜等(根据当时季节选择水果)。问小儿吃的是什么? 什么味道?

吃饼干 分辨甜、咸味,给小儿左手拿甜饼干,右手拿咸饼干。吃后举手示意哪只手拿的是甜饼干,哪只手拿的是咸饼干。

吃糖 分辨硬、软的触觉,可给小儿吃硬的水果糖及软的奶糖。要求小儿说出尝后的感觉,哪种硬、哪种软。

喝饮料 分辨冷、热、温的感觉,给小儿分别尝冷开水(或冷水)、热汤、温开水,让小儿喝后分辨冷、热、温的感觉。

游戏结束时,将手帕解开,让小儿看看尝过的食品、饮料,并要求再说一次是何物? 何味?

提示:开始游戏时,只能尝2～3种食物,以后逐渐增多。

❀ 小蝌蚪游水

目的:认识磁铁是对铁制品有吸引力的东西,能使之移动。发展小儿的好奇心及观察和思维能力。

玩法：游戏前，先给小儿一块磁铁和一盘铁制品、一盘非铁制品。让小儿拿着磁铁去吸铁制品，如钥匙、曲别针、螺丝、铁钉等物，再用磁铁去吸非铁制品盘内的东西，如橡皮、铅笔、纸张、积木等(如图)。

从反复操作中，小儿发现了事物的新属性，知道什么东西能吸起来，什么吸不起来。当小儿感到新奇而有趣时，妈妈再教小儿玩"小蝌蚪游水"的游戏。

游戏前，用一个椭圆形黑木珠，将一端的珠孔塞入黑绒线，作为小蝌蚪的尾巴，在木珠底面揿上一粒图钉。游戏时，将有图钉的底面放在塑料垫板上，把一块磁铁放在垫板下面移动。塑料垫板上的木珠底部的图钉遇到磁铁的吸引力而随之移动，就如同小蝌蚪在水中游水一样。

妈妈先示范给小儿看，然后握着小儿拿磁铁的手，教小儿在垫板下移动。等到小儿掌握了玩法后，再让小儿自己玩。

提示：在塑料垫板上画上几条波纹，像水一样，以显示小蝌蚪在水中游。

35个月小儿的游戏

❀ 我是手推车

目的：训练小儿身体悬家，两手着地爬行。锻炼颈肌、臂肌、腰肌及腹肌。

玩法：

抱腰推行

要求小儿两手撑在地上，两腿伸直，妈妈双手托住小儿腰部向上抬起，使两腿离开地面，同时对小儿说："宝宝是小推车，要用两手代替车轮向前爬行。妈妈是推车人，我向前推时，你要用两手掌在地上轮换着向前爬行。"然后，边推腰部，边指导小儿向前爬，向左或向右转弯(图1)。

抱腿推行

要求小儿两手仍旧撑在地上，妈妈站在小儿的脚后，用双手将小儿的小腿向上抬起，向前方推着，促使小儿爬行。同时说："推呀推，推呀推，小推车向前走。向左走，向

图1

右走,到站了,停下来。"(图2)

图2

提示:爬行时间和距离要掌握循序渐进的原则,不能操之过急。先玩"抱腰推行"的游戏,待小儿玩熟练后,再玩"抱腿推行"的游戏。在游戏中教认左右方向。

取豆数豆

目的:运用实物数数,掌握从1～3的数目概念。

玩法:

碗中取豆

准备一个盛着几十粒黄豆(或蚕豆)的大碗和一个小碗及一个汤匙;红色和黑色的铅笔各一支,硬纸一张(或用红白粉笔和小黑板)。

游戏时,妈妈对小儿说:"请你用汤匙在大碗中取1粒豆放在小碗里。"如果取对了,就用红笔画一个○,取错了就用黑笔打一个×,然后再对小儿说:"取2粒豆。"同样,对了画红○,错了画黑×,依此类推。妈妈可以不依次序指令小儿取豆,共5～10次,然后计算小儿取对了几次,错了几次,让小儿数数有多少红○,多少黑×。

水中取豆

将盛满几十粒黄豆的碗中加水,豆浮在水面上,爸爸和小儿各人面前放一个小碗和一个汤匙,妈妈做裁判员。游戏时,妈妈发出口令,要求小儿用匙从水中取豆,从1粒到3粒,每次可以不依顺序去指令小儿取1粒或3粒豆,能完全按口令的要求取出正确数目的为胜利者。

提示:为了增加游戏的兴趣,爸爸有时故意出错,使小儿获得胜利,让游戏玩得更活跃。

在日常生活中,有许多方面让小儿练习运用实物来数数。如进餐时,让小儿为一家3口摆3个碗,3双筷子,或者分水果、糖果、饼干,点玩具的数目等,以巩固对1～3数的概念。

36个月小儿的游戏

叠衣放衣(分类游戏)

目的:锻炼小儿的自理能力,学会将衣服分类存放,养成良好的生活习惯。

玩法:

以人分类放衣

妈妈将晾干的全家人的衣服收起来放在床上,让小儿认识各件衣服是谁的,然后让他将爸爸的衣服放在床头的一端,将妈妈的衣服放在另一端,将自己的衣服放在床的中间。放对了给予表扬,放错了让他仔细观察后再放,直到放对为止。

以物分类折叠衣服

妈妈说,我们一起来折叠衣服好吗?我说叠什么,你就找出来折叠好。接着,妈妈说折叠袜子,先叠你自己的,再叠妈妈的,最后叠爸爸的。折叠好以后放在原来的地方。如果小儿不会,妈妈可以折叠给他看并教他,然后以同样的方式教小儿折叠短裤、上衣。

分类存放

妈妈先请小儿将自己的衣服分类存放在自己的衣柜内,如袜子、裤子、衣服分别放一处,再和妈好一起将妈妈的衣服分类放好,最后放爸爸的衣服。然后称赞小儿的小手真能干,能学会做许多事,使他倍感自豪,愿意继续学习单独操作,愿意经常练习。熟能生巧后再进一步要求他叠得整齐,放得正确。

提示:收拾衣服是家庭中经常要做的事情。在未玩此游戏时,妈妈应有意识地让小儿帮忙一起收拾晾干的衣服,并让小儿观察妈妈折叠衣服及存放衣服的过程,以吸引小儿的兴趣,然后再玩此游戏。开始玩游戏时,衣服的种类不宜过多,以免小儿分不清。以后可以逐渐增多。

踏板行走

目的:训练小儿踏板行走,保持身体平衡,锻炼手、脚动作协调一致。

玩法:游戏前,准备两块比小儿的脚稍大一些的硬泡沫塑料板或木板,用绳子在板的两侧中间穿过;若用木板,可在左右两侧各钻一个洞将绳子穿出;绳子的长度从板子到小儿的腰部。绳子的两端打成结(图1)。

图1

游戏时,让小儿的两脚各踏在一块板上,两手各拉一根绳子;用右手拉绳提起右脚,向前走一步,再用左手拉绳提起左脚,向前走一步。左右两手轮换拉绳.提起左右两脚,轮换踏板向前行走(图2):

图 2

提示:开始教小儿踏板行走时,可以慢一些,先一步并一步地走,等小儿练习熟练后,再教他两脚轮换行走。

扮演成人(模仿游戏)

目的:通过模仿成人生活中的各种活动,发展想像力,并获得社会生活中的经验。

玩法:事先为小儿准备一些扮演成人进行活动能用得着的东西及玩具,以便小儿进行模仿游戏。2岁半～3岁的小儿最喜欢模仿成年人,可以进行以下几种模仿游戏。

娃娃家:扮演爸爸或妈妈,将娃娃当成自己的孩子,去为娃娃烧饭、喂饭、洗脸、洗澡、洗衣、抱娃娃出去玩,陪娃娃睡觉等。因此,要为游戏准备烧饭的锅、炉子、餐具、清洁用具、小推车、床以及被褥等玩具及物品。

医院:扮演医生为娃娃看病,如针筒、听诊器、纱布、棉球、塑料瓶等,可以用废旧物自制给小儿作为游戏的材料,模仿医生为娃娃听诊。

商店:扮演售货员为顾客(可由父母或其他家人扮演)售货。可用纸制成游戏用的钱,家中的盒、罐、瓶、水果、糖果、玩具等,都可以作为商品进行游戏,模仿售货员卖食品给顾客。

托儿所:扮演教养员教小朋友画图、唱歌、讲故事、做游戏等活动。可准备纸、笔、玩具小钢琴、小黑板、图书等托儿所教学及游戏用的物品,提供给小儿进行模仿游戏,模仿托儿所阿姨教小朋友跳舞,请爸爸和妈妈都扮演小朋友学跳舞。

提示:小儿最喜欢模仿的成年人,都是他在日常生活中经济接触到的人。如果家庭中注意提供一些进行模仿游戏的物品、玩具及各种材料,而这些东西又是在他手边能经常拿到的,就能使小儿有较多的机会,主动运用这些东西进行某些模仿活动。父母和家人的任务是支持他进行模仿游戏,同时参加到游戏中去配合他玩得更逼真。

第六篇

婴幼儿的安全

0~3岁婴幼儿养育

　　婴幼儿期是人生的起点,这一时期的生长发育最迅速,感知觉及认识能力逐步发展,尤其是动作的发作特别快。由于婴幼儿年龄小,无知、好奇、多动,对于生活中的一切都感到新奇、有趣,都想去试探一下,但又不懂得什么是危险,因此容易发生意外事故。

　　日常生活中,有些父母对于婴幼儿的安全问题粗心大意,漫不经心,使孩子受到伤害;也有的父母过分保护孩子,抱着、揽着,寸步不离,婴幼儿没有活动及锻炼的机会,不仅使婴幼儿胆小、懦弱,容易产生依赖心理,而且自身的防护能力也得不到锻炼,一旦离开父母独自行走,常常摔得鼻青脸肿。所以,父母对孩子的安全应持正确态度,既要保证婴幼儿安全,又要满足其好动、爱玩、喜探索的心理需要,让他在生活中取得经验,获得感受认识,增加自身的防护能力,学习如何去应付新的、可能发生的危险环境,如撞倒椅子后,下次会绕弯走,不碰椅子。但父母必须随时将孩子置于自己的视线之中,观察婴幼儿的行动,以免遭受危险。

　　婴幼儿的安全是家庭中的头等大事,从孩子出生起就要采取安全措施,注意防护,使婴幼儿受到保护,健康成长。婴幼儿易发生的意外事故,一般在生活的各个方面,因此,家庭中应从睡眠、饮食、游玩、清洁等多方面采取措施,加强防护。

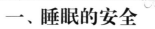

一、睡眠的安全

睡眠的安全包括睡房的安全设施和睡眠时的安全防护。

(一) 睡房的安全设施

(1) 睡房的窗口要有防护栅栏,以免母亲怀抱小儿时,小儿探视窗外不慎跌下。当小儿会爬时,不要将桌椅放在窗下,以免小儿从椅子上爬到桌上,探望窗外而失重跌出窗外。

(2) 床头柜的四角应为圆角,以免小儿学走时撞在柜角上受伤。柜上不要放电风扇,以免小儿碰伤。柜内除玩具、衣服外,不可放置药品及其他易造成意外事故的物品。

(3) 小儿床的四周要有床栏,床栏的高度应达到孩子身高的 2/3 以上。床栏杆之间的距离不超过 7 厘米。床栏上应该有固定的插销,安置在小儿手伸不到之处。床头及床尾应是整块护板,以免头部和脚移到床外。床上不宜用电热毯。

(4) 空调取暖器在调节室温时应控制在 25~28℃之间,每天要有一定的时间开窗通风,保持室内空气畅通。

(5) 大橱柜的门要经常关好,以免在未关闭时,小儿爬入柜内,一旦有风吹来把门关上,会造成小儿窒息。

(二) 睡眠时的安全防护

(1) 喂奶后不要仰卧:婴儿容易溢奶,在喂奶时,应该让婴儿采取头偏右侧卧,防止仰卧溢奶堵口鼻,造成不安全,甚至窒息。

(2) 不与大人同床同被:婴儿与母亲同睡一个被窝,母亲常会搂着婴儿边喂奶边睡,乳房会堵住婴儿鼻部妨碍婴儿呼吸;有时母亲熟睡后,不自觉地翻身将背部压在婴儿的脸部而引起婴儿窒息。所以,婴儿应该独睡在小床上,将小床安放在大床旁边便于照顾。无条件购置小床的家庭,婴儿应与大人分被窝睡,并与大小中间有一定距离。在大床边还应有防护措施,以免婴儿从床上跌下。

(3) 在枕边不放小物品或玩具:小儿喜欢吮手指或将任何东西拿到嘴里去尝试。因此,在枕边不要放小糖果、小玩具、小手帕等物,以免小手抓到放在脸部塞住口鼻发生意外。此外,床上的盖被或床单要时常检查是否盖好,以免小儿扭动或风吹起,盖住小儿头部,堵塞口鼻造成窒息。

（4）不摇晃小儿入睡：父母常因小儿哭吵不肯入睡而抱着他左右或上下摇晃。经常摇晃会使小儿的脑组织与较硬的颅骨相撞击而引起脑损伤，出现脑震荡、脑部的毛细血管破裂而致脑出血。这种情况多见于6个月以内的婴儿。当时不易觉察，但长大后可能会出现智力低下、视力减弱。若婴儿不肯入睡，父母不妨让小儿哭一会儿，哭累了自然会入睡。应从小养成上床自动入睡的睡眠习惯。若是小儿仍不肯睡，可以轻抚其头、手、足或背部，轻言细语地对他说话或轻哼催眠曲，使他安静下来。小儿的情绪稳定后就容易入睡。

（5）防止热水袋烫伤：冬日，小儿床上常采用热水袋保暖，若紧靠小儿身边，易烫伤身体，应该注意安全。水温应控制在50℃左右，热水袋口要旋紧，再放入布套中，放在离小儿足部20～30厘米处，热水袋口不要朝向小儿。

二、饮食的安全

进食时不要逗笑或惹哭。婴幼儿进食时应有安静的环境，愉快的气氛，让他专心进食。若是在进食时逗引大笑、打骂惹哭或恐吓惊慌，容易将食物误吸入气管，引起窒息。

进食时不要用餐巾。因餐巾易被婴幼儿拉下，使热汤、热粥打翻而烫伤孩子。应该给孩子使用有带子的围兜或反穿围衣，这样，不易脱落或拉下来。

不将热汤、热粥、热水瓶等放在桌边，否则孩子伸手去抓，碰倒后会烫伤。

孩子坐的有靠背的高型座椅应有围带护身，这样不易爬出跌跤，又能坐稳安全进食，而且还便于大人喂食。

此外，还要注意：

不给小儿吃花生、瓜子、糖丸及带核、带刺、带骨的食物，避免不慎吞入到气管中发生意外。

不要让小儿玩编结用的竹针、钩针或在进食时玩筷子。因为婴儿会把这些东西放到嘴里尝试，模仿大人吃饭，一旦不慎或摔倒，会造成口腔、上颚及咽喉部等处受伤。

水果刀、菜刀、剪刀等不宜随便乱放。应该将这些容易使孩子受到伤害的利器放在高处或锁在抽屉里，要保管好，以免割伤。

酒类、醋、辣油及各种调味品、清洁剂等物，都应分类放在高处柜内，用后保管好。

注意喂药时的安全。喂药前先要核对药名及服药量。若是药水，先要摇匀；若是药片，应碾成细末后与温开水调匀再用茶匙喂服。喂药时应用左臂抱住小儿，并将左手食拇指弯到小儿脸部挟住双颊，右手拿茶匙沿小儿嘴角倒下，然后再喂温开

水。千万不要捏鼻硬灌,以免小儿因反抗将药物呛入气管或将食物呕出。

注意饮食卫生。食物要保持新鲜,防止污染变质。夏秋季的饭菜更应注意卫生,尽量每日制备新鲜食物,当日剩菜饭,隔餐再吃时必须烧开,以防细菌污染或发生食物中毒。

餐厅及厨房的卫生与设施也十分重要。

要经常保持清洁卫生,严防蚊蝇、蟑螂、老鼠污染食物,也可避免小儿将被污染的食物放入口中后发生意外。

不要一手抱孩子一手烧菜,以免孩子接近火源或被热锅里溅出的热油烫伤。

不要抱着孩子抽烟,以免孩子挥动手臂时触到点燃的烟头而被烫伤,并防止孩子被动接受被烟雾污染的空气。

开电冰箱时应将小儿放在专用座椅上,然后取食物,不要一手抱孩子,一手开冰箱取物。这样易使小儿在将手伸入冰箱抓物时,被弹回的冰箱门压伤。

三、游玩的安全

婴幼儿游玩的安全包括客厅(或儿童游戏室)内的安全、户外院子里的安全以及游玩时的安全防护。

(一) 客厅(或儿童游戏室)及户外院子的安全设施

(1) 客厅的窗及通院子的门要装安全栅栏,以防小儿从放在窗下的椅子上爬到桌上向窗外张望跌出窗外。外出时应关好门,并将栅栏插销插好,以防小儿爬行或扶走到门边打开栅栏,从台阶上摔跌下去受伤。

(2) 客厅里的家用电器如电视机、录音机等,宜放在高处,电线、电源插座安置在小儿接触不到的地方。雷雨时应让小儿在距电器 2 米以外之处活动。

(3) 电热器具或火炉应加防护木栏或网架,以免小儿触摸烫伤。在木栏或网架上不要放置任何东西,以免孩子拉下来碰伤。

(4) 常用药品要分清内用及外用,成人与小儿的药品要分别存放在高处柜中。每次服用后立即放回原处,以防小儿抓来误吃。

(5) 小儿玩具要经常检查有无损坏,小零件有无脱落。如有上述问题时,应及时修理好,集中放在靠墙边的木架或大纸盒中,旁边铺一垫毯,让小儿坐在垫毯上自由地玩,以免玩具四散各处,妨碍小儿活动或学走路时碰倒跌伤。

(6) 小儿学走时最喜欢扶着沙发边或前面放的矮茶几走,因此矮茶几上不要放热茶杯及热水瓶,更不要铺台布,以免小儿牵拉台布将热茶杯等物拉倒,使脸、手、身体烫伤。

（7）在户外院子里安置摇马、荡椅等小型运动器具时，应安置在草地上，或地上铺草垫，旁边要有人照顾，以防摔伤。

（8）小儿躺卧在童车上进行户外睡眠及活动时，要注重保护眼睛和皮肤，不可过长时间曝晒。炎夏时，应在上午 8 点以前或傍晚日落时的日光里或在树荫下接受反射光。7～12 个月的小儿坐童车时应在胸腰部系上安全带，以防爬出摔伤。

（9）院墙至少应超过 2 米高，最好不要有缝隙，以防墙外扔物、投球等击伤小儿。

（二）游玩时的安全防护

（1）不要用力猛拉小儿的一只手臂，小儿头大身小，难以保持平衡，常易跌跤；有时还爱撒娇赖地不起。这时父母若急忙用力猛拉他一只手或手臂让他起来，因为小儿肩关节浅而韧带组织发育尚不健全，会造成小儿肩关节习惯性脱臼。正确的方法是用两手扶着小儿的两臂或两腋下助他起来。其实小儿学走时跌跤是经常的事，父母不必过分紧张。跌倒后让他自己学会爬起。小儿慢慢有了摔跤的经验，学会了对自己的动作进行控制，就会调动自身肌肉的力量，保持平衡，逐步减少跌跤。

（2）不要在门旁边做游戏：有些成人或儿童喜欢和小儿玩开门、关门的躲藏游戏。在逗乐中，小儿易伸手接触门边，将手指压伤。应让小儿远离门边进行游戏，更不要把门当成好玩的东西。

（3）不要打小儿，小儿理解语言和表达能力尚未发育好，常会因不懂事而吵闹、任性，惹得父母生气。有些父母会因烦恼而打小儿的头、脸部，甚至重击致使小儿耳聋或颅内出血。这些做法会影响孩子心身的健康发育，甚至会造成终身残疾，应该绝对禁止。

（4）不给小儿穿开裆裤：以免小儿的生殖器和肛门外露，感染细菌或被虫咬伤。

（5）不要养猫狗：小儿年小体弱，易感染细菌，又无自身的防护能力，因此家中最好不养猫狗之类的动物，以免从猫狗身上传染细菌，甚至受到猫狗的抓伤、咬伤。皮肤过敏的小儿更易感染细菌，因此要格外注意。

（6）不给小儿玩塑料袋：妥善收藏好购物的塑料袋，以防小儿抓来玩，套在头部自己又拿不下来，引起窒息。

（7）谨防异物入五官造成伤害。

（8）谨防化学药物伤害：家中的酸、碱、汽油、石灰等物要妥善保管。农村家庭的农药、化肥、灭虫剂、灭鼠药等，更应放置在小儿接触不到的地方，以免误食、碰伤，造成生命危险。

（9）谨防鞭炮爆伤。

（10）谨防外出发生事故：坐公共汽车时不让小儿将头、手伸出窗外，谨防急刹车时撞伤；购物时要看好小儿，以免小儿丢失；上公园游玩时，谨防大孩子骑脚踏车或打球撞伤小儿；谨防小儿爬到水池中溺水；谨防触碰有毒植物后皮肤受伤等。

四、清洁的安全

小儿清洁的安全包括盥洗室内外的安全设施以及清洗时的安全防护。

（一）盥洗室内外的安全设施

（1）冷热水龙头必须随时关紧，安装高度应在孩子触摸不到之处。龙头漏水时应及时修理。

（2）浴缸上安放一块厚木板，供放小儿澡盆用。

（3）澡盆边上放一块大浴巾，供小儿浴后包裹身体用。

（4）浴缸边的地上铺上地垫，防止洗浴后因地上有水滑倒，跌伤。

（5）让会站立的小儿扶着浴缸边的扶手柄，不致跌跤。

（6）1岁左右的小儿可用淋浴喷头冲淋。

（7）在高处的玻璃柜内放置剃刀、牙膏、化妆品等用品，防止小儿接触。

（8）大柜内放置毛巾、卫生纸、肥皂等杂物，取用后关闭并锁好。

（9）浴室窗上应安置金属丝防护网。

（二）清洁时的安全防护

（1）洗澡的水温要预先调好。应先放冷水再加热水至适温，以防小儿烫伤。

（2）洗澡时父母不可离开小儿，让他独自坐在澡盆中玩水，防止小儿因水滑而跌出盆外受伤或倒入浴缸中溺水。

（3）平时要将浴室门关好，以免在无人看管时婴儿进浴室发生意外。

（4）冬季洗澡时如采用电炉保暖，应将电炉放置在小儿接触不到的地方，以免触及后烫伤。

第七篇

意外事故

及家庭急救

0~3岁婴幼儿养育

做父母的,谁都希望自己的孩子平安无事,但有时候祸会不期而至,给孩子带来极大的痛苦或致身残,甚至危及生命,造成死亡。因此,除了在日常生活中注意加强孩子的安全,预防意外事故发生外,平时还应该学习一些急救知识,在事故发生时,做到遇事不慌,进行一些力所能及的急救措施。

意外事故发生的原因有环境因素、人为因素及年龄因素。

环境因素:城市车辆多,交通事故多,孩子易发生车祸、走失。农村河流湖泊多,孩子易发生溺水;由于农药放置不当,孩子误食农药也会引起中毒。

人为因素:成人的安全意识差,为孩子提供的安全防护设施不足,加之照看不周及护理不当。

年龄因素:年龄愈小由成人不慎引起的事故愈多。随着年龄增长,孩子会自由行走,活动范围增大,活动力增强,自己不慎引起的事故增多。一般的情况是小儿易发生意外窒息、烫伤、抓伤、跌伤、咬伤、撞伤事故等;1~2岁的小儿易发生跌伤、关节脱臼、气管异物等;2~3岁的小儿发生灼伤、跌伤(扭伤骨折、外伤较多)以及药物中毒、溺水、走失等事故。

几乎每个孩子都会发生皮肤擦伤、手指割伤、膝盖摔伤、头部撞伤之类的事情。父母要及时处理,轻伤快速处理易于痊愈,严重的创伤得不到及时处理,伤口就会出血不止,受到细菌感染后,会造成不良后果。因此,应该当即采取应急措施。以下是小儿常见的意外事故及家庭急救的方法。

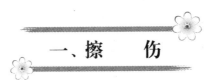

一、擦　伤

轻度皮肤擦伤，一般出血不多，可用生理盐水或温开水中加少量食盐冲洗，进行清洁消毒，然后涂红药水于患处，再盖上护伤膏，数日内即可痊愈。

二、割　伤

轻度表浅的割伤，用生理盐水或温开水将伤口清洗消毒后，涂上抗菌软膏，再盖上护伤膏，裹上纱布或扎上绷带。绷带裹紧的压力促使血液在伤口处凝固。如果出血较多或伤口较深，要直接压迫伤口，并将受伤的肢体抬高以减少出血。

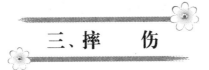

三、摔　伤

轻度摔伤的小儿只表现在跌落时受惊大哭，吓得面色苍白，当母亲抱起后加以慰抚就立即恢复正常，几分钟后头部摔伤处起一个小包，外部并未出血，这是头皮内血管受伤引起的，可用冷毛巾敷头部，在伤处擦上碘酒消毒消肿，加强观察，以后自然消肿，痊愈，不必担心，但不能热敷。

严重的摔伤应该仔细检查，如出现以下情况，应立即快速送医院。

①跌倒后，疼痛不已，肢体不能活动或出现变形，应考虑到是否骨折或脱臼，这时不要擅自正骨，应放在木板床上避免乱动。

②跌跤后不停地哭，头痛、恶心、呕吐。

③跌倒后失去知觉，昏睡不醒。

④伤口经压迫 5 分钟后仍出血不止。

⑤伤口过深，裂缝很大，皮肤边缘不整齐，需缝合。

⑥伤口在头上、脸上、脖子上需及时去医院处理，以免留下永久瘢痕。

⑦伤口区被污染，如泥土中的破伤风杆菌污染后，会患破伤风病，侵犯大脑的中枢神经系统，导致肌肉抽搐和僵直，甚至危及生命。

⑧伤口有碎片、金属或污物嵌入，自己不能清除。

四、撞　伤

（一）头部撞伤

轻伤：头部撞击后，小儿立即大哭，诉说疼痛，没有意识障碍，但头皮出现血肿，不需抽出淤血，可用冷毛巾敷在血肿处，防止继续内出血，以后让血肿慢慢吸收，消除。

重伤：撞伤后当时能哭，好似不严重，但数日后情绪不好，不停地哭，诉说头痛或处于昏睡状态，出现抽搐或面色苍白，频繁呕吐。此时可能发生脑震荡，应让小儿安静平卧，头放低，将冷毛巾敷在头部，2～3小时内不要吃东西，成人应守在床边进行监护，观察病情，同时联系医院进行急救。

如果小儿头部受伤后不立即发出哭声，呼之不应，精神欠佳，面色苍白，出冷汗，双眼上吊或出现抽搐时，必须快速送医院急救。

（二）胸腹部撞伤

轻伤：小儿在游戏中撞伤胸腹部，诉说疼痛时，立即让他躺下，在颈后放置枕头，卷好一条毛毯放在大腿弯下部，垫高下肢，使下肢处于屈曲位，放松腹部，以减轻疼痛。成人在旁监护，观察小儿面色、精神状态，如过了30～60分钟后腹部不痛了，精神状态好，活动自如，呼吸均匀，活动肩部胳膊及深呼吸不出现胸痛，略可放心，但不能让小儿在1～2天内进行剧烈活动，并继续观察有无内出血等引起的病情变化。若有变化应立即去医院检查。

重伤：撞伤胸腹部后，小儿出现腹痛、呕吐、面色苍白、冷汗、吐血、咯血、出现意识障碍等，则必须立即送医院进行急救。

若是婴儿诉说不清，哭闹不休，又怀疑有骨折时，应送医院进行检查，以早期发现及早治疗。

五、扭　伤

小儿常在身体下落摔倒时，由于肢体扭转着地，使关节周围连接骨骼的韧带扭伤，最常见于脚踝关节、膝关节以及手腕关节部位的损伤。遇小儿扭伤后应先用冰块或冷水袋进行冷敷，使血管收缩，减少皮下出血或渗出，并减轻肿胀；同时也可用绷带包扎压迫扭伤部位，不仅有助于保护和固定受伤关节，还可减轻肿胀。受伤后主要是休息,受伤关节应避免活动。待受伤情况较稳定,肿胀不再发展时可进行热敷。外用活血化瘀药物,抬高患肢可以促进血液回流,有利于肿胀消失。

六、打　伤

父母对不听话、顽皮的小儿大发脾气,气得克制不住时伸手用打来制服小儿,常因用劲过猛使小儿致伤、致残。最常见的是打耳光(耳面部)使耳内鼓膜囊损伤,造成耳聋;拳击面部会使鼻骨断裂、鼻孔或眼球出血或失明;拍打头部,若击打过猛,小儿身体不能支持倒在地上,后脑着地,可引起脑震荡。特别是后脑受伤,内有延髓,其中包括极为重要的生命中枢——心脏、血管和呼吸等神经中枢受到损伤后会致死;打伤颈部,颈前正中是气管和食道,两侧有颈动脉、颈后内藏脊神经的颈椎,打伤后可致颈椎骨折和神经损伤性瘫痪;颈部被扼可致窒息、心跳骤停;打伤胸背:由肋骨、脊柱和胸骨围成的胸腔内有心脏及肺脏,打伤后会引起骨折或心肺损伤;打伤腹部,右上腹有肝胆,左上腹有脾胰,两侧腹有肾脏。若打伤腹内脏,尤其是脾脏会破裂出血。开始无明显症状,经 12～24 小时后,内出血过多就会眩晕、腹胀痛及出血休克。无论打伤小儿以上哪个部位都很严重,应快速去医院检查伤处,并进行急救。

平时父母应用提醒、说服、督促等正面教育小儿,千万不要体罚或变相体罚,伤害小儿的身心健康,严重的会致残、致死,父母后悔莫及。

七、骨　折

小儿常见的容易发生骨折的部位多为锁骨、踝骨、桡骨下端、肱骨下端,当小儿堕地严重时也会发生脊柱、颈椎、胸椎骨折。小儿骨折虽易于发生,但因小儿的骨骼周围包裹着一层很厚的骨膜,有助于快速修复断骨,易于愈合。骨折很少需要手术治疗,大多只需用石膏固定,并在骨折发生 1 年内应去医院复查数次,以确保断骨复位正确,愈合良好。

(一) 锁骨骨折

多为肩部着地摔伤。由于锁骨是连接肩胛骨与躯干的重要骨骼,骨折后不能抬肩,胳臂不能活动,触摸时疼痛,软组织肿胀,小儿拒绝成人从腋下抱起,抱时躲避,哭闹加剧。遇此情况,切勿去揉捏锁骨处,应尽快固定上肢及胸部,快速去医院摄 X

光片,根据不同情况,采用手法复位。腕、颈带悬吊,每天检查吊带的松紧度。小儿要采用侧卧位或半躺半坐的姿势睡觉:

(二)髁上骨折

跌倒时以手掌撑地而致骨折,髁上骨折因其离关节近,极易引起致残畸形,因此必须立即送医院检查。

(三)桡骨下端骨折(下臂骨折)

由于跌跤后手撑地所致。骨折后发生错位而使肢体外形发生改变。假关节形成,成角畸形,有时有骨摩擦音,不该有关节活动的地方出现了关节样活动。此时应先对上肢进行固定,将伤肢曲肘摆放,贴靠于胸前,用一块从肘关节至手掌长度的夹板将其托住包扎、悬吊于胸前。然后再带小儿去医院。

(四)肱骨骨折(上臂骨折)

多因跌伤、撞伤引起的骨折。跌伤后立即取固定用的夹板,长度从小儿肩部到肘关节处为宜,包扎好后再把上臂固定在胸前。如果一时找不到固定的材料,也可把上臂用皮带或宽布带与胸部捆在一起,并将伤肢这一侧的衣襟剪一个洞,将衣襟向外上反折,兜住伤臂后,扣在第一或第二颗纽扣上固定,再送医院治疗。

(五)脊柱骨折

当小儿从高处堕地时很可能发生颈椎、胸椎、腰椎等部位骨折,此时,不要试图自行搬动其身体,以免使断骨损伤脊髓。搬动时应有3人共同将小儿轻轻托起,保持其脊柱呈水平位,然后用硬板担架或木板插入其身下,立即打急救电话,争取时间等待救护车快速送医院。在等待时如发现小儿受伤严重、昏迷不醒或休克,应立即进行人工呼吸,保护生命。

(六)腿部骨折

小儿在游戏中踢球、跑、跳、攀登时很容易发生腿部跌伤,造成骨折。大腿骨折时,可用一块长度为从足跟到腋下的夹板放在伤肢外侧,膝盖后垫上毛巾,再用布带将伤肢和夹板一起捆紧。如果临时找不到适当的捆绑材料,可将两腿包在一起,利用未伤的腿来固定伤腿。小腿骨折固定方法与大腿相似,只是夹板的长度需从膝关节以上到足部即可。在送医院之前一定要固定好才能移动,以免在路途中由于断骨移动使伤势加重。

（七）开放性骨折

骨折后断骨刺穿了皮肤,伤口血流不止时,可用消毒纱布压迫伤口止血,但不要将突出在伤口外的断骨塞回到伤口内部,以免感染。应用干净布将伤处全部包扎好,立即送医院急救。

八、脱　臼

（1）脱臼发生在关节部位,多发生于肘关节脱位。小儿的肘关节是由尺骨、桡骨、肱骨组成的。在用力向上牵拉孩子的一侧上肢,或跌跤时一侧上肢触地,并支撑全身的重量,都容易发生肩关节或肘关节脱位。

（2）小儿桡骨近端为桡骨小头,小头周围环绕着环状韧带,由于小儿桡骨发育不完全,环状韧带松弛,当小儿肘部伸直时,突然用力牵拉手臂使桡骨头从环状韧带中滑出,桡骨小头被环状韧带卡住,而发生桡骨半脱位。平时小儿在游戏或脱衣时不慎也可发生。

关节脱位后局部疼痛、不肯举起患手,不肯用受伤手取物,不敢活动,不让别人触摸,脱臼部位出现肿胀,遇此情况应立即送医院请外科医师检查处理。如果是桡骨小头半脱位,在排除骨折的情况下,家长可学习试用手法复位,先在肘部摸到向外突出的桡骨小头,用一手的拇指压迫向外凸出的桡骨小头,同时另一只手握住孩子的手腕,将前臂向外侧旋转,并慢慢地屈曲肘关节,这时关节处会发生轻微的弹响声,这说明桡骨小头已复位,复位后小儿马上可以用患手拿东西。但以后如果不小心或牵拉用力过猛,很容易再脱臼。因此,平时成人应注意对小儿的照顾,避免再用力牵拉小儿。

九、刺　伤

（一）鱼刺鲠喉

小儿爱吃鱼,往往会将鱼刺鲠入咽喉,使小儿喉部疼痛无法吞咽,哭闹不休。父母常采用给小儿大口吞饭团,企图将骨刺咽下去,有时一些细小的鱼刺会被咽下。但有些刺得较深、较大的鱼刺不仅不易咽下,反而会被推到食管内,嵌刺在黏膜上,越刺越深,损伤食管黏膜引起感染。如果大而尖的鱼骨刺入食管,还会造成食管穿

孔,甚至伤及食管周围的大血管,发生危险。

鱼刺鲠喉不是小事,发生后应立即让小儿停止吃饭,父母可让小儿张开嘴,用匙柄将舌头压下,用手电光照射仔细查看咽部、扁桃腺部或舌根部有否鱼刺。若是浅表的骨刺,可用镊子轻轻取出;较大的孩子可教他不断咳嗽,利用气管里冲出来的气压将浅表的鱼刺取出。还可以用手指洗净后伸人孩子咽喉部刺激引起恶心而呕吐,使咽喉部肌肉不断地收缩,放松,使鱼刺随着呕吐物一起排出体外。此外,还可以让孩子口中含一些食醋作漱口状,冲击咽部鱼刺,使其脱出。如果以上方法仍不奏效,自己无法取出,应立即送医院请五官科医生取出,以免感染或发生意外。

(二)尖物刺皮

小儿在玩耍中将尖物,如尖木或破竹针等扎进皮肤里,应当立即设法拔出来。如果扎进去的刺留在皮肤外的一端较长,可用镊子将刺夹出来。如果太短夹不出时,可用针挑出来,针一定要新,绝对不可有锈。在挑刺前,将针用酒精浸泡或在火上烧一下,挑刺时可用左手拇食指将有刺的部位捏紧,顺着刺扎入的方向慢慢将皮肤挑破,再将刺拔出来,然后用酒精消毒伤口,涂上红药水或2%的龙胆紫,防止化脓。

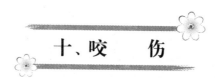

十、咬　伤

(一)蛇咬伤

小儿被蛇咬伤大多发生在农村或山区树林中。一般分毒蛇和无毒蛇两种,咬伤后应立即鉴别并从速采取措施。

1. 非毒蛇咬伤:其特征在咬伤后留下的齿伤痕均匀细小,咬伤症状较轻,伤口疼痛时间较短,大约疼痛10分钟后逐渐减轻、消失,没有红肿和麻木感。

2. 毒蛇咬伤:其特征是毒蛇咬的牙印是两个较大而深的齿痕,被咬伤的局部有肿胀、刺痛、麻木及皮下出血,被咬侧淋巴结肿大。全身症状可出现头痛、头晕、眼花、嗜睡、乏力、肌肉酸痛、恶心呕吐、发热、呼吸急促、吞咽困难,严重者出现惊厥甚至昏迷。对于毒蛇咬伤的治疗要越早越好。

(1)**扎止血带**:在伤口近端扎止血带,阻断血流和淋巴液回流,如果一时没有胶管止血带,可用布带、腰带、软绳等代替止血带扎紧。

(2)**冲洗伤口**:用清水、盐水或3%双氧水,也可用1:1000高锰酸钾液,立即冲洗伤口。

(3) 排出毒液：用拔火罐、吸乳器将伤口内毒液连同污血吸出，有条件的医疗单位可用手术刀切开毒蛇咬伤伤口的牙痕部位，作十字形切口，深达真皮下，使淋巴液外流。在无条件的情况下，可用嘴吸吮毒液，吸出后立即吐出并用盐水或小苏打水漱口。

(4) 阻止扩散：用 0.25％～0.5％普鲁卡因溶液加地塞米松 2 毫克，在伤口周围封闭，也可用火柴直接烧灼。

如果蛇咬地有中草药七叶一枝花、半边莲、鱼腥草等，可采集后捣烂外敷。总之，发生毒蛇咬伤后，就医前的早期局部治疗非常重要。同时要立即送医院，彻底清除毒素并用药治疗。

(二) 狗咬伤

小儿喜欢狗，但狗在不高兴时，常会突然咬人。如果是健康的狗，咬人是一般外伤。但有些病犬外表看不出病态，其体内部带有病毒、原虫等，对小儿危害性很大，尤其是被患狂犬病的狗咬伤后，狂犬病毒进入小儿体内会患狂犬病而 100％致死。症状是恐水、怕光、抽风等。被狂犬病狗咬伤后，应立即送医院认真处理伤口，进行治疗。狂犬病的潜伏期为 15～55 天甚至数年，故不能麻痹。

如果家中养了狗，应定期注射狂犬疫苗。小儿与养犬者不要与狗共用餐具，也不要因宠爱狗而与它亲吻或同床共枕，以防狗的唾液污染衣物。

十一、烫伤、烧伤

烫伤和烧伤是常见的意外伤害。小儿活动量大，自我保护和自理能力都很差，再加上父母粗心大意，对小儿照顾不周，很容易发生烫、烧伤，给小儿带来很大的痛苦。

(一) 烫、烧伤的原因

主要分为水烫及火烫两种，另有电击伤及化学物烧伤，因小儿发生较少，故不在此介绍。

水烫：由热水瓶、热汤、洗澡水、蒸气、热水袋等引起的。

火烫：由火炉、煤气炉、热水汀、失火烧伤等造成。

(二) 烫、烧伤的症状

根据烫、烧伤程度、面积及深度的不同分成Ⅰ度、Ⅱ度、Ⅲ度。

Ⅰ度:小儿的皮肤接触 60℃水 1 分钟即形成Ⅰ度烫伤。这时仅表皮损伤,皮肤发红,有充血及轻度浮肿,但无水泡,疼痛较剧。

Ⅱ度:小儿皮肤接触 70℃水,浸入 30 秒钟即形成Ⅱ度烫伤。此时小儿的表皮和真皮均受损伤,有水泡,很疼痛。

Ⅲ度:高于 80℃水 15 秒钟即形成Ⅲ度烫伤,此时全层皮肤及皮下组织坏死,感觉神经末梢被毁坏,疼痛不明显。小儿常有口渴、脉快、四肢冷、唇绀、尿少等现象。当呼吸道烫伤时可使喉头水肿而发生呼吸困难,烫烧伤面积大时常有并发症发生。

(三)措施与急救

(1)离开热源,冷水冲洗:烫、烧后立即离开热源,脱去或用剪刀剪去贴身的内衣和紧身外衣及袜子,切勿用力脱,以免弄破水泡或撕破烫伤皮肤,增加感染。然后迅速放入冷水中或用流动的自来水冲洗半小时左右。天热时可用冰水,这样既能减轻疼痛,又能减轻烫伤程度。

(2)根据烫、烧伤程度采取相应措施:

Ⅰ度伤:保持创面清洁,在冷水浸泡或冲洗创伤部位 20 分钟后,在表皮涂上清凉油或蓝油烃烫伤膏,不必包扎,3~5 天后创伤面由红转为淡褐色,表皮脱落,露出红嫩、光滑的上皮而逐渐愈合,不留瘢痕。若烫伤在肘部关节处,请特别注意保护,以免形成瘢痕而影响活动。

Ⅱ度伤:需要减轻疼痛,防止感染。用冷水冲洗创伤面 1 小时后,用酒精或醋轻轻擦洗,可止痛并防止起水泡。如已起水泡,不要挑破以免造成感染,可涂上蓝油烃烫伤膏后用消毒纱布盖好,让泡内水分慢慢自行吸收掉。若水泡已破,应将泡内液体用消毒纱布拭干,保留泡皮,再用 40~60 瓦的灯泡烤干或吹风机吹干,涂上蓝油烃烫伤膏或紫草油,盖上消毒纱布用绷带包好,减少患处活动,约 2 周愈合,同时服抗生素防止感染。护理得好,浅Ⅱ度伤可不留瘢痕,深Ⅱ度伤会有瘢痕。

Ⅲ度伤:创伤面大而深,还会使皮肤、肌肉坏死。有时由Ⅱ度重伤感染后转为Ⅲ度伤。受伤后也应先在家中用冷水冲洗较长时间,使创伤面降温,减少疼痛,然后盖上消毒纱布,立即送医院急救。

如果四肢烫伤,应用绷带包扎,并观察手指或足趾的皮肤是否冰冷,肤色是否苍白或青紫,皮肤感觉是否麻木,若有这些症状,可能是包扎过紧,应放松后重新包扎。

如果是头面、颈部烫伤,因这些部位组织疏松,渗出液多,局部水肿后会影响脑水肿,要预防出现危及生命的休克和窒息,应立即送医院抢救。在送医院途中应密切注意病情变化,若出现呼吸、心跳停止,要立即采取人工呼吸和胸外心脏挤压等抢救措施。

十二、惊厥(抽风)

小儿神经系统发育不完善,神经髓鞘形成不完全,神经兴奋易泛化,很容易发生惊厥。

病因:

惊厥可以是低血糖、低血钙引起的,也可以是感染、高热、产伤、颅内出血或癫痫、癔病、脑部肿瘤或中毒引起的。

症状:

小儿突然意识不清,双眼球上转呈凝视状或斜视,四肢或颜面肌肉不自主抽动,大小便失禁,发作时间不一,短者瞬息即止,长者可达数10分钟。

急救处理:

惊厥持续时间越长或反复发作,对脑的损伤越大。因此,父母不能忽视,也不要惊慌失措,一定要冷静,使抽风立即被控制。因为一旦抽风超过30分钟,会进一步引起脑损伤。当发生抽风时,先将小儿的头偏向一侧,防止呕吐物、分泌物吸入气管,一旦发生窒息,除了要清除呼吸道的分泌物外,还要立即施行人工呼吸或口对口呼吸。为防止舌咬伤,要用纱布包裹牙刷柄或匙柄放在小儿的上下牙之间。如果家中有氧气袋,可给予氧气吸入,还可以用手掐住小儿的人中穴位(在鼻尖下与上唇之间),并在合谷、十宣及内关穴位上按压。如果发现小儿发热,要立即脱衣(只用衣服盖在腹部),并用白酒擦身来降温。同时要立即送医院进行急救处理。

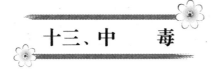

十三、中　毒

由于小儿年幼无知,缺乏生活经验,常误将药品当糖丸吞下,在无意中造成中毒。也有的是家长疏忽,给小儿服错了药或者没有将有毒的物品,如杀虫剂、洁厕剂等化学制剂、药品及农药等收藏好,对小儿造成危害,甚至危及生命。一般通过三种途径造成小儿中毒。

(一) 通过消化道中毒

常见小儿误吃药品或父母盼儿早日康复,自作主张加大药量或缩短间隔时间或未经医嘱打退热针等。在农村则多见喷洒农药的水果蔬菜未洗干净就给小儿吃;用装过农药的塑料袋装食品;拌有灭鼠药的食物被小儿误吃等。引起中毒后,会出现

呕吐和腹泻。若是没有呕吐,应先弄清吃下的是何种毒物,可采用催吐或洗胃的方法,用压舌板或匙柄刺激舌根部使其呕吐。呕吐时,要让小儿伏在大人的膝上,头朝下张嘴吐出。催吐时注意勿使吐出物吸入气管。但如摄入碱性、酸性或腐蚀性毒物就要禁止催吐,以免加重口腔和食管的损伤。可鼓励饮乳汁、豆浆、蛋清或温开水以稀释毒物;若小儿意识不清也不宜催吐,以免发生气管误吸,引起窒息。也可采用清洗胃内毒物,不仅要将毒物清除出来,还应尽量使洗胃液与毒物在胃内发生化学变化,使之失去毒性。洗胃要尽早,一般在4～6小时之内有效。以后可让孩子饮白开水或淡盐水或1:5000高锰酸钾稀释液,再刺激喉部呕吐,如此反复多次,促使毒物完全清除。若遇小儿神志不清、呕吐频繁时不应再催吐、应立即送医院治疗,同时将小儿中毒的药物等一起带去医院。

(二)通过呼吸道中毒

以煤气中毒多见,如煤气漏气,红外线取暖器熄灭时放出大量一氧化碳,吸人人体后发生煤气中毒。此时应将室内门窗打开,将小儿抱到室外。若小儿呼吸停止,应立即进行人工呼吸并送医院抢救。煤气中毒对小儿伤害极大,即使抢救成功存活下来,也会留下后遗症,使小儿智力发育受到影响。

(三)通过皮肤接触中毒

小儿的皮肤接触了有毒物品,毒物就会从皮肤进入体内,产生中毒症状。一旦发现,应立即用冷水冲洗并根据毒性采用对抗性中和剂,如是酸性毒物可用碱性重的肥皂水或3‰小苏打溶液冲洗;如是碱性毒物可用3‰硼酸水或食醋冲洗。

十四、触　　电

现代家庭中到处都有接触电的机会,小儿无知又好奇,常会因触电造成身体损伤。触电的时间越长,电压越高,电流量越大,对人的伤害就越严重。小儿触电后,少量电流短暂作用于人体时,仅有发麻感,局部不留痕迹,受伤者可出现精神紧张、表情呆滞、呼吸心跳加快;敏感者可发生休克而晕倒,但一般短时间可恢复。

严重的电击(高压电或雷电击)伤害不仅见于表皮,而且深入内部组织或脏器,可引起呼吸加快、变浅,心跳加速,肌肉抽动,陷入昏迷。此时如仍未脱离电源,则构成垂危表现,呼吸很快变得不规则甚至停止,心律紊乱,最后停止心跳而死亡。

对触电者要及时抢救,首先切断电源,关闭电门,让小儿脱离电源。如找不到电门开关,应立即用木棒、塑料棍或橡皮棒等绝缘体将小儿脱离电源;如果小儿手拉电线或倒在电线上,可用绝缘绳或塑料圈套在小儿身上拉开电源。解救小儿时,救护者要注意自身安全,要站在木板、橡胶垫或塑料板上,穿上胶鞋,防止带电。小儿脱离电源后,要立即检查他的神志、呼吸、心跳。如果触电不严重,神志清醒,呼吸正常,心跳较好,可就地休息,严密观察;如已停止呼吸,应立即进行口对口的人工呼吸;如果心跳停止,应进行胸外心脏挤压或两者同时进行,一直坚持到自主呼吸及心脏恢复,并立即送医院急救。时间是抢救成功的关键。

人工呼吸急救:先清除口鼻分泌物,让小儿平卧、头后仰,不用枕头。抢救者右手托住小儿下颌,吸口气,对准小儿口吹气,每次迅速吹入两口气(3秒钟1次),吹气者嘴唇要包裹住小儿口唇,防止漏气。吹气直到小儿胸壁略抬起即停,放开鼻孔,使肺部自然回缩排出二氧化碳。暂停片刻再反复进行,按每分钟25次左右的速度进行,头位不能过低,防止胃内食物返流造成窒息。

体外心脏挤压急救:让小儿平卧在木板上,抢救者跪在小儿的左侧或骑跨于上。然后用左手手掌根放在小儿胸前中下段,手指上翘,右手按在左手背上,进行有节奏的向下按压,每分钟按压80~100次,使胸部下陷1.5~2厘米。1~2岁用一只手按压即可,3岁左右用两只手按压,抢救1岁以下的婴儿时,成人站在头后侧,用两手拇指齐放在胸前中部,其余4指围住胸背部挤压,使胸下陷1~1.5厘米。每分钟120次左右。按压后,能摸到大腿股动脉(腹股沟处)有搏动,小儿肤色青紫有改善,说明心脏挤压有效。急救必须持续30分钟以上。挤压时,手势不能过重,以免引起肋骨骨折刺人心脏或刺破肝脏出血。

十五、溺　水

在生活中,小儿可跌入浴缸、河里、井里、陷入薄冰而坠人冰洞里。即使在游泳池或海边浅水处游泳,由于成人照顾不周也会淹人池底或大海里。因为溺水的过程极短,抢救必须争分夺秒。溺水的小儿救上岸后,必须立刻解开衣领,清除其口鼻内的杂物、泥沙,并将舌头拉出以保持呼吸道的通畅。再抱住小儿两腿,背在成人的肩上,让小儿头朝下、腹贴在成人肩部,成人来回跑步,让小儿经震动使肺、胃、腹中的水倒出。成人也可以一腿跪地,将小儿腹部放在另一腿屈曲的膝部上,头下垂,成人轻拍小儿背部,迅速将水倒出,并进行压背抬胸呼吸。溺水严重者待小儿水倒清后迅速进行口对口人工呼吸,必须持续2~3小时,不能间断。如果小儿的呼吸和心脏跳动都停止了,就需要两个人一起来抢救。人工呼吸和心脏按压应协调进行,一般为1:5的比例,即口对口呼吸1次,心脏外按压5次。若只有一个人抢救,需用2:15的比例,即先口对口呼吸2次,再进行心外按压15次。这种抢救一定要坚持到自主呼吸和心跳恢复,并同时快速送医院继续抢救。

十六、异物误入气管

　　人的咽喉是一个通道,有两个功能,即进食和通气。气管和食道一前一后,从咽喉部开始分开,咽东西时,喉头上有个软骨将喉门闭上,食物进不了气管。喉门打开后,喘气、发声都靠它。小儿由于喉部反射功能还不健全,年幼无知,常喜欢将一些小食物或玩具含在口中,一不小心或是突然受惊,就会将含在口中的花生仁、小硬糖丸、话梅、小珠子、玻璃球等呛入喉部而误入气管。这时小儿就会发生一阵阵剧烈的咳嗽,同时出现气急。如果吸入的异物较大,堵塞气道,还会发生呼吸困难甚至窒息死亡。一旦发生这种情况,要立即抓起小儿的双脚,让他头朝下,用力拍打其背,梗塞的异物会因此滑出。假若无效,要快速送医院抢救,千万不要用手指去挖,那样不仅取不出来,反而会把东西推向更深处,既延误了时间,又为医生紧急处理增加了困难。如果由于梗塞引起了呼吸停止,应一面在现场进行口对口的人工呼吸,一面电告急救中心请求抢救。

　　有时小儿将一些小的异物吸入气管,虽然没有完全堵塞气道,当时未发觉异常症状,还可以呼吸,但经过几个月后,由于肺部发生变化,出现发热、咳嗽,甚至出现慢性支气管炎、肺炎的症状。因此,家长不能忽视,还是应请医生处理。

十七、异物误入鼻腔

　　小儿往往出于好玩、好奇,将小的异物塞入鼻腔造成伤害。常见的鼻腔异物有棉花球、纸团、豆粒、糖丸等,多半是在无意中放入的。发现后,应立即取出,也可用手指将没有异物的一侧鼻孔压紧,让小儿作擤鼻涕动作,将异物喷出来;还可以用棉花或纸捻刺激鼻黏膜,使小儿打喷嚏,将异物喷出。有些鼻腔异物停留时间已久,甚至父母也不知鼻中有异物,当发现小儿鼻腔呼出臭味或经常流脓血样的鼻涕,应及时去医院检查,请医师将异物取出。

十八、异物误入耳道

　　小儿常在无意中将异物放在耳朵内塞进塞出地玩,如果将软而小的纸团塞入后,可用镊子轻轻夹出;如将豆粒塞入耳道,千万不能滴水或油入耳内,以免泡软后使豆粒体积膨胀反而更难取出,应到医院请医生处理。

　　在夏秋之际,常有小虫、蚊子或小飞蛾等,趁小儿熟睡之时误飞入耳内。如果停留在外耳道,仅感觉有骚动。当异物钻入到耳道深处并逐渐接近鼓膜时,耳内疼痛厉害。除了有明显的耳鸣外,还会有恶心、呕吐等症状出现。因此,要立即采取措施。

　　(1)利用某些小虫的生物特性——向光性,在暗处用手电筒或蜡烛光对着耳道,诱引小虫飞出。

　　(2)向耳道内滴入一些油剂,如甘油或菜油,以便能粘住小虫肢体,限制其活动。还可以采取简单的方法.向耳道内滴入一些冷开水,将小虫淹死,小儿耳痛症状就会暂时得到缓解,然后去医院取出耳道内的小虫。

十九、异物误入眼内

　　在生活中常有一些细小的异物,如灰尘、砂石、小虫、谷皮等,吹进小儿的眼睛里,引起痒的感觉,这时小儿往往会用手去揉眼睛,这是很危险的。因为这样来回揉,会将吹进的细小异物揉进角膜或将角膜擦伤继发感染。正确的处理方法是,用一切方法将异物冲洗出来,可以让小儿啼哭流泪,或用茶壶装入温开水冲洗眼睛。大一点的小儿,还可以把脸放进盛有干净水的脸盆中,做睁眼和闭眼的动作,使异物在水中漂出来。

　　如果小儿失足落入石灰池或氨水池中,因石灰和氨水都是碱性物质,对眼睛的损伤很大,轻者损伤角膜,形成瘢痕,重者可使角膜形成溃疡,发生穿孔甚至失明。遇到这种情况,应立即用自来水或凉开水冲洗眼睛,洗净后快速送医院请医生检查处理。

二十、走　失

　　小儿年幼无知,活动力强,好奇心强,喜欢到处探索。学后走路后,更喜欢走出门外玩耍。因此,当父母带他外出时,一眨眼,人不见了。如在路上,父母与熟人相遇交谈时;节日晚上看灯时;旅游观光时;特别是逛超市购物时,小儿常按自己的意愿去寻找感兴趣的东西而擅自离开父母。

　　小儿走失是最大的意外事故。父母平时应对小儿进行安全教育,并教小儿记住家中的电话及地址,知道自己和父母的姓名。最重要的是在外出时要看管好小儿。万一走失应立即在出事地点找寻,找不到时立刻报警帮助找寻。

第八篇

常见疾病的

预防及护理

0~3岁婴幼儿养育

　　小儿在出生后的前6个月,由于体内留存着从母体带来的抗体,只要平时注意护理,一般很少患病。6个月后,小儿从母体带来的抗体逐渐减少,先天免疫力开始减退,后天的免疫力又赶不上身体的需要,加之小儿与外界接触的机会增多,感染细菌或病毒的机会也随之增多,常见病明显增加,因此,要重视常见病的预防和护理。

　　小儿常见疾病有营养性疾病、呼吸道疾病、消化道疾病、寄生虫疾病、皮肤疾病及传染性疾病等。

一、营养性疾病

（一）佝偻病

佝偻病是婴儿期常见的慢性营养代谢性疾病。最早于出生 2 个月后开始发病，6～12 个月逐渐增加，进入发病率最高时期，2 岁后逐渐减少。此病一年四季均有发病，尤以冬春季天气寒冷，接触阳光少，发病为多。

1. 病因

主要是由于缺乏维生素 D，使人体内钙、磷的吸收和利用受到影响，引起骨骼、肌肉、神经系统的异常，以致影响骨骼的正常发育。由于骨骼生长缓慢，骨质不够坚固，严重者会发生骨骼畸形。

婴儿容易患佝偻病的原因有以下几方面：

（1）日光中紫外线照射不足：人体皮肤中含有 7-脱氢胆固醇，经日光中的紫外线照射之后，转变为维生素 D，这是获得维生素 D 最方便和最经济的来源。如果婴儿晒太阳少或隔着玻璃晒太阳，就不能获得充足的紫外线照射，造成维生素 D 缺乏，易发生佝偻病。

（2）含维生素 D 食物的摄入量不足：1 岁以内的婴儿以人乳或牛乳为主食，其中维生素 D 的含量都不高，不能满足婴儿生长发育的需要。如果不及时添加鱼肝油、蛋黄、动物肝等含维生素 D 的食物，会导致维生素 D 缺乏。

（3）钙、磷比例不适宜：人乳每 100 克含钙 34 毫克，磷 15 毫克。钙与磷的比例约为 2：1，比例适宜，易于吸收。牛乳 100 克含钙 120 毫克，磷 90 毫克，钙与磷的比例约为 1.2：1，比例不当，吸收差。由于人乳钙、磷比例适宜，虽含钙、磷量均比牛乳低，但容易吸收，母乳喂养者发生佝偻病的反而比牛乳喂养者少。此外，淀粉类食物磷高、钙少，所含的大量植酸与大肠内钙、磷结合成不溶性植素而不易被吸收。因此，6 个月以内的婴儿不宜以淀粉类食物代替乳类作为主食来喂养。

（4）生长快需要量大：骨骼的生长速度与维生素 D 和钙、磷的需要量成正比，生长快的，需要量也大。婴儿在 1 岁以内生长发育最快，代谢旺盛，所需要的维生素 D、钙、磷相对要多，尤其是早产儿、低体重儿（体重不足 2500 克），双胎及多胎婴儿因先天不足，体内储存的维生素 D、钙、磷不足，而出生后生长发育又比正常婴儿快，如摄取量不足，就易患佝偻病。

（5）受疾病影响：婴儿若患慢性呼吸道疾病、胃肠道及肝、肾等疾病，均可影响

维生素 D、钙、磷的正常代谢、吸收和利用,可导致佝偻病的发生。

2. 症状

(1) 早期常易激怒、哭闹、夜惊、睡眠不宁,表现出烦躁不安、多汗、汗液刺激头部,经常摇头擦枕,致使枕后脱发为枕秃。

(2) 运动功能发育迟缓,肌肉韧带松弛,致使婴儿竖头、坐、立、走均较晚。腹肌松弛,使腹部膨隆呈蛙形腹。

(3) 骨骼变形:多在骨骼生长发育最快的部位发生。

头部

颅骨软化:多见于 3～6 个月的婴儿,因钙化不好引起颅骨软化,用手轻按压枕部或顶部中央,受压处会暂时内陷,手指放松后立即弹回。如同乒乓球,故称乒乓头。

出现方颅:由于颅骨变形,7～8 个月以后颅骨增厚、外突,出现方颅或鞍形颅,头部顶方、额方,呈四方形。

囟门迟闭:前囟门闭合时间延迟,有的迟至 2 岁后。

出牙推迟:乳牙推迟到 10 个月以后,出牙顺序混乱,排列不齐,牙釉质差,易患龋齿。

胸部

肋骨串珠:肋骨与肋软骨交界处呈钝圆形隆起,从上到下形成串珠样,称为肋串珠,多见于 6～12 个月婴儿。

肋外翻和肋软沟:因呼吸牵拉,使肋骨在膈肌处产生内陷,形成肋外翻和肋软沟,多见于 6～12 个月婴儿。

鸡胸或漏斗胸:由于肋骨骨质不坚,不能使胸腔张开,每次吸气时迫使两侧胸壁凹陷,胸骨向前突出呈鸡胸样,多见于 1 岁左右婴儿。胸骨剑突部向内凹陷呈漏斗样。

脊柱

婴儿久坐后,因躯干重力和身体前倾的牵引、肌肉韧带松弛,使脊柱易后突或侧弯。

四肢

手脚镯:由于骨骼骨化不全,可使手腕部、足踝部的骨骺增宽增厚形成钝圆形环状样,而称为手镯、脚镯。多见于 6 个月以上的婴儿。

O 型腿或 X 型腿:婴儿学走时,使下肢负重增加,受压以致出现两腿内弯呈 O 型或两腿外弯呈 X 型腿。

(4) 其他表现

重度佝偻病患儿的大脑皮质兴奋性降低,条件反射迟缓,记忆力和理解力差,语言发育迟缓等。

3. 护理

（1）加强观察，一旦发现婴儿有佝偻病的征象，及时去医院检查治疗。

（2）在医生指导下，按时完成治疗方案，采用维生素 D_3 治疗。

轻度：1 次肌肉注射 30 万单位；

中度：2 次肌肉注射共 60 万单位，其中间隔 2～4 周；

重度：3 次肌肉注射共 90 万单位，每次间隔 2～4 周。注射维生素 D_3 后可停服鱼肝油，但钙粉仍继续服用。

注意不能过量使用维生素 D 或鱼肝油，以免发生中毒。维生素 D 的治疗量每天为 5000～10000 国际单位，持续 1～2 个月再改用预防量。鱼肝油的治疗量最多加到 15 滴。每天分 3 次，早、中、晚各 5 滴，但不能与钙粉同一时间服用，因钙碰到油质会结成"皂块"，不易被肠黏膜吸收。

（3）结合患儿年龄、病情进行精心护理：不应勉强患儿久坐、久站或过早学走。尤其在治疗期间要限制活动。治疗后逐步恢复活动。可去户外日光下活动、户外睡眠，以便多获紫外线。还可通过捏脊、推拿，通经活血，增强肌肉张力。

4. 预防

（1）定期健康检查：加强对孕妇、乳母和婴儿的身体保健及系统的监护。

（2）多接触日光：日光中紫外线照射是最有效的预防方法，要从孕期开始。新生儿可以在室内开窗晒太阳，满月后到户外晒太阳，要逐渐增加照射时间。晒太阳时要注意几点。

季节和时间要适宜：春秋季以上午 9～10 时、下午 2～3 时为宜；冬季以中午 12 时～下午 2 时为宜；夏季以上午 7～8 时、傍晚 6～7 时为宜。不要让婴儿在烈日下曝晒，可以接受透过树荫的阳光照射。每次晒太阳 10～20 分钟，时间不可过长。

四肢及部分身体的皮肤暴露在阳光下：冬季可将袖口、裤脚卷起露出手腕上部及小腿；春秋季节可露出手臂及大腿部；夏日可将胸腹部遮盖，裸露四肢及身体。要戴上帽子，以免阳光直接照射婴儿的头部和眼睛。

阳光照射后应给婴儿喝水，并用干毛巾擦汗。

（3）合理喂养：孕妇要补充含维生素 D 及含钙的食物，产后应坚持母乳喂养，并注意喂养方法，以保证婴儿足够的营养。要按月龄添加辅助食品，应选择含维生素 D 和含钙量多的食物，如蛋、肝、鱼、乳制品、豆制品、新鲜蔬菜等。并注意饮食习惯的培养。

（4）服用鱼肝油防病：出生两周后开始，每日 1 滴浓缩鱼肝油，以后逐渐增加，最多每日不超过 5 滴。

（5）预防疾病，加强锻炼：满月后可开始做婴儿被动操，6 个月后做婴儿主被动操。对早产、双胎、体弱的婴儿加强保健，避免感染疾病。对患有慢性呼吸道、消化道及其他疾病的婴儿，要积极治疗。以防佝偻病的发生。

（二）缺铁性贫血

缺铁性贫血是贫血中最常见的一种营养性疾病，以出生6个月～3岁的婴幼儿发病率为最高。

正常人的血液中，红细胞为400～500万；血红蛋白（即血色素）是12～15克，红细胞和血红蛋白的比例为100万:3克。当出现红细胞减少和血红蛋白降低，其比例在100万:3克以下时，称低色素贫血，这时红细胞较正常的个小，所以又称小细胞性贫血。这是由于缺铁（造血的原料不足）而致，故称为缺铁性贫血。

1. 病因

（1）体内贮存铁不足：婴儿从母体获得的铁仅供出生后4个月使用，贮存铁用尽后若不补充，易发生贫血。早产儿、双胎儿、低体重儿贮铁量都较正常婴儿少。而这段时间婴儿生长发育速度又较快，常有在2个月时发生贫血的情况。若是孕妇患贫血更易引起胎儿贮铁量不足，生后也易患缺铁性贫血。

（2）食物中铁量不足：婴儿主食是母乳或牛乳，其中含铁量均低（仅为0.1毫克或0.2毫克），不能满足婴儿的需要，如不及时增加含铁丰富的食物，易患缺铁性贫血。

（3）生长快供不应求：婴儿满1岁时比出生时的体重增加3倍，血红蛋白增加2倍，未成熟儿增加的倍数更高。随着体重的增长，血容量相应增加，铁的供给量随之要增多。生长发育越快，铁若供不应求，就越容易患贫血。

（4）丢失和消耗过多：正常婴儿生后2个月内粪便丢失和从皮肤损失的铁多于从饮食中摄取的铁。此外，婴儿长期因呕吐、腹泻、肠寄生虫病等引起消化吸收障碍，肠道长期少量失血（失血1毫升相当于失铁0.5毫克），也可以增加铁的消耗，引起缺铁性贫血。

2. 症状

（1）一般表现：初期起病慢，症状不明显，易被忽视。以后逐步发现婴儿皮肤、黏膜逐渐苍白或苍黄，以口唇、口腔黏膜、眼结膜和指甲床最为明显。婴儿精神不振，易烦躁哭闹，疲乏无力，食欲减退，体重不增。

（2）各系统症状：

呼吸循环系统：气急、心悸。呼吸、脉搏加快，当血色素低于7克时，可听到心前区出现杂音。

消化系统：出现厌食、恶心、呕吐、腹泻、消化不良等。

神经系统：头昏、耳鸣、烦躁、注意力不集中、记忆力减退、反应迟钝等。

造血器官：肝、脾、淋巴结肿大。由于骨髓外造血之故，因此年龄越小病情越重，肝脾肿大越明显。

免疫功能：贫血时酶活力下降而使细胞免疫力降低。由于白细胞吞噬能力降低，常易反复感染疾病。

（3）症状分型：

轻型：症状不明显，血色素 9～11 克，红细胞 400 万/mm³ 以下。

中型：症状明显，皮肤苍白，肝脾肿大，血色素 6～9 克，红细胞 300 万/mm³ 以下。

重型：症状严重，毛发、指甲、骨骼改变明显，血色素 3～6 克，红细胞 200 万/mm³ 以下。

极重型：症状极重，合并感染，血色素 3 克以下，红细胞 100 万/mm³ 以下。

3. 护理

（1）**生活有规律**：建立合理的生活制度，使婴儿有充足的睡眠，适当的活动，以促进食欲，增加铁质吸收。

（2）**合理的喂养**：注意按病情合理选择食物。

选择含铁食物：动物性食物里的铁一般吸收利用率高，可选择肝、血、瘦肉、鱼肉、蛋等，因这些食品内含有血红素铁，易于被吸收利用。植物性食物中也有含铁量不少的，但有些蔬菜、谷类中含有草酸、碳酸、植酸等，会干扰铁的吸收利用。水果类含维生素 C 多，搭配食物喂养，可以提高铁的吸收利用。

分型增铁喂养：

轻型贫血：每周增加肝或血、蛋、瘦肉等 1～2 次。

中型贫血：每周增加肝或血、蛋、瘦肉等 2～3 次。

重型贫血：每周增加肝或血、蛋、瘦肉等 3～4 次。

极重型贫血：每周增加肝或血、蛋、瘦肉等 4～5 次。

此外，中型、重型、极重型还须添加必要的补血药物，补充维生素 B、维生素 C、食母生等，以促进食欲和铁的吸收。

（3）**配合医嘱治疗**：当血色素低于 10 克时使用铁剂药物治疗。要加强护理，以利于吸收，避免不良反应。

最好在两餐之间服药，可减少对胃肠道的刺激。

铁剂不宜与牛奶同时服，因牛奶中钙、磷与铁会形成不溶性复合物，不仅降低铁的吸收率，而且还会使牛奶的营养下降。此外，还不宜与茶或四环素药物同时服用。

服药后第 4、8、12 周复查血色素。一般待血色素上升到正常后再服药 1 个月，以后逐渐减量，到血色素不下降后停药，再观察半年。

（4）**防止感染**：在治疗贫血期间要同时预防各种疾病的感染，以免妨碍治疗效果甚至加重贫血的病情。

4. 预防

（1）孕妇应食用含铁量丰富、易于吸收的食品，以保证胎儿体内铁的储备。按

时检查血色素,若患贫血,应及时治疗。加强围产期保健,避免早产及胎儿低体重。

(2)坚持母乳喂养。母乳内含铁量虽不高,但因含维生素C较高,吸收利用率高。若乳母患贫血,应及早补充铁剂。若母乳不足,补充牛乳时,牛乳要煮沸后喂吃,避免过敏使肠道黏膜细胞少量脱落而丢失铁。出生4个月以内,勿过早添加淀粉类食物,以免影响铁的吸收。

(3)按时添加含铁的辅助食品。2个月起加喂鲜橙汁或鲜橘汁、鲜菜水等含维生素C的流质,以利于铁的吸收。4~5个月加喂蛋黄、鱼泥、禽血等食物。7个月加喂肝泥、肉末、血类、红枣泥等食物。此外,早产儿从2个月起补充铁剂,足月儿从4个月起补充铁剂,以加强预防。

(4)采用铁锅、铁铲烧菜,不要用铝锅,因铝能阻止人体对铁的吸收。

(5)定期检查血色素。1岁以内最好每3个月检查一次,1~3岁每半年一次。以便及早发现贫血,及时治疗。缺铁性贫血是完全可以预防的,关键在婴儿时期要加强保健,合理喂养,一般是不会发病的。

(三)营养不良

婴儿患营养不良,是由于摄入的食物不足或摄入的食物不能充分吸收利用,致使身体得不到营养,迫使消耗体内自身的组织,出现体重减轻或不增、生长发育停滞、脂肪消失、肌肉萎缩,造成全身各系统功能紊乱。这是一种慢性消耗疾病,婴儿在断奶前后较易发生。

1. 病因

(1)长期热量不足:母乳喂养的乳量不足,又未按时添加牛乳及辅助食品;人工喂养时多以淀粉为主食,质与量均不能满足生长发育的需要,致使长期供应热量不足。

(2)饮食安排不当:婴儿出生后未按月添加辅助食物,断奶时突然不给吃母乳,改吃其他食物,使婴儿不能适应新食物而拒食、偏食、挑食、吃零食,导致摄入的营养不足。

(3)消化功能不好:由于婴儿的消化功能不健全,导致肠吸收不良,易腹泻,易感染消化道疾病,如肠炎、慢性痢疾、肠寄生虫病、乳儿肝炎等。此外,有消化道先天畸形的婴儿,如唇裂、颚裂、先天性幽门狭窄、贲门松弛等,致使哺乳困难,反复呕吐。若是先天不足如早产、多产、低体重、小样儿等,喂养不当,消化功能又不好,更易患营养不良。

(4)慢性消耗性疾病:婴儿若反复发作呼吸道疾病如肺炎、长期发热、食欲不振等,由于摄食不足,消耗增加,也会导致营养不良。

2. 症状

全身症状

① 食欲减退,体重减轻或不增,形体消瘦;

② 头发稀黄,皮下脂肪大量消失,皮肤干燥无弹性;

③ 肌肉松弛,运动功能发育迟缓;

④ 精神变化,易烦躁哭闹,睡眠不好,反应迟钝,对周围环境不感兴趣,智力落后;

⑤ 免疫力低,易感染各种疾病,如维生素缺乏引起的各种疾病,表现为眼无神、怕光、手脚水肿、腹泻、便秘或其他疾病等。

症状程度:

营养不良的症状有轻有重,一般分为三度,目前以一度二度多见,三度罕见

一度营养不良

① 体重较正常儿减轻 15％～25％;

② 腹壁皮脂厚度＜0.8 厘米,腹、腿脂肪层变薄;

③ 肌肉不结实,较松弛。内脏功能改变不明显;

④ 精神状态比一般正常儿稍差。

二度营养不良

① 体重较正常儿减轻 25％～40％,身长低于正常儿;

② 腹壁皮脂厚度＜0.4 厘米,腹、躯干脂肪层消失;

③ 皮肤苍白、干燥,面部、背部、四肢轻度消瘦;

④ 肌肉明显松弛,运动功能明显迟缓,站立和走路感到困难;

⑤ 精神不稳定,抑郁不安,哭声无力,睡眠不好,食欲减退,消化力差。对食物的耐受性差。

三度营养不良

① 体重较正常儿减轻 40％～50％,身长也过低;

② 腹壁皮脂消失,呈皮包骨状,严重消瘦;

③ 皮肤苍白萎黄,干燥、完全失去弹性,额部皱纹似老人外貌;

④ 肌肉严重松弛,行动困难;

⑤ 精神兴奋,易激动或冷淡,反应很不一致;

⑥ 体温低于正常,但不稳定,发病时忽高忽低,脉搏减慢或加速,心音很低,节律不齐,血压偏低,呼吸浅;

⑦ 脏器功能减退,食欲消失或低下,易引起腹泻、呕吐,易并发感染疾病。

3. 护理

针对病因,采取适当的护理措施

疾病:由于疾病引起的营养不良,应先积极治疗疾病,如腹泻、贫血、寄生虫病或其他感染性疾病。

喂养:若是喂养不当引起的营养不良,应在原来的饮食安排上逐步调整,合理喂养,促进食欲,增加食量,并纠正不良的饮食习惯,使婴儿爱吃各种食品。

断奶：由于断奶而不适应食品，致使孩子摄入量少引起营养不良。应在断奶前先让孩子适应添加牛乳，代替主食，然后再逐步添加蛋、淀粉类、维生素等食物。断奶后继续以牛乳加淀粉类食品为主食，并添加鱼、肝、肉、蛋、豆制品、菜、水果等以增加热量和蛋白质，每日5～6次进餐或点心（3餐、2次点心）。

按营养不良的轻重分别护理

一度营养不良，应以调整营养为主。

第1周：每天每千克体重供应热能约80～120卡。断奶阶段每天加半脱脂牛乳1瓶，并用米汤稀释或加粥以提高热量，也可用豆浆代替。

第2～3周：如果没有发现患儿食欲不好或腹泻等情况，每日可加蒸鸡蛋1个，并逐渐增加鱼泥、肝泥、肉末等动物蛋白质食品。

二度营养不良，调整营养的时间较长，速度宜放慢。

第1周：每天每千克体重供应热能100卡。此时患儿消化力薄弱，易发生腹泻，应待消化能力恢复、食欲好转、大便正常后才能逐步多增加蛋白质，少加脂肪，另加淀粉食物以补充热能。可添加鱼粉，因其含蛋白质高，脂肪仅微量。要限制食盐的摄入量，以防水肿。

第2～3周：病情好转后，患儿的食欲增进，可食鱼粉加米汤或加粥，每日3次，每次1小碗；并加熟豆油或熟菜油，每日3次，每次1小茶匙（约3克），另加2次点心，每日进食5次。

第4周：治疗3周后若无并发症，而且食欲好，大便正常，可用全牛乳，每日2瓶，分3～4次饮用，另加粥或烂饭、蒸鸡蛋等，每日进食5次。

三度营养不良，应住院治疗，逐步按病情调整营养。

第1周：进行病情观察，待治疗原发疾病好转后，再循序缓步调整营养，不可贪多求快，否则有害无益。热能调整可按每天每千克体重供应热能50～60卡，逐渐加到120卡、180卡，最后调整到100～120卡。

第2～3周：饮食进度常会进而复退，反复数次，有时孩子会拒食。如遇拒食，则需通过水解蛋白管饲食；还有的时候孩子会出现呕吐或腹泻，就应暂时减少食量，并且耐心、细致地护理。

第4周：治疗后病情好转，可逐渐增加蛋白质（鱼粉米汤）、脱脂奶、粥、豆浆，少加脂肪。同时增加维生素 B_1、维生素 B_2、维生素 C。病情进一步好转后，再加维生素 A、维生素 D，以后再加钙剂和铁剂。

4. 预防

营养不良的预防尤为重要，不应等发现疾病后才去治疗。应从以下几方面进行：

（1）做好孕妇产前检查，重视围产期保健，增加孕期饮食营养。

（2）产后坚持母乳喂养，并按月为婴儿添加辅助食品。

（3）制定合理的生活日程,培养婴儿良好的生活习惯,使婴儿睡眠充足,定时定量进食,保证饮食的摄入量,防止养成拒食、偏食、挑食及吃零食的不良习惯。

（4）及时矫正消化系统的先天畸形,并治疗各种急性或慢性疾病,尤其是出现腹泻后更应及时治疗。

（5）加强保健,要定期为婴儿进行健康检查,及早发现营养不良。在日常生活中还应重视体格锻炼,以增强体质,提高抗病能力。

二、呼吸道疾病

呼吸系统分为上呼吸道(包括鼻、咽、喉)和下呼吸道(包括气管、支气管、肺)。常见的上呼吸道疾病是上呼吸道感染,俗称感冒,下呼吸道疾病包括气管炎、支气管炎、哮喘性支气管炎、肺炎。

（一）感冒

1. 病因

1岁以内的婴儿最容易感冒。由于婴幼儿呼吸道黏膜柔嫩,鼻腔小,鼻道未完全形成,又没有鼻毛,空气与鼻黏膜接触面小,调节温度及阻截异物的能力差,一旦受到细菌或病毒的侵袭,就会使黏膜充血,易发炎肿胀使鼻腔不通,咽喉继之受感染,常出现喉肿、充血,发生呼吸困难。特别是在春秋季,气温变化多端,如衣着不适宜,或穿得太少受寒着凉,或穿得太多出汗也会受凉引起感冒。此处,婴幼儿常与有呼吸道感染的人接触也会感染。有些婴幼儿患佝偻病、贫血、营养不良或过度疲劳时,接触了患者更易感染。若遇流行性感冒流行季节更应提高警惕,不要带孩子去公共场所,以免感染。因为6个月至3岁的婴幼儿不仅是易感人群,而且是高危人群。

2. 病状

感冒有轻型和重型两种。

轻型症状　无热度或轻度发热,起病时鼻塞、流清涕、喷嚏、微咳、流泪、咽红。病程后期鼻涕转浓,分泌物逐渐减少,经3～7日或10日痊愈。此种轻型感冒为多发的常见病,多数能自愈,预后良好。

重型症状　发热可达39～40℃,起病急,并出现寒战、头痛、惊厥、吐泻、食欲不振、全身乏力、睡眠不安等全身症状。局部呼吸道症状为流涕、咳嗽、咽红。病期为1～2周,单纯感冒经医治痊愈,没有危险性。但遇高热不退,精神不佳,食欲减退,病程延长时必须警惕。因感冒症状往往是某些严重疾病如细菌感染或病毒性脑膜炎、病毒性心肌炎、风湿性心脏病的早期表现。

　　流感型症状　流感是一种传染性很强的感冒,是由流行性感冒病毒引起的急性呼吸道传染病。起病急有高热、畏寒、头痛、四肢酸痛、全身乏力等症状,不久就出现咽痛,干咳、流涕、眼结膜充血,流泪以及局部淋巴结肿大等。个别幼儿有消化道症状,如呕吐和腹泻等,若不及时治疗,很容易产生并发症,最常见的并发症有中耳炎、喉炎、肺炎、脑炎和病毒性心肌炎等。此病易在冬末春初发病,在夏季流行。

3. 预防

　　(1) 婴幼儿居室应注意通风,保持室内空气新鲜,即使冬季也要每日开窗数次通风,严禁在室内抽烟,以免婴儿被动吸烟,或因室内空气混浊增加呼吸道疾病的感染机会。

　　(2) 根据气温变化及时增减衣服、被褥,一般情况下,不宜给婴幼儿穿盖过多。

　　(3) 在流感期间,不带婴幼儿到患感冒的人家去,也不到公共场所或人群拥挤的地方去,以免接触感染。

　　(4) 让婴儿幼儿经常在户外活动及户外睡眠,多接触阳光和新鲜空气,并加强体格锻炼,可用某些中西药物进行预防,以提高抗病能力。

4. 护理

　　(1) 患儿要注意休息,减少活动,遇高热时要卧床休息,经常测量体温,直到体温恢复正常。

　　(2) 多饮温开水,要少量多喂。高热时更应增加喝水量和次数,可以补充因发热时失去的水分,并可促进多排尿,有利于退热。

　　(3) 按时喂药。一般轻症可采用中成药,如感冒冲剂、板蓝根、银翘等,细菌感染时应按医嘱喂药,不要自行采用抗生素。若伴有高热的感冒应及时去医院治疗,以防高热引起惊厥而导致抽风。

　　(4) 在流感期间如发现小儿有以下三种病情要立即去医院诊治:

　　(a) 小儿高热持续不退或热退后又上升,同时出现咳嗽,喘息,面色发白或青紫时要注意是否有并发喉炎、气管炎,或肺炎的可能。

　　(b) 如果小儿出现烦燥不安,有剧烈的头痛,呕吐,惊厥,嗜睡,颈项强直等现象时,有并发脑炎的可能。

　　(c) 如果小儿出现精神萎靡,心跳过快或过缓全身乏力等症状,更要警惕,有并发病毒性心肌炎的可能。

　　(5) 适当安排饮食。对于无热度、无腹泻的婴幼儿基本上按正常饮食安排,可酌情减少食量。发热的婴幼儿仍应继续母乳喂养;人工喂养的婴幼儿应喂稀释牛乳或脱脂乳,除果汁外暂停其他辅助食品。感冒伴有腹泻的婴幼儿坚持母乳喂养;人工喂养的婴幼儿应用脱脂牛乳。除果汁外,停喂其他辅助食品。

1～12个月感冒患儿的一日食谱举例

时间	1～6个月		7～12个月	
	咳嗽＋流涕	发热＋腹泻	咳嗽＋流涕	发热＋腹泻
6：00	母乳或牛乳	母乳或2:1脱脂乳 口服补液	母乳或牛乳	母乳或2:1脱脂乳 口服补液
8：00	鲜果汁　鱼肝油1～3滴	口服补液	鲜果汁　鱼肝油1～3滴	口服补液
10：00	母乳或牛乳	母乳或米汤　胡萝卜泥	蛋花粥	白粥　鱼泥米汤
12：00	米汤糊　胡萝卜泥	口服补液	粥或面　菜泥土豆泥　鱼泥	口服补液
14：00	母乳或牛乳	母乳或2:1脱脂乳	母乳或牛乳	粥或烂面　蛋花粥
16：00	苹果水或菜水	口服补液	苹果水或菜水	口服补液
18：00	母乳或牛乳	母乳或2:1脱脂乳或米汤　胡萝卜泥	母乳或牛乳　肉松粥	母乳或2:1脱脂乳鱼泥　胡萝卜泥粥或面
20：00	温开水	口服补液	温开水	口服补液
22：00	母乳或牛乳	母乳或2:1脱脂乳	母乳或牛乳	母乳或2:1脱脂乳
3：00	同上（必要时）	同上（必要时）	温开水	口服补液
一日摄入量				
	母乳或牛乳：300～500毫升 糖：30～50克 米汤、胡萝卜泥：60～120毫升 粮食（乳儿糕）：10～20克 蛋：1/4～1/2只 口服补液或温开水：100～200毫升	母乳或2：1脱脂乳：300～500毫升 糖：30～50克 米汤、胡萝卜泥：60～120毫升 粮食（乳儿糕）：10～20克 口服补液或温开水：150～200毫升	牛乳或母乳：300～500毫升 糖：30～50克 米汤、菜泥、土豆泥：60～120毫升 粮食（乳儿糕）：20～100克 蛋：1/4～1只 口服补液或温开水：150～200毫升	母乳或2:1脱脂乳：300～500毫升 糖：30～50克 米汤、胡萝卜泥：100～200毫升 粮食（粥、面等）：20～100克 蛋：1/4～1/2只 口服补液或温开水：200～300毫升

（二）气管炎、支气管炎

1. 病因

　　如果感冒未能及时控制,病毒或细菌会由上呼吸道向下蔓延,深入到气管、支气管中。由于婴幼儿气管、支气管内黏液分泌少,影响黏膜上皮细胞呈毛刷状的纤毛

的摆动,且咳嗽又无力,不能及时清除呼吸道内的异物,因而使异物停留在气管及支气管内,容易引起发炎。

2. 症状

一般症状有轻有重,开始时是一般感冒的症状,仅有流清鼻涕、喷嚏、喉干、轻微咳嗽、气管发炎。轻者无明显病容,重者病变向支气管蔓延,头痛、咳嗽加剧,先是干咳,后有痰状分泌物,还伴有"呼噜"的痰鸣声。这时期的婴幼儿不会吐痰,往往将痰液吞咽到胃内,随着胃的蠕动而排出。晚上睡眠时咳嗽加剧,咳的时间较长,哭吵不安,常引起呕吐,有的婴幼儿还出现腹胀、腹泻等消化道症状。轻微的支气管炎一般体温正常,或只有低热,呼吸正常或稍增快。如果婴幼儿虽没有发热症状,但一直咳嗽不止,病情加剧,病程很长(一般病程为7～10天,也可延至2～3周),应赶快到医院采取措施,不能听任病情发展,以免转成肺炎。长期患支气管炎,转为慢性后还可能引起肺气肿。

3. 预防

与上呼吸道感染(感冒)的预防方法相同。

4. 护理

(1)同感冒的护理方法一样。

(2)注意保暖,以防受凉进一步引起肺炎,即使高热也需要适当保暖,但不要过多穿衣、盖厚被,过于闷热出汗。也不能因婴幼儿发热而用晾一晾的方法降温。因为发热的身体感觉是寒冷的,采用适当保暖对抵抗疾病有利。

(3)继续母乳喂养,饮食应清淡易消化,1～6个月婴儿人工喂养牛乳时,可采用脱脂牛乳或用米汤稀释牛乳。每天喂鲜橘汁2～3次,每次1～2汤匙。没有吃过鲜橘汁的,可先用维生素C片剂代替,每日3次,每次1片,压碎用温水调匀喂服。7～12个月婴儿若消化良好,可用流质食品,如牛奶、豆浆、薄藕粉等,每日5～6餐,将后两种食品轮换食用。

(三)哮喘性支气管炎

1. 病因

病毒或细菌感染。多见于过敏性体质的婴幼儿及肥胖(有湿疹或其他过敏史)的婴幼儿。此类型的支气管炎与一般支气管炎不是一种病,是由于支气管狭窄,黏膜充血水肿和炎症刺激支气管平滑肌发生痉挛而引起,喉部可闻痰鸣或哮鸣,因而称哮喘性支气管炎。但它又不同于哮喘病,虽然两者都有哮喘,但却有根本的区别,见下表。

哮喘性支气管炎与哮喘病的区别

	哮喘性支气管炎	哮喘病
发病年龄	小于 3 岁	大于 4 岁
病　因	细菌或病毒感染	过敏原(如花粉、烟尘、异类蛋白质等)引起
发病季节	冬、初春为多发期	春、秋为多发期
过敏史及家庭史	多为过敏体质,但也有的无过敏史	大多有奶癣、荨麻疹或过敏性鼻炎
症　状	先有感冒,继有发热、咳嗽痰多、气喘、喉间哮鸣音	先有鼻痒、喷嚏、无热,后胸闷、咳嗽痰多、不能平卧、喉间哮鸣音
治　疗	抗生素或中药有效	单用抗生素无效,必须加用抗过敏及放松支气管痉挛药物

2. 症状

除上表所述症状之外,此病起病急,呼吸困难,小儿哭闹、烦躁更明显,并有鼻翼扇动、三凹症甚至缺氧青紫、呼吸增快。若小儿呼吸超过每分钟 50 次时,应立即送医院治疗,以便及时控制感染、平喘。

3. 预防

与上呼吸道感染的预防方法相同。此外,从 9 月份开始口服核酪糖浆或核酪肌肉注射持续 2～3 个月,对提高小儿呼吸道抵抗力有一定疗效。

4. 护理

同支气管炎的护理方法。

(四) 肺炎

1. 病因

一般肺炎多继发于上呼吸道感染、气管炎或为呼吸道传染病如麻疹、百日咳的并发症。婴儿期所患的肺炎是支气管肺炎。因为咽喉部淋巴组织发育不够完善,气管壁上的纤毛运动能力差,管腔狭窄,黏液分泌多,肺部弹力组织发育差,血管丰富,容易充血。另外,肺泡数量少,含气量也少,容易被黏液堵塞。因此,在患感冒和支气管炎时,痰液不易排出,就会发生支气管肺炎。此外,天气寒冷,室内空气不流通,易于细菌繁殖;天气变化,小儿受凉后抵抗力降低也可诱发肺炎。小儿若患营养不良、佝偻病、先天性心脏病等都易并发肺炎。肺炎是当前引起婴儿死亡的第一位病因,1 岁以内发病率最高。

2个月～3岁小儿急性呼吸道感染的分类处理表

分类	感 染 症 状	处 理 措 施
咳嗽或感冒（无肺炎）	咳嗽、流涕、流泪 咽红、喷嚏 无胸凹陷症 呼吸正常，无增快现象，2～12个月为每分钟50次；1～3岁为每分钟40次	1. 多数3～7日能自愈 2. 拥有咽痛应检查和治疗 3. 减少活动，多休息，多饮水 4. 对症治疗，服感冒类药物 5. 咳嗽超过10天应去医院就诊
支气管炎	头痛、咳嗽逐渐加剧，干咳伴有"呼噜"痰鸣声 体温正常或有低热 无胸凹陷症（哮喘性支气管炎有三凹症） 呼吸增快，2～12个月≥50次/分，1～3岁>40次/分	1. 一般疗程7～10天，病程延长及时治疗 2. 卧床休息，饮水及果汁 3. 清理呼吸道（鼻道） 4. 对症治疗，按医嘱服退热、平喘及抗生素药物 5. 病情严重时要及时复诊
肺炎	轻型：咳嗽、呛奶、呕吐 　　　发热不高 　　　呼吸困难 重型：咳嗽、喘憋、鼻翼扇动、胸凹陷高热、惊厥、嗜睡. 嘴鼻周围（三角区）皮肤苍白、嘴唇青紫、精神萎靡、烦躁，心功能不全. 心速140次～160次/分；呼吸浅而快. 超过50次/分	1. 立即送医院治疗 2. 在家中及送医院途中加强保暖，防止吹风受凉. 室内保持18～20℃ 3. 勤翻身、改变体位 4. 按医嘱对症治疗及护理 5. 饮食注意营养，少量多次，以流质或半流质易消化食物为宜 6. 病情严重时要及时抢救

2. 症状

起病有急有缓，发病前先有上呼吸道感染数日，发病迟缓的，一般发热不高，咳嗽和肺部体征不明显，常见呛奶、呕吐、呼吸困难。发病急的，发高热、咳嗽、喘憋、呼吸浅而快，每分钟超过50次，出现鼻翼扇动、嘴四周皮肤苍白、嘴唇青紫、精神萎靡、烦躁不安、惊厥、嗜睡。有的小儿患肺炎时，常腹胀、腹泻。严重的肺炎还会出现心功能不全，心速快至140次～160次/分，必须及时抢救，以免造成死亡。小儿患病毒性肺炎或流感杆菌肺炎，白细胞正常或低下；患细菌性肺炎，白细胞总数升高到10000个以上，病程一般在2周左右。

3. 预防

小儿肺炎"防"重于"治"，重在早期发现及早治疗

（1）预防方法同上呼吸道感染。

（2）注意保暖，防止吹风受凉。

（3）防止上呼吸道感染及呼吸道传染病。

（4）按时进行免疫预防接种。

4. 护理

（1）护理方法同哮喘性支气管炎。

（2）呼吸急促者可吸氧,烦躁不安而影响睡眠者可适当用镇静剂,咳嗽有痰不易咳出者,可用化痰止咳糖浆,食欲差者可用助消化药。

（3）小儿发热应卧床休息,或抱起拍背,勤翻身,改变体立,以减少肺瘀血,促进炎症吸收。

（4）饮食以少量多次,流质或半流质易消化为宜。

（5）室内温度保持在 18～20℃左右,通风换气,有一定湿度,有利于呼吸道分泌物排出。

（6）患营养不良、佝偻病及贫血小儿应及时治疗,以防转为肺炎。

三、消化道疾病

婴儿的消化系统发育不成熟,功能不完善,胃酸和消化酶分泌量少,而生长发育快,所需的营养物相对较多,因此消化道负担重,容易发生消化功能紊乱。婴儿常常易患腹泻、便秘及急性胃肠炎等疾病。

（一）腹泻

婴儿腹泻是一种常见病,多数是由于消化不良引起的。发病年龄大多在 2 岁以下,1 岁以内约占半数,人工喂养的婴儿比母乳喂养的婴儿发病多。除消化不良外,还有多种病因可引起腹泻。因此,根据病因可分为非感染性与感染性两类。

非感染性腹泻

1. 病因

饮食因素:喂养不当是主要的因素,常见于人工喂养的婴儿。如:喂食过多,增加了胃肠负担;过早或过多地添加碳水化合物(奶糕、米粉之类的食物)或脂肪类食物(肉类或排骨汤等);突然改变饮食品种和性质;不定时定量进餐,饥一顿,饱一顿;未按时添加辅食,突然"急刹车"断奶,不断适应新食物;对某种食物过敏(如对牛奶过敏)等。

气候因素:气候突变,过冷了使婴儿受凉,可导致肠蠕动增加。过热了使消化液分泌减少,婴儿因受热而口渴,导致吃奶过多,增加消化道负担,易引起腹泻。

其他因素:环境不卫生、生活环境突变、抵抗力差、患其他疾病等均可引起腹泻。

2. 症状

起病可急可缓,大便次数增多,一天约5~6次,多者有10余次。大便性质先出现条状,后成糊状,呈黄绿色,有酸臭,并可见少量黏液及未消化的白色或黄色小奶块,大便镜检可见大量脂肪球。此时病情较轻,一般精神尚好,无明显全身症状,体温正常或偶有低热。但如果不及时治疗,腹泻会加重,精神不好,食欲减退,甚至呕吐,轻度脱水。轻型腹泻的病程一般3~7天,若治疗及时,数日内可痊愈。

3. 护理

(1)调整及控制饮食:给予消化道适当休息,减轻其负担。可暂停添加辅食及不易消化的食物。适当减少哺乳量及哺乳次数,或延长两次哺乳之间的时间。

(2)母乳喂养的母亲在婴儿腹泻期间饮食要清淡一些,喂奶前饮用温开水一碗,切勿轻易断母乳。在喂奶时尽量让婴儿吃前一部分易消化的母乳,避免吃最后部分含脂肪较多的母乳。

(3)人工喂养的婴儿应吃脱脂奶粉或将牛奶烧开冷却后去掉上面的脂肪,如此烧煮反复脱脂3次就成了脱脂奶。腹泻较重者,要减少奶量并用水稀释。可用1份牛乳加1/2份水或1/2份米汤,必要时可用1份牛乳加1份水或米汤稀释。待婴儿腹泻好转后逐渐增加浓度,直到全奶。

(4)腹泻脱水者要补充体内丧失的水分,可采用世界卫生组织推荐的"口服补液"(药房有售,其中包括食盐即氯化钠3.5克、氯化钾1.5克、葡萄糖20克、碳酸氢钠1.5克,加温开水1000毫升,约4玻璃杯)其成分比例合理,有利于吸收,喂服时用茶匙一匙一匙吃,少量多次才能使胃内吸收。若在偏僻地区买不到"口服补液"时,可以在家庭里自制简易口服补液。配方是:食盐1/2茶匙,蔗糖2汤匙,加温开水4玻璃杯。口服补液是最经济、最有效的防治方法。喂服得当,可以使婴儿停止呕吐,减少腹泻,及早康复。

(5)消化不良者仅有轻度腹泻,不需用药物止泻,只需采用以下几种方法,即可获得痊愈。

服用胡萝卜汤,每日2~3次,每次2~3汤匙;服用苹果泥(取苹果一只洗净去皮去核,切成小块,放入碗内加少量白糖隔水蒸,蒸熟后捣烂成泥状服用)。因胡萝卜和苹果含有果胶,能使大便成形,并且还能吸附肠内的有害物质,帮助治愈腹泻。

鱼蛋白粉加入米汤内服用,每日5克,分1~2次服用。半岁以上的婴儿可服用鱼蛋白粉粥或烂面条。由于鱼蛋白粉内蛋白质质量高,脂肪低,而且没有乳糖,对婴儿腹泻特别有利。轻型腹泻一般服用3~5日就痊愈。

焦米汤和焦米粥是用米或米粉炒焦后加水煮成。可以少量多次喂服。由于米内含碳水化合物,最容易消化吸收,而且没有乳糖,也不易发酵、胀气,米内所含的蛋白质不发生过敏反应。焦的部分能吸附有害物质,对控制腹泻很有利。

山楂炭或炮姜炭是将山楂去核或生姜去皮,然后炒成炭,研成细末。服用时每次用 0.3～0.6 克,日服 3 次,用温开水化服,可加少许白糖调味。山楂能帮助消化,生姜能解毒,对腹泻的防治有利。

维生素 B_1、维生素 C、乳酶生每日服 3 次,每次各 1 片,研碎和水拌匀喂服,可在服"口服补液"的同时加服。因为维生素 B_1 能促进糖类完成代谢过程,不使积酸发气,维生素 C 能增加抵抗力,乳酶生能帮助消化乳类。它们都是控制腹泻时常用的药。

(6)腹泻时大便次数增多,要及时换尿布。每次大便后要用温水洗净臀部,擦干并涂上护肤油脂或爽身粉,以防臀部糜烂发生"红臀"。

(7)注意腹部保暖,以免受凉后肠蠕动更快而加重腹泻。

感染性腹泻

1. 病因

消化道外感染:患中耳炎、上呼吸道感染、肺炎、尿路感染,以及其他急性传染病时也伴有腹泻。这是由于发热及病毒的作用使消化功能发生紊乱而引起的。

2. 症状

患儿的大便每日在 10 次以上,含大量水分,混有黏液或脓血,粪便有异常臭味。多数患儿有发热,为肠道内感染所致,如不及时治疗,则腹泻会持续或加重。不同的病原体引起的腹泻有各不相同的症状:

致病性的大肠杆菌是在小肠上部生长,产生肠毒素,使小肠分泌大量液体而发生腹泻。一年四季都可发病,但在 5～8 月发病率最高。多数患儿开始不发热,很少呕吐,腹泻次数不太多,但转为重型后,既发热,又呕吐,大便频繁,出现脱水,大便似蛋花汤样,含有黏液,有腥臭味。

病毒引起的腹泻常发生于秋季 8～11 月,又称秋季腹泻,并同时患上呼吸道感染。起病很急,体温升高到 38～40℃之间,发病当天就有腹泻,大便为白色米汤样或蛋花汤样,有少量黏液,但无腥臭味。由于大便量多而似水状,患者出现脱水,严重口渴,口唇干燥,眼眶凹陷,哭吵不安。病程约 5～7 天,及时治疗可痊愈。

霉菌引起的腹泻多发生于平时体弱,先天不足,营养不良或长期服用抗生素的婴儿。大便为黄色或绿色稀薄样,多泡沫,有黏液,呈豆腐渣样。

3. 护理

调整饮食

轻型腹泻只须停止辅助食品、不易消化的食物或脂肪类食物,继续母乳喂养,可酌情减少哺乳次数和时间,可服"口服补液"。重型腹泻则需暂时禁食 6～12 小时。禁食期间给予静脉输液,待腹泻、呕吐好转后,再服"口服补液",并逐步恢复母乳喂养。人工喂养婴儿可先喂米汤,稀释牛奶(一份牛奶加两份水或米汤),由少到多,由

稀到稠,逐步过渡到正常饮食。待停止腹泻后再恢复辅助食品,由一种到多种,先流质后半流质,再喂固体食物。

纠正脱水

腹泻时上吐下泻,大便次数多,严重脱水时皮肤弹性减退,尿少或无尿。此时要立即补充市售"口服补液",一包可冲500毫升温开水(不可煮沸),每次只能一匙一匙喂服,少量多次,这样才能使胃内易于吸收,减少呕吐和脱水,不要一下子全服下。严重脱水者要立即送医院进行静脉输液。

加强护理

注意腹部保暖,以免腹部受凉,肠蠕动加快,腹泻加重。患儿每次大便后,要用温水洗净臀部,涂些甘油、护肤脂或爽身粉,并及时更换尿布,以免皮肤受粪便浸渍和潮湿尿布摩擦而破溃成"红臀",也可以预防上行泌尿道感染。脏衣裤及尿布、便盆、餐具、玩具及护理者的手都要做好消毒工作。

腹泻的预防

① 鼓励母乳喂养,尽量避免夏季断奶;

② 按时添加辅食,切忌几种辅食一起添加,夏季应避免过食或多食脂肪类食物;

③ 培养卫生习惯,饭前便后洗手,成人喂奶或喂食前先清洁双手,注意饮食卫生;

④ 气候骤变时及时增减衣服、被褥。冬日腹部要保暖,夏日应多喂温开水;

⑤ 加强体格锻炼,增强婴儿体质及对疾病的抵抗力;

⑥ 及时治疗营养性疾病及肠外感染等易致慢性腹泻的疾病。平时避免滥用抗生素,以保持肠道正常菌群健全。同时要加强护理。

1～6个月腹泻婴儿一日食谱举例

时间	4～6次大便/日	7～10次大便/日	11次以上大便/日～轻度脱水	中度脱水
6:00	母乳或2:1牛乳*	母乳或脱脂乳	母乳(先喂米汤)	禁食　口服补液,必要时静脉输液
8:00	口服补液	口服补液	口服补液	
10:00	母乳或2:1牛乳*	母乳或脱脂乳	米汤胡萝卜泥	焦米胡萝卜汤
12:00	口服补液	口服补液	口服补液	口服补液
14:00	母乳或2:1牛乳*	母乳或脱脂乳	母乳(先喂米汤)	母乳或焦米胡萝卜汤
16:00	口服补液	口服补液	口服补液	口服补液
18:00	母乳或2:1牛乳*	母乳或脱脂乳	米汤胡萝卜泥	母乳或焦米胡萝卜汤
20:00	口服补液	口服补液	口服补液	口服补液
22:00	母乳或2:1牛乳*	母乳或脱脂乳	母乳(先喂米汤)	母乳或焦米胡萝卜汤
3:00	口服补液	口服补液	口服补液	口服补液

1～6个月腹泻婴儿一日摄入量

母乳或 2:1 牛乳 * 200～600 毫升 糖 20～40 克 温开水或口服补液 200～500 毫升	母乳或脱脂乳 200～600 毫升 糖 20～40 克 温开水或口服补液 200～600 毫升	母乳或 1:1 脱脂乳 200～500 毫升 糖 20～40 克 温开水或口服补液 200～750 毫升	母乳或焦米胡萝卜汤 100～300 毫升 糖 20～40 克 温开水或口服补液 500～1000 毫升

＊注：2:1 牛乳是 2 份水加入 1 份牛乳后稀释

7～12个月腹泻婴儿一日食谱举例

时间	4～6 次大便/日	7～10 次大便/日	11 次以上大便/日～轻度脱水	中度脱水
6:00	母乳或 2:1 牛乳	母乳或脱脂乳	母乳（先喂米汤）	禁食　口服补液，必要时静脉输液
8:00	口服补液	口服补液	口服补液	
10:00	母乳或 2:1 牛乳蛋花粥或苹果泥	母乳或米汤胡萝卜泥	母乳（先喂米汤及胡萝卜泥）	焦米汤胡萝卜汤
12:00	口服补液	口服补液	口服补液	口服补液
14:00	母乳或 2:1 牛乳	母乳或脱脂乳	母乳（先喂米汤）	母乳（先喂焦米汤或胡萝卜泥）
16:00	口服补液	口服补液	口服补液	口服补液
18:00	母乳或 2:1 牛乳或鱼泥胡萝卜泥粥	母乳或脱脂乳或胡萝卜泥面、鱼松	山药粉或焦米汤	母乳（先喂焦米汤或胡萝卜泥）
20:00	口服补液	口服补液	口服补液	口服补液
24:00	母乳或 2:1 牛乳	母乳或脱脂乳	母乳（先喂米汤）	母乳（先喂焦米汤或胡萝卜泥）
3:00	口服补液	口服补液	口服补液	口服补液

7～12个月腹泻婴儿一日摄入量

母乳或 2:1 牛乳 300～600 毫升 糖 20～30 克 粮食 100～200 克 口服补液或温开水 200～300 毫升	母乳或脱脂乳 300～600 毫升 糖 20～30 克 粮食 100～250 克 口服补液或温开水 200～500 毫升	母乳或 1:1 脱脂乳 300～600 毫升 糖 20～30 克 粮食 100～250 克 口服补液或温开水 300～750 毫升	母乳或米汤胡萝卜泥 200～500 毫升 糖 20～30 克 粮食 100～250 克 口服补液或温开水 300～1000 毫升

（二）便秘

　　婴儿一般每天有 1～2 次大便，若两天以上不大便，大便干燥发硬，排便困难，以致肛门出血即为便秘。

1. 病因

导致婴儿便秘有多种原因：

（1）牛乳喂养：牛乳内含有多量的钙和酪蛋白，容易在大肠内结成硬块，使大便干硬，不易排出。若饮水过少，更易便秘。

（2）饮食量不足：婴儿食量小，大便也少。乳液糖分不足，大便易干燥。长期食用量小，婴儿会因营养不良使腹肌、肠肌收缩力减弱而发生便秘。

（3）食物成分不适宜：一日饮食中各种成分安排不平衡。如食物中蛋白质过多，碳水化合物缺少，会大便干燥，次数也少；食物中碳水化合物过多，含纤维的菜蔬少，也容易便秘。

（4）肠功能失常：生活无规律，难以建立每日定时排便的条件反射，致使肠肌松弛。此外，身体缺乏活动或慢性疾病也可使肠功能失常而便秘。

（5）器质性疾病：如肛裂、先天性巨结肠、肛门狭窄等均可引起便秘。

（6）其他：婴儿高热时体内脱水，易使大便干结。大脑发育不全也可致便秘。

2. 症状

婴儿排便次数减少，甚至几日无大便，腹胀、排便困难、肛门疼痛、肛裂、便血、大便坚硬，并在左下腹可摸及粪块。

3. 护理

（1）稀释牛乳：便秘时可先在牛乳里加一部分水或米汤将其稀释，或每晨口服一茶匙蜂蜜，但量不宜多，以免引起腹泻。

（2）调整饮食：两次喂奶之间增加水分，注意蛋白质、碳水化合物和蔬菜类食物的合理搭配。6个月以下婴儿要多吃菜水、果汁，6个月以上婴儿可吃菜泥、碎菜、果泥、果羹等。

（3）训练排便：培养有规律的生活习惯，每日定时间、定地点训练排便，以建立良性条件反射，养成按时排便的习惯。

（4）加强运动：坚持身体锻炼，做体操，多活动，增加腹肌收缩和肠肌蠕动的功能。

（5）采取措施：除器质性疾病的婴儿要及早去医院治疗外，在家庭中可以采用以下方法：

开塞露通便：多天不排便者，可以使用从药房购买的开塞露或用香皂修成长圆条塞入肛门通便。有的家长用土方，将芝麻油、猪油做润肠剂或用泻药，这些方法万万不能使用。因小儿胃肠很脆弱，一用润肠剂或泻药就可能腹泻不止。

食物类通便：半岁到1岁以上的小儿可以轮流吃一些通便食物，在便秘期间每日轮换着吃。

菜粥：取青菜50克，粳米100克，先将粳米淘洗干净后加适量水煮成粥，待半熟时将菜切碎加入,烧熟后每日吃 1～2 次。

　　蒸红薯:取红薯约 50 克,洗净去皮,切片蒸熟,每日食用一次。

　　芝麻糊:取白芝麻 15～20 克,捣烂,放入锅内,加适量糖和水,煮沸后用少量藕粉制成糊。每晚服一次,服后喝少量温开水漱口。

(三) 急性胃肠炎(食物中毒)

　　急性胃肠炎是由于饮食不当,吃了细菌污染、腐败变质、含有毒素的食物引起的胃肠道疾病或急性中毒性疾病。此病多发生在夏天。

　　该病病因可分为两类:细菌性和非细菌性中毒。

　　(1) 细菌性:占食物中毒总数的 90% 以上,最常见的有:

　　沙门氏菌属食物中毒:引起中毒的食物以肉、蛋、鱼类等动物性食品居多。

　　葡萄球菌肠毒素中毒:引起中毒的食物是奶、肉、蛋及淀粉类(如馊米粥)等营养丰富的食物。

　　变型杆菌和致病性大肠杆菌属食物中毒:病菌随食物、餐具的污染而进入体内引起中毒。

　　(2) 非细菌性:食物本身含有毒素而引起中毒。

　　菜蔬类中毒:食用了发芽的马铃薯或毒蕈等都会引起中毒。

　　亚硝酸盐中毒:进食含有大量亚硝酸盐的蔬菜或腌制的咸菜、未经烧开的熟剩菜等。经肠内细菌作用,大量亚硝酸盐被吸收而致中毒。

病症

　　因中毒的病因不同,身体的反应也不同;细菌的毒力及毒素侵害的部位不同,表现症状也不同。潜伏期短的可不到 1 小时发病,长的为 2～3 天,多数为 12～24 小时。最显著的症状有发热、头痛、恶心、呕吐、腹痛、腹泻、面色苍白、精神萎靡、全身乏力;非细菌性食物中毒时如亚硝酸盐中毒,可有全身青紫等严重缺氧症状;毒蕈中毒可损害神经系统,引起肝、肾功能障碍。食物中毒如不及时送医院处理可引起死亡。

护理

　　患了急性胃肠炎(食物中毒)应立即让孩子卧床休息,禁食 12～24 小时,使胃肠道的食物排空,让肠道适当休息,以利于胃肠功能的恢复。

　　禁食期间可给孩子喝"口服补液"或家庭自制加糖的淡盐水,配方是:食盐 1/2 小茶匙,蔗糖 2 汤匙,加温开水 4 玻璃杯约 1000 毫升。

　　注意观察孩子的大便性质、水分、次数;小便量和次数;孩子的精神状态。若发现大便次数多,含水量也多,小便极少,双眼下陷,面色发白,手脚发凉,呼吸深长,神志不清,脉搏细弱甚至休克,都是病情严重的表现,应立即去医院就诊。

预防

（1）重视饮食卫生，注意食物清洁、食具消毒。

（2）选购食物时要挑选新鲜卫生的，不吃不新鲜及腐败变质食品，生吃的瓜果要洗净削皮。

（3）培养良好的习惯和进食食量，不偏食，不暴饮暴食。

四、寄生虫疾病

小儿的寄生虫疾病以肠道寄生虫病为主，其中尤以蛔虫、蛲虫两病的感染率最高，传播范围最广。

（一）蛔虫病

1. 病因

蛔虫病是小儿最常见的肠道寄生虫病。此病能影响小儿的食欲及肠道功能，妨碍生长发育，其并发症较多，有时甚至危及生命，必须引起广大家长重视。

蛔虫寄生在人体内，雌蛔虫长度约为20～25厘米，雄蛔虫长为15～17厘米，形状似蚯蚓，雌蛔虫生殖能力极强，每天可产卵20余万个，虫卵具有感染性。大量的蛔虫卵随大便排出，分布在泥土、水、食物中，如果被小儿吃了带有虫卵的水或食物，蛔虫卵经过胃到小肠，在小肠中发育成幼虫，大约2小时内幼虫就通过肠壁穿过肠黏膜进入到血液中去，然后经血液进入到肝脏。再经数天后移入到肺部，幼虫在肺内二次脱皮，再穿破肺泡经气管到达咽部，然后被吞咽到胃部。在胃里，部分幼虫被胃酸杀死，其余部分进入到小肠，迅速发育为成虫。蛔虫在人体内绕了一圈的整个过程约需2个半月的时间，蛔虫在人体内的寿命为1～2年。成虫寄生在人体内交配产卵，蛔虫卵通过粪便排出，又形成了新的感染源。

2. 症状

肠蛔虫病轻者无症状。大量蛔虫寄生在人体内生长发育，需要吸取人体内的营养物质，造成小儿消瘦、营养不良、贫血，甚至会影响智力发育。小儿常感腹痛，疼痛部位在脐部周围，喜按压，反复发生，持续时间长短不一，可见恶心、呕吐、腹泻等症状。有的小儿不爱吃饭，有异食癖，喜啃木块、石头、墙灰等。蛔成虫寄生在体内的代谢产物被吸收后引起小儿低热、精神萎靡、易惊、睡眠时常见小儿咬牙、磨牙等，使小儿身体常感不适，面部呈现白色虫斑。小儿体内吸收虫体异性蛋白可出现荨麻疹、气喘、发热、肠痉挛、血管神经性水肿等过敏反应。

小儿体内若有大量的蛔成虫，它们极不安分，在人体内东穿西钻，可以引起小儿患多种疾病,如蛔虫经过肺部可引起发热咳嗽、荨麻疹、血中嗜酸性白细胞增高,称为"过敏性肺炎";蛔虫过多时,扭结成团而引起肠梗阻,甚至使肠穿孔而引起腹膜炎;蛔虫喜钻孔,若钻入胆管会引起胆道阻塞,出现阵发性腹痛,辗转不安,大汗淋漓,甚至在地上打滚,出现黄疸;若蛔虫钻到阑尾,会引起蛔虫性阑尾炎,使小儿恶心呕吐、右下腹疼痛,不能伸腰,呈屈曲位;如蛔虫钻到胰腺,会使胰腺发炎。总之,蛔虫在人体内可以引起很多并发症,而且相当严重,有些疾病甚至还会危及生命。

3. 护理

培养小儿良好的卫生习惯,饭前便后洗手,勤剪指甲,不咬指甲,不吮手指,不洗手不能手抓食吃。

搞好环境卫生,经常湿性扫除,避免灰尘飞扬,传播虫卵。

2 岁以上小儿可以 1 年服驱虫药 1 次,防止蛔虫卵重复感染。

小儿因蛔虫而发生的并发症,应根据病情请医师进行治疗,家长配合护理。

4. 预防

防止"病从口入"。生吃瓜果蔬菜要洗净、去皮或用开水烫,防止沾染在食物上的蛔虫卵进入消化道,而感染蛔虫病。

消灭苍蝇、蟑螂,不吃被它们爬过的食物。因为它们会将污染过的蛔虫卵、细菌和病毒带到食物上。

不随地大小便,污染环境,散播病菌。

在医生指导下服用驱蛔虫的药。

(二) 蛲虫病

1. 病因

蛲虫是长约 1 厘米的白线样的小虫。蛲虫病是蛲虫寄生在人体小肠下段至直肠所引起的肠寄生虫病。每晚在小儿熟睡后 1~2 小时,雌蛲虫从肠内移行至肛门附近的皱襞或会阴部大量产卵。蛲虫的排卵率很高,雌蛲虫一夜在数分钟内可产卵上万个。刚产出的卵是没有感染性的,经过 6 小时就能发育成有感染性的虫卵,这种虫卵对外界抵抗力很强,污染面很广,很容易传播。传染途径一般是通过小儿用手去抓排过卵的肛门周围皮肤,抓痒时,虫卵就污染了手指及手指甲缝或污染了衣、裤、被褥等,若此时小儿不洗手,再用手拿食物吃或吮手指,就会把虫卵吃进,经过口感染到体内。在成人整理小儿床铺时,又可能将掉在床上的虫卵弄到地上,虫卵随着灰尘飞扬到各处,人们不注意,将放在桌上、碗内的食物吃下后,在人体内发育为成虫,成虫再产大量虫卵,再广泛污染、传播。蛲虫是一个自身感染的疾病,会反复感染,服驱虫药效果不好,最关键的是阻断感染途径。

2. 症状

多数小儿无症状,当雌蛲虫移行至肛门周围产卵时,可引起肛门周围和会阴处奇痒,多发生在夜间小儿入睡2小时后,感到肛门痒。女孩还出现外阴、阴道炎症和排尿不适的感觉,严重的使小儿睡眠不安、哭闹不止、夜惊、食欲不好以致消瘦。

当蛲虫多时,可引起腹痛、腹泻,同时排出多数成虫。

3. 护理

睡眠时给小儿穿满裆裤或兜上尿布,不使臀部外露,以减少污染。次日小儿换下的衣裤及尿布要先煮沸后再清洗,以消灭虫卵。床单勤换勤洗,被褥要在阳光下曝晒。

夜间可在小儿熟睡后2小时,用一小瓶放入冷开水,用棉签将小儿肛门口或会阴处的蛲虫捉出,放在瓶内水中,以免爬出。还可以在每晚临睡前为小儿洗好臀部后在肛门内涂上蛲虫药膏(2%的白降汞软膏或氧化锌油膏),再用棉球塞住肛门口,以消灭蛲虫。

注意个人卫生,教小儿饭前便后洗手,纠正吮手指习惯,常剪指甲,勤洗肛门及会阴处。

女孩的尿道离肛门近,蛲虫爬入尿道引起尿路感染,更应注意清洁卫生。

4. 预防

宣传预防蛲虫的知识,使家长和小儿都了解蛲虫的传染方式,以减少感染的机会。

尽管有驱蛲虫的药物,但单靠药物是不易根除的。因为蛲虫容易反复感染,积极做好卫生护理工作,预防为主,防治同时进行,杜绝感染源,经过20多天蛲虫生活周期的防治,蛲虫是能彻底消灭的。

五、皮肤疾病

小儿皮肤薄嫩,血管丰富,易受损伤及发炎。由于小儿的神经系统发育不完善,使皮肤对外界的适应能力差,极易过敏,引起皮肤感染。

(一)婴儿湿疹

1. 病因

婴儿湿疹俗称"奶癣",是小儿常见的过敏性皮肤病,多见于2岁以内肥胖的小儿。生后2个月开始有症状,6个月前后达高峰,冬重夏轻,2岁左右自愈。此病一般与小儿的过敏性体质有关,此外还与致敏因子如牛奶、鸡蛋、海鲜食物、消化不良、病灶感染、肠寄生虫、花粉、羽毛、羊毛等接触有关。

2. 症状

一般分为急性、亚急性和慢性三种。胎儿期受母亲雌激素影响,可使新生儿皮脂积累增多。1～3个月的婴儿皮肤开始发生细小丘疹,多表现为脂溢性皮炎,多半发生在皮脂腺丰富的部位,如前额、两颊、眉间、下颏、头发、发际处。重者延及颈、肩、胸及两臂,偶尔至下肢及臀部。先出现皮肤潮红,后从小红丘疹变成小水疱,奇痒,摩擦或抓破后,表皮破损,有浆液渗出,干结后成黄色油腻性鳞屑样干痂,一般在1岁后逐渐自愈。但在丘疹变疱疹时也常因继发感染而发生脓疱,病程延长,病情不稳,急性与亚急性的炎症可相继起伏。皮损时轻时重,一遇不良刺激可使病情加重。随年龄增长,皮损慢慢痊愈,只有个别小儿发展成慢性。

3. 护理

精心照顾小儿。哺喂母乳的婴儿,母亲的饮食要清淡,忌食海鲜,多吃蔬菜和水果。婴儿喂养适当,勿食量过多。

轻患儿无须用药治疗,重患儿可对症用药。坚持每日为婴儿用清洁的温开水清洗皮炎处,忌用肥皂。如渗出液不多,可用炉甘石洗剂涂于患处。渗液较多或伴继发感染,则用0.1%雷佛奴尔洗液湿敷,一日数次。若痂厚,可用石蜡油或消毒的植物油轻轻擦拭患处,使干痂慢慢脱落。病情严重和反复的婴儿,应去医院皮肤科诊治。有继发细菌感染时加用抗菌药物。

小儿面部、唇周要保持干燥,防止潮湿。所接触的衣服、床单等要经常更换,洗净,以防继发感染。勿让小儿用手抓皮肤,以防损伤。

寻找并除去过敏原,勿使羊毛、化纤类衣物直接接触小儿皮肤。

(二) 痱子

1. 病因

痱子是夏秋季小儿常见的皮肤病。人体皮肤上有很多汗腺,天热时,小儿好动,出汗多,当汗液排出不畅时,就会导致汗腺周围发炎而出现痱子。

2. 症状

痱子为红色细小的小丘疹,周围红晕,丘疹多而密集成片。痱子多出现在面部、颈部、躯干、大腿内侧、肘窝处。出汗时小儿感到皮肤发痒,常用手抓痒。小儿的痱子有三种:

白痱子(晶疹):常见于新生儿或儿童突然因曝晒而出大汗之后,为散发或簇集或含清液的表浅疱疹,直径为1～2毫米,很易破。分布在前额、颈部、胸背部及手臂屈侧等处。多于1～2日内吸收,留下薄薄的鳞屑。

红痱子(红色干疹):多见于婴幼儿及儿童。是汗液潴留在真皮内发生的。突然出现,迅速增多,为红色小丘疹、疱疹,散发或融合成片,分布在脸、颈、胸部及皮肤皱

折处,使小儿感到痒、灼热和刺痛,烦躁不安。

脓痱子:是孤立、表浅与毛囊无关的粟粒状脓疮,抓破后容易感染而成为脓肿。多出现在皮肤皱褶处。由于脓头痱子痒而痛,小儿哭吵难忍,经常抓痒,细菌侵入后形成脓肿,化脓性细菌的毒素进人血液,则疼痛加剧,还会有发热、精神不振等全身症状出现,可造成脓毒血症或败血症。此时应请医师处理。

3. 护理

室内保持凉爽通风,避免小儿过热。

保持皮肤清洁,勤洗澡,勤换衣,衣料以透气吸水的棉布为宜,勿穿尼龙化纤织物。衣服要宽松、凉爽。洗澡时宜用温水,不宜用冷水或热水及碱性肥皂。洗澡后可搽痱子水(如清凉止痒剂或花露水)或少量痱子粉(以滑石粉和氧化锌为宜),保持皮肤干洁,勿使扑粉遇湿黏糊堵塞汗腺孔。

轻痱子可用30%～35%的酒精涂擦,有一定效果。重痱子(痱毒脓肿)应该用抗生素控制感染,以防发展成败血症。忌用各种油膏,以免影响毛孔呼吸,汗液蒸发。

4. 预防

平时要经常保持皮肤的清洁卫生,勤擦汗,勤洗头洗澡。

睡眠时勤翻身,及时为小儿擦汗。

服用清热解毒的饮料,如金银花露、绿豆汤、大麦茶、百合汤等。

提高免疫力,注意营养,加强锻炼。

(三) 疖肿

1. 病因

疖肿是夏季常见的化脓性皮肤感染疾病,是单个毛囊或其所属的皮脂腺感染。痱子抓破后继发感染也可形成疖肿。

2. 症状

疖肿发生在头、面、颈、背、臀等部位及四肢处。位于汗毛下边的毛囊,皮脂腺较为丰富。其特点是局部皮肤红肿、硬结、灼热、疼痛,以后顶端可有白色的脓点,尤其枕部的疖肿,使小儿疼痛得不能入睡,哭吵不安。此时千万不能用手挤压或用针去挑破,否则可能扩散为局部大片的软组织感染。尤其在面部鼻孔两侧至眉毛之间连成一个三角形的区域,俗称"危险三角区",因为这个部位血管丰富且与颅内血管相接,如果疖肿被挤压,则更容易感染,并可扩散到颅内形成脑膜炎、脑脓肿,那就更加危险。有时疖肿熟透后触及有波动感,疼痛有所减轻,有时脓头自行溃破排脓,疼痛明显减轻,小儿不再哭吵。

3. 护理

疖肿的护理可参照痱子的护理,此外应注意疖肿早期红肿时可局部热敷,可促进血液循环,消退炎症,减轻疼痛,并可用10%硫磺鱼石脂或红药膏外敷。如疖肿已熟透,应去医院由医师切开排脓,必要时在医师指导下应用抗生素治疗。如果脓头自行溃破,应立即用消毒纱布将脓水拭干,去医院处理。

4. 预防

在夏季来临前,给小儿接种"疖肿疫苗",可减少发病。主要是保持皮肤清洁卫生,预防疖肿发生。

(四) 虫咬皮炎

1. 病因

虫咬皮炎是夏秋季节小儿易感染的皮肤病。夏季易滋生虫类,小儿皮肤娇嫩,活动量大,出汗多,容易吸引昆虫来叮咬,使局部皮肤受感染而出现炎症性反应。通常见到的有蚊子、跳蚤、螨类、蜈蚣、刺毛虫、小飞虫等。容易使小儿感染皮炎。

2. 症状

虫咬皮炎的皮疹多见于皮肤的暴露部位,面部、四肢、颈部、腰及臀部亦可见。皮疹为小的出血点、丘疹、风团,皮疹中央可见虫咬痕迹,伴有不同程度的瘙痒或刺痛,局部红肿,约3~5日可自行消退。如果皮肤敏感的小儿经抓痒后,可见全身密集的红色丘疹或风团,抓破皮肤后会有渗液、出血甚至继发感染,可伴淋巴结肿大、发热,病程延长。

3. 护理

小儿被虫咬后避免手抓,局部清洁后可外涂1%薄荷炉甘石洗剂,也可任选清凉油、风油精、必舒膏、花露水等其中一种使用。

继发感染的小儿应到医院就诊,口服或肌肉注射抗生素。

小儿被虫咬后皮肤发痒,可服抗组织胺类药物,如扑尔敏、非那根等。

4. 预防

夏秋季应加强搞好环境卫生,消灭昆虫滋生地,大力灭虫。

家庭内应有纱门纱窗,定期喷杀虫剂。

搞好个人清洁卫生。

(五) 脓疱疮(传染性皮肤病)

1. 病因

脓疱疮又称黄水疮,是夏秋季节小儿常见的皮肤病,具有传染性。病原菌绝大多数是金黄色葡萄球菌,少数为乙型溶血性链球菌,亦可为混合感染,引起皮肤感染化脓成为脓疱疮。

2. 症状

脓疱疮分为大疱型和脓痂型两种：

大疱型脓疱疮：由葡萄球菌引起，多发生于面部、四肢等暴露部位，躯干部较少。最初皮肤上出现少数的红色丘疱疹或水疱，约米粒到绿豆大小，在1～2个月内迅速扩大成脓疱，周围红晕，疱壁薄而易破，疱内含有大量细菌，传染性很强，脓疱数目逐渐增多，易破裂，流出脓液，露出糜烂面。脓液干燥后结成蜡黄色或灰黄色厚痂，痂盖脱落而愈，病程约1周左右。

脓痂型脓疱疮：由乙型溶血性链球菌引起，包括金黄色葡萄球菌混合感染。最初症状为红斑点，迅速发生薄壁水疱，进而转变成脓疱，周围有明显红晕，脓疱破裂后渗出液干燥结成深灰绿色脓痂，痂不断向四周扩大，与邻近皮损处互相融合；自觉痒，常伴发淋巴结炎。此型脓疱疮多见于面部、口周围、鼻孔周围、耳廓及四肢暴露部位。脓疱疮部位较浅，愈后不留瘢痕，但有暂时性色素沉着。重病者可发热、淋巴结肿大，并可引起急性肾炎。

3. 护理

脓疱疮的护理很重要，可根据病情结合治疗进行护理。

全身疗法：如果皮损面积大，并伴有发热、淋巴结炎者，可采用抗菌药物，如青霉素、红霉素、头孢氨苄、螺旋霉素、磺胺类等。

局部疗法：如皮损稀少，无并发症状，可采用局部疗法。即将水疱或脓疱用消毒液洗破，然后涂上消炎药，可选用雷佛奴尔氧化锌软膏、1％龙胆紫溶液、炉甘石呋喃西林洗剂等。

4. 预防

搞好个人卫生及环境卫生。

患者必须及时隔离，防止传染。

注意皮肤护理，勤洗澡、换衣、剪指甲，避免用手抓患处，以免抓破使细菌侵入。严格消毒衣服、被褥、玩具、图书等。

六、传染性疾病与计划免疫

传染性疾病是由一种病原微生物引起的疾病。这种致病的细菌、病毒、原虫等病原体，通过不同途径传播，使受传染者患病。

传染病的传播途径一般通过呼吸道（如麻疹、百日咳、风疹、流行性腮腺炎等）、消化道（如细菌性痢疾、传染性肝炎等）、接触传染（如脓疱疮）及虫媒传染（如乙型脑炎、疟疾等）。

小儿是大多数传染病的易感者。这是由于他们体内免疫机能发育不健全,缺乏对疾病的抵抗力。半岁以内的婴儿从母体内获得了先天免疫力,能对疾病产生暂时的抵抗力,半岁后由于先天免疫力逐渐消失,容易感染疾病,且发病率很高,因此父母应具有传染病的预防和护理知识,使小儿免受其害。

婴幼儿常见的传染病

(一) 麻疹

1. 病因

麻疹俗称痧子,是由麻疹病毒引起的急性呼吸道传染病。病毒存在于患儿的眼、口、鼻、咽、气管、支气管的分泌物以及血液、大小便中。当患儿咳嗽、喷嚏、说话、哭叫时,病毒通过飞沫在空气中传播,因此患儿是唯一的传染源。凡未患过麻疹或未接受预防接种的婴幼儿均为易感儿。

麻疹是一年四季都有发生的传染病,以冬末春初发病为多,5岁以下的婴幼儿发病率最高,就连6个月以下的婴儿也会患麻疹。每个人出过一次麻疹后可获终身免疫。

2. 症状

麻疹的症状及发病的过程要经过四个时期。

潜伏期:为11~12天。此时期没有任何症状,若是用血清被动免疫后,可延长到3~4周

前驱期:一般为3~4天。主要症状是发热、流涕、咳嗽、流泪、畏光、结膜充血、食欲减退。初期症状与重感冒相似。发热时,体温可高达39~40℃。发热的第2~3天,口腔内靠近磨牙的两颊内黏膜上可看见白色小点,称为麻疹黏膜斑,是麻疹早期的特征。此斑在皮疹出现1~2天后自行消失。

出疹期:为2~5天不等。患儿发热第4天出现玫瑰色斑丘疹,大小不等,开始从耳后和颈部先出,接着蔓延到面部、躯干、四肢直至手心、足底。3~5天左右皮疹出齐,由稀疏逐渐加密,融合成片状,颜色加深呈暗红色。发疹高潮时,全身症状加重。热度升高,咳嗽频繁,两眼畏光,分泌物增多,咽部红肿疼痛,声音嘶哑,烦躁不安,嗜睡,有时出现呕吐、腹泻等,并且精神萎靡。

恢复期:为10~14天。皮疹出齐后,按出疹顺序于2~3天内逐渐消退,体温下降,逐渐恢复正常。呼吸道症状消失,精神食欲好转。

3. 并发症

麻疹患儿以呼吸道和消化道的并发症较多,常见的有以下几种:

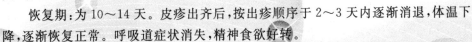

肺炎:多发于出疹期;

喉炎:多发于出疹后;

脑炎:继发于出疹期和恢复期;

其他疾病:如口腔炎、中耳炎、肠炎、化脓性结膜炎等。

4. 护理

麻疹患儿无须特效治疗,主要是细心护理。良好的护理可以避免发生并发症,使麻疹患儿早日康复。在护理时应该做到:

居室应空气新鲜,通风良好,保持适宜的温度和湿度。避免患儿忽冷忽热或直接吹风,尤其是冬天,因吹风后体温突降,易使疹子隐退而出不透。也不要为了疹子出透而采取"捂痧子"的老办法。因为捂得过热,会因热度过高而抽搐。尤其是夏天,过热会使体内水分大量丧失而中暑。所以,过冷过热都容易引起并发症。

注意眼、鼻、口腔的清洁卫生。每日用温开水洗眼,用消毒棉球擦去分泌物或痂皮,以免将眼封住而睁不开。用消毒棉签轻卷鼻腔内的分泌物,保持鼻腔清洁畅通。如果婴儿太小不会漱口.可喝温开水清洁口腔。

饮食应保证营养。以清淡和容易消化的食物为宜。如母乳或牛奶、豆浆、粥、烂面条等流质或半流质食物。热度退后,可增加蒸蛋、豆制品及蔬菜。待体温恢复正常后可恢复平日的饮食。孩子出麻疹,一般不要忌嘴。此外,还应多饮水或喝热汤,既可促进血液循环,使皮疹易于发透,又有利于消除体内毒素。

防止并发症。在护理麻疹患儿的过程中,不要接触患呼吸道感染的人,以免加重病情,引起并发症。若是发现肺炎、喉炎、脑炎以及其他并发症时,均需及时送医院治疗。

附表 5~12个月麻疹患儿一日食谱举例

时 间	前驱期 (第1~3天)	出疹期 (第3~5天)	恢 复 期	并发症 (肺炎、肠炎)
6:00	母乳或脱脂乳	母乳或2:1脱脂乳	母乳或脱脂乳	母乳或2:1脱脂乳
8:00	鲜果汁或温开水	鲜果汁、香菜水、营养米粉或蛋花粥	鲜果汁、温开水或蛋花粥	鲜果汁、温开水或焦米汤
10:00	母乳、脱脂乳或蛋花粥	母乳或2:1脱脂乳	母乳或脱脂乳	母乳或2:1脱脂乳
12:00	温开水或苹果水	温香菜水	温开水或苹果水	温开水或苹果水
14:00	少油鸡汁或鸡汁粥	去油肉汁或鸡汁薄粥	少油鸡汁或肉汁面	焦米汤(或粥)
16:00	温开水	温香菜水	温开水	温开水
18:00	母乳或蛋花面	母乳或2:1脱脂乳	母乳或脱脂乳	母乳或脱脂乳
20:00	鲜果汁或温开水	温香菜水或米汤	温开水或藕粉	温开水或苹果水
24:00	母乳或脱脂乳	母乳或2:1脱脂乳	母乳或脱脂乳	母乳或2:1脱脂乳
3:00	温开水	温开水或香菜水	温开水	温开水

（续表）

一日摄入量			
母乳或脱脂乳（毫升）	300～500	300～500	300～750	300～500
糖（克）	20～40	20～40	20～40	20～40
粮食（煮成米汤）（毫升）	200～250	200～250	200～250	200～250
温开水或香菜水（毫升）	300～500	300～500	300～500	300～600
蛋（只）	1/2～1	1/2～1	1/2～1	1/2～1

注：香菜水应在出疹期喂服，主要是使疹子发透。要少量多次喂服。

5. 预防

麻疹是可以预防的传染病，但必须做到：

（1）麻疹流行季节不要带孩子去公共场所，不接触麻疹患儿，以杜绝传播源。

（2）对 8 个月以上的婴幼儿，应接种麻疹减毒活疫苗，进行自动免疫。这是最积极的预防措施。

（3）对接触麻疹患儿后的体弱、易感婴幼儿，可以接触后 5 天内肌肉注射成人血清或丙种球蛋白、胎盘球蛋白，进行被动免疫，可使婴幼儿不发生麻疹或发生轻型麻疹，并可减少严重的并发症。

（4）凡是接触了麻疹患儿的婴幼儿，应从接触后第 7 天起隔离观察至第 21 天，若是接触后注射过丙种球蛋白或成人血清者，应延长隔离期到 28 天。

（二）风疹

1. 病因

风疹又称风痧，是由风疹病毒引起的传染病。病毒通过患儿的口、鼻、眼部的分泌物，在空气中进行传播。以 6 个月～5 岁以内的婴幼儿发病最多，在春冬两季多见。一次感染发病，大多数终身免疫。

2. 症状

风疹的潜伏期为 9～18 天。前驱期很短，症状不严重。开始时，有轻度上呼吸道感染的症状：咳嗽、喷嚏、流涕、咽痛、嘶哑、头痛、食欲不振及发热等，体温通常在 38～39℃ 之间，持续 1～2 日。发病半天～1 天后出现皮疹，由面部延至躯干和四

肢,第1日即布满全身,为浅红色斑丘疹,分布均匀,大多于第4～5天隐退,也有的于2～3天隐退。隐退后没有褐色色素斑。少数患儿患支气管炎,在出疹前开始,耳后和枕部淋巴结肿大,在风疹隐退后逐渐消退。风疹预后良好,恢复很快,并发症少。偶见扁桃腺炎、中耳炎、支气管炎及支气管肺炎在发病高潮发生。

3. 护理

风疹无特效治疗,与麻疹一样,主要是加强护理。但风疹比麻疹发病轻,在发热期间要卧床休息,多饮水,吃流质或半流质易消化的食物。

4. 预防

一般预防方法与麻疹相似。皮疹出现5天即无传染性,可不隔离。但孕妇在妊娠早期,不论以前是否患过风疹或接种过风疹疫苗,都应避免与风疹患儿接触,以免使胎儿畸形,出生后患先天性心脏病、白内障、聋哑等。

(三) 幼儿急疹

1. 病因

幼儿急疹又称为野风痧。也是由空气中的病毒传播。受感染后婴儿发生的皮疹,比风疹轻一些,传染性不大。感染后可能获得永久性免疫。2岁以内的婴幼儿发病较多,其中绝大多数为1岁以内的婴儿,尤以6个月以内最多。此病四季都可发病,以春冬两季最多。男女均可发病。

2. 症状

幼儿急疹的潜伏期为8～14天,平均约10天左右。起病急,无前驱症状,突发高热,体温多为39～41℃,高热持续3～5日后自然下降,退热时出现分散性的玫瑰色斑丘疹,周围有浅色红晕,压之可消退,最初出现于颈部与躯干,很快波及全身,并以腰、臀部最多,头、额、颈、上臂等处次之,面部及肘、膝以下极少。皮疹于24小时出齐,1～2天以内退尽。病愈不留色斑,也不脱屑。

此病特点是发高热时伴有呕吐、轻度腹泻、食欲不振、偶有惊厥,与一般高热患儿不同的是精神和情绪仍很好,并能逗笑。此病很少有并发症,但出疹情况易与轻型麻疹和轻度猩红热混淆,因此应请医生确诊分辨。

3. 护理

对幼儿急疹患儿主要是加强护理,注意观察病情,并对症给以处理。如发高热时应卧床休息,冷湿毛巾敷头部,多喝温开水,吃流质或半流质食物。母乳喂养的患儿可继续喂哺,已添加辅助食品者可暂停几天,待3～5天热度退后,仍按月龄需要喂养。若遇高热不退或发生惊厥,应及时送医院诊治。

4. 预防

婴儿接触过患儿后,应在10天之内注意观察,如果发高热,应及早请医生诊断。

以上介绍的麻疹、风疹、幼儿急疹都是病毒感染，又同是出疹性的急性传染病，但出疹的特点不同，病情的特征不同，发病的年龄也不同，因此不能混淆。

三种出疹性传染病鉴别表

传染病名	麻疹（痧子）	风疹（风痧）	幼儿急疹（野风痧）
发病年龄	7个月～5岁	6个月～5岁	2岁以内（绝大多数在1岁以内）
潜伏期	11～12天	9～18天	10天
发热天数	3～4天	1～2天	3～5天
发热特点	体温渐升，持续高热达39～40℃	突然体温升高，达38～39℃	突发高热达39～41℃
发热与出疹关系	出疹时体温升高，持续3～4天疹出现，疹出齐后热渐退	发热1～2天。半天～1天出现皮疹	高热退后皮疹出现
出疹前初期症状	发热、流涕、咳嗽、流泪、畏光、结膜充血、食欲减退，症状与感冒相似	发热轻微，伴感冒症状	突发高热，食欲较差，偶有腹泻、呕吐、轻咳
出疹部位	先耳后、颈部，再面部、躯干、四肢，最后手心、足底	由面部延至躯干和四肢，并在一天内布满全身	先颈部与躯干，再全身，以腰、臀部最多，头、额、颈、上臂次之，面部及肘、膝以下最少
皮疹特点	先是玫瑰色斑丘疹，大小不等，以后由稀疏加密成暗红色	浅红色斑丘疹，分布均匀	玫瑰色斑丘疹，周围有浅色红晕，压之可消退，呈分散性，亦可融合一处
其他特殊症状	发热第2～3天，面颊内黏膜上有小白点的麻疹黏膜斑	耳后及枕后的淋巴结在皮疹出现前肿大	婴儿发热很高，但精神、情绪都好，与一般高热患儿不同
色素斑	病后留有色素斑于2周后开始消退	无色素斑	无色素斑
退疹时间	3～5天后退疹	4～5天后退疹	1～2天后退疹
并发症	肺炎、喉炎、脑炎、中耳炎、口腔炎、肠炎等	无	无

（四）水痘

1. 病因

水痘是一种较轻的急性呼吸道传染病，是由水痘——带状疱疹病毒引起的。传染源来自病人，通过呼吸道飞沫传播或与患儿的皮肤接触而传染。一年四季均可发病，多见于冬春季节，多发生于6个月以上的婴幼儿和学龄期的儿童。一次患病后可获终身免疫。

2. 症状

水痘的潜伏期为10～24天，通常以发热为最初症状。一般为低热至中等程度

发热,亦有少数患儿不发热。水痘起病快,发病当日可见头皮发际处、面部、身上有红色斑疹或斑丘疹出现。在6～8小时内很快变成表浅的水疱疹,水疱疹呈椭圆形,通常2～3毫米直径大小,绕以红晕。疱壁薄,很易破裂,24小时内,疱液从清亮透明的水珠状转为云雾状,3～4天疱疹逐渐结痂。皮疹出现呈向心性分布:躯干多,四肢较少。疱疹分批于3～5天出现,在身体同一部位可见到各期皮疹同时存在,有斑疹、丘疹、水疱疹、结痂。病程一般为10～14天,痂盖5～20天脱落,因皮疹仅在皮肤浅层,故皮疹脱落后不留疤痕。但水痘出疹时皮肤发痒,若抓破感染后易化脓,可留下疤痕。

3. 护理

目前水痘尚无特效治疗,以护理为主,对症治疗。重在皮肤的清洁卫生。防止细菌感染,多让小儿休息、喝水,饮食宜清淡,不吃鱼、虾等刺激性食物。室内应保持空气新鲜,温度适宜。还应勤换衣服,勤洗手,勤剪指甲,严防皮疹抓破感染。奇痒时可用炉甘石洗剂外涂或用5%碳酸氢钠液,也可口服扑尔敏、非那根。若皮疹抓破时,可擦2%龙胆紫,继发感染可用抗生素。水痘皮疹完全干燥后,可以洗澡。结痂全部脱落后,就没有传染性了。此外还应做好隔离工作,以防水痘传染给别人。

4. 预防

预防水痘可接种水痘疫苗。

五、猩红热

1. 病因

猩红热是由乙型溶血性链球菌引起的急性呼吸道传染病,四季均可发病,一般以冬春季为多,以2～10岁儿童发病居多,约占80%。主要是通过空气传播,也可通过外伤处侵入。

2. 症状

链球菌通过患儿的呼吸道,将大量的细菌随飞沫排出,通过空气传播给正常人体后再经过2～5天的潜天期后发病。病菌传给正常儿童后,突发高热,体温在39℃左右,喉痛,不能咽食,头痛,全身不适,甚至高热惊厥,呕吐,发热1～2天内出现皮疹,从颈部、胸部到腋下、背部蔓延到躯干、四肢后布满全身,出现猩红色皮疹,呈暗红色线条状,在口鼻周围呈白色嗜,舌尖及舌前部边缘红肿称为"草莓舌",颌下淋巴结肿大并有压痛,皮疹出现48小时后达最高峰,然后在2～5天逐渐消退,体温逐渐下降至第6～7天后体温恢复正常,皮疹开始脱皮。

3. 护理

(1)患儿在患病期间应休息多饮水,加强营养,保持口腔及皮肤清洁卫生,室内开窗通风,

（2）患儿发热时，应予以退热，可采用青霉素治疗，疗效好，能减轻病情，缩短病程，减少并发症。

（3）患儿应在家隔离治疗，从发病之日起隔离10天或症状消失后1周。

（4）在患病期间若遇患儿症状转为严重，患儿神志不清，高热头痛，呕吐，突然休克，应立即送医院诊治。

（5）生病期间还要注意患儿常会在出疹前的急性期发生比较严重的心肌炎，也可能在病后的1～3周内发生肾炎，若有发现也应及时送医院治疗。

六、流行性腮腺炎

1. 病因

流行性腮腺炎简称流腮，是儿童常见的急性呼吸道传染病。是因病毒感染腮腺而引起的炎症。病毒来源是病人的唾液和呼吸道分泌物，如鼻涕、打喷嚏的飞沫等。母亲怀孕时可将血液中的抗体通过胎盘传给胎儿，所以6个月以内的婴儿常对"流腮"有免疫力。由于"流腮"有较强的传染性，在托幼园所中多见，易感染流行。自腮腺肿胀前7天至肿胀后9天均有传染性，一年四季均可发病，但以冬春两季较多。

2. 症状

多数患儿有流腮接触史，经过2～3周的潜伏期，出现前驱期的症状，如发热、全身不适、食欲不振等类似感冒的症状。有的孩子完全无此症状，继而进入到腮肿期。患儿出现高热，常以耳垂为中心向下、前、后扩展，呈弥漫性腮腺肿胀，边缘不清，有触痛，尤其是张口咀嚼或吃酸食物时疼痛加剧，以致患儿常在进食时哭闹。局部皮肤可紧张发亮，多不发红，无化脓。大多数患儿两侧腮腺同时肿胀，亦有一侧腮腺先肿胀1～4天，然后对侧再肿。患儿患病1～2天腮腺肿胀疼痛，3～4天后肿胀最明显，多数患儿经1～2周腮肿逐渐消退，全身症状也随之好转，一般预后多良好。

有部分患儿在病前或病后的病程中出现高热、头痛、呕吐甚至惊厥、昏迷等颅脑症状，此时应注意是否并发脑炎。也有的患儿出现上腹部剧烈疼痛、恶心呕吐等，要防止并发胰腺炎。年长的男孩若睾丸肿大，触痛时还易并发睾丸炎，女孩可出现下腹痛，应注意并发卵巢炎。还有极少数患儿出现神经性耳聋、面神经麻痹、平衡失调、偏瘫等。患儿若出现并发症应请医生治疗。所幸的是，这些并发症的预后大多数是比较好的。

腮腺炎的病程一般为2周左右。

3. 护理

患腮腺炎的患儿应与健康小儿分开，直到腮腺肿胀全部消除，体温正常，1周后可解除隔离。

注意休息，充分供应水分。若有并发症时，应增加患儿卧床休息时间。局部放置冷水袋以减少疼痛，要早发现，早治疗。

腮腺炎患儿因疼痛而咀嚼困难,应吃清淡、易消化的半流质或软性食物、避免吃刺激性食物,如酸性食物等,以免引起腮腺疼痛。

注意口腔卫生:进食后漱口,保持口腔清洁。

对症治疗:高热者额部放湿毛巾冷敷,腋下放置用干毛巾包裹的冰袋、温湿毛巾或酒精擦浴。腮腺肿胀处可敷中药如意金黄散或青黛散等,2~3天换一次。此病治疗以中药为主,原则是清热解毒,消肿散结,如腮腺炎片及抗病毒口服液、大青叶合剂、板蓝根冲剂等。

4. 预防

在流行期间可服板蓝根冲剂,连服 5~6 天有预防作用。

(七) 百日咳

1. 病因

百日咳是小儿常见的呼吸道传染病,它的传染性很强,以 6 个月~7 岁的小儿发病多见。百日咳的病原菌为百日咳嗜血杆菌,通过空气飞沫传播。病程可达 2~3 个月,故有"百日咳"之称。由于百日咳杆菌在外界抵抗能力差,故很少通过玩具、衣物等间接传播。任何年龄都可发病,新生儿也不例外,年龄越小病死率越高。一年四季均可发病,但以冬春两季多见。自发病前 1~2 天至病程 6 周内均有传染性,以病初 2~3 周传染性最强。

2. 症状

百日咳的潜伏期为 3~21 天,但大多数为 7~14 天。百日咳的典型症状为阵发性痉挛性咳嗽,阵咳后有深长的鸡啼样吸气声。症状可分为 3 期。

前驱期

从发病至阵咳出现,一般 7~10 天。刚开始似感冒症状,有低热、轻咳、流涕、喷嚏等,3 天左右感冒症状减轻,但咳嗽日渐加重,尤以夜间及进食时更加明显。逐渐发展为阵发性痉咳,这时期传染性最强。

痉咳期

症状的特点是连续不断地痉挛性短咳后,出现深长吸气而产生鸡啼样吸气声,接着又是一阵痉咳,如此反复多次直至咳出大量痰液或呕吐胃内食物为止。咳嗽时面红耳赤,流泪流涕,眼结膜充血、出血,眼睑颜面浮肿,口唇发紫,小便失禁等。每次痉咳都给患儿带来极大的痛苦,影响小儿的食欲、睡眠,使小儿疲劳,精神不振,营养不良。痉咳期短者 1~2 周,长者可达 1~2 个月。由于剧烈的痉咳可引起脑静脉压力增高而发生脑水肿或颅内出血,严重者可危及生命。痉咳期还常并发肺炎、心力衰竭等,还有的因痉咳引起气胸、气肿、疝气、脱肛等。

恢复期

痉咳期后,逐渐进入恢复期,约2～3周后才逐渐恢复至正常。若并发肺炎、肺不张者可久延不愈,持续数月。此时期若再遇上呼吸道感染,又可出现类似百日咳的症状,可持续1年以上。

3. 护理

隔离传染源 发现有阵发性剧咳的小儿应及早隔离,从阵咳开始后隔离4周。

患儿居住的环境应安静、舒适、空气新鲜,不要有烟味,以减少咳嗽的发作。

保证小儿有足够的营养与睡眠,患儿往往由于痉咳、呕吐、不能进食而造成营养不良,因此要鼓励患儿进食,即使呕吐了,可休息片刻再进食。要少量多餐,补充营养素。食物以干或稠为好,进食后要隔半小时再喝水。剧咳常影响小儿睡眠,可适当用祛痰止咳剂如甘草合剂、镇静剂冬眠灵或非那根等,帮助小儿减少咳嗽,安稳入睡。

在家庭中可采用中药调理,也可用鸡胆或大蒜等民间的办法治疗:

鸡胆 取鸡胆汁加糖蒸服。1岁以内每日1/3个,1～2岁每日1/2个,3～5岁每日1个,疗程5～7天。

大蒜 取大蒜60克,去皮捣碎后用凉开水100毫升浸泡4～6小时,取汁加适量白糖,每次服1汤匙.每日3～4次。主要用于百日咳早期。

4. 预防

(1) 隔离传染源:小儿在百日咳流行季节应避免去公共场所游玩。一旦接触患者,应及早诊断,尽早隔离,从起病到7周或痉咳开始后4周。

(2) 预防应从小做起:保证小儿每日在户外阳光下进行活动、锻炼,室内经常保持新鲜空气流通,以增强对疾病的抵抗力。

(3) 主动免疫:按月龄按时接种百、白、破三联疫苗。对出生3～6个月的婴儿进行基础免疫,皮下注射0.5毫升,1.0毫升,1.0毫升共3次,每次间隔4周。

(4) 被动免疫:对小婴儿及体弱者,可肌肉注射高效价免疫球蛋白。

(5) 药物预防:对接触者可口服红霉素,每天30～50mg/kg,连服5天。

(八) 脊髓灰质炎

1. 病因

脊髓灰质炎又称小儿麻痹症,是由脊髓灰质炎病毒引起的急性传染病。它由脊髓灰质炎病毒通过肠道或咽部侵入到血液,而后达到中枢神经系统,侵犯神经系统的运动神经元,引起驰缓性瘫痪。

脊髓灰质炎的传染途径是通过病人和隐性感染者的粪便排出,带病毒的粪便若未经消毒处理,污染了食物、水源,健康人吃了或喝了污染过的食物或水后,就可造

成感染,受感染者就会出现明显的症状。病人及无症状隐性感染者是此病的传染源,在发病1周内,患儿自鼻咽分泌物排出病毒,故病初3～5天可通过飞沫传染。粪便中排毒量多且持续时间长,可从起病持续到3～6周,少数长达3～6个月,故粪、口途径是此病的主要传播方式。

患此病常见于每年6～11月夏秋季节,任何年龄均可感染,5岁以下小儿发病率最高,6个月以下的婴儿由于从母体获得抗体,发病率低。

2. 症状

脊髓灰质炎的潜伏期为5～14天,有的可短于3天,有的长达35天。症状轻重不等,轻者多,多数无症状。病程可分为五期。

前驱期:患儿突然发热起病,体温达38～40℃,类似感冒,全身不适,乏力、咽痛、咳嗽、流涕,而且食欲差、恶心、呕吐、腹痛、腹泻。还出现多汗、烦躁不安等现象。大约经过1～4天后热退,这些症状自动消失。这一阶段常被人忽略,以为是患感冒或腹泻而误诊。但此时期是病人大便中排出病毒最多的时期。

瘫痪前期:发生于退热后的1～6天,体温再次上升、发热,称为双峰热。患儿拒抱,哭闹不安,易激动、兴奋、肢体及颈背疼痛、多汗,皮肤和颜面潮红。大多数患儿神志清醒,严重的患儿出现嗜睡,此时脑脊液多有改变,大约2～4天热度下降,症状消失而痊愈。少数严重患儿在此期末出现瘫痪。

瘫痪期:患儿一般在瘫痪前期的第3～4天发生瘫痪,亦可早至第1天或晚至第10天。呈双峰热者往往在第二峰(即第2次发热)开始后1～2天内发生。瘫痪常常是进行性的,先是浅反射消失,后出现膝腱反射消失,表现为软瘫,肌肉完全不能活动。患儿感觉特别过敏,常诉说瘫痪部位疼痛,像有蚂蚁在爬,出现迟缓性不对称的四肢体瘫痪。退热后,瘫痪的肢体就停止进展。瘫痪多见于下肢,常影响走路。瘫痪如发生在颈胸段脊髓,可引起膈肌及肋间肌的瘫痪而影响呼吸,出现呼吸减速、咳嗽无力。延髓瘫痪可引起呼吸中枢麻痹,第9～12对颅神经受损,造成软腭、咽部及声带麻痹,使呼吸困难,呼吸道梗阻。

恢复期:瘫痪不再进行后的1～2周内,瘫痪肌肉的功能逐渐恢复正常,一般从四肢远端开始,轻症患儿经过1～3个月后就能恢复,重者需要12～18个月甚至更长时间才能恢复。

后遗症期:有些肌肉和肌群的功能不能恢复,导致顽固性瘫痪,而造成后遗症。常见到的有:脊柱畸形、足马蹄内翻、足外翻、跛行、不能站立等。

3. 护理

脊髓灰质炎无特效治疗,主要是加强护理,对症治疗。

前驱期及瘫痪前期:卧床休息极为重要,早期休息可减少瘫痪的发生,至少可减轻其程度,发热多汗者应注意供给充分的水及足够的营养。

瘫痪期：加强对瘫痪肢体的护理，使肢体置于舒适的功能位置，保证血液循环良好；瘫痪停止后要用促进神经肌肉传导的药物；呼吸麻痹时，要区分发生的原因，及时抢救。对呼吸中枢麻痹的患儿，酌量使用呼吸中枢兴奋剂。

恢复期及后遗症期：当体温下降至正常，肌痛消失，瘫痪停止发展后，即可采用针灸、推拿、按摩、理疗以及功能锻炼等帮助恢复。也可穴位注射活血化瘀药物，促进瘫痪肌肉的恢复。

4. 预防

采用减毒活疫苗进行自动免疫。疫苗是用活组织培养成无神经毒性的活病毒制成的糖丸，分Ⅰ、Ⅱ、Ⅲ型脊髓灰质炎病毒的活疫苗。于小儿生后60天开始第1次服用1粒，3足月第2次服用1粒，4足月时第3次服用1粒。在第2、3两年进行每年服1粒全程3年，以巩固满意的免疫效果。此疫苗要用凉开水服用，不能用热开水溶化，以免将活疫苗杀死，不能起到免疫效果。小儿若能按计划免疫全程服用脊髓灰质炎疫苗，此病是能避免及消灭的。

小儿若接触了脊髓灰质炎病人，应在接触后3天内，用胎盘球蛋白或丙种球蛋白预防。

此病主要是通过消化道传染。成人和小儿都要注意清洁卫生，饭前便后洗手，对病人的粪便要严格消毒，严禁造成污染。

（九）传染性肝炎

1. 病因

肝炎是由肝炎病毒引起的传染病。它主要是通过病人的排泄物及被污染的食物、水源、与病人密切接触、共同生活而引起传播。按病毒不同分为甲、乙、丙（非甲非乙）丁、戊五种类型。甲型和戊型肝炎是经粪、口传播，有季节性，不变成慢性。乙型、丙型和丁型肝炎主要经血液传播，无季节性，多为散发，常变成慢性。小儿以甲型肝炎多见，故主要介绍甲型肝炎的病因、症状、护理及预防。

甲型肝炎病毒的抵抗力较强，耐酸、耐热，在 −20℃条件下贮存数年，仍保持其感染性。在100℃温度下。经5分钟才能使它全部灭去活性。由于小儿活动量大，双手在游戏、生活中东摸西摸；污染后不洗手就抓食物吃，很易被感染。病毒存在于粪便中，经口及接触而传染。

甲型肝炎一年四季都可发病，以秋冬季节多见。

2. 症状

小儿感染甲肝病毒后有15～45天的潜伏期。从潜伏期末就有传染性了，此时往往不被人注意，多数患儿起病缓慢，少部分患儿起病急，轻重不一，一般有发热、畏寒、精神不振、食欲减退、恶心呕吐、厌油腻食物、腹痛、腹泻或便秘。少数患儿有上

呼吸道症状,类似感冒。黄疸型肝炎患儿的小便颜色呈深黄色或茶色,大便呈灰白色,继而巩膜(眼白)及口腔黏膜黄染,而后皮肤以胸部及肢体内侧出现黄疸。黄疸初期,患儿发热、食欲不振,1～2周达高峰。此时全身症状逐渐减轻,食欲好转,多数患儿有肝肿大、压痛,脾有轻度肿大,肝功能异常。此时期约为2～6周。到了恢复期,黄疸消退,症状消失,肝功能恢复正常,肝脾逐渐回缩,此时期为4周左右,整个病程为1～4个月。

在肝炎患儿中有不出现黄疸的,称为急性无黄疸型肝炎。症状与黄疸型肝炎相似,但程度较轻,只有一般胃肠系统症状及肝脏肿大。多数患儿不经治疗在短期内可自愈。

3. 护理

卧床休息　休息可增加肝脏血流量,减轻肝脏负担,有利于肝脏病变的恢复。急性肝炎早期卧床休息,自觉症状消失,肝功能好转后可轻微活动,再逐渐增加活动量。痊愈后应休息观察1～2个月。

注意饮食　患儿饮食应为易消化、清淡、含有丰富的维生素。可多吃水果和蔬菜,适当吃瘦肉、牛奶、鸡蛋和豆制品等食品,少吃多餐。不能进食者要输入葡萄糖补液,以保证摄入量及能量。恢复期的小儿食欲明显好转,体重增加时,应适当限制饮食,少吃脂肪,防止脂肪肝发生。

严格消毒　患儿的衣物、食具应严格消毒,煮沸30分钟。排泄物用2%漂白粉搅拌消毒2小时。成人接触、护理患儿后应用肥皂和流动水洗手。

注意口腔、眼部的护理,观察瞳孔、脉搏、呼吸和血压的变化。

甲型肝炎要按肠道传染病护理,隔离至症状消失为止。患病期间禁止剧烈运动。

4. 预防

早期注射丙种球蛋白　小儿接触肝炎病人后,立即肌肉注射丙种球蛋白,注射时间越早越好,不得超过接触后的7～10天,可防止甲型肝炎发生。

管理传染源　早期隔离患儿,隔离时间自发病日起不少于42天。

甲肝流行季节不带小儿去公共场所。

教育小儿养成良好的卫生习惯,勤洗手,水果洗净削皮后再吃,不去消毒不严的饮食店吃饭,不吃半生不熟的海鲜食物,如毛蚶等。

(十)细菌性痢疾

1. 病因

细菌性痢疾简称菌痢,是由痢疾杆菌引起的一种肠道传染病。夏秋季发病率高。病人和带菌者是主要的传染源。传染途径通常是由痢疾患者的粪便污染了食物、饮水和手而使人受到感染。痢疾杆菌进入消化道后，首先在胃内，由于胃酸的作用可将细菌全部或大部分杀死。残存的小部分进入肠道，在肠道内大量繁殖，引起肠黏膜的炎性反应，导致肠黏膜变性、坏死和溃疡，因此产生腹痛、腹泻、脓血便。小儿的免疫功能差，消化系统及神经系统发育不完善，很容易从吃了被污染的食物上受到感染。也可从接触的物质上感染痢疾杆菌。还可通过苍蝇携带细菌污染食物、食具而传播。

2. 症状

菌痢的潜伏期为 2～24 小时，一般多为 1～2 天，根据病程的长短可分为急性、迁延性和慢性。

急性菌痢

病程在 2 周以内，分为两型。

普通型(典型)　起病急，寒战伴高热，随即出现腹痛、腹泻，每日大便几次到几十次不等，初为稀便，很快转为脓血便。患儿便前因腹痛而出现哭闹，排便后可有短时间的安静。严重者可出现脱肛、大便失禁等。由于腹泻，再加上饮水量不足，患儿有口渴少尿、精神萎靡等脱水症状。

中毒型　多见于体质较好的小儿，病初肠道症状较轻，甚至无腹痛、腹泻，但全身中毒症状严重，绝大多数于 24 小时内出现高热，体温高达 39～41℃，出现反复惊厥、嗜睡、昏迷、休克、心力衰竭、呼吸衰竭等。此现象为中毒症状，应立即送医院抢救，若抢救不及时，患儿会很快死亡。反复惊厥者处理不当可造成缺氧性脑病等后遗症，发生脑症者亦很快死亡。

迁延性痢疾

病程在 2 周～2 个月。

慢性菌痢

病程大于 2 个月，由于长时间的腹泻，患儿可出现营养不良、贫血、佝偻病及多种维生素缺乏症。

3. 护理

卧床休息　小儿高热、腹泻、呕吐严重者应卧床休息。

隔离　隔离至症状消失，大便连续镜检 3 次呈阴性，大便培养连续 3 次阴性。在无条件检查的地方，至少没有脓血便后 1 周才能解除隔离。

饮食　患儿的饮食应清淡，急性期饮食忌油腻，以少渣、易消化流质、半流质的食物为主，最好不饮或少饮牛奶，以减少腹胀，还要补充足够的维生素及足够的水分。

消毒与清洁　患儿用过的食具应煮沸消毒，换下的裤子、尿布也要煮沸消灭细菌。不能煮沸的玩具及图书等，应在日光下曝晒。成人在接触患儿，尤其是处理大

便后,双手应用肥皂及流动自来水冲洗干净。

对症服药及护理 患儿首先应用抗生素控制肠道炎症,在医师指导下正规治疗,以免造成病程的迁延。近年来,多采用耐药率极高的氨基苄青霉素、复方新诺明、黄连素、痢特灵等。这些药物的应用不少于1周,大便成形后再服药3天,停药3天后做大便培养,连续3次阴性.方可称治愈。患病期间当患儿腹痛剧烈时,可适当用阿托品类解痉药。体温过高时可用退热药,如阿司匹林等,同时用枕冰袋、温湿敷、酒精擦浴等物理降温。若患儿出现惊厥时,首先让患儿平卧,可按压患儿人中穴,再就近到医院治疗。急性菌痢重症或合并脱水者不能忽视,也应立即到医院进行治疗。一旦发生中毒型痢疾,应分秒必争地就地抢救为好,待病情较稳定后再送医院,以免在送医院途中发生意外。急性菌痢治疗不彻底或疗程不足,可转变为慢性菌痢,经常腹泻会影响小儿的生长发育。

4. 预防

发现菌痢病人及带菌者应及时隔离治疗,勿使小儿接触。

把好粪便、饮食和饮水关,消灭苍蝇。

培养小儿的卫生习惯,养成饭前便后洗手的好习惯。

尽量少去饭店吃饭。市场上熟食买回后要加热处理或拌入适量大蒜、醋等。

国内已生产多价痢疾活菌苗,待使用。

(十一) 流行性脑脊髓膜炎(流脑)

1. 病因

流行性脑脊髓膜炎简称流脑,又可称为流行性脑膜炎,是脑膜炎双球菌所引起的化脓性脑膜炎。脑膜炎双球菌自呼吸道鼻咽部侵入血液循环形成败血症,最后细菌随血液流到脑膜和脊髓膜形成化脓性炎症。

冬春季为主要流行季节。传播方式是通过病人或带菌者口鼻喷出的飞沫进行传染。感染后病原菌可不侵入中枢神经系统,而仅表现为菌血症,也可表现为上呼吸道感染,局限于鼻咽部。

患流脑患儿的年龄以15岁以下多见,1岁以内婴儿发病较高,约占30%。

2. 症状

流脑的潜伏期2~10天,一般为2~3天,最短可在12~24小时发病。症状可分为普通型和暴发型。

普通型 发展过程分为3个时期。

上呼吸道感染期 是发病的初期。患儿症状为鼻炎、咽炎、扁桃腺炎等。此时期患儿采用青霉素、磺胺药等治疗,可很快痊愈。

菌血症期 患儿经过上呼吸道感染后,细菌进入血液形成菌血症。此时期患儿表现寒战、高热、头痛、呕吐等。约70％的患儿有皮肤出血点或淤斑,病情严重者淤点或淤斑迅速扩大,中央呈紫黑色坏死或形成大疱。此时期血培养呈阳性,淤点涂片上可找到病原菌。

脑膜炎期　脑膜炎症状可与菌血症同时出现,患儿高热持续不退、头痛加剧、呕吐频繁、烦躁不安,重者出现昏迷、惊厥、谵语。婴儿出现拒乳拒食、呕吐、嗜睡、烦躁、尖叫、两眼发直、抽风,用手触摸前囟会感到囟门隆起有紧张感等。

暴发型:

此型病情凶险,死亡率高,分为:

（1）**休克型:**除高热、寒战、头痛外,中毒症状严重,精神极度萎靡,轻重不等的意识障碍,时有惊厥,短期内皮肤出现淤点、淤斑,迅速融合成大片皮下出血、坏死,同时血压下降,脉搏细速,呼吸急促,口唇发绀,四肢末端发冷发绀,皮肤发花发绀,多数无脑膜刺激征。

（2）**脑膜脑炎型:**年龄大的儿童可诉说头痛、关节酸痛、手足发冷,此时患儿面色苍白或灰白,高热并伴有呕吐,可反复惊厥并迅速进入昏迷。如出现呼吸快、慢、深浅不均或呼吸暂停、瞳孔大小不等、对光反应迟钝或消失、眼球固定等,这是发生了脑疝,若不及时抢救,可因呼吸衰竭而死亡。

3. 护理

对流脑患儿的护理要根据患儿的具体情况分别对待。重症昏迷患儿要多翻身,以防褥疮,及时清理大小便,并注意口腔卫生。待患儿神志清醒后鼓励进食,以流质或半流质食物为宜。对神志不清的应禁食,可给鼻饲食物,如牛奶、米汤等。有条件的可予以补液或静脉补充高营养。

治疗流脑的首选药物为磺胺类药,对磺胺类药过敏的小儿可选用青霉素,因青霉素对脑膜炎双球菌有较强的杀菌作用。父母应配合医师用药,彻底治疗。流脑的预后较好。约95％以上的患儿可以治愈,并发症及后遗症均少见,如果延迟治疗,易发生后遗症。

4. 预防

患儿要及时隔离,在痊愈后做两次咽培养,证明不带菌再解除隔离。接触者要隔离观察7天。

在流行季节不带孩子去公共场所。

居室要保持清洁卫生,经常通风换气,保持空气新鲜,勤在阳光下晒被褥、衣物。

与流脑病人接触的小儿,可口服磺胺药预防。有条件的地区应每年11～12月注射流脑疫苗,可免疫1年。

(十二) 流行性乙型脑炎(乙脑)

1. 病因

流行性乙型脑炎简称乙脑。是由乙型脑炎病毒所致。病毒经蚊子叮咬传播而直接侵入人体的中枢神经系统,使脑受到损伤。乙脑是一种急性传染病,多在夏秋季(7~9)三个月中流行,男女老幼均可发病,患者多为 10 岁以下儿童,以 2~6 岁发病率最高。由于儿童和青少年广泛接种乙脑疫苗,成人的发病率相对增多。

乙脑病毒进入到人体血液循环,引起病毒血症,大多成为隐性感染,只有少数因机体抵抗力低下,病毒通过血脑屏障进入中枢神经系统,并在其中繁殖,病变为神经细胞变性坏死,胶质细胞增生及血管周围淋巴细胞浸润。病变范围可波及到大脑皮质、小脑、间脑、脑桥、中脑、延脑及脊髓,其中以中脑最严重。

2. 症状

乙脑的潜伏期为 10~15 天,起病急,病程分为三期。

初期 病后 1~3 天,体温高至 38~39℃,患儿面色潮红、头痛、嗜睡、恶心呕吐、颈项强直。7~14 天症状逐渐消失,属轻症。

极期 病后 4~10 天,体温升至 40℃以上,症状加重,来势凶,神志由嗜睡至昏睡或昏迷,出现全身抽搐、强直性痉挛及瘫痪,严重者可因脑水肿或脑疝形成而发生呼吸衰竭,呼吸不规则,叹息样呼吸,呼吸暂停或骤停,甚至导致死亡,或留有较严重的后遗症,如痴呆、瘫痪、惊厥等,给患儿带来长期的痛苦。

恢复期 患儿体温逐渐下降,神志逐渐清醒,神经系统症状好转,多数在 2 周内恢复,少数严重者 6 个月后仍留有精神失常、失语、瘫痪等后遗症。

根据病情及神经系统症状的轻重,乙脑可分为轻、中、重、极重四种类型。重型及极重型死亡率高,即使存活也有后遗症。

3. 护理

按虫媒传染病护理 室内应有防蚊设备,阴凉通风,室温保持在 30℃以下。

保证饮食的摄入量及能量 急性期应以碳水化合物为主,辅以少量蛋白质及脂肪,应吃清淡流质食物如绿豆汤、牛奶、西瓜水等,待到恢复期时给予高热量饮食。昏迷或气管切开者给予鼻饲,做到少量多次,缓慢注入。鼻饲时将患儿头部偏向一侧,防止呕吐物阻塞呼吸道。

密切观察病情 每天间隔 4 小时量一次体温,体温升高应及时处理,一般采用物理降温,用冰袋或冷毛巾冷敷额、颈及腋下部位,也可采用 35%酒精擦浴,体温过高或持续不降者,可用小剂量退热剂退热。

注意惊厥先兆,如发现两眼呆视、瞳孔的大小不等,烦躁不安,应及时备好脱水剂及镇静剂,以供抽搐时用,抽搐后要吸痰、给氧。

对呼吸衰竭的患儿采用翻身、拍背、吸痰等方法助痰排出,必要时用雾化吸入。

恢复期病人有肢体功能障碍者应防止肌肉挛缩及变形,以针灸、按摩、被动运动为主,逐渐加强锻炼。

4. 预防

乙脑是由蚊子为媒介传播引起的,因此,防蚊、灭蚊是首要任务。冬春季节消灭过冬蚊为主,夏秋季以清除蚊虫孳生地为主。农村蚊子多,睡眠要用蚊帐,以防蚊子叮咬。搞好环境卫生,及时清除垃圾、积水,填塞坑洼地等。

接受乙脑疫苗注射,提高免疫力,避免乙脑的发生。6 个月以后的小儿应在 4～5 个月时进行乙脑疫苗注射。在流行前一个月,应给易感人群注射乙脑疫苗。注射的对象主要是 1～10 岁的儿童。

(十三) 手足口病

1. 病因

手足口病(Hand, foot, mouth disease)是由肠道病毒引起的急性传染病。病毒有 20 多种,其中以柯萨奇病毒(Cox Asckievirus) A16 型(Cox A16)和肠道病毒 71 型(Enterovirus 71, EV71)最常见。引起的急性传染病多发生于学龄前儿童,尤以 3 岁前小儿发病率高,尤以夏秋季多见。

病人和隐性感染者均为传染源,主要的传染途径是通过患者的消化道,呼吸道和密切接触等途径传播。如患儿咽喉分泌物唾液中的病毒,粪便污染过的手,毛巾以及食具、玩具、衣服、被褥等在日常生活中感染传播。此病传染性强,传播快,尤以托儿所等单位发病率高、传播快。

2. 症状

主要症状表现在发病初期患儿发烧、口角痛、嗓子痛、流口水,不爱吃食物等症状:1～2 天后在手、足、口腔等部位出现红色斑点,以后斑点逐渐发展成疱疹,疱疹内为微混浊的液体,由于疱疹为本病的主要症状表现,而且多集中于手、足、口腔等部位,因此称为手足口病,其中分为:

·一般病情表现

由于疱疹溃破后形成溃疡,因此患儿常因嘴痛而影响吮奶、吃饭、哭闹不安,多数患儿在 3～4 天后,疱疹会自行消退,也不脱屑而痊愈,预后良好,只有极少数患儿在患病后会发生并发心腱炎或无菌性脑膜炎等病。

·重症病情表现

(1)少数重症病情(尤其是 3 岁以下者)可出现脑膜炎、脑炎、脑脊髓炎、肺水肿、循环系统障碍等病情凶险,可致死亡或留有后遗症。

(2)神经系统病情:神经差、嗜睡、易惊、头痛、呕吐、肢体肌挛眼震、共济失调、眼球动转障碍,无力或急性弛缓性麻痹惊厥,查体时可见脑膜刺激症、腱反射减弱或消失,危重病例可表现为昏迷、脑水肿、脑疝。

（3）呼吸系统病情：呼吸浅促，呼吸困难或节律改变，口唇紫绀，口吐白色、粉红色或血性泡沫液（痰），肺部可闻及湿啰音或痰鸣音。

（4）循环系统病情：面色苍灰，皮肤发花，四肢发凉，手指（脚趾）发绀；出冷汗，心率增快或减慢，脉搏浅速或减弱甚至消失，血压升高或下降。

3. 护理

由于手足口病是由病毒感染引起的，没有较有效的治疗方法，但可以配合医师的治疗，采取有效的护理措施。早期发现，早期诊治，加强护理与消毒是可以预后良好且恢复健康的。在感染后发病期间可以作如下护理措施：

（1）按医嘱服用抗病毒的药物。

（2）保持手、足、口及身体等部位的清洁，避免细菌的继续感染。

（3）遇口腔糜烂，小儿进食困难时，可给予易消化的流食或半流质的食物，饭后要漱口。

（4）局部可用金霉素鱼肝油以减轻疼痛，促使糜烂部位早日愈合。

（5）遇小儿发热时可用清热解毒的中药，如板蓝根等冲剂口服，一般1～2周后可以自愈（健康儿童也可服板蓝根进行预防）。

4. 预防

（1）强加监测，提高监测敏感性，是控制本病流行的关键。及时注意病情，去医院明确诊断，确诊后积极采取预防措施，防止病症蔓延扩散。

（2）托幼所要做好每日的晨间检查，发现疑似患者及时隔离治疗。

（3）被污染的日用品、食具、玩具等应及时消毒，患者的粪便及排泄物用3％漂白粉澄清液浸泡，衣服置阳光下曝晒，室内保持通风换气。

（4）流行期间要做好环境、食品卫生和个人卫生。

（5）严格做到饭前便后要洗手，预防病从口入。

（6）家长尽量不带孩子去公共场所，以减少孩子感染疾病的机会。

（7）注意孩子的饮食营养及清洁，多让孩子休息，防止过度疲劳，以防降低身体的抵抗力。

计划免疫

为了孩子的身体健康，按时给孩子进行有计划的免疫，是每个孩子在儿童时期的头等大事，关系着一个人一生的健康。世界卫生组织提出：为了保障学龄前儿童的身体健康和生命安全，全世界的学龄前儿童都要接受计划免疫。

什么是计划免疫？

计划免疫就是按科学的免疫程序，有计划地给孩子进行预防接种，使孩子在接种或口服疫苗后产生较强的特异性免疫力，即对相应的疾病产生抵抗力，从而达到控制和消灭疾病的目的。通过有计划的预防接种，可以保护90％以上的孩子免患儿童期若干种最危险的传染病。计划免疫是目前预防儿童急性传染病最有效、最经济、最方便的措施。

免疫的种类：

人们对某种传染病是否易感，决定于他的免疫机能，免疫可分为以下几种：

①天然免疫（为非特异性免疫）

②获得免疫（为特异性免疫）

为了增强人体特异性免疫，可以通过预防接种而获得免疫功能。获得免疫可分为自然获得免疫和人工获得免疫两种。

1. 自然获得免疫

其中包括自动获得和被动获得免疫。

自动获得免疫　是指患过一次某种传染病后，一般不再患第二次，如麻疹，在感染患病后可获得免疫。

被动获得免疫　是指母亲在妊娠时，将自己因患过或接触过的某些传染病而产生的抗体，通过胎盘输送到胎儿体内，母亲的抗体还可通过初乳带给新生儿。这种抗体的作用在婴儿出生后 6 个月内有效，在 6 个月后逐渐消失。因此，婴儿在 6 个月内患传染病的可能性较少。

2. 人工获得免疫

也包括自动获得和被动获得两种。

自动获得免疫　是用科学的方法，将某些致病的细菌或病毒降低了毒性以后，制成各种不同的菌苗、疫苗和类毒素（如卡介苗、痘苗和破伤风类毒素等），用打针或口服的方法，接种到人体里，使人体产生对某种传染病的抵抗力而达到免疫的目的。此种免疫延续时间可达 1～5 年之久。

被动获得免疫　是将动物或人血清中的现成抗体（如抗毒素）注入人体，这种抗体可迅速出现免疫效果，但消失较快。如胎盘球蛋白是从健康人的胎盘中提取加工制成的；丙种球蛋白是从人体血液中提取后，经过加工制成的。它们都具有预防作用产生快的特点，但免疫时间仅有 3～4 周。一般在接触病人后 3 天内注射，可以产生防病或减轻病情的效果，太晚不起作用，太早也不能达到预防传染病的目的。如孩子在接触病人前 1～2 个月时注射，其有效期已过去，起不到预防的作用。

免疫图解

```
        ┌ 天然免疫（非特异性免疫）～先天性免疫
        │                                    ┌ 自动获得：感染后、病后获得。
        │                       ┌ 自然获得免疫 ┤
免   ┤                       │            └ 被动获得：经胎盘、初乳获得。
疫      │                       │            ┌ 自动获得：注射疫苗、类毒素等预防
        │  获得免疫（特异性     │            │           接种获得。
        └  免疫）～后天性免疫 ┤ 人工获得免疫 ┤
                                │            │ 被动获得：注射抗毒素、免疫血清、丙
                                └            └          种球蛋白等获得。
```

婴幼儿计划免疫的疫苗、接种方法和程序：

婴幼儿计划免疫的疫苗有卡介苗、脊髓灰质炎活疫苗(糖丸疫苗)、麻疹活疫苗、百白破混合制剂(即百日咳菌液、白喉类毒素和破伤风类毒素的混合制剂)、乙型脑炎疫苗、流脑多糖菌苗、乙肝疫苗。能预防的传染病见下表。

婴幼儿计划免疫疫苗、预防病名及接种方法表

疫苗名称	预防病名	接种方法	接种部位
卡介苗	结核病	皮内注射	左上臂三角肌上端
脊髓灰质炎活疫苗(糖丸疫苗)	小儿麻痹症	口服	
麻疹活疫苗	麻疹	皮下注射	上臂外侧
百白破混合制剂	百日咳 白喉 破伤风	皮下注射	上臂外侧
乙脑疫苗	乙型脑炎	皮下注射	上臂外侧
流脑多糖菌苗	流行性脑炎	皮下注射	上臂外侧
乙肝疫苗	乙型肝炎	皮下注射	上臂外侧

预防接种的方法：

皮上划痕法：接种活菌(疫)苗多采用此法。

皮内注射法：如结核菌素试验。

皮下注射法：如麻疹疫苗、类毒素制品等注射。

口服法：如小儿麻痹糖丸活疫苗。

进行计划免疫应注意的事项

接种前：孩子在进行预防接种前，家长应做好充分的准备。

了解孩子的身体状况：预防接种要在孩子身体良好的状态下进行。接种前应先测量体温，发热时不宜进行，应推迟几天，待身体恢复健康后再进行接种。

向接种人员反映孩子的情况：包括孩子的健康状况、以往疾病史和某些家属的疾病史，以便接种人员根据接种禁忌症决定是否接种，避免出现异常反应。有以下几种情况的不能接种：

(1) 目前正在发热、腹泻及口腔发炎者；

(2) 近期患急性传染病或正处在恢复期者；

(3) 患有活动性肺结核、糖尿病、佝偻病、心脏病、肾脏病、肝脏病以及化脓性皮肤病者；

(4) 有免疫缺陷，如白血病，近期使用过免疫抑制药物，如皮质激素、抗肿瘤药物者；

（5）有过敏性疾病，如哮喘、紫癜患者或对所用过的疫苗中任何一种已发生过过敏反应者，或有严重药物过敏史者；

（6）早产儿、难产儿、体弱儿、生长发育明显迟缓者暂不接种，待健康状况好转后才能接种。

家长应配合接种人员进行接种，接种时要注意以下几点：

① 防止孩子在接种时因挣扎、哭闹发生意外，如针头脱落、针头断裂、针筒敲碎、接种过深等。若卡介苗接种过深不及时处理，会造成局部皮肤溃疡，经久不愈。

② 服脊髓灰质炎糖丸时不能用热开水送服，因糖丸遇热会降低效力，应用冷开水送服或含服，服后1小时内不要喂奶或吃热食、热饮料。若孩子吐出糖丸，应设法补服。

③ 若孩子在冬天接种时。还应注意保暖，避免着凉。

由于接种所使用的疫苗和菌苗都是由病毒、病菌以及其他的毒素加工制成的生物制品，注入体内后都会出现一些反应，这是预防接种的正常现象，家长不必担心，但要注意观察与护理，应该做到：

接种完的当天不要给孩子洗澡，以后几天洗澡时要注意接种部位的保洁，避免感染。不要进行剧烈活动，不要让孩子太兴奋或太疲劳，应注意休息，保证足够的睡眠时间，使反应高峰在睡眠中度过；

接种当天的晚饭最好吃得少些，多喝开水；

仔细观察接种后孩子的反应，并及时对症处理。

接种后的一般反应可分为局部反应和全身反应。

局部反应：在接种后24小时左右局部皮肤出现红、肿、热、痛，注射部位附近淋巴结可能有轻微肿大和压痛。一般不需特殊处理。

全身反应：发热，37.5℃是弱反应，37.5～38.5℃是中度反应，38.5℃以上是强反应，这与孩子的体质与健康状况有关。有的孩子反应重些，有的反应轻些，同时伴有头痛、寒战、恶心、呕吐、腹痛、腹泻等症状。一般第二天即可消失，恢复正常。

接种后的异常反应：主要是晕厥。在空腹、紧张状态中进行注射的孩子较多发生这种反应。这时可将孩子立即平卧，保持安静，并给服温开水或温糖水，可以恢复正常。若遇过敏性休克的孩子，应立即送医院进行抢救。

附录

一、世界卫生组织0~10岁儿童体格心智发育

评价标准参考值（1998年最新标准）（女）

年龄	体重（千克）	身高（厘米）	心 智 发 育
初生	2.7～3.6	47.7～52.0	伏卧抬头，对声音有反应
1月	3.4～4.5	51.2～55.8	伏卧抬头45°，能注意父母面部
2月	4.0～5.4	54.4～59.2	伏卧抬头90°，笑出声、尖叫、应答性发声
3月	4.7～6.2	57.1～59.5	伏卧抬头，两臂撑起，抱坐时头稳定，视性能跟随180°，能手握手
4月	5.3～6.9	59.4～64.5	能翻身，握住摇荡鼓
5月	5.8～7.5	61.5～66.7	拉坐，头不下垂
6月	6.3～8.1	63.3～68.6	坐不需支持，听声转头，自喂饼干，握住玩具不被拿走，怕羞，认出陌生人，能递交积木
8月	7.2～9.1	66.4～71.8	扶东西站，会爬，无意识叫爸爸、妈妈，咿呀学语，藏猫猫，听得懂自己的名字，会摇手表示再见
10月	7.9～9.9	69.0～74.5	能自己坐，扶住行走，自己熟练协调地爬，理解一些简单的命令，如"到这儿来"，自己哼小调，说一个字
12月	8.5～10.6	71.5～77.1	独立行走，有意识叫爸爸、妈妈，用杯喝水，能辨别家人的称谓和家庭环境中熟悉的物体
15月	9.1～11.3	74.8～80.7	走得稳，能说三个字短句，模仿做家务，能叠两块积木，能体验与成人一起玩的愉快心情
18月	9.7～12.0	77.7～84.0	能走梯，理解指出身体部分，能脱外套，自己能吃饭，能识一种颜色
21月	10.2～12.6	80.6～87.0	能踢球，举手过肩抛物，能叠四块积木，喜欢听故事，会用语言表示大小便
2岁	10.6～13.2	83.3～89.8	两脚并跳，穿不系带的鞋，区别大小，能识2种颜色，能识简单形状
2.5岁	11.7～14.7	87.9～94.7	独脚立，说出姓名，洗手会擦干，能叠8块积木，常提出"为什么"，试与同伴交谈，相互模仿言行
3岁	12.6～16.1	90.2～98.1	能从高处往下跳，能双脚交替上楼，会扣纽扣，会折纸，会涂糨糊粘贴，懂饥、累、冷，会用筷，能一页页翻书
3.5岁	13.5～17.2	94.0～101.8	知道颜色，不再缠住妈妈，开始有想像力，自言自语
4岁	14.3～18.3	97.6～105.7	能独立穿衣，模仿性强
4.5岁	15.0～19.4	100.9～109.3	能说简单反义词，爱做游戏
5岁	15.7～20.4	104.0～112.8	解释简单词义，识别物件原料
5.5岁	16.5～21.6	106.9～116.2	开始抽象逻辑思维，自觉性、坚持性、自制力有明显表现
6岁	17.3～22.9	109.7～119.6	想像力丰富，情绪开始稳定
7岁	19.1～26.0	115.1～126.2	感知：有目的、有意识的知觉和观察能力、空间知觉和时间知觉不断发展
8岁	21.4～30.2	120.4～132.4	注意力：无意注意→有意注意，有一定的自制能力
9岁	24.1～35.3	125.7～138.7	记忆力：无意记忆，具体形象→有意理解，抽象逻辑记忆
10岁	27.2～40.9	131.5～145.1	思维：具体形象→抽象逻辑思维

二、世界卫生组织 0～10 岁儿童体格心智发育
评价标准参考值(1998 年最新标准)(男)

年龄	体重(千克)	身高(厘米)	心　智　发　育
初生	2.9～3.8	48.2～52.8	俯卧抬头,对声音有反应
1 月	3.6～5.0	52.1～57.0	俯卧抬头45°,能注意父母面部
2 月	4.3～6.0	55.5～60.7	俯卧抬头90°,笑出声、尖声叫、应答性发声
3 月	5.0～6.9	58.5～63.7	俯卧抬头,两臂撑起,抱坐时头稳定,视性能跟随180°,能手握手
4 月	5.7～7.6	61.0～66.4	能翻身,握住摇荡鼓
5 月	6.3～8.2	63.2～68.6	拉坐,头不下垂
6 月	6.9～8.8	65.1～70.5	坐不需支持,听声转头,自喂饼干,握住玩具不被拿走,怕羞,认出陌生人,能递交积木
8 月	7.8～9.8	68.3～73.6	扶东西站,会爬,无意识叫爸爸、妈妈,咿呀学语,藏猫猫,听得懂自己的名字,会摇手表示再见
10 月	8.6～10.6	71.0～76.3	能自己坐,扶住行走,自己熟练协调地爬,理解一些简单的命令,如"到这儿来",自己哼小调,说一个字
12 月	9.1～11.3	73.4～78.8	独立行走,有意识叫爸爸、妈妈,用杯喝水,能辨别人的称谓和家庭环境中熟悉的物体
15 月	9.8～12.0	76.6～82.3	走得稳,能说三个字短句,模仿做家务,能叠两块积木,能体验与成人一起玩的愉快心情
18 月	10.3～12.7	79.4～85.4	能走梯,理解指出身体部分,能脱外套,自己能吃饭,能识一种颜色
21 月	10.8～13.3	81.9～88.4	能踢球,举手过肩抛物,能叠四块积木,喜欢听故事,会用语言表示大小便
2 岁	11.2～14.0	84.3～91.0	两脚并跳,穿不系带的鞋,区别大小,能识2种颜色,能识简单形状
2.5 岁	12.1～15.3	88.9～95.8	独脚立,说出姓名,洗手会擦干,能叠8块积木,常提出"为什么",试与同伴交谈,相互模仿言行
3 岁	13.0～16.4	91.1～98.7	能从高处往下跳,能双脚交替上楼,会扣纽扣,会折纸,会涂糨糊粘贴,懂饥、累、冷,会用筷,能一页页翻书
3.5 岁	13.9～17.6	95.0～103.1	知道颜色,不再缠住妈妈,开始有想像力,自言自语
4 岁	14.8～18.7	98.7～107.2	能独立穿衣,模仿性强
4.5 岁	15.7～19.9	102.1～111.0	能说简单反义词,爱做游戏
5 岁	16.6～21.1	105.3～114.5	解释简单词义,识别物件原料
5.5 岁	17.4～22.3	108.4～117.8	开始抽象逻辑思维,自觉性、坚持性、自制力有明显表现
6 岁	18.4～23.6	111.2～121.0	想像力丰富,情绪开始稳定
7 岁	20.2～26.5	116.6～126.8	感知:有目的、有意识的知觉和观察能力、空间知觉和时间知觉不断发展
8 岁	22.2～30.0	121.6～132.3	注意力:无意注意→有意注意,有一定的自制能力
9 岁	24.3～34.0	126.5～137.8	记忆力:无意记忆、具体形象→有意理解、抽象逻辑记忆
10 岁	26.8～38.7	131.4～143.6	思维:具体形象→抽象逻辑思维

三、小儿身高、体重、出牙计算公式

1. 身高计算公式（厘米）

　　2 岁以上：年龄×5＋80（厘米）

2. 体重计算公式（千克）

　　1～3 个月：出生体重＋月龄×0.7（千克）

　　4～6 个月：出生体重＋月龄×0.6（千克）

　　7～12 个月：出生体重＋月龄×0.5（千克）

　　1 岁以上：年龄×2＋8（千克）

3. 出牙计算公式：

　　牙齿数＝月龄－6

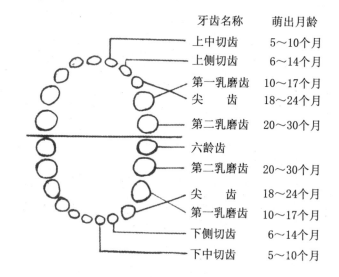

牙齿名称	萌出月龄
上中切齿	5～10个月
上侧切齿	6～14个月
第一乳磨齿	10～17个月
尖　齿	18～24个月
第二乳磨齿	20～30个月
六龄齿	
第二乳磨齿	20～30个月
尖　齿	18～24个月
第一乳磨齿	10～17个月
下侧切齿	6～14个月
下中切齿	5～10个月

四、乳牙萌出的时间与顺序表

顺序	乳牙名称	出牙时间（月）	牙　数		
			上牙	下牙	总计
1	乳中切牙	5～10	2	2	4
2	乳侧切牙	6～14	2	2	4
3	第一乳磨牙	10～17	2	2	4
4	乳尖牙	18～24	2	2	4
5	第二乳磨牙	20～30	2	2	4

五、婴幼儿智能发育筛查(丹佛)参考表

月份	个人与社会	精细动作	语 言	大运动
1个月	△小儿仰卧时能注视家长(相距30厘米)	△小儿腿、臂双侧动作对称等同 △视线能随目标移动90°	△听到铃声有眨眼、呼吸节律和活动改变等反应 △除哭声外,能发出喉音	△俯卧时试举抬头
2个月	△不接触小儿,对他逗笑时,他会微笑			△抬头时,脸与桌面约成45°
3个月	△会自动微笑	△小儿手指能互相接触	△不接触小儿,经逗引能笑出声	
4个月		△视线能随目标移动180° △用摇铃接触小儿手指能握住	△经逗引能发出兴奋的高音或尖声	△抬头时,脸与桌面约成90° △扶小儿坐时,举头正而稳,不摇动
5个月		△坐在家长腿上,能伸手向着桌面上的玩具		△俯卧时手臂能支撑身体抬胸 △扶站时腿能支撑体重片刻
6个月	△试拉小儿手中玩具会表示拒绝	△能自己拿着饼干吃 △手中握着一块方木,又能注意到第二块方木		△拉坐时,头部始终不后垂
7个月	△对距离较远的玩具有企图攫取的要求	△两个手能同时各握一块积木 △只能抓起小丸	△从背后20厘米处轻呼名字数次,小儿能着声音方向转头	△会从俯卧转向仰卧或仰卧到俯卧的翻身 △能独坐5秒钟或更长时间
8个月	△见生人表现出犹疑或有点害羞 △能玩"躲猫猫"游戏	△能把一只手中的积木递交到另一只手		△能扶着硬物体站立5秒钟或更多时间
9个月		△会用两指抓握小丸	△无意识地叫"爸爸"、"妈妈"	
10个月	△能玩拍手或挥手表示再见	△能拿取放在桌上的小方块作相互敲击	△咿咿呀呀地学成人说话	△能自己扶着把手站起来 △会从站到自己单独坐下
11个月	△成人逗引着试取小儿手中的玩具时,小儿能将玩具伸向成人,但不放下	△会用拇指和食指抓握小丸,手掌不接触桌面		△扶站时能把足提起片刻
12个月	△能观察出成人乐意和不乐意的表情并作出相应的反应			△会扶着家具行走 △能独立站2秒钟或更多时间
12～15个月	△需要东西时会作表示,指点或讲出事物名称 △会举杯饮水而洒出不多		△会正确地称呼母亲为"妈妈",父亲为"爸爸"	△不撑住地面能单独弯腰拾起玩具 △步行自如,左右不摇摆
15～18个月	△对扫地等简单家务进行模仿	△能叠稳两块方木 △会在纸上有目的地划线 △经示范能把小瓶(口径1.5厘米)内的丸粒倒出	△至少会针对特殊物体、人或动作讲三个字	△能向后退两步或更多步

331

（续表）

月份	个人与社会	精细动作	语　言	大运动
18～21个月	△喜欢学做简单家务，如收拾玩具、帮助家长取指定的东西	△能叠稳4块方木而不倒	△能指出自己的眼、鼻或身体的其他部位 △会说两个或更多词表示有意义的短语	△会扶墙或栏杆上楼梯 △不扶任何物体会将球向前踢出
21～24个月	△会脱外衣、鞋、短裤、短袜等 △独立吃饭洒地不多	△不经示范能将丸粒倒出小瓶外	△会看图说出画的名称 △能听懂"给妈妈"、"放在桌上"、"放在地下"中的两个	
2岁～2岁半	△能与小朋友一起玩 △会洗手并擦干 △会穿短裤、短袜或鞋	△模仿画长于2.5厘米歪度不超过30度的直线	△从图片上能识别日常用品或常见动物	△能举手过肩抛球 △会双足同时离地向前跳 △能不扶物体独脚站直1秒钟或更长时间
2岁半～3岁	△能穿、脱衣服，区别衣服的前后	△能叠稳8块方木而不倒 △能模仿成人搭"桥"等简单积木	△能说出自己的姓名	△会骑儿童三轮车 △能单足跳过21厘米的宽度
3岁～3岁半	△能扣组扣	△不受方向的限制，能比较出两条画线的长短 △会模仿画闭合的圆形	△已理解冷、累、饿的含义如问"冷了怎么办?"回答"穿衣服"或"到房间里去"均为正确	
3岁半～4岁	△成人外出时，请其他人陪着小儿，小儿能接受	△经示范，会画出在任何点上相互交叉的两线	△能理解介词。如按要求把积木放在桌面上(下)，椅子前(后) △会说反义词(括号内的)如火是(热)的，冰是(冷)的，妈妈是(女人)，爸爸是(男人)，马是(大)的，鼠是(小)的	△能用一只脚独立站5秒钟或更多时间(3试2成) △不扶任何物体独脚连续跳2次或更多次
4岁～5岁	△会独立穿衣	△能画出人体3个或更多部位 △模仿画出正方形	△认出红、黄、蓝、绿四种颜色中的三种	△能脚跟对着脚尖向前走4步或更多
5岁～6岁		△能画出人体6个或更多部位	△能讲出球、桌子、房子等常见物品的作用 △能说出日常用品是由什么做成的	△能单足立10秒钟或更长时间 △能抓住蹦跳的球

　　*1岁以上小儿是3个月为一年龄组，故年龄跨度较大，在该年龄组里的项目不要求全部通过，但该年龄组以前的项目要求全部通过。

六、婴幼儿饮食和睡眠时间表

年龄	饮食		睡眠时间			
	次数	间隔时间（小时）	白天		夜间（小时）	共计（小时）
			次数	持续时间（小时）		
2个月～	6	3～3.5	4	1.5～2	10～11	17～18
3个月～	5～6	3～3.5	3	2～2.5	10	16～18
6个月～	5	4	2～3	2～2.5	10	14～15
1岁～	5	4	2	1.5～2	10	12.5～13
1.5岁～	4	4	1	2～2.5	10	12～13
3～7岁	4	4	1	2～2.5	10	12～12.5

七、婴儿每日食品摄入量参考表

月龄	母乳喂养*	牛奶人工喂养（每千克体重毫升量）	浓鱼肝油（滴）	菜水（毫升）	乳儿糕或米粉（克）	蛋黄（克）	粥或烂面（克）	菜泥或碎菜（克）	蒸蛋（只）	鱼泥（克）	饼干或面包片（片）	肉末或肝泥（克）	烂饭（克）	水果（只）
0～1	随意	100～120	1											
1～2	随意	100～120	2	30										
2～3	6次	100～120	3	60										
3～4	6次	100～120	4	60	15									
4～5	6次	100～120	5	60	30	1/4								
5～6	5次	100～120	5	90	45	1/2	15							1/2
6～7	5次	100～120	5	90	30	1	15	20	1/2		1			1/2
7～8	4次	80～100	5	90			45	25	1	25	2			1
8～9	4次	80～100	5	120			60	25～40	1	25	3	25		1
10～12	4次	80	5	120			30～35	50	1		4	50	30	1

* 母乳量不足时，需以牛奶补充。

八、幼儿每日食品摄入量参考表

食品名称	单位	1～2岁	2～3岁
*蔬菜、鲜豆（绿叶占1/2）	克	50～100	100～200
豆制品（豆腐，豆腐干）	克	25	25～50
鱼、肉、猪肝类	克	50～75	75～100
蛋	克	50	50
豆浆或牛奶	克	250～500	250
粮食	克	100～150	150～200
油	克	10～15	10～15
糖	克	10～15	10～15

* 可用水果补充。

九、儿童每日膳食中营养素供给量表

年　龄 （不 分 男 女）	热能 焦（耳）	蛋白质 克	钙 毫克	铁 毫克	锌 毫克	＊＊ 视黄醇 微克	硫胺素 毫克	核黄素 毫克	尼克酸 毫克	抗坏血 酸毫克	维生 素 D 微克
初生～ 6 个月	502.416/ 千克体重	＊2.0～4.0/ 千克体重	400	10	3	200	0.4	0.4	4	30	10
7～12 个月	418.68/ 千克体重	＊2.0～4.0/ 千克体重	600	10	5	200	0.4	0.4	4	30	10
1 岁～	男 4605.48 女 4396.14	男 35 女 35	600	10	10	300	0.7	0.7	7	30	10
2 岁～	男 5024.16 女 4814.82	男 40 女 40	600	10	10	400	0.7	0.7	7	35	10
3 岁～	男 5652.18 女 5442.84	男 45 女 45	800	10	10	500	0.8	0.8	8	40	10
5 岁～	男 6698.88 女 6280.2	男 55 女 50	800	10	10	1000	1.0	1.0	10	45	10
7 岁～	男 7536.24 女 7117.56	男 60 女 60	800	10	10	1000	1.2	1.2	12	45	10
10 岁～ 11 岁	男 8792.28 女 8373.6	男 70 女 65	1000	12	15	1000	1.4	1.4	14	50	10

　　＊ 人乳哺育 2 克/千克体重,牛乳喂养 3.5 克/千克体重,混合喂养 4 克/千克休息。

　　＊＊1 国际单位维生素 A＝0.3 微克视黄醇。

十、儿童主要食物中铁的吸收率比较表（％）

植物性食物	铁的吸收率	动物性食物	铁的吸收率
大米	1.0	蛋	3.0
菠菜	1.3	鱼	11.0
黑豆	3.0	血	12.0
玉米	3.0	鱼肉、猪肉、牛肉	22.0
面	5.0	肝	22.0
黄豆	7.0	母乳	50.0
		牛乳	19.5

十一、常见传染病的潜伏、隔离和检疫期限表

病名	潜伏期（天）			患者隔离日期	接触者 检疫日（天）
	常见	最短	最长		
麻疹	10～11	6	21	无合并症者疹后 5 天	14
水痘	12～17	10	24	皮疹全部干燥结痂	21
流行性感冒	1～2	数小时	4	热退后 24 小时	最后一个病人 发病后 3 天
流行性腮腺炎	10～21	7	35	腮肿消退后 1 周	21
病毒性肝炎（甲型）		15～50		出院后,继续观察 1 个月,医院证明痊愈	45
流行性乙型脑炎	14	4	21	隔离到体温正常为止	不检疫

（续表）

病名	潜伏期（天）			患者隔离日期	接触者检疫日（天）
	常见	最短	最长		
小儿麻痹证	7～14	3	35	自发病起不得少于 40 天	20
细菌性痢疾	1～2	1	7	停药后第 5 天作粪便培养，结果为阴性，并取得医院证明	7
百日咳	7～10	2	23	自发病起隔离 30 天	2 周
流行性脑脊髓膜炎	2～3	1	7	临床症状消失后 3 天，但从发病日计算不得少于 7 天	7
猩红热	2～5	0.5	12	自发病起隔离 10 天或症状消失后 1 周	7

十二、出疹性疾病的鉴别

项目 病名	潜伏期	皮 疹	其他症状	血液化验
风疹	2～3 周	淡红色斑丘疹，起病当日即出疹，1 天内遍布全身。2～3 天皮疹消退，无脱屑或色素沉着	耳后、颈后及枕淋巴结肿大，全身症状轻微	白细胞减少，中性粒细胞下降
猩红热	1～5 天	红色细小密集，可融合成片，但唇周苍白，发病12～36 小时出疹，逐渐扩展。一周左右退疹，留有小片或大片脱屑	多有喉痛、咽喉充血，扁桃体肿大，并可有渗出物，颌下淋巴结肿大，草莓舌等	白细胞增多，中性粒细胞增高
麻疹	10～11 天	暗红色斑丘疹，发热 3 天后出疹，逐渐扩散，2～3 天出齐后，第 4 天起退疹，留有色素沉着	病初有卡他面容，1.5～2 天后，口腔出现麻疹粘膜斑，全身淋巴结肿大	白细胞减少、淋巴细胞减少（潜伏期末白细胞可增多）
幼儿风疹	3～7 天	玫瑰色斑疹、面部较少，发热3～5 天，热降疹出，1 天内迅速扩展至全身，1～2 天退尽，无脱屑及色素沉着	仅见于乳儿期，高热而精神良好，可伴消化道症状	白细胞减少、淋巴细胞增多

十三、小儿外科选择性手术年龄参考表

疾 病 名 称	手 术 年 龄	备 注
唇裂	3～6 个月	
腭裂	2～3 岁	
舌系带过短	1 个月以后	
甲状舌骨囊肿、鳃瘘、腮裂囊肿	2 岁左右	需控制炎症后手术
耳前窦道	1 岁以后	炎症控制后 2 周
脐瘘	及早手术	
脐窦	6 个月以后	
脐茸	6 个月以后	
先天性巨结肠	1 岁以后	症状无法控制可及早作结肠造瘘术，1 岁以后再作根治术
疝（腹股沟斜疝）	1 岁以后	如频繁发作可提早
脐疝	2 岁以后	

（续表）

疾 病 名 称	手 术 年 龄	备 注
尿道下裂	3～7岁	阴茎发育过小不宜手术
尿道上裂	4～5岁以后	
输尿管异位开口	及早手术	
输尿管囊肿	及早手术	
膀胱输尿管返流	及早手术	
肾积水	及早手术	
隐睾	3～5岁内	
包茎	4～5岁以后	包皮管形狭小或多次炎症引起疤痕狭小者才手术,如有排尿困难可提早
鞘膜积液	2岁以后	
小阴唇粘连	生后即可手术	
脐尿管囊肿、瘘	及早手术	
动脉导管未闭	无年龄限制	
房间隔缺损	4岁以后	
室间隔缺损	有肺高压者2岁前手术	
漏斗胸	畸形明显即可手术	
骨关节结核	早期作病灶清除,晚期作骨性融合术	全身无活动结核灶
骨肿瘤	及早手术	
先天性斜颈	1岁左右	
先天性髋关节脱位	2岁以下	手法复位及石膏固定
	2岁以后	手术治疗
先天性胫骨假关节	6～8岁	手法、内侧松解术
先天性马蹄内翻足	1～3岁	跟骰关节融合术
	4～6岁	三关节固定术
	10岁以上	
多指(趾)畸形	1岁以内	
并指畸形	3岁以后	
脊髓灰质炎后遗症	5岁以后	
膝内翻("O"形腿)	3岁以内	折骨手术
	8岁以上	手术矫形

十四、最常用化验的正常值

化验名称	正 常 参 考 值
红细胞	新生儿 $5.1～6.6×10^{12}$/L(每立方毫米 510万～660万) 儿 童 $4.3～4.5×10^{12}$/L(每立方毫米 430万～450万)
血红蛋白	新生儿 $170～200$g/L(每百毫升 17～20 克) 儿 童 $118～139$g/L(每百毫升 11.8～13.9 克)
白细胞总数	新生儿 $10～20×10^{9}$/L(每立方毫米 10000～20000) 儿 童 $5～12×10^{9}$/L(每立方毫米 5000～12000)
白细胞分类计数 中性粒细胞 酸性粒细胞	50%～70% 0.5%～3.0%

（续表）

化验名称	正 常 参 考 值
碱性粒细胞	0%～0.75%
淋巴白细胞	20%～24%
单核白细胞	3%～8%
血小板计数	100～300×10^9/L(每立方毫米10万～30万)
红细胞沉降率	长管法：男0～15毫米/小时 女0～20毫米/小时 短管法：男0～8毫米/小时 女0～10毫米/小时
血葡萄糖	3.9～5.6mmol/L(每百毫升70～100毫米)
血尿素氮	3.2～7.0mmol/L(每百毫升9～20毫克)
血肌酐	88.4～176.8μmol/L(每百毫升1～2毫克)
血清总蛋白	60～80g/L(每百毫升6～8克)
白蛋白	35～55g/L(每百毫升3.5～5.5克)
球蛋白	15～30g/L(每百毫升1.5～3.0克)
白蛋白球蛋白	1.5～2.5:1
黄疸指数	2～6 单位
总胆红素	1.7～17μmol/L(每百毫升0.1～1.0毫克)
直接胆红素	0～7μmol/L(每百毫升0～0.4毫克)
谷丙转氨酶(SGPT)	2～40 赖氏单位
谷草转氨酶(SGOT)	2～38 赖氏单位
碱性磷酸酶	5～20 金氏单位
血总胆固醇	3.1～4.7mmol/L(每百毫升120～180毫克)
血甘油三酯	0.37～0.86mmol/L(每百毫升33～76毫克)
血清淀粉酶	4～32 温氏单位
尿淀粉酶	8～64 温氏单位
尿液沉渣检查	在高倍镜视野下红细胞0～3 在高倍镜视野下白细胞0～5
尿蛋白定性检查	阴性或(±)
尿糖定性试验	阴性
尿胆红素定性试验	阴性
尿胆元定性试验	1:20以下
脑脊液糖	3.3～5.0mmol/L(每百毫升60～90毫克)
脑脊液蛋白	0.15～0.45g/L(每百毫升15～45毫克)
脑脊液氯化物	111～123mmol/L(每百毫升650～720毫克)

图书在版编目(CIP)数据

0～3岁婴幼儿养育专家指导 / 韩棣华著.—上海:上海科学普及出版社,2014.1

ISBN 978-7-5427-5850-7

Ⅰ.①0… Ⅱ.①韩… Ⅲ.①婴幼儿－哺育－基本知识 Ⅳ.①TS976.31

中国版本图书馆CIP数据核字(2013)第183253号

责任编辑　郭子安

0～3岁婴幼儿养育专家指导

韩棣华　著

上海科学普及出版社出版发行

(上海中山北路832号　邮政编码 200070)

http://www.pspsh.com

各地新华书店经销　上海金顺包装印刷厂印刷

开本 787 x 1092　1/16　　印张 21.75　　字数 414 000

2014 年 1 月第 2 版　　　　2014 年 1 月第 1 次印刷

ISBN 978-7-5427-5850-7　　　定价 38.00元